《化工过程强化关键技术丛书》编委会

编委会主任：

费维扬　清华大学，中国科学院院士

舒兴田　中国石油化工股份有限公司石油化工科学研究院，中国工程院院士

编委会副主任：

陈建峰　北京化工大学，中国工程院院士

张锁江　中国科学院过程工程研究所，中国科学院院士

刘有智　中北大学，教授

杨元一　中国化工学会，教授级高工

周伟斌　化学工业出版社，编审

编委会执行副主任：

刘有智　中北大学，教授

编委会委员（以姓氏拼音为序）：

陈光文　中国科学院大连化学物理研究所，研究员

陈建峰　北京化工大学，中国工程院院士

陈文梅　四川大学，教授

程　易　清华大学，教授

初广文　北京化工大学，教授

褚良银　四川大学，教授

费维扬　清华大学，中国科学院院士

冯连芳　浙江大学，教授

巩金龙　天津大学，教授

化工过程强化关键技术丛书

中国化工学会 组织编写

低温等离子体化工

Low Temperature Plasma Chemical Engineering

程 易 刘昌俊 等编著

化学工业出版社

·北京·

《低温等离子体化工》是《化工过程强化关键技术丛书》的一个分册。本书集中了国内外专家、学者在低温等离子体化工领域的长期研究成果，以具有代表性的实际应用案例为对象，通过全面、深入的研究揭示低温等离子体过程强化的原理、调控方法、新型装备设计及优化。全书共15章，介绍了低温等离子体在实际过程中的广泛应用，包括催化剂制备、挥发性有机化合物（VOCs）脱除、催化重整、CO_2转化制备高附加值燃料和化学品、材料表面处理、生物技术、现代农业、高级氧化水处理、微通道有机合成、固氮技术、电除尘、工业废气处理、氢等离子体煤制乙炔、化学气相沉积制备纳米材料、超细粉体制备以及固体废物处置等，力图呈现给读者最新、最前沿的低温等离子体化工研发现状，并展望未来的发展前景。

低温等离子体强化的化工过程科学与技术是目前国际关注的前沿交叉发展领域之一。本书可供化工、材料、环境、能源、资源、医药、电子等专业领域的科研与工程技术人员阅读，也可供高等学校相关专业师生参考。

图书在版编目（CIP）数据

低温等离子体化工 / 中国化工学会组织编写；程易等编著.—北京：化学工业出版社，2020.8（2025.5重印）

（化工过程强化关键技术丛书）

国家出版基金项目 "十三五"国家重点出版物出版规划项目

ISBN 978-7-122-36838-6

Ⅰ．①低… Ⅱ．①中… ②程… Ⅲ．①等离子体-低温材料-应用-化工过程 Ⅳ．①TQ02

中国版本图书馆CIP数据核字（2020）第080211号

责任编辑：任睿婷　杜进祥　　　　　　　装帧设计：关　飞
责任校对：王素芹

出版发行：化学工业出版社（北京市东城区青年湖南街13号　邮政编码100011）
印　　装：北京建宏印刷有限公司
710mm×1000mm　1/16　印张26¼　字数536千字　2025年5月北京第1版第2次印刷

购书咨询：010-64518888　　　　　　　售后服务：010-64518899
网　　址：http://www.cip.com.cn
凡购买本书，如有缺损质量问题，本社销售中心负责调换。

定　　价：298.00元

作 者 简 介

程易，博士，教授。1994年本科毕业于清华大学，2000年获得清华大学博士学位，师从金涌院士、魏飞教授，2002年获得全国百篇优秀博士论文。1998~2003年分别在荷兰和加拿大工作，2003年3月任清华大学副教授，2007年底晋升为教授。长期从事多相化学反应工程研究和新过程开发；近10年来致力于等离子体化工和微化工技术的前沿研究工作，主要用于能源、资源、环境、化工等领域的高效率、集约化反应过程开发。以第一完成人获得教育部自然科学奖一等奖和中国石油和化学工业联合会科技进步奖一等奖各一项；曾获中国石油和化学工业联合会青年科技突出贡献奖和全国化工优秀科技工作者、中国颗粒学会宝洁青年颗粒学奖、清华大学教学优秀奖等奖项；入选教育部新世纪优秀人才支持计划、科技部创新人才推进计划中青年科技创新领军人才、国家"万人计划"科技创新领军人才。现为四川大学客座教授、中国颗粒学会常务理事、中国化工学会化工过程强化专业委员会委员；担任国内《化工进展》《石油化工》《天然气化工》，国际 *Green Processing and Synthesis*、*Clean Energy*、*International Journal of Chemical Reactor Engineering* 等期刊的编委。

刘昌俊，博士，教授。1985年本科毕业于大连工学院，1988年硕士毕业于大连理工大学（期间作为交换培养研究生在天津大学完成学业），1993年博士毕业于天津大学。1994～1997年在美国作访问学者。1998年5～11月在瑞士ABB公司任职。1999年在天津大学晋升为教授。2000年建立天津大学-ABB联合实验室并任中方主任。2002年获得国家杰出青年科学基金，2004年获聘教育部"长江学者奖励计划"特聘教授，2011年11月任英国皇家化学会会士。第十二、十三届全国政协委员。主要开展CO_2化学利用、天然气转化、等离子体化学与材料制备等研究。在镍催化剂结构性能关系、CO_2活化、纳米金属组合材料等方面取得创新研究成果。2014年起连续进入Elsevier"高被引"中国作者（化学工程）榜单。指导的研究生已获得全国百篇优秀博士学位论文、国家杰出青年科学基金、国家优秀青年科学基金、青年长江学者等。曾任美国化学会（ACS）燃料化学分会2010年程序主席、国际二氧化碳利用大会第十届大会主席、中国力学会等离子体科学技术专业委员会副主任；现任中国化学会催化专业委员会委员，*Applied Catalysis B*、*Journal of CO₂ Utilization*、*Chinese Journal of Catalysis*编委，*Greenhouse Gases: Science & Technology* 顾问。

化学工业是国民经济的支柱产业，与我们的生产和生活密切相关。改革开放 40 年来，我国化学工业得到了长足的发展，但质量和效益有待提高，资源和环境备受关注。为了实现从化学工业大国向化学工业强国转变的目标，创新驱动推进产业转型升级至关重要。

"工程科学是推动人类进步的发动机，是产业革命、经济发展、社会进步的有力杠杆"。化学工程是一门重要的工程科学，化工过程强化又是其中的一个优先发展的领域，它灵活应用化学工程的理论和技术，创新工艺、设备，提高效率，节能减排、提质增效，推进化工的绿色、低碳、可持续发展。近年来，我国已在此领域取得一系列理论和工程化成果，对节能减排、降低能耗、提升本质安全等产生了巨大的影响，社会效益和经济效益显著，为践行"绿水青山就是金山银山"的理念和推进化工高质量发展做出了重要的贡献。

为推动化学工业和化学工程学科的发展，中国化工学会组织编写了这套《化工过程强化关键技术丛书》。各分册的主编来自清华大学、北京化工大学、中北大学等高校和中国科学院、中国石油化工集团公司等科研院所、企业，都是化工过程强化各领域的领军人才。丛书的编写以党的十九大精神为指引，以创新驱动推进我国化学工业可持续发展为目标，紧密围绕过程安全和环境友好等迫切需求，对化工过程强化的前沿技术以及关键技术进行了阐述，符合"中国制造 2025"方针，符合"创新、协调、绿色、开放、共享"五大发展理念。丛书系统阐述了超重力反应、超重力分离、精馏强化、微化工、传热强化、萃取过程强化、膜过程强化、催化过程强化、聚合过程强化、反应器（装备）强化以及等离子体化工、微波化工、超声化工等一系列创新性强、关注度高、应用广泛的科技成果，多项关键技术已达到国际领先水平。丛书各分册从化工过程强化思路出发介绍原理、方法，突出应用，强调工程化，展现过程强化前后的对比效果，系统性强，资料新颖，图文并茂，反映了当前过程强化的最新科研成果和生产技术水平，有助于读者了解最新的过程强化理论和技术，对学术研究和工程化实施均有指导意义。

　　本套丛书的出版将为化工界提供一套综合性很强的参考书，希望能推进化工过程强化技术的推广和应用，为建设我国高效、绿色和安全的化学工业体系增砖添瓦。

中国科学院院士：费维扬

中国工程院院士：舒兴田

化工过程强化技术的发展与进步给化工行业注入了新的动力和活力。化工过程强化技术一般包括过程强化方法和过程强化装备。新方法需要开发新装备，新装备开发也会基于新方法，尤其对于外场强化。截至目前，化工过程的大量研究和工业实践都是采用常规和相对温和的工艺条件。近10多年来，越来越多的科学家开始关注通过各种形式的能量注入（如机械振动、超声、磁场、超重力、微波、等离子体等）对过程的混合、传递、化学反应等实施强化的研究，以显著提高产品收率或选择性等指标，进而在给定生产目标下达到节能、减排、安全、环境友好等目的。

等离子体是除气、液、固三态之外的第四态物质。等离子体中大量的离子、高能电子、激发态的原子或分子等提供了易于发生化学反应的活性基团，使得等离子体强化的化学反应过程展示出特殊外场作用下的非常规行为。低温等离子体强化的化学转化过程是目前国际关注的前沿发展方向之一，其应用广泛，涉及能源、环境、材料、化学、生物、化工等诸多领域。作为一种独特的外场条件，等离子体一方面提供了高活性环境，可以从原子／分子尺度大大强化化学反应过程，特别是实现非常规条件下的反应；另一方面，等离子体的特有理化性质，在微观、介观尺度改变了相间接触行为，形成区别于常规多相流的独特的流体力学、传递和反应特性。虽然等离子体科学与技术常常展现出意想不到的物理、化学特性，吸引了学术界和工业界的广泛关注，但是等离子体是典型的多学科交叉领域，其过程非常复杂，研究仍然比较匮乏。比如，等离子体相关活性物质密度分析、检测与物性研究都十分困难，所涉及的过程大多偏离热力学平衡。这些基础研究的严重不足也制约了等离子体化工过程强化技术的发展，其技术创新或突破多依赖于等离子体发生原理或技术的创新与突破。

随着相关学科的快速发展，低温等离子体参与的化工过程研究和产业化开发逐步进入蓬勃发展阶段，并不断取得丰硕成果，也同时凝练出更多的共性科学问题和特性的技术问题。本书作为《化工过程强化关键技术丛书》的分册之一，由清华大学程易教授和天津大学刘昌俊教授等编著，集中了国内外专家、学者在低温等离子体化工领域的长期研究成果，力图呈现给读者最新、最前沿的低温等离子体化工研发现状。

本书第一章由清华大学程易教授和天津大学刘昌俊教授执笔，概述低温等离子体在过程强化方面的原理、关键问题和发展前景；第二章至第十五章，按照冷等离子体、暖等离子体和热等离子体的顺序分别阐述这些不同的低温等离子体技术在不同领域的研发现状和应用，其中：第二章基于天津大学刘昌俊教授团队的工作，介绍等离子体在催化剂制备中的应用；第三章由大连理工大学李小松、朱爱民教授和大连海事大学刘景林教授撰写，介绍循环模式等离子体催化氧化脱除 VOCs 与纳米金催化剂的等离子体原位再生；第四章由英国利物浦大学屠昕教授与中山大学曾宇翯、北京航空航天大学王伟宗撰写，介绍等离子体二氧化碳转化制备高附加值燃料和化工产品；第五章由浙江大学闫克平教授和刘振教授撰写，介绍其团队在等离子体电除尘方面的基础研究和应用；第六章由清华大学吴亦楠、张晓菲、李和平、张翀、邢新会教授团队撰写，介绍大气压冷等离子体（CAP）在生物技术中的应用原理和工业案例；第七章由宁夏大学冯雪兰和清华大学程易教授撰写，介绍气液等离子体高级氧化过程的基础研究和在水处理领域的应用；第八章由法国巴黎国立高等化工大学张梦雪博士和 Michael Tatoulian 教授撰写，介绍新型微通道气液等离子体进行有机合成的研究；第九章由荷兰埃因霍芬理工大学 Volker Hessel 教授团队撰写，由李思锐博士负责撰写等离子体固氮技术，这是在欧盟支持下的具有独特创新性的等离子体应用领域；第十章由南京苏曼等离子科技有限公司万京林教授、戴阳和万良淏撰写，介绍了低温等离子体的工业应用技术与装备；第十一章由大连海事大学刘景林教授和大连理工大学李小松、朱爱民教授介绍近几年兴起的暖等离子体及其在催化重整反应中的应用；第十二章由清华大学程易教授团队介绍氢热等离子体煤制乙炔过程的基础研究和工业发展；第十三章由深圳清华大学研究院曹腾飞博士和清华大学程易教授进一步介绍热等离子体化学气相沉积在高纯纳米材料制备中的应用，如针对多晶硅生产过程的副产物四氯化硅以及盐湖镁资源的高价值转化利用；第十四章由中国科学院过程工程研究所袁方利研究员和黄淮学院白柳杨副教授介绍热等离子体强化反应及其在制备超细粉体中的应用；第十五章由光大环境科技（中国）有限公司胡明博士和徐鹏程博士介绍热等离子体在固体废物处置中的应用，这一等离子体熔融技术的工业化发展，为城市固体废物、医疗固体废物、电子固体废物、工业危废等重大环境问题提供了全新的解决方案。

综上所述，本书内容既涉及交叉学科理论基础，又广泛地联系实际应用，内容丰富，覆盖领域全面，充分反映了低温等离子体化工领域目前富有特色的工作和未来的动向。特别需要感谢的是，本书部分内容得到了国家自然科学基金（重大基金、杰出青年基金、面上基金）、科技部（973、863、科技支撑计划等）、教育部等政府项目的大力资助，同时也得到了国内众多企业的大力支持。书中的多位作者，获得了教育部"长江学者奖励计划"、国家杰出青年科学基金、万人计划领军人才、新世纪优秀人才等荣誉，以及多项国家级、省部级科技奖励。

本书可作为从事工业催化、能源、材料与环境工程等领域的科研和工程技术人员的重要参考书，也可供高等院校化学、化工、环境、材料等相关专业的高年级本科生、研究生学习参考。需要指出的是，限于编著者的水平、学识，内容遗漏、编排和归类存在不妥和不足之处在所难免，恳请有关专家和读者不吝指正。

程易　刘昌俊

2020 年 3 月

目 录

第一章　绪论　/ 1

第一节　等离子体简介 ……………………………………… 2
第二节　低温等离子体过程强化技术概述 ………………… 3
　　一、冷等离子体过程强化 ……………………………… 3
　　二、暖等离子体过程强化 ……………………………… 5
　　三、热等离子体过程强化 ……………………………… 5
第三节　低温等离子体化工过程强化的关键问题 ………… 7
第四节　展望 ……………………………………………… 9
参考文献 …………………………………………………… 9

第二章　冷等离子体在催化剂制备中的应用　/ 11

第一节　冷等离子体影响晶体成核与生长原理 ………… 11
第二节　冷等离子体制备催化剂的尺度效应 …………… 13
　　一、辉光放电制备 …………………………………… 13
　　二、介质阻挡气体放电制备 ………………………… 15
　　三、射频等离子体制备 ……………………………… 16
　　四、其他等离子体 …………………………………… 18
第三节　冷等离子体制备催化剂的结构效应 …………… 18
　　一、辉光放电制备 …………………………………… 18
　　二、介质阻挡气体放电制备 ………………………… 20
　　三、射频等离子体制备 ……………………………… 22
　　四、其他等离子体 …………………………………… 22
第四节　冷等离子体制备热敏材料负载催化剂 ………… 23
　　一、多肽、氨基酸类 ………………………………… 23
　　二、大比表面积炭材料 ……………………………… 24
　　三、多孔有机聚合物类 ……………………………… 24
第五节　冷等离子体分解脱除分子筛模板 ……………… 25
参考文献 ………………………………………………… 27

第三章 循环模式等离子体催化氧化脱除VOCs与纳米金催化剂的等离子体原位再生 / 31

第一节 等离子体技术脱除VOCs ………………………………… 31
第二节 等离子体催化技术脱除VOCs ……………………………… 33
第三节 循环模式等离子体催化脱除VOCs …………………………… 36
 一、存储阶段相关问题 ……………………………………… 37
 二、放电阶段相关问题 ……………………………………… 39
 三、循环模式等离子体催化全过程及其稳定性 …………… 45
第四节 空气等离子体原位再生纳米金催化剂 ……………………… 46
 一、氧等离子体原位再生与N_2含量的影响 …………… 46
 二、空气等离子体原位再生：湿度的影响 ………………… 50
 三、空气等离子体原位再生：交流正弦与脉冲方波高压放电对比 …………………………………………………………… 52
参考文献 ……………………………………………………………… 55

第四章 等离子体转化二氧化碳制备高附加值燃料和化工产品 / 60

第一节 等离子体分解二氧化碳 ……………………………………… 62
 一、等离子体分解二氧化碳概述 …………………………… 62
 二、等离子体协同催化分解二氧化碳 ……………………… 63
第二节 等离子体催化二氧化碳加氢 ………………………………… 64
 一、二氧化碳加氢合成一氧化碳 …………………………… 64
 二、二氧化碳加氢甲烷化 …………………………………… 65
 三、二氧化碳加氢合成高附加值液体产品（以甲醇为例） …………………………………………………………… 66
第三节 等离子体甲烷二氧化碳重整 ………………………………… 67
 一、甲烷二氧化碳重整反应 ………………………………… 67
 二、等离子体甲烷二氧化碳重整反应 ……………………… 67
 三、等离子体甲烷二氧化碳重整反应影响因素 …………… 69
 四、等离子体协同催化甲烷二氧化碳重整 ………………… 69
第四节 等离子体转化二氧化碳的化学反应动力学模拟 … 71
参考文献 ……………………………………………………………… 76

第五章 电除尘器 / 82

第一节 引言 ……………………………………………… 82
第二节 电除尘器基本原理 ………………………………… 83
　　一、直流电晕放电 …………………………………… 84
　　二、颗粒物荷电 ……………………………………… 84
　　三、迁移收集 ………………………………………… 85
　　四、振打清灰 ………………………………………… 85
第三节 除尘效率影响因素 ………………………………… 85
　　一、粉尘粒径 ………………………………………… 85
　　二、比电阻 …………………………………………… 86
　　三、电除尘器振打 …………………………………… 87
　　四、高压电源 ………………………………………… 88
　　五、运行温度 ………………………………………… 88
　　六、本体选型和分区 ………………………………… 89
　　七、离子风 …………………………………………… 90
第四节 收尘效率预测模型 ………………………………… 90
　　一、Deutsch公式及其修正 ………………………… 91
　　二、电除尘指数 ……………………………………… 92
　　三、电除尘指数公式推导 …………………………… 92
　　四、电除尘指数公式有效性 ………………………… 95
　　五、ESP指数和颗粒物排放 ………………………… 99
第五节 除尘器电场优化 …………………………………… 100
参考文献 ……………………………………………………… 101

第六章 大气压冷等离子体在生物技术中的 应用 / 104

第一节 CAP的产生方法及作用原理概述 ……………… 104
　　一、电晕放电 ………………………………………… 105
　　二、介质阻挡放电 …………………………………… 105
　　三、裸露金属电极放电 ……………………………… 105
第二节 CAP在生物技术中的应用进展概述 …………… 107
第三节 CAP与生物作用机制 …………………………… 107
第四节 CAP在生物技术中的应用 ……………………… 108
　　一、CAP在杀菌和消毒中的应用 ………………… 109
　　二、CAP在生物诱变育种中的应用 ……………… 110
　　三、CAP在农业和食品加工中的应用 …………… 114

四、CAP在生物医学中的应用 ································· 115
第五节　展望 ·· 116
参考文献 ··· 117

第七章　气液等离子体高级氧化过程 / 123

第一节　气液等离子体高级氧化过程的诊断与机理 ······· 124
第二节　气液等离子体传递与反应特性的可视化研究 ····· 126
第三节　气液等离子体反应器 ······························· 130
　一、反应器的类型及相对能量效率 ························· 130
　二、高效反应器设计及应用实例 ··························· 131
第四节　气液等离子体高级氧化的应用研究进展 ········· 132
第五节　展望 ·· 135
参考文献 ··· 135

第八章　微通道气液等离子体有机合成 / 142

第一节　微流体过程强化以及等离子体相关关键概念 ····· 143
　一、流动化学和微流体反应器 ····························· 143
　二、流动化学合成应用举例 ······························· 145
　三、低温等离子体辅助有机合成过程 ····················· 148
第二节　过程强化原理 ·· 151
　一、帕邢定律与微型反应器 ······························· 151
　二、气液界面自由基传质与反应的精确控制 ··············· 152
第三节　应用实例 ··· 153
　一、鼓泡型微通道气液等离子体反应器 ··················· 153
　二、ESR自由基检测技术在微通道气液等离子体反应器
　　　中的应用 ··· 161
第四节　展望 ·· 167
参考文献 ··· 168

第九章　等离子体固氮技术 / 173

第一节　非热等离子体固氮技术 ······························ 174
　一、非热等离子体固氮技术的优势 ························· 174
　二、非热等离子体固氮反应 ······························· 175
第二节　等离子体氮氧化物NO$_x$合成 ······················ 181
　一、等离子体类型及反应器 ······························· 181
　二、等离子体催化NO$_x$合成 ······························ 184

　　　三、等离子体合成NO$_x$的能效 ·················· 185

　第三节　等离子体合成氨技术 ····················· 187

　　　一、非热等离子体类型及反应器 ·················· 188

　　　二、等离子体催化合成氨 ····················· 191

　　　三、等离子体合成氨技术的优化 ·················· 193

　第四节　展望 ····························· 193

　参考文献 ······························ 195

第十章　低温等离子体工业应用技术与装备 / 204

　第一节　典型的等离子体放电现象和设备 ·············· 204

　　　一、辉光放电 ··························· 204

　　　二、介质阻挡放电 ························· 206

　　　三、滑动电弧放电 ························· 208

　　　四、低温等离子体实验电源和放电实验装置 ··········· 210

　第二节　低温等离子体材料表面处理 ················· 211

　　　一、汽车制造业 ·························· 211

　　　二、纺织行业 ··························· 216

　　　三、光伏行业 ··························· 217

　　　四、农业 ····························· 218

　　　五、消费电子行业 ························· 219

　　　六、生物医疗业 ·························· 221

　第三节　低温等离子体工业废气处理 ················· 223

　　　一、低温等离子体去除污染物的机理 ·············· 224

　　　二、低温等离子体废气处理技术适用对象和应用行业　224

　　　三、低温等离子体工业废气处理技术介绍 ············ 226

　第四节　低温等离子体物理农业 ··················· 233

　　　一、等离子体育种 ························· 233

　　　二、等离子体肥料 ························· 235

　　　三、等离子体养殖水处理 ····················· 236

　　　四、等离子体冷杀菌技术 ····················· 237

　参考文献 ······························ 237

第十一章　暖等离子体催化重整 / 239

　第一节　暖等离子体反应器与其重整应用前景 ··········· 239

　第二节　暖等离子体放电特性及其光电诊断 ··········· 243

　第三节　暖等离子体重整过程及其影响因素 ··········· 246

一、实验定量方法 ·· 246
二、等离子体重整反应的引发 ······················· 248
三、等离子体重整反应的影响因素 ············· 249
第四节　高效的滑动电弧等离子体催化重整 ············· 254
一、生物气重整 ·· 255
二、电能存储新方法 ······································· 256
三、液体燃料重整在线制氢 ·························· 258
参考文献 ··· 259

第十二章　热等离子体煤制乙炔过程的基础研究和工业发展　/ 262

第一节　热等离子体法制乙炔概述 ························· 262
一、乙炔生产技术 ·· 262
二、热等离子体超高温热转化过程特点 ········· 263
三、热等离子体法制乙炔的过程原理和研究进展 ··· 264
四、热等离子体煤制乙炔过程的关键科学技术问题 ·· 270
第二节　热等离子体煤制乙炔过程研究 ··················· 271
一、热力学分析 ·· 271
二、煤裂解过程实验研究 ······························· 275
三、煤粉热解动力学 ······································· 277
四、单颗粒煤粉热解过程的传递和反应分析 ··········· 281
五、等离子体煤裂解过程的跨尺度多相计算流体力学模型和模拟 ··· 284
第三节　煤制乙炔过程的物流、能流分析和技术经济评价 ··· 288
一、裂解气烃类循环过程分析 ······················· 288
二、高温乙炔产品气淬冷优化和能量利用 ·········· 293
三、化学淬冷过程联产乙炔、乙烯 ················· 296
第四节　展望 ··· 299
参考文献 ··· 301

第十三章　热等离子体化学气相沉积法制备纳米材料　/ 306

第一节　热等离子体在纳米材料制备领域的应用概述 ······ 307
第二节　热等离子体化学气相沉积纳米材料制备过程的关键问题 ·· 308

一、超高温化学气相沉积反应过程在线监测 ………309
二、材料微观结构性能调控机制 …………………311
第三节　过程强化原理 ……………………………312
一、热等离子体强化化学气相沉积原理分析 ………312
二、典型热等离子体强化化学气相沉积反应器设计 …312
第四节　应用实例 …………………………………314
一、少层石墨烯纳米片制备过程研究 ………………314
二、硅/碳化硅纳米晶制备过程研究 ………………319
三、以盐湖资源为原料的高纯氧化镁制备过程研究 …328
参考文献 …………………………………………332

第十四章　热等离子体强化反应及其在制备超细
　　　　　粉体中的应用 / 334

第一节　热等离子体强化反应基本过程 ……………334
一、热等离子体的定义和特点 ………………………334
二、热等离子体强化反应基本过程 …………………335
三、热等离子体强化过程在微细粉体合成中的应用 …336
第二节　热等离子体强化反应典型应用 ……………340
一、氩－氢等离子体制备超细钨粉 …………………340
二、氩－氢等离子体制备微细镍粉 …………………344
三、氩－氧等离子体制备超细氧化物粉体 …………349
四、等离子体强化还原过程机制 ……………………350
第三节　等离子体强化固相放热反应制备非氧化物陶瓷
　　　　粉体 …………………………………………353
一、非氧化物陶瓷粉体制备现状 ……………………353
二、等离子体制备非氧化物陶瓷粉体 ………………354
三、等离子体强化镁热还原合成高温陶瓷粉体 ……356
第四节　展望 ………………………………………359
参考文献 …………………………………………359

第十五章　热等离子体在固体废物处置中的
　　　　　应用 / 362

第一节　热等离子体处置固体废物的意义、原理及发展
　　　　现状 …………………………………………362
一、热等离子体处置固体废物的意义 ………………362
二、热等离子体处置固体废物的原理 ………………363

三、热等离子体处置固体废物的发展现状 …………… 365

第二节　热等离子体固体废物处置中的关键问题 ………… 368

一、等离子体热解反应 ………………………………… 368

二、等离子体气化反应 ………………………………… 371

三、等离子体熔融反应 ………………………………… 373

第三节　热等离子体固体废物处置中的过程强化原理 …… 376

一、热等离子体的气相反应强化 …………………… 376

二、热等离子体的固相反应强化 …………………… 383

第四节　热等离子体在固体废物处置中的应用实例 ……… 385

一、生活垃圾焚烧飞灰等离子熔融技术研究 ……… 385

二、镇江30 t/d飞灰等离子熔融示范工程 ………… 389

三、热等离子体固体废物处置的其他应用 ………… 389

参考文献 …………………………………………………… 392

索　引 / 395

第一章

绪　论

　　化学工程是制造业的基础和创新的源头，其发展以几大重要的物质转化过程为里程碑，如合成氨、石油催化裂化、烃类裂解制乙烯等，满足了人类的吃、穿、住、行等重大需求，为社会的发展提供了必要和丰富的物质基础。在现今的基础制造业和新兴产品制造过程中，化学工程依然处于核心地位，并随着科学技术和现代文明的发展，不断改进在过程工业中的工艺路线、技术、生产装备，提高系统集成能力，以期显著提高关键产品的生产效率，进而在给定生产目标下达到节能、减排、安全、环境友好等新指标[1-3]。由此化工过程强化技术应运而生，不仅服务于现有工艺、工程的提升，也在不断地创新，发展新产品、新工艺、新技术和新装备。

　　近10多年来，越来越多的科学家开始关注通过各种形式的能量注入（如机械振动、超声、磁场、超重力、微波、等离子体等）对化工过程实施强化[4-6]的研究，其中应用于过程强化领域的等离子体，是电子、离子、原子、分子或自由基等粒子组成的集合体，其富含的高能电子及其他粒子具有很高的反应活性，在材料表面处理、催化和催化剂制备、挥发性有机化合物（VOCs）脱除、CO_2 转化、高级氧化水处理过程、有机合成、生物技术、固氮技术、现代农业，以及化学气相沉积制备纳米材料、超细粉体制备、劣质碳氢原料转化、固体废物处置的研究与应用中已经发挥了重要的作用[7]。低温等离子体作为一种非常规外场强化手段，其参与强化的化工过程科学与技术是目前国际关注的前沿交叉发展领域之一。

等离子体（plasma）是一种以自由电子和带电离子为主要成分的物质形态，广泛存在于宇宙中，常被视为是物质的第四态，称为等离子态或"超气态"，也称"电浆体"[8]。等离子体具有很高的电导率，同时与电磁场存在极强的耦合作用。等离子体是由英国化学家和物理学家 Sir William Crookes 在 1879 年发现的，1928 年美国科学家 Irving Langmuir 和 Tonks 首次将"等离子体"一词引入物理学，用来描述气体放电管里的物质形态。严格来说，等离子体是具有高位能动能的气体团，等离子体的总带电量仍是中性，借由电场或磁场的高动能将外层的电子击出，导致电子不再被束缚于原子核，从而成为高位能、高动能的自由电子。等离子体中，带电粒子之间的库仑力是长程力，库仑力的作用效果远远超过带电粒子可能发生的局部短程碰撞效果。等离子体中的带电粒子运动时，能引起正电荷或负电荷局部集中，产生电场；电荷定向运动引起电流，产生磁场。电场和磁场影响其他带电粒子的运动，并伴随着极强的热辐射和热传导，如等离子体能被磁场约束作回旋运动等[8]。

等离子体可分为两种：高温等离子体和低温等离子体。高温等离子体只有在温度足够高时才能产生，因此恒星不断地发出这种等离子体，组成了 99% 的宇宙。低温等离子体又可分为热等离子体和冷等离子体（或称"非热等离子体"），其应用广泛涉及能源、环境、材料、化学品、生物化工等诸多领域，在其中的部分领域已实现了产业化应用。

低温等离子体强化的化学转化过程是目前国际关注的前沿发展方向之一。低温等离子体技术是以电能驱动物理过程或化学反应为特点，是较为理想的过程绿色化技术。随着可再生能源发电的快速发展，全球的电价都呈现出日益降低的趋势，等离子体技术也越来越多地吸引着学术界和工业界的关注。尤其，对于大量的、廉价的、不宜利用的电能资源，等离子体技术提供了将这些电能有效地储存在便于运输的材料、化学品等产品中的可能性。因此，等离子体不仅可提供特殊的过程强化技术手段，还可以促进电能与化学能的高效转化和储存。

等离子体是典型的多学科交叉领域，其涉及的物理、化学过程非常复杂，相关技术创新或突破依赖于深入地认识其中大量未知的科学问题和技术问题。要解决这些问题，不仅仅要从等离子体物理和化学的机理出发，还要从过程装备尺度上寻求解决等离子体的发生、等离子体反应体系的传递-反应调控、等离子体装备的长时间稳定操作等问题的途径。大力发展等离子体技术的基础研究以及推进其产业化发展，具有重要的科学意义和工业价值。

低温等离子体过程强化技术概述

从化学角度看，等离子体富含的离子、电子、激发态物质、自由基等都是极为活泼的化学活性物质。可以说，等离子体中不存在惰性物质。因此，等离子体特别适合于一些热力学不利或动力学不利的反应等。等离子体可以非常有效地活化一些稳定的小分子，如甲烷、氮气和二氧化碳，甚至可以使一些反应的活化能变为负值。这一特点，使得等离子体在一些特殊无机物（如金属氮化物、金属磷化物、金属碳化物、人造金刚石等）合成强化方面得到广泛的应用。由于等离子体的交叉学科特性，特别是由于非平衡热力学体系尚未建立，等离子体用于强化化学反应及其相关过程尚在发展中，还有大量基础问题有待于解决，相关的高效、可控技术还有待于发展。

化工应用相关的低温等离子体分为热等离子体和冷等离子体[8]。热等离子体中电子温度与中性粒子温度、离子温度近似相等。在冷等离子体中，电子温度（可高达 1×10^4 K 以上）远大于离子温度（常温～500 K），这一非平衡性，对生物相关体系、有机反应及材料处理极为重要。一方面电子具有足够高的能量以使反应物分子激发、离解或电离；另一方面，反应体系又得以保持低温，乃至接近室温，对有机分子破坏少或者没有破坏，具有广泛的应用前景。除上述的热、冷等离子体外，近年来暖等离子体（warm plasma）过程强化与反应器的研究也颇受重视。暖等离子体气体温度介于冷等离子体和热等离子体之间，电子密度高达 $10^{13} \sim 10^{14}$ cm^{-3}，其具有分子振动激发贡献大、反应速率快、能耗低和反应器单位体积产量高的优点。

一、冷等离子体过程强化

冷等离子体是一种非平衡、非热等离子体，具有高化学活性，其中电子温度远远大于重粒子温度，因此在这种非平衡等离子体中的化学过程主要依赖于电子温度，而不敏感于气体的宏观温度。冷等离子体主要具有三个特点：

① 高能化学活性组分（如电子、离子、原子、自由基、不同波长的光子等）；

② 至少存在一些等离子体成分，其温度和能量密度明显高于传统化工过程；

③ 冷等离子体系统远离化学平衡态，系统宏观温度可以很低（比如室温）。

基于这些特性，冷等离子体可以极大地强化传统化学过程，提高过程效率，或成功地激发一些在常规条件下不可能发生的化学反应。常用的冷等离子体发生方式包括辉光放电、电晕放电、介质阻挡放电、射频放电等。

冷等离子体在过程强化中有很多应用，已经实现商业化的包括臭氧合成、表面清洗、材料表面改性（如亲水性改性）、表面涂层、静电除尘、污染物处理、育种等。清华大学邢新会和李和平团队近10年来，基于大气压射频辉光放电等离子体技术，合作研制出了具有自主知识产权的常压室温等离子体（ARTP）诱变育种技术及育种仪[9]，已在100余种工业微生物和植物改造中得到成功应用，诱变育种效果得到国内外同行的广泛关注。目前，通过在清华大学无锡研究院生物育种中心进行技术孵化和转化，已研制出三代ARTP生物育种仪（见图1-1），并出口到新加坡和日本，成为我国科学仪器出口发达国家的典型案例之一。与传统的紫外和化学物质诱变方法相比，ARTP诱变能产生更高的基因损伤强度，从而导致更高的突变率。基于该技术和仪器平台的研究基础，建立了中国生物发酵产业协会微生物育种分会，旨在以微生物育种技术与装备创新推动我国生物发酵产业的转型升级。

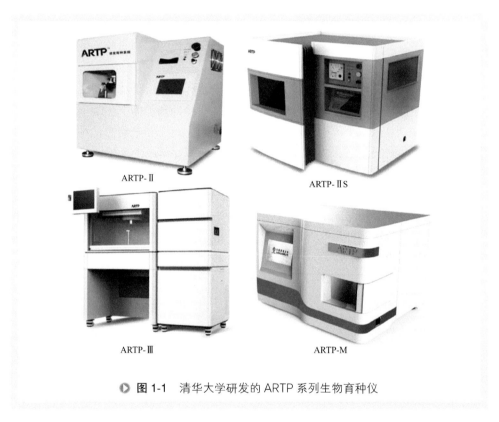

ARTP-Ⅱ

ARTP-ⅡS

ARTP-Ⅲ

ARTP-M

图 1-1 清华大学研发的 ARTP 系列生物育种仪

冷等离子体过程强化的典型应用是材料表面处理和表面沉积，这项技术具有广泛的商业应用，并且不断拓展。如随着可穿戴设备的迅速发展，急需开发具有生物相容性的基质和涂层新材料。南澳大利亚大学未来工业研究所就开发出这样一种导电聚合物薄膜涂层。他们采用气相沉积法将导电聚合物聚 3,4-乙烯二氧噻吩沉积到水合凝胶基质上，再与生物相容成分混合；然后将脱水后的凝胶基质做等离子体处理，改变其表面形状和化学成分，以促进导电聚合物表层的附着，同时使涂层既有生物相容性又有很高的导电性。这项成果可望发展为一个安全有效的方法，将电子显示屏直接装在隐形眼镜上，让人与智能设备紧密结合起来。这个涂层处理方法在全塑料汽车镜子、电致变色窗户、智能窗户等方面也有潜在应用[10]。

　　随着我国国民经济的发展，环境问题日趋严重。冷等离子体在污染物治理方面也正在发挥着越来越重要的作用。这方面的应用包括等离子体分解有机化合物、脱臭、杀菌（高端净化水生产不采用含氯试剂而是采用等离子体发生的臭氧）、废弃生物质裂解、医用垃圾处理等。例如，南京苏曼等离子体科技有限公司开发的等离子体脱臭装置，浙江大学闫克平教授团队开发的电除尘、水处理与空气净化技术等。这些技术是采用冷等离子体富含的高能物质（如电子）或者高效产生的臭氧，快速、高效强化污染物转化反应。此外，等离子体与催化剂结合协同转化技术近年来越来越受到重视，这些技术利用等离子体来引发常温常压条件下的催化反应，提高污染物净化效率，降低能耗，并减少反应副产物的产生。

　　由于冷等离子体的类型多样且应用广泛，限于篇幅，本书仅阐述一些代表性的研究工作，在第二章到第十章的内容中力图呈现给读者最新、最前沿的冷等离子体化工研发现状。

二、暖等离子体过程强化

　　暖等离子体虽可由火花放电产生，但火花放电等离子体反应区体积狭小，故其主要用于电火花点火或电火花加工，不适用于化工用途的等离子体反应器。为此，大连理工大学朱爱民教授课题组设计研制了一种具有大体积反应区的火花罩暖等离子体反应器，该反应器通过旋转的接地电极，带动高压电极和接地电极之间的放电通道绕反应管的轴心旋转，形成火花罩等离子体。该反应器应用于生物气的加氧重整制合成气，在能量密度为 84 kJ/mol 条件下，CH_4 和 CO_2 转化率分别达到 83% 和 35%，合成气产生的能耗为 96 kJ/mol。通过等离子体发射光谱原位诊断得出，其电子密度和 OH 转动温度分别高达 9.6×10^{13} cm^{-3} 和 3100 K[11,12]。

　　暖等离子体是近些年新兴的研究领域，本书通过第十一章内容阐述上述有代表性的科研工作。

三、热等离子体过程强化

　　热等离子体作为一种特殊的热流体，可以提供传统方法无法达到的超高温反应条件。热等离子体可以通过直流或交流电弧、微波、激光、射频等方法方便地产生，并且实际操作功率可从实验室的千瓦级扩大到工业规模的几十兆瓦级[13]。热等离子体典型的特点包括以下几点。

　　① 高效的电热转化效率：通过放电的方式，直接、高效率地产生热等离子体电弧或射流；

② 超高温反应条件：可达到比传统燃烧过程更高的温度条件，温度范围在 $10^3 \sim 10^4$ K 量级；

③ 能量密度高度集中：热等离子体产生的温度场能量密度高度集中，温度梯度大，从而可在小型化反应装置上实现快速率、高通量的转化过程；

④ 可调控的气氛环境：常规高温加热过程往往通过燃烧的氧化反应实现；热等离子体的高温通过电离产生，不依赖于燃烧反应，因而可以实现氧化、还原和惰性等不同气体氛围，这给化学反应的产品选择性调控提供了重要的前提。

基于上述特点，热等离子体强化的多相反应过程一般发生在超高温、毫秒级的极端条件下，可广泛用于各种固体、液体、气体原料的高效转化，如煤/液态烃/气态烃裂解制乙炔、煤气化、固体废弃物处理、纳米材料制备等。由于热等离子体提供的温度非常高，反应物在等离子体中的滞留时间必须很短，否则很容易烧结、熔化和气化，因此，热等离子体中的化工过程大多是瞬态过程。纳米碳管就是从热等离子体瞬态反应产物中首次被发现的。应该指出的是，热等离子体化学转化过程反应条件苛刻，是传递和反应强耦合的复杂过程，如何将热等离子体独特的反应性质与物质转化需求合理结合，实现过程的清洁、高效、可控，并保证过程的经济性，是科研探索和工业实践中必须面对的问题。

热等离子体煤裂解一步法制乙炔工艺具有流程短、水耗低、碳排放低等特点，为我国（尤其是缺水地区）新型煤化工的发展提供了一条极具前景的直接转化路线[14-16]。新疆天业（集团）有限公司联合清华大学、复旦大学等单位共同研发了大型兆瓦级热等离子体反应装置。在他们的努力下，解决了煤粉与氢等离子体高效混合设计以及影响装置长周期稳定运行的反应器结焦问题，2009 年在新疆石河子市建成了 5 MW 热等离子体煤制乙炔工业中试装置。整套装置在自主、正常开停车的情况下，单次操作实现连续联动运行 75 h 以上，裂解气流量和乙炔收率达到经济性要求。在 10 多年的产学研合作过程中，清华大学程易教授课题组[16,17]攻坚了数项基础研究难题和关键工程技术，促进了工业中试取得突破性成果。热等离子体法煤裂解制乙炔技术，可从根本上实现乙炔生产过程的节能减排，有利于推动乙炔产业良性发展，对我国煤炭资源的清洁转化、降低对石油资源的依赖度具有重要意义。同时，该工艺的成功开发，对提高我国绿色制造业重大装备的技术发展水平，推动新型等离子体技术在环保、材料改性和化工等领域的应用均具有重要的意义。

在热等离子体中，分子态的氢可以转变为等离子态的活性氢粒子，可以从热力学和动力学层面上提高氢还原能力。中科院过程所袁方利研究员课题组[18]对热等离子体还原仲钨酸铵开展了研究，当把仲钨酸铵加入热等离子体中，等离子体中的活性氢粒子参与了还原反应，还原生成了金属钨粉。传统氢气还原仲钨酸铵需要数小时才能完成，而仲钨酸铵在热等离子体中仅数秒就完成还原反应，氢活性粒子的强化还原作用是非常关键的。他们还采用这个方法还原仲钼酸铵、碱式碳酸铜、氢氧化镍和碱式碳酸镍等，均获得了相应的金属粉体。另外，在粉体材料制备方面，该课题组主要将热等离子体用于球化，尤其是高熔点金属钨、钼粉体球化。此外，气相合成特种粉体方面也已经获得了巨大进展。

近年来，生活垃圾产量日益增长，我国城市生活垃圾无害化处理设施以卫生填埋为主，堆肥与焚烧为辅。这些处理方式都有其不可避免的弊端，而热等离子体技术作为一种高效、清洁的技术，给固体废弃物的处理提供了一种新的方法[19]。利用等离子体气化处理固废，减重率可达 70% ～ 80%，减容率可达 80% ～ 90%，大大减少了所需的填埋土地；同时等离子体的高温、高能量密度不但能使相应的反应器具有相当大的处理量，还能更彻底地裂解有机物，缺氧的气氛更能抑制二噁英等二次污染物的生成。光大国际已成功地将热等离子体技术用于生活垃圾焚烧飞灰的固废处置工程，充分显示了热等离子体技术用于固废处理的适应性与高效性[20]。

本书通过第十二章到第十五章，从热等离子体在煤制乙炔、化学气相沉积制备纳米材料、超细粉体制备和工业固废处置四个方面介绍热等离子体过程强化技术的基础研究和工业发展。

第三节 低温等离子体化工过程强化的关键问题

低温等离子体中大量的离子、高能电子、激发态的原子或分子等提供了易于发生化学反应的活性基团，使得等离子体强化的化学反应过程展示出特殊外场作用下的非常规行为。一方面，等离子体提供的高活性环境，可以从原子 / 分子尺度大大强化化学反应过程，特别是实现非常规条件下的反应；另一方面，等离子体的特有理化性质，在介观尺度改变了相间接触行为，形成区别于常规多相流的独特的流体力学、传递和反应特性。

虽然低温等离子体在众多的领域已经有广泛的应用，但是等离子体过程强化仍是一门新兴的交叉学科，其基础研究和应用研发还处在早期发展阶段，有大量的问题仍亟待解决。比如，低温等离子体相关活性物质密度分析、检测与物性研究十分困难，所涉及的过程大多偏离热力学平衡。等离子体的物理和化学基础研究严重不足制约了等离子体强化化工过程的发展。一个新的等离子体发生原理或发生器的产生，通常会带动一批相关研究和应用，甚至形成一个新兴产业（如臭氧、表面清洗、表面改性等）。

为解决制约等离子体强化化工过程快速发展的瓶颈问题，探讨如何实现等离子体过程强化的能量和物质利用最大化是一个非常关键的科学与技术问题。在等离子体相关的基础研究方面，其关键科学问题涉及：

① 等离子体 / 放电的物理原理及与之相作用的物理、化学过程机理的协同；

② 等离子体以及等离子体强化的化学过程中相关活性物质的检测与微观作用机制；

③ 等离子体场中的单相／多相传递和反应的微观、介观及宏观规律；

④ 等离子体过程和装备的放大原理。

关键技术问题或可罗列如下：

① 等离子体的产生方式、操控条件以及电能－等离子体－反应过程的能量利用效率调控；

② 等离子体发生器与反应器的装备技术以及长周期操作；

③ 加压以及复杂流体环境中的等离子体技术；

④ 大规模等离子体放电技术和大型等离子体反应器的设计制造；

⑤ 等离子体相关装备的材料工程技术。

基于上述的分析和总结，科研人员将从实验技术、理论方法和装备技术等多方面入手，深化对等离子体以及等离子体强化的化工过程的科学基础研究，指导等离子体化工技术在不同的产品过程中的设计、优化和控制，实现工业化应用。重要的研究内容可从以下方面展开。

① 理论体系：基于微观的物理、化学原理建立各种等离子体场的理论模型和数值模拟方法，可用于描述等离子体自身特性以及与之相作用的复杂化工体系中的流动、传递和反应规律，科学指导等离子体强化的化工过程的设计、优化和放大。

② 实验研究方法：开发先进的原位、在线实验技术，可定性、定量测量等离子体化工体系中活性物质特征以及微观、介观、宏观过程行为，为深入认识等离子体强化的化工过程规律和理论体系的构建提供实验基础。

③ 技术原理和过程规律：根据实际过程的促进机制选择匹配的等离子体放电方式，并通过放电物理的调控产生对实际过程的有效强化，形成"等离子体－化工过程"协同相互作用的技术创新思想，全面揭示特定的等离子体化工过程规律，并逐步建立原理－小试－中试－示范－工业化的技术实现模式。

④ 技术装备：提高等离子体发生装备的能量效率，并与反应器设计的要求紧密结合，建立"等离子体－化工装备"的一体化设计原则，实现过程综合能量效率最大化的目标。

⑤ 过程安全：通过对等离子体以及等离子体强化的化工过程的认识，建立等离子体化工过程安全的原则，避免等离子体在化工领域研究和应用中的安全事故。

⑥ 产品过程和应用：等离子体技术在碳氢物质催化转化、有机合成、催化材料、生物纳米材料、超细粉体制备、高级氧化、工业尾气处理、挥发性有机化合物（VOCs）降解、固体废弃物处理等领域已有重要的进展，进一步推进等离子体化工技术的产业化进程，并在深入理解等离子体技术的前提下大力拓展其应用领域。

第四节 展望

当前，我国在能源、资源、环境保护等方面面临严峻挑战，节能减排、能源材料与催化材料的高效制备、废弃物治理等都是我国化工工作者面临的重大任务。低温等离子体过程强化作为一个交叉科学技术，有望为解决化工生产存在的难题提供新方法、新思路、新技术和新装备。这一领域存在大量理论和实际应用两方面的创新发展机会，潜在的经济效益和社会效益十分显著。本书集成了国内外专家、学者在低温等离子体化学、化工领域的长期研究成果，期望通过实际研发案例展示出低温等离子体化工的魅力，特别是走向工业应用的前景。

为进一步推进日益活跃的低温等离子体化工实现从基础研究到工业应用的贯通式发展，我们建议从多角度出发，鼓励和支持低温等离子体化工的交叉学科领域建设：

① 从大学和科研院所角度，鼓励学科交叉，成立跨学科的等离子体化工科学与技术专委会，联合国内外研发机构，全面建立等离子体化工的科学基础；

② 从产业技术的交叉融合角度，促进电子、机电、特种装备等技术与等离子体化工技术融合，从等离子体电源、等离子体发生装置到等离子体反应过程设备，形成系列化、成套化的新装备设计和制造能力；

③ 从行业和市场角度，促进电力行业与化工行业的交叉融合，寻求更广泛的市场合作模式，充分利用好国家的电力资源，推进以电能驱动为特点的等离子体过程技术的市场发展；

④ 从示范工程角度，在能源转化、生物技术、新材料、环保等领域建立工业示范基地，加速并促成等离子体科学、技术、过程装备的产业化发展。

参考文献

[1] 孙宏伟，段雪. 中国化学科学丛书：化学工程学科前沿与展望 [M]. 北京：科学出版社，2012.

[2] Jin Y, Cheng Y. Chemical engineering in China: Past, present and future[J]. AIChE J, 2011, 57(3): 552-560.

[3] 金涌，程易，颜彬航. 化学反应工程的前生、今世和未来 [J]. 化工学报，2013, 63(1): 34-43.

[4] 陈建峰. 超重力技术及应用——新一代反应与分离技术 [M]. 北京：化学工业出版社，2003.

[5] 朱庆山，李洪钟. 磁场流态化技术的研究及其应用 [J]. 化工冶金，1995, 16(3): 271-281.

[6] 罗会龙, 彭金辉, 张利波, 等. 高温微波反应器工业化应用部分关键问题分析 [J]. 现代化工, 2009, 29: 76-79.

[7] Chen X, Cheng Y, Li T Y, et al. Characteristics and applications of plasma assisted chemical processes and reactors[J]. Current Opinion in Chemical Engineering, 2017, 17: 68-77.

[8] Hippler R, Pfau S, Schmidt M, et al. Low temperature plasma physics: Fundamental aspects and application[M]. Berlin: Wiley-VCH, 2001.

[9] Zhang X, Zhang X F, Li H P, et al. Atmospheric and room temperature plasma(ARTP) as a new powerful mutagenesis tool[J]. Appl Microbiol Biotechnol, 2014, 98(12): 5387-5396.

[10] Moser T, Celma C, Lebert A, et al. Hydrophilic organic electrodes on flexible hydrogels[J]. ACS Appl Mater Interfaces, 2016, 8(1): 974-982.

[11] Liu J L, Li X S, Zhu X B, et al. Renewable and high-concentration syngas production from oxidative reforming of simulated biogas with low energy cost in a plasma shade[J]. Chem Eng J, 2013, 234: 240-246.

[12] 丁天英, 刘景林, 赵天亮, 等. 非热等离子体烃类燃料氧化重整反应器的研究进展 [J]. 化工学报, 2015, 66(3): 872-879.

[13] Zhukov M F, Zasypkin I M. Thermal plasmas torches: Design, characteristics, applications[M]. London: Cambridge International Science Publishing, 2007.

[14] Bond R L, Ladner W R, Mcconnell G I T, et al. Production of acetylene from coal, using a plasma jet[J]. Nature, 1963, 200(491): 1313-1314.

[15] Nicholson R, Littlewood K. Plasma pyrolysis of coal[J]. Nature, 1972, 236(5347): 397-400.

[16] 程炎, 李天阳, 金涌, 等. 热等离子体超高温化学转化的过程研发和应用进展 [J]. 化工进展, 2016, 35(6): 1676-1686.

[17] Yan B H, Cheng Y, Jin Y. Cross-scale modeling and simulation of coal pyrolysis to acetylene in hydrogen plasma reactors[J]. AIChE J, 2013, 59(6): 2119-2133.

[18] Hou G L, Cheng B L, Ding F, et al. Synthesis of uniform alpha-Si_3N_4 nanospheres by RF induction thermal plasma and their application in high thermal conductive nanocomposites[J]. ACS Appl Mater Inter, 2015, 7(4): 2873-2881.

[19] Xu P C, Jin Y, Cheng Y. Thermodynamic analysis of gasification of municipal solid waste[J]. Engineering, 2017, 3: 416-422.

[20] 胡明, 虎训, 邵哲如, 等. 等离子体熔融危废焚烧灰渣中试试验研究 [J]. 工业加热, 2018, 47(2): 13-19.

第二章

冷等离子体在催化剂制备中的应用

第一节 冷等离子体影响晶体成核与生长原理

　　等离子体制备催化剂的早期研究多在热等离子体方面，主要用于制备各种氧化物。随着冷等离子体技术的发展，冷等离子体在催化剂制备方面的应用近年来得到广泛重视 [1,2]。如图 2-1[2] 所示为等离子体在催化剂制备方面的总体应用情况。本节将重点叙述冷等离子体如何影响晶体成核以及其生长原理。

　　相比于通常采用的催化剂热处理制备过程，等离子体与催化剂前驱体之间的反应进行得更快。因此，等离子体创造的环境很好地引发了晶体快速成核，成核可能会如闪电般进行，如图 2-2 所示。同时，冷等离子体是在较低温度（有时甚至低至室温）下进行操作的，这就使晶体的生长速度变得缓慢，因而这种方法制备出的催化剂颗粒粒径较小，同时分散度较高。

　　对比离子以及其他等离子体活性物质，电子的流动性更好，因而等离子体内被暴露出来的催化剂表面将会获得负电荷，这就产生了电场，电场将减慢电子的迁移速率而加速正离子的迁移速率，因此，电子通量和离子通量会达到一种动态平衡。这样，催化剂表面上就产生了一块正电荷富集的区域，也就是俗称的"鞘"（sheath）。"鞘"在等离子体的制备过程中十分重要，因为它决定着电荷迁移到催化剂表面过程中的通量与能量。呈电中性的气体在鞘中会受到影响，因为它决定着电子和离子的能量分布，而电子和离子的能量分布也会对化学反应产生影响。因此，

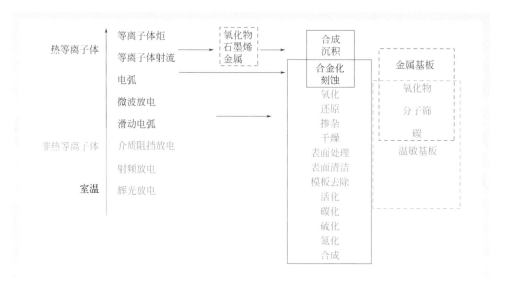

图 2-1　等离子体的主要分类及其在催化剂制备方面的相关应用 [2]

等离子体和催化剂表面之间的相互作用在很大程度上由等离子体，特别是"鞘"中的电场分布决定。此外，还与等离子体的能量、气压以及等离子体的化学沉积等相关性质密切相关。图 2-3[2] 展示了等离子体制备催化剂与普通煅烧制备催化剂的区别。

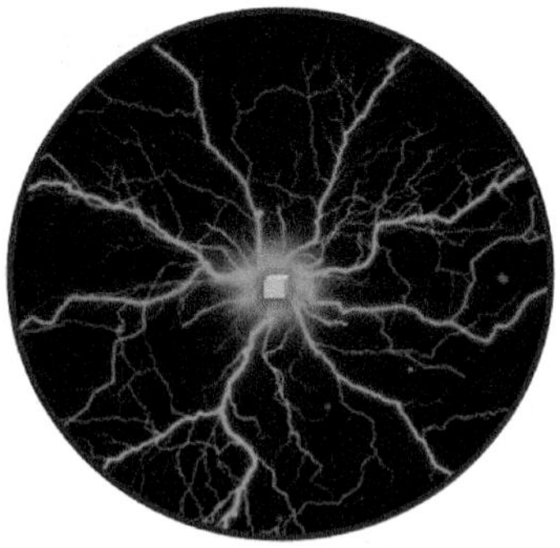

等离子体中合成的纳米颗粒最初是带负电的，这不仅有效抑制了颗粒的团聚，还保证了等离子体制备的催化剂颗粒的尺寸小于热焙烧方法所制备的催化剂颗粒。同时，等离子体制得的催化剂的粒径分布范围也更窄了。

图 2-2　冷等离子体制备催化剂过程中晶体成核与生长示意图

在催化剂制备过程，电子直接参与催化剂表面的反应，因而电子在反应过程中至关重要。电子可以和一些金属离子结合形成金属纳米颗粒，有些类似于金属离子被电子束还原的过程。研究发现通过廉价的非氢气类气体（例如氦气和氩气）放电可以有效还原标准电极电位为正的金属离子，此外，电子在催化剂制备过程中还能引发一些其他反应，电子和分子的碰撞可以有效激发前驱体的分解，从而在低温下获得纳米颗粒，并且生长过程不可逆。电子还能和无机盐发生反应生成特殊无机盐水合物，这类水合物再经过热处理可以获得高分散、高活性催化剂。电子与水分子反应生成的水合电子，也可以用于催化剂的还原制备。

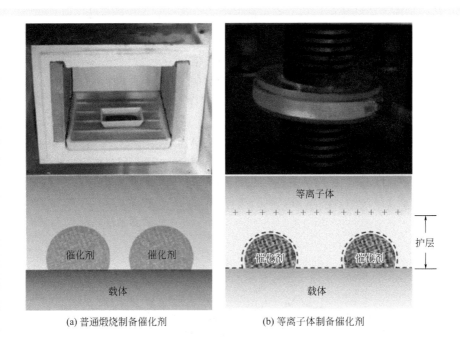

（a）普通煅烧制备催化剂 　　　　　　　（b）等离子体制备催化剂

▶ **图 2-3** 不同方法制备的催化剂的对比图 [2]

诸多实验表明，冷等离子体对晶体成核和生长有着独特的影响，然而等离子体中每一单独的组分对催化剂制备过程到底有什么影响还不清楚，对等离子体制备催化剂的反应过程的理解尚处于初级阶段，仍然需要科研人员不懈努力地去研究与探索。

第二节 冷等离子体制备催化剂的尺度效应

一、辉光放电制备

洪景萍等 [3] 在钴基催化剂的制备过程中引入辉光放电等离子体以代替传统热焙烧的制备方式，发现空气辉光放电等离子体不仅能有效分解硝酸钴，而且生成的氧化钴颗粒粒径减小，载体上钴的分散度显著提高。邹吉军等 [4] 采用氢气辉光放电等离子体还原贵金属盐制备负载催化剂，实验表明辉光放电等离子体能够在 1 h 内将负载 0.5% 的 Pt/TiO_2 完全还原，并且从透射电镜拍摄结果来看，还原得到的金属颗粒在载体表面上分散均匀，将这些无定形的团簇或微晶在惰性气体下升温退火，得到的晶体比氢气还原得到的颗粒还要小。Dadashova 等 [5] 用氧气和氩气辉光放电等离子体对 Fe(NO$_3$)$_3$/ZSM-5 进行处理，Fe(NO$_3$)$_3$ 完全分解为 Fe$_2$O$_3$ 和 NO$_2$，且绝大部分 Fe$_2$O$_3$ 以无定形粒子的形式分布在分子筛孔道内，其余的则以晶体的形式分布在外表面，对于 Fischer-Tropsch 合成反应，该催化剂比常规方法制备的催化剂的转化率和选择性都要高。

祝新利等 [6] 使用氩气辉光等离子体处理 Ni/Al$_2$O$_3$ 催化剂，并对其与普通浸渍法制备所得的 Ni/Al$_2$O$_3$ 催化剂进行对比，分别记为 NiAl-PC 和 NiAl-C，对这些催化剂进行各类测试表征，以探究等离子体对 Ni/Al$_2$O$_3$ 的影响。首先对 γ- Al$_2$O$_3$ 和 Ni/γ-Al$_2$O$_3$ 催化剂进行 XRD 测试，得到其 XRD 谱图如图 2-4[6] 所示。

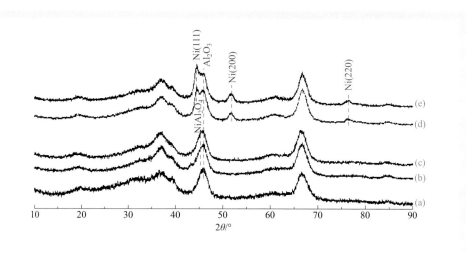

图 2-4 γ- Al$_2$O$_3$ 和 Ni/γ- Al$_2$O$_3$ 催化剂的 XRD 谱图

（a）γ- Al$_2$O$_3$；（b）NiAl-C；（c）NiAl-PC；（d）在 700 ℃下还原 2 h 后的 NiAl-C；（e）在 700 ℃下还原 2 h 后的 NiAl-PC[6]

分析图 2-4 中各催化剂所对应的峰，与标准 PDF 卡片对比后发现，NiAl-C 和 NiAl-PC 中的 Ni 是以 NiAl$_2$O$_4$ 的形式存在，而非 NiO。同时，由 Scherrer 公式使用 XRD 谱图中半峰宽计算得到 Ni 颗粒的尺寸，并由此估算出 Ni 的分散性，结果汇总于表 2-1[6] 中。

表 2-1　Ni颗粒的尺寸及分散性[6]

催化剂样品	粒径 d/nm	分散度 /%
NiAl-C	10.1	9.9
NiAl-PC	7.3	13.7

由表 2-1 不难看出，等离子体处理后的 Ni/Al$_2$O$_3$ 催化剂中 Ni 的颗粒粒径更小，

同时 Ni 的分散性更高。

　　为了更加直观地看到 Ni 在 Al₂O₃ 载体上的分布情况，对 700 ℃ 下还原 2 h 的 NiAl-C 和 NiAl-PC 两种催化剂进行透射电镜扫描测试，所得到的 TEM 图像见图 2-5[6]。

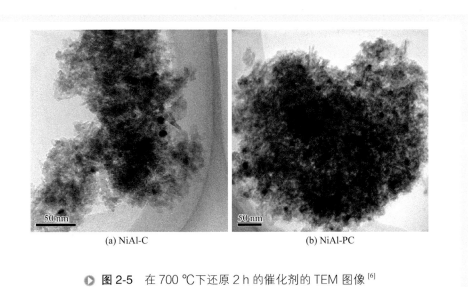

(a) NiAl-C　　　　　　　　　　　　　(b) NiAl-PC

▶ **图 2-5**　在 700 ℃ 下还原 2 h 的催化剂的 TEM 图像 [6]

　　观察图 2-5 可知，对于 NiAl-C 催化剂，虽然大部分颗粒粒径小于 20 nm，但是也能看到一些大于 20 nm 的颗粒，而 NiAl-PC 催化剂没有出现粒径超过 20 nm 的颗粒。根据计算，等离子体处理后催化剂的数目平均粒径为 7.1 nm，小于普通浸渍法制备的催化剂的数目平均粒径（11.1 nm）。同时，NiAl-C 催化剂样品中 Ni 颗粒的分布比较宽，而等离子体处理过后的样品颗粒分布较为集中。

二、介质阻挡气体放电制备

　　介质阻挡放电的电流主要流过微放电通道，因此，放电的主要过程也是发生在微放电中的。

　　Kim 等 [7] 对介质阻挡放电辅助催化剂还原进行了研究，发现 Pt、Co 等金属可以被等离子体还原。张瑶等 [8] 以介质阻挡放电等离子体辅助制备了甲烷重整催化剂 Ni-SiO₂，与常规方法制备的催化剂相比，介质阻挡放电等离子体有效控制了 Ni 颗粒的尺寸，并且很好地抑制了积炭生成。蒯平宇等 [9] 通过介质阻挡放电等离子体对氢氧化铜、碱式碳酸铜、铜锌碱式碳酸盐等进行分解，结果发现介质阻挡放电等离子体可以将它们分解成对应的氧化物，同时得到的 CuO-ZnO 颗粒更小、更均匀，而且该法制备的颗粒经还原后有更强的催化甲酸基生成甲氧基的能力。

李艳[10]通过常规浸渍法制备了 Ni/MgO 催化剂。她先将浸渍过的催化剂粉末置于 500 ℃的马弗炉中焙烧 4 h 以稳定 MgO 载体的孔结构并除去载体表面吸附的一些杂质。将焙烧后的样品分为两份,一份直接在马弗炉中 800 ℃下焙烧 1.5 h,得到的样品记为 H-NiO/MgO,另一份样品则首先经过介质阻挡电等离子体处理 1 h,然后置于马弗炉中 800 ℃下焙烧 1.5 h,所得到的样品记为 P-NiO/MgO。这两份样品在反应前均需要在 H_2 中于 700 ℃下还原 2 h,分别得到常规浸渍法和介质阻挡放电等离子体法制备的催化剂,分别标记为 H-Ni/MgO 和 P-Ni/MgO。

为了确定介质阻挡放电等离子体处理是否会造成两种催化剂在宏观形貌上的差别,在扫描电镜下观察这两种催化剂样品,由图 2-6[10] 的 SEM 图像可以看出,介质阻挡放电等离子体制备的催化剂基本为球形颗粒,和普通热焙烧法所制得的催化剂形貌并无太大差别,只是颗粒团聚的现象略微减少。

(a) H-Ni/MgO　　　　　　　　　　(b) P-Ni/MgO

▶ 图 2-6　两种催化剂的 SEM 图像[10]

为了更加直观地观察还原后 MgO 载体上 Ni 颗粒的形貌,继续对这两种催化剂进行透射电镜表征,图 2-7[10] 和图 2-8[10] 为拍摄所得的 TEM 图像。

从两种催化剂的 TEM 图像以及两种催化剂粒径分布对比图来看,H-Ni/MgO 催化剂中 Ni 颗粒的平均粒径为 7.44 nm,而 P-Ni/MgO 催化剂中 Ni 颗粒的平均粒径为 5.47 nm。由此可见,介质阻挡放电等离子体处理后的催化剂中 Ni 颗粒的平均粒径更小,并且相对较集中,载体上的 Ni 颗粒大多呈半球状,且颗粒表面较大,缺陷位点较少。同时,Ni 颗粒在载体表面更加铺展,与载体的相互作用界面扩大了。

三、射频等离子体制备

射频等离子体(radio-frequency plasma)是一种利用高频高电压使电极周围的

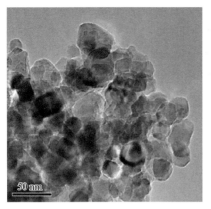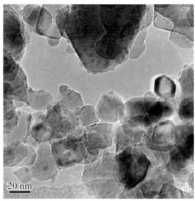

● **图 2-7** H-Ni/MgO 的 TEM 图像 [10]

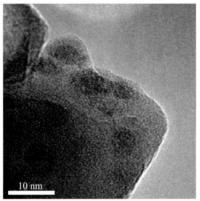

● **图 2-8** P-Ni/MgO 的 TEM 图像 [10]

空气电离而产生的低温等离子体，由于射频低温等离子体的放电能量高、放电范围广，已经被广泛应用于材料的表面处理。射频等离子体可以产生线性放电，也可以产生喷射放电[11]，不仅如此，其放电在增强电离和维持放电等方面比辉光放电更有效[12]。

　　射频等离子体虽然不如辉光放电等离子体和介质阻挡放电等离子体应用广泛，却也有不少科研人员采用射频等离子体制备催化剂，储伟等[13]采用射频等离子体技术制备了 CuCo/γ-Al$_2$O$_3$ 催化剂，经表征测试发现，铜钴主要是以 CuO 和 Cu-Co 尖晶石的形式存在。等离子体处理对催化剂的晶粒尺寸有显著影响，普通浸渍所得 CuCo/γ-Al$_2$O$_3$ 催化剂的平均粒径为 21.1 nm，而射频等离子体制备的催化剂的晶粒尺寸迅速降到 16.7 nm。随后，他们继续通过射频等离子体技术制备了合成低碳醇用 CuCo/ZrO$_2$ 催化剂，结果再次发现射频等离子体处理的催化剂样品的金属颗粒尺寸有所减小，同时催化剂的比表面积大幅度提高，活性组分高度均匀分散。储伟等[14]还采用射频等离子体技术制备了 Ni/γ-Al$_2$O$_3$ 催化剂用于合成气反应，所得催化剂粒径较小且高度分散。Blecha 等[15]对丙烯歧化反应过程中的 WO$_3$/SiO$_2$ 催化剂进行表面处理，采用高压射频放电等离子体，结果显示等离子体处理并没有改变催化剂的结构，但是其分散状态有很大改善，处理后的催化剂活性更高，使反应更快速地到达平衡。

四、其他等离子体

除了辉光放电等离子体、介质阻挡放电等离子体以及射频等离子体外，还有许多其他等离子体在制备过程中也能有效改善催化剂的尺寸。Vissokov[16]通过电弧等离子体制备了合成氨催化剂，该催化剂含 Fe$_3$O$_4$、Fe$_2$O$_3$、FeO、Al$_2$O$_3$、K$_2$O、CaO 和 SiO$_2$ 等氧化物，其比表面积为 20 ~ 40 m^2/g，粒度分布范围为 10 ~ 50 nm。Li 等[17]通过电晕放电等离子体制备了分散度极高的镍催化剂，电晕放电处理不仅降低了催化剂粒径，还提高了镍催化剂的抗积炭能力。

综上所述，对比传统焙烧法得到的催化剂，冷等离子体制备的催化剂中的金属颗粒大多具有较优化的几何形状，冷等离子体处理后催化剂中的金属颗粒的粒径较小，并且高度分散。因此，冷等离子体常被用于合成超细或者具有特殊性质的催化剂。等离子体制备获得的小尺度催化剂也为催化剂结构性能调控提供了一个很好的模型体系。实际上，考察催化剂尺度影响是研究催化剂结构性能关系最简单的方法。

第三节　冷等离子体制备催化剂的结构效应

一、辉光放电制备

辉光放电等离子体制备出的催化剂不仅有尺度上的变化，有时还会引起结构上的变化。邹吉军等[18]通过辉光等离子体处理 NiO/Ta$_2$O$_5$ 和 NiO/ZrO$_2$ 半导体催化剂，以探索等离子体处理是否会对催化剂的结构产生影响。

首先，将金属镍颗粒还原为单质，然后在较为温和的条件下短时间氧化，得到一层厚度约为 5 nm 包裹住单质镍的氧化壳层，如图 2-9[18] 所示。

接着，通过常规的热处理方法得到 NiO/Ta$_2$O$_5$ 催化剂，对其进行 TEM 测试得到

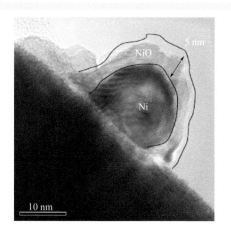

◉ 图 2-9　镍颗粒的壳层结构[18]

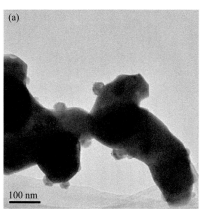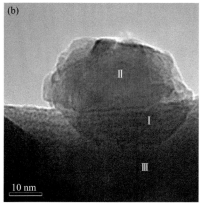

◉ 图 2-10　常规热处理方法得到的 NiO/Ta₂O₅ 催化剂的金属 - 载体界面 TEM 图[18]

图 2-10[18]，从图 2-10（a）中能够发现大部分的镍颗粒与载体相互重叠，而在放大图（b）中，镍颗粒的轮廓很清晰，但在界面区域与载体相互重叠，通过各个角度所拍摄的 TEM 图像，均发现此现象，于是推测镍颗粒在处理过程中，通过接触面扩散至 Ta₂O₅ 内部。除此之外，图 2-11[18] 给出了常规热处理所得 NiO/ZrO₂ 催化剂的 TEM 图，和 NiO/Ta₂O₅ 一样，也观察到了扩散的界面区域，这说明常规热处理获得的催化剂普遍存在镍扩散的现象。

　　而等离子体处理后的镍催化剂的金属 - 载体界面则与常规热处理所得的催化剂截然不同，如图 2-12[18] 所示，经过等离子体处理后的 NiO/Ta₂O₅ 和 NiO/ZrO₂ 催化剂没有出现镍扩散的现象，而是在镍颗粒与载体之间形成了清晰整齐的金属 - 载体界面。因此，辉光放电等离子体在一定程度上会对催化剂的结构产生影响。

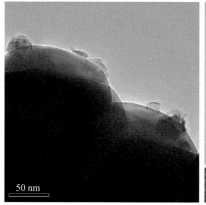
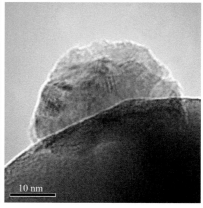

图 2-11 常规热处理方法得到的 NiO/ZrO₂ 催化剂的金属 - 载体界面 TEM 图 [18]

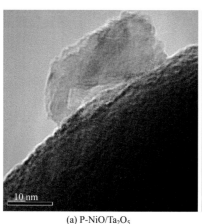
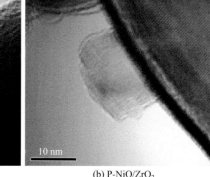

(a) P-NiO/Ta₂O₅   (b) P-NiO/ZrO₂

图 2-12 等离子体制备所得催化剂的金属 - 载体界面的 TEM 图 [18]

二、介质阻挡气体放电制备

孙启迪等[19]研究报道了通过介质阻挡放电等离子体辅助 Zn(OH)₂ 分解制备纳米管状的 ZnO，与普通热焙烧分解 Zn(OH)₂ 所得的 ZnO 结构相差很大。

实验将普通热焙烧 Zn(OH)₂ 后制得的 ZnO 催化剂记为 ZnO-C，而将介质阻挡放电等离子体制备的催化剂记为 ZnO-DBD，为了探究介质阻挡放电等离子体对催化剂结构的影响，进一步对这两种催化剂进行各类表征测试。

图 2-13[19] 为两种催化剂的场发射扫描电镜（FESEM）图像。不难看出，图 2-13（a）中的 ZnO 呈纳米管状，整体类似六角空心棱柱且内外表面均比较粗糙。此外，ZnO 纳米管的长度在 300 ~ 500 nm 间不等。对比之下，图 2-13（b）中却没有发现

(a) ZnO-DBD   (b) ZnO-C

▶ **图 2-13** ZnO 催化剂的 FESEM 图像[19]

纳米管状的 ZnO, 并且粒径很不均匀。

  为了进一步区分两种样品的结构, 继续用透射电镜拍摄样品得到 TEM 图像以及对应的 SEAD 图像, 见图 2-14[19]。

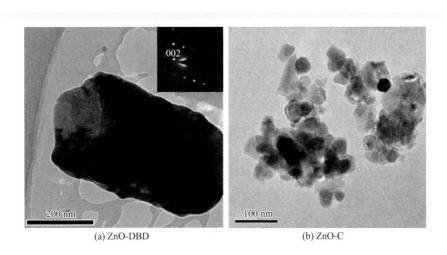

(a) ZnO-DBD   (b) ZnO-C

▶ **图 2-14** ZnO 催化剂的 TEM 图像以及对应的 SEAD 图像[19]

  由图 2-14（a）可以看出 ZnO-DBD 的管状结构, 主要形貌和尺寸与 FESEM 结果相符, 由对应的 SEAD 图像可以知道介质阻挡放电等离子体分解制备的 ZnO 纳米管为单晶结构, 同时可以看出其生长方向。而图 2-14（b）为普通焙烧分解制备的 ZnO 颗粒的 TEM 图像, 其颗粒大多不规则, 并且尺度也不均匀, 从几十纳米到几百纳米不等。

  由此可见, 介质阻挡放电等离子体分解和焙烧所制备的 ZnO 有截然不同的形貌与结构，并且生长方式也不一样，说明等离子体对催化剂的结构影响很大。

三、射频等离子体制备

Furukawa 等[20] 在 CF_4 射频等离子体的作用下制备了 HY 分子筛催化剂，能谱测试显示该分子筛催化剂的表面出现新的官能团，进一步用红外光谱对其进行分析，发现在射频等离子体作用下催化剂表面的—OH 被—CF_n 或—F 所替代。

Li 和 Jang[21] 通过射频等离子体制备了 Pd/TiO_2 和 Pd/Al_2O_3 催化剂，并深入研究了射频等离子体对催化剂的结构是否会产生影响。进而通过实验发现经过等离子体处理的 Pd/TiO_2 催化剂表现出更高的催化活性，这种变化是由于其强金属-载体相互作用（SMSI）导致的，产生这种效应主要有两个因素，电子效应和几何效应[22]，如图 2-15[22] 所示。当催化剂负载的金属与载体之间发生了电子转移，会造成催化剂的电子结构的扰动和重构，这就是电子效应。而几何效应则主要由于当催化剂载体被部分还原后，会在一定程度上覆盖包封住催化剂表面分布的金属颗粒，阻挡了活性组分。

一般情况下，当还原温度较高时，有一部分 TiO_2 会被还原成 TiO_x（$x<2$）物种，并迁移覆盖到还原后的 Pd 晶粒表面上而产生强金属-载体相互作用，而在射频等离子体的作用下，催化剂在较低的温度下就发生还原，氢溢流至载体表面，将 TiO_2 表面的 Ti^{4+} 部分还原成 Ti^{3+}。在 O_2 放电等离子体处理中产生的大量高能离子，可以与 TiO_2 晶格氧发生作用，打断 TiO_2 中的 Ti—O 键，使 TiO_2 晶体中处于晶格正常位置的氧原子位置形成氧空位，形成 TiO_x（$x<2$）结构[23-25]。为了验证 O_2 放电条件下射频等离子体处理过程是否产生了氧空位，对比 O_2 等离子体处理前后催化剂样品的 XPS 结果，发现常规制备的 Pd/TiO_2 样品中 O/Ti 比值为 2.6，而经过 O_2 等离子体处理后的 Pd/TiO_2 样品中 O/Ti 比值为 2.5，这一结果与 Nakamura 等[25] 报道的结果相似。同时，经分析发现 O_2 等离子体处理后的 Pd/TiO_2 样品中 Pd/Ti 的比值为 2.5，比未经等离子体处理的样品的 Pd/Ti 值 2.6 略小，这也就说明 O_2 放电条件下射频等离子体处理后产生的金属-载体强相互作用符合 SMSI 掩盖模型。

四、其他等离子体

当然，除了以上三种等离子体放电能够对催化剂的结构产生影响，还有很多其他等离子体也能给催化剂带来不一样的结构效应。

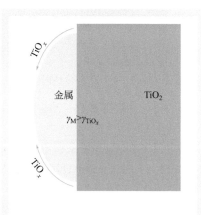

▶ **图 2-15** 由 TiO_x（$x<2$）表面到金属团簇的质量传递示意图[22]

Qi 等 [26] 通过微波等离子体制备了负载钼的分子筛催化剂，提高了甲烷无氧芳构化的选择性和稳定性，相较于普通浸渍法，微波等离子体处理后的催化剂结构明显发生变化，其金属钼颗粒高度分散于分子筛外表面，而不是孔道内。于开录 [27] 通过电晕放电合成了金属负载纳米碳管催化剂，其中负载的金属包括铁、钴、镍、铂、铜、镧和锌，这些金属以单质或者氧化物形态负载于纳米碳管上。Zubowa 等 [28] 以电感耦合等离子体制备了 SiO_2 颗粒，反应气体 $SiCl_4$ 和 O_2 以不同的比例随氩气进入反应器，获得的颗粒尺寸为 10 ~ 30 nm，这种方法制备的 SAPO-31 分子筛催化剂的晶体结构发生了很大的改变，使得其 Bronsted 酸得以增强，提高了甲醇烷基化和正庚烷异构化的转化率。

由此可见，冷等离子体不仅会影响催化剂的形貌与尺度，有时还会改变催化剂的结构。因此，冷等离子体处理是一个表面改性的过程，该过程时间短且快速有效，同时避免了热效应，也不会破坏载体的晶体结构，还能防止烧结、团聚等不良反应的产生。

第四节　冷等离子体制备热敏材料负载催化剂

由于冷等离子体能够在室温下进行还原反应，并且能够有效调控晶体成核及生长过程中颗粒的尺寸与结构，因此该方法常被用于制备一些热敏材料负载催化剂，例如多孔有机聚合物、大比表面积炭材料、离子液体以及多肽等。

一、多肽、氨基酸类

一般来说，贵金属催化剂凭借高活性以及高选择性而广泛应用于催化领域，但是如何有效调控贵金属催化剂的制备过程始终是个难题。多肽、氨基酸在结构上具有可设计性、生物兼容性以及可降解性，因而在生物医药及临床医学等众多领域具有广泛的应用前景。其中，多肽分子侧链含有很多带电基团，这些基团能够通过静电或其他作用吸附无机金属，从而获得具有光电催化等特定功能的多肽复合材料。因而，多肽模板可以有效调控催化剂的尺寸、形貌、晶体结构等各个方面，通过改变多肽的序列以及结构就可以显著增强催化剂的活性或者稳定性。

那么，如何将催化剂纳米颗粒负载于多肽上是实验的关键所在。天津大学曾报道过关于辉光等离子体诱导多肽 KLVFFAE（Aβ_{16-22}）自组装的工作，潘云翔等 [29] 在报道中使用密度泛函理论对辉光等离子体处理后的多肽自组装机理进行了理论计算分析，然后严金茂等 [30] 在实验中通过辉光放电等离子体处理多肽 KLVFF（Aβ_{16-20}）

并对其进行自组装，结果显示多肽自组装形成 β-折叠结构纤维并且聚集形成膜状结构，进一步制备了多肽 KLVFF 负载贵金属的复合材料。由此可以发展出一种新的替代传统稳定剂的金属纳米颗粒多肽稳定剂。

二、大比表面积炭材料

氢能作为一种清洁、高效的能源，一直被认为是可以替代化石燃料的最有潜力的能源[31]，但是如何有效地储存氢能始终限制着人们对氢能的利用，而碳纳米管、石墨、纳米石墨纤维以及活性炭等炭材料凭借质量轻、比表面积大等优点，被认为是一类很好的储氢材料。但是，很多报道[32-34]表明这些炭材料在大气环境下仅仅发生物理吸附，因而所储存的氢远远达不到实际应用的要求。

氢溢流[35,36]是催化领域一种常见的现象，也是一种能够有效提高大比表面积炭材料储氢性能的方式。通过往这些炭材料中引入金属颗粒以产生氢溢流现象的方式主要分为两种，一种是采取物理方式将一些金属负载在这些炭材料上得到复合催化剂，另一种则是以化学掺杂的方式将金属与炭材料进行复合。已经有不少学者报道通过掺杂一些过渡金属，炭材料的储氢性能得到了提升，但是，这些研究大多都是在高温下还原浸渍于炭材料中的金属盐，在这种情况下所得到的颗粒分散性较差，因而储氢性能虽有提升，但效果并不明显。

等离子体在较低的温度下即能还原金属，并且能得到高度分散的金属颗粒，那么通过等离子体还原的金属是否能增强氢溢流效应呢？

Li 等[37]在活性炭材料中掺杂质量分数为 3% 的金属铂，然后通过氩气辉光等离子体进行还原，实验表明，等离子体处理之后材料的储氢容量约为传统 H_2 还原所得材料的三倍，这主要归结于等离子体增强了氢原子由金属铂向炭材料之间溢流的效应。

三、多孔有机聚合物类

多孔有机聚合物[38,39]，类似于有机金属骨架，通常由 C—C、C—H 以及 C—N 等一些牢固的共价键连接而成，因而具有较好的水热稳定性。近期，许多研究报道合成了新的多孔有机聚合物，这些聚合物的孔隙十分稳定，即使暴露在沸水中一周仍然能保持原有的孔隙，因此，这些多孔有机聚合物十分适合催化反应，但是目前对基于多孔有机聚合物催化剂的研究还很少。

周游等[40]首次制备了多孔有机聚合物（COP-4）负载钯的新型催化剂，通过等离子体还原后的金属钯颗粒在 COP-4 上分散得十分均匀，为了测试这种新型催化剂的性能，进一步将该催化剂应用于 CO 氧化反应中，发现该催化剂的催化活性很高。

第五节　冷等离子体分解脱除分子筛模板

分子筛催化剂[41-43]是一类孔径均匀的材料。在分子筛催化剂合成之初，有机阳离子和表面活性剂填充在分子筛的孔穴中，只有将这些有机模板脱除后，分子筛的孔道才能开放。最常见的脱除分子筛模板的方法是高温焙烧，然而这种传统的焙烧方法会破坏一些具有特殊结构的分子筛骨架，甚至导致其骨架完全坍塌。此外，通过热焙烧来脱除模板往往需要控制好升温速率、焙烧时间、焙烧温度、气氛以及气体流量等[44-47]各个方面，整个焙烧过程操作起来十分繁琐。因此，通过热焙烧脱除分子筛模板有时并不是最好的方法。

为了解决传统热焙烧的缺陷，相关学者开发出了许多方法替代热焙烧，例如两段焙烧法、溶剂萃取法、臭氧法、双氧水氧化法以及微波法等[48-53]，这些方法均可以有效脱除分子筛模板，且操作条件比传统热焙烧温和，得到的分子筛骨架也不易变形，但是这些方法基本都采用了化学试剂。

那么，通过冷等离子体来脱除分子筛催化剂模板似乎是种很好的选择，不仅操作条件温和，还避免了化学试剂的使用。其实，早在20世纪80年代初，Theo等[54]就曾研究空气射频放电等离子体脱除MFI型分子筛的有机模板，其充分应用了等离子体在低温下操作的优点，有效避免了高温焙烧的缺陷，但是真空下操作的射频放电等离子体，活性氧物种浓度有限，因此脱除有机模板的速率不理想。

El-Roz等[55]报道了在低压条件下通过冷等离子体可以脱除β-分子筛纳米晶体中的有机模板，这种方法不仅几分钟就能完全脱除模板，而且能使氨型分子筛催化剂转化为氢型分子筛催化剂，他们还发现微孔结构中吸收的水分子在降解有机模板中起着至关重要的作用，因为此过程产生了反应活性极强的含氧物质。

刘媛[56]通过介质阻挡放电等离子体对MCM-41以及ZSM-5分子筛进行模板脱除，图2-16[56]和图2-17[56]分别展示了两种分子筛在脱除模板过程中的颜色变化。

从图2-16[56]中可以看出，等离子体脱除分子筛模板的过程中，MCM-41粉末的颜色变化比较明显，刚合成出的MCM-41粉末呈白色，模板分解15 min时，样品逐渐呈浅黄色，而后随着脱除模板过程的进行，样品颜色越来越深，进行到45 min时，样品颜色呈棕色，已经达到最深。之后，样品颜色慢慢变浅，分解到75 min时，样品重新恢复到白色，整个模板脱除过程结束。

整个过程中颜色的变化表明MCM-41分子筛的模板在介质阻挡放电作用下逐步被分解，由分子筛内孔道扩散至外孔道，最后离开分子筛的表面，完成整个脱除模板的过程。

等离子体脱除ZSM-5分子筛模板的过程类似，图2-17[56]中最初的ZSM-5分子筛粉末为白色，脱模板15 min时，样品呈黄色，而随着分解时间的不断延长，样品

▷ **图 2-16** 介质阻挡放电等离子体脱除 MCM-41 分子筛模板过程中的颜色变化 [56]

▷ **图 2-17** 介质阻挡放电等离子体脱除 ZSM-5 分子筛模板过程中的颜色变化 [56]

的颜色慢慢变浅，直至恢复为白色，说明 ZSM-5 的分子筛模板正丁胺在等离子体的作用下完全被分解。

总之，自 1928 年首次提出这一概念，等离子体作为物质的第四种状态，引起了各领域科学家们的兴趣。相比于传统焙烧得到的催化剂，等离子体制备的催化剂在尺寸和结构上有所不同，主要表现为催化剂中金属颗粒的粒径更小，并且在载体上高度分散，进而增强活性组分和载体之间的相互作用，以提高催化剂的性能。不仅如此，等离子体还减少了催化剂制备所需的化学物质以及能量，与此同时，很多催化剂的制备时间由于等离子体的存在而大大缩短。

近几年，从事等离子体研究的科研学者们通过不懈努力克服了一个又一个的难关，取得了一系列成果，但也面临着各种挑战，其中最大的挑战在于无法阐明等离子体所参与的这些反应的具体机理。同时，目前还找不到一种可靠的手段来测量催化剂制备过程中电子或者其他活性中间物种的能量和密度，对等离子体存在下的催化剂的原位表征则更为困难。这些问题在很大程度上限制了等离子体的应用，这一点在催化领域表现得尤为明显，低温等离子体在制备催化剂时，其非平衡性、等离子体气氛的工作状态、反应中的各种自由基以及其相互碰撞等各个方面都会对催化剂的性质产生极大的影响。

当然，等离子体在催化剂制备领域尚有很多未知数，例如等离子体参与制备的金属及金属氧化物颗粒除具有独特的结构或者表现出更高的活性外，也会产生一定的缺陷位，这就为系统研究缺陷化学的科研学者们提供了一个很好的理论研究模型；在甲烷重整反应方面，等离子体制备的镍基催化剂也为如何有效减少蒸汽 / 甲烷原料比提供了一个很好的模型催化剂。除了以上列举的一些问题之外，等离子体制备催化剂方面还有很多值得研究的点，仍需要通过相关科研学者的不懈努力来探索。

总之，对等离子体影响催化剂制备的研究之路势必是一条机遇与挑战并存的探索之路。我们期待在不久的将来，等离子体制备催化剂这一领域将会产生更多成果。

参考文献

[1] Liu C, Li M, Wang J, et al. Plasma methods for preparing green catalysts: Current status and perspective[J]. Chinese Journal of Catalysis, 2016, 37(3): 340-348.

[2] Wang Z, Zhang Y, Neyts E C, et al. Catalyst preparation with plasmas: How does it work?[J]. ACS Catalysis, 2018, 8(3): 2093-2110.

[3] 金衍，刘琛，洪景萍. 辉光放电等离子体处理对活性炭负载钴基催化剂形貌及催化性能的影响 [J]. 化学与生物工程，2017, 34(5): 8-11.

[4] Zou J J, Liu C J, Yu K L, et al. Highly efficient Pt/TiO_2 photocatalyst prepared by plasma-enhanced impregnation method[J]. Chemical Physics Letters, 2004, 400(4-6): 520-523.

[5] Dadashova E A, Yagodovskaya T V, Shpiro E S, et al. The synthesis of Fe_2O_3/ZSM-5 catalyst for carbon monoxide hydrogenation in glow discharge of oxygen and argon[J]. Kinetics and Catalysis, 1993, 34(4): 670-673.

[6] Zhu X L, Huo P P, Zhang Y P, et al. Structure and reactivity of plasma treated Ni/Al_2O_3 catalyst for CO_2 reforming of methane[J]. Applied Catalysis B: Environmental, 2008, 81(1-2): 132-140.

[7] Kim S S, Lee H, Na B K, et al. Plasma-assisted reduction of supported metal catalyst using atmospheric dielectric-barrier discharge[J]. Catalysis Today, 2004, 89(1-2): 193-200.

[8] Zhang Y, Wang W, Wang Z, et al. Steam reforming of methane over Ni/SiO$_2$ catalyst with enhanced coke resistance at low steam to methane ratio[J]. Catalysis Today, 2015, 256: 130-136.

[9] Kuai P Y, Liu C J, Huo P P. Characterization of CuO-ZnO catalyst prepared by decomposition of carbonates using dielectric-barrier discharge plasma[J]. Catalysis Letters, 2009, 129(3-4): 493-498.

[10] 李艳. 介质阻挡放电等离子体制备甲烷 CO$_2$ 重整镍基催化剂 [D]. 天津 : 天津大学 , 2010.

[11] http://www. coronalab. net/

[12] 赵化侨 . 等离子体化学与工艺 [M]. 合肥 : 中国科学技术大学出版社 , 1993.

[13] 徐慧远，储伟，士丽敏，等 . 射频等离子体对合成低碳醇用 CuCoAl 催化剂的改性作用 [J]. 燃料化学学报 , 2009, 37(2): 212-216.

[14] Zhang Y, Chu W, Cao W, et al. A plasma-activated Ni/α-Al$_2$O$_3$ catalyst for the conversion of CH$_4$ to syngas[J]. Plasma Chemistry and Plasma Processing, 2000, 20(1): 137-144.

[15] Blecha J, Dudas J, Lodes A, et al. Activation of tungsten oxide catalyst on SiO$_2$ surface by low-temperature plasma[J]. Journal of Catalysis, 1989, 116(1): 285-290.

[16] Vissokov G P. Plasma-chemical preparation and properties of catalysts used in synthesis of ammonia[J]. Journal of Materials Science, 1998, 33(14): 3711-3720.

[17] Li Z H, Tian S X, Wang H T, et al. Plasma treatment of Ni catalyst via a corona discharge[J]. Journal of Molecular Catalysis A: Chemical, 2004, 211(1-2): 149-153.

[18] Zou J J, Liu C J, Zhang Y P. Control of the metal-support interface of NiO-loaded photocatalysts via cold plasma treatment[J]. Langmuir, 2006, 22(5): 2334-2339.

[19] Sun Q D, Yu B, Liu C J. Characterization of ZnO nanotube fabricated by the plasma decomposition of Zn(OH)$_2$ via dielectric barrier discharge[J]. Plasma Chemistry and Plasma Processing, 2012, 32(2): 201-209.

[20] Furukawa K, Tian S R, Yamauchi H, et al. Characterization of H-Y zeolite modified by a radio-frequency CF$_4$ plasma[J]. Chemical Physics Letters, 2000, 318(1-3): 22-26.

[21] Li Y N, Jang B W L. Investigation of calcination and O$_2$ plasma treatment effects on TiO$_2$-supported palladium catalysts[J]. Industrial & Engineering Chemistry Research, 2010, 49(18): 8433-8438.

[22] Fu Q, Wagner T. Interaction of nanostructured metal overlayers with oxide surfaces[J]. Surface Science Reports, 2007, 62(11): 431-498.

[23] 李晓菁 , 乔冠军 , 陈杰瑢 . 等离子体修饰 TiO$_2$ 及其响应光谱红移 [J]. 化学进展 , 2007, 19(2): 220-224.

[24] Seo H, Kim J H, Shin Y H, et al. Ion species and electron behavior in capacitively coupled

Ar and O$_2$ plasma[J]. Journal of Applied Physics, 2004, 96(11): 6039-6044.

[25] Takeuchi K, Nakamura I, Matsumoto O, et al. Preparation of visible-light-responsive titanium oxide photocatalysts by plasma treatment[J]. Chemistry Letters, 2000, 29(12): 1354-1355.

[26] Qi S, Yang B. Methane aromatization using Mo-based catalysts prepared by microwave heating[J]. Catalysis Today, 2004, 98(4): 639-645.

[27] 于开录. 模板法合成一维纳米管阵列 [D]. 天津：天津大学, 2004.

[28] Zubowa H L, Lischke G, Parlitz B, et al. Improvement of catalytic properties of SAPO-31 molecular sieves by using an activated form of SiO$_2$[J]. Applied Catalysis A: General, 1994, 110(1): 27-38.

[29] Pan Y X, Liu C J, Zhang S, et al. 2D-oriented self-assembly of peptides induced by hydrated electrons[J]. Chemistry-A European Journal, 2012, 18(46): 14614-14617.

[30] Yan J M, Pan Y X, Cheetham A G, et al. One-step fabrication of self-assembled peptide thin films with highly dispersed noble metal nanoparticles[J]. Langmuir, 2013, 29(52): 16051-16057.

[31] 吴其胜. 新能源材料 [M]. 上海：华东理工大学出版社, 2012.

[32] Ye Y, Ahn C C, Witham C, et al. Hydrogen adsorption and cohesive energy of single-walled carbon nanotubes[J]. Applied Physics Letters, 1999, 74(16): 2307-2309.

[33] Shiraishi M, Takenobu T, Kataura H, et al. Hydrogen adsorption and desorption in carbon nanotube systems and its mechanisms[J]. Applied Physics A, 2004, 78(7): 947-953.

[34] Yang R T. Hydrogen storage by alkali-doped carbon nanotubes-revisited[J]. Carbon, 2000, 38(4): 623-626.

[35] Conner W C, Falconer J L. Spillover in heterogeneous catalysis[J]. Chemical Reviews, 1995, 95(3): 759-788.

[36] Najafabadi N I, Chattopadhyaya G, Smith K J. Experimental evidence for hydrogen spillover during hydrocracking in a membrane reactor[J]. Applied Catalysis A: General, 2002, 235(1-2): 47-60.

[37] Li Y, Yang R T, Liu C, et al. Hydrogen storage on carbon doped with platinum nanoparticles using plasma reduction[J]. Industrial & Engineering Chemistry Research, 2007, 46(24): 8277-8281.

[38] 张雨薇. 多孔有机聚合物骨架的合成及性能研究 [D]. 长春：吉林大学, 2016.

[39] 赵文鹏, 李爱琴, 丁三元. 多孔有机聚合物在水处理中的应用 [J]. 应用化学, 2016, 33(5): 513-523.

[40] Zhou Y, Xiang Z, Cao D, et al. Covalent organic polymer supported palladium catalysts for CO oxidation[J]. Chemical Communications, 2013, 49(50): 5633-5635.

[41] 王鹏飞. 催化剂分子筛分析 [M]. 北京：化学工业出版社, 2007.

[42] 陈连璋 . 沸石分子筛催化 [M]. 大连：大连理工大学出版社 , 1990.

[43] Primo A, Garcia H. Zeolites as catalysts in oil refining[J]. Chemical Society Reviews, 2014, 43(22): 7548-7561.

[44] Mateo E, Paniagua A, Güell C, et al. Study on template removal from silicalite-1 giant crystals[J]. Materials Research Bulletin, 2009, 44(6): 1280-1287.

[45] Motuzas J, Heng S, Lau P Z, et al. Ultra-rapid production of MFI membranes by coupling microwave-assisted synthesis with either ozone or calcination treatment[J]. Microporous & Mesoporous Materials, 2007, 99(1-2): 197-205.

[46] Gualtieri M L, Gualtieri A F, Hedlund J. The influence of heating rate on template removal in silicalite-1: An in situ HT-XRPD study[J]. Microporous & Mesoporous Materials, 2006, 89(1-3): 1-8.

[47] Araujo A S. Thermal analysis applied to template removal from siliceous MCM-48 nanoporous material[J]. Journal of Thermal Analysis and Calorimetry, 2005, 79(3): 493-497.

[48] He J, Yang X, Evans D G, et al. New methods to remove organic templates from porous materials[J]. Materials Chemistry and Physics, 2003, 77(1): 270-275.

[49] Kuhn J, Sutanto S, Gascon J, et al. Performance and stability of multi-channel MFI zeolite membranes detempled by calcination and ozonication in ethanol/water pervaporation[J]. Journal of Membrane Science, 2009, 339(1): 261-274.

[50] Heng S, Lau P P S, Yeung K L, et al. Low-temperature ozone treatment for organic template removal from zeolite membrane[J]. Journal of Membrane Science, 2004, 243(1-2): 69-78.

[51] Xia Y, Mokaya R. Crystalline-like molecularly ordered mesoporous aluminosilicates derived from aluminosilica-surfactant mesophases via benign template removal[J]. The Journal of Physical Chemistry B, 2006, 110(18): 9122-9131.

[52] Yang L M, Wang Y J, Luo G S, et al. Simultaneous removal of copolymer template from SBA-15 in the crystallization process[J]. Microporous & Mesoporous Materials, 2005, 81(1-3): 107-114.

[53] Tian B, Liu X, Yu C, et al. Microwave assisted template removal of siliceous porous materials[J]. Chemical Communications, 2002, (11): 1186-1187.

[54] Theo L M, Bekkum H. Template removal from molecular sieves by low-temperature plasma calcination[J]. Journal of the Chemical Society, Faraday Transactions, 1990, 86(23): 3967-3970.

[55] El-Roz M, Lakiss L, Vicente A, et al. Ultra-fast framework stabilization of Ge-rich zeolites by low-temperature plasma treatment[J]. Chemical Science, 2014, 5(1): 68-80.

[56] 刘媛 . 冷等离子体脱除分子筛模板剂研究 [D]. 天津：天津大学 , 2010.

第三章

循环模式等离子体催化氧化脱除 VOCs 与纳米金催化剂的等离子体原位再生

第一节　等离子体技术脱除VOCs

挥发性有机化合物（volatile organic compounds，VOCs）是现代社会中一类危害极为严重的空气污染物[1]，VOCs 能够参加大气光化学反应，是形成细颗粒物的重要前体。因此，控制 VOCs 排放和降解空气中的 VOCs 对环境保护和人体健康具有重大意义[2]。

根据 VOCs 的性质和浓度，处理 VOCs 可以采用吸附、吸收、催化燃烧、光催化氧化和等离子体方法等[2]。大气压低温等离子体方法可在常温常压下进行，特别适合处理常规方法难降解的 VOCs（例如卤代烃），而且降解浓度范围宽，可同时处理多种污染物，因而具有广泛的应用前景[3-5]。

等离子体方法对多种 VOCs 都有脱除效果[6-8]，包括烃类，甲醛、甲醇和乙醇等含氧有机物，苯和甲苯等芳烃，三氯乙烯（trichloroethylene，TCE）等卤代烃；采用的放电方式有介质阻挡放电（dielectric barrier discharge，DBD）[9]、电晕（corona）放电[7]和滑动电弧（gliding arc）放电[10]等。虽然 VOCs 分子结构各异并且放电形式各不相同，低温等离子体降解 VOCs 有各自的反应过程[11]，但等离子体物理和化学的基本过程是相似的：等离子体中的富能电子与空气中的氧气、水、氮气碰撞生成激发态物种、自由基（如·O、·OH、HO₂·）和氧化性物种（如O₃）[9]，同时电子和亚稳态N₂分子也会直接与VOCs分子碰撞使之分解[12,13]，经过复杂的气相氧化反应[14]，VOCs被转化为二氧化碳（CO_2）和水以及其他降解产物。等离子体产生的·O和·OH自由基具有很强的氧化能力（氧化电势分别为2.42 V和2.81 V），在气相氧化反应中有重要作用[15,16]。臭氧（氧化电势为2.07 V）在气相反应中对污染物的脱除作用不明显，而在某些催化剂表面的多相过程可以催化氧化VOCs[17]。

等离子体方法脱除污染物的评价指标包括污染物脱除率、二氧化碳选择性、碳平衡和能量效率等，其影响因素有污染物的种类及浓度、反应器结构及放电形式和比输入能量（输入功率与气体流量的比值，specific input energy，SIE）等。实验结果表明，等离子体比输入能量增加使污染物的脱除率增加[16,18]。Rosocha等[19,20]基于简化的自由基反应的动力学模型，给出了当脱除率较低时反应器出口的污染物浓度和比输入能量的关系式（3-1），与实验结果很好地吻合。式（3-1）并不适合于所有情况，Yan等[21]基于简化的动力学模型对其进行了详细讨论。

$$[C] = [C]_0 e^{-\frac{SIE}{\beta}} \tag{3-1}$$

式中　$[C]_0$——反应器入口的污染物浓度；

　　　$[C]$——反应器出口的污染物浓度；

　　　SIE——比输入能量；

　　　β——多重指数，与污染物和背景气体的性质、放电折合场强有关。

VOCs的脱除率也和VOCs的性质有关，参数β可以反映出脱除污染物的难易程度。Karatum等[22]在DBD脱除典型的VOCs（苯、甲苯、乙苯、甲基乙基酮、甲基叔丁基醚、3-戊酮和正己烷）的研究中，得出了这几种污染物的β值，其中正己烷的β值最小；在苯系物（苯、甲苯和乙苯）中，苯的β值最大。β的倒数称为能量常数k_E[23]，或脱除速率常数k_d[24]，该值越大代表等离子体对污染物的脱除能力越强。

等离子体脱除VOCs实际上是有机物脱氢氧化的过程，最理想的产物是二氧化碳和水[25]，但在反应过程中会生成不完全氧化的多种有机物和一氧化碳[26]，还会有气溶胶[23]的生成以及臭氧的残余[22]。例如，Lyulyukin等[7]使用电晕放电脱除空气中乙醇（浓度200 ppm，1 ppm=10^{-6}，体积分数，下同），放电150 min后傅里叶变换红外（FTIR）光谱检测到尾气中有多种

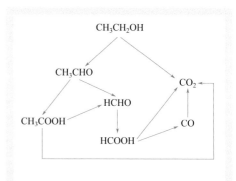

▶ 图3-1　电晕放电脱除空气中乙醇的氧化反应路径[7]

产物（乙醛、乙酸、甲醛、CO、CO_2 和 O_3），增加放电功率可以降低有机副产物的浓度而提高一氧化碳和二氧化碳的浓度，但会导致尾气中有高浓度的臭氧残余；通过中间产物的浓度变化，可以推测出乙醇氧化的反应路径（见图 3-1）。

为了减少等离子体脱除 VOCs 产生有害的不完全氧化副产物，可能的解决方法是通过增加等离子体注入的功率以提高氧化性物种的浓度从而增加反应速率，以及降低气体流量以提高污染物在等离子体区的停留时间，但这会增加等离子体过程的放电能耗，即净化单位量的空气或污染物所消耗的能量。

第二节　等离子体催化技术脱除VOCs

近年来，将低温等离子体与催化剂相结合来降解 VOCs 的方法备受人们关注 [27-29]，因为该方法可以提高能量效率、二氧化碳的选择性并减少有害副产物的产生。等离子体和催化剂结合的形式根据不同的放电方式（介质阻挡放电、电晕放电等）和催化剂的形状（蜂窝、泡沫、颗粒状等）而各有差异，但大体上分为两种结构类型（见图 3-2）[30-32]：一类采用两段式结构，催化区位于放电区之后，称为后置式等离子体催化（post-plasma catalysis，PPC）；另一类采用一段式结构，催化剂置入等离子体中（可全部、部分位于等离子体区），称为内置式等离子体催化（in-plasma catalysis，IPC）。这两种方式使用的催化剂有 $BaTiO_3$、Al_2O_3、SiO_2、TiO_2 等及其负载组分。

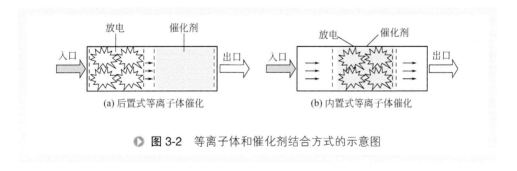

　图 3-2　等离子体和催化剂结合方式的示意图

与单纯等离子体法相比，内置式等离子体催化方式可以提高 VOCs 的脱除率、二氧化碳的选择性和碳平衡（见表 3-1），从而提高能量效率并抑制有害副产物的产生。在内置式等离子体催化反应器中，等离子体和催化剂产生相互作用，发生复杂的物理过程和化学过程，存在气相的等离子体反应和催化剂表面的多相反应过程，而且等离子体产生的自由基等活性物种可能在催化剂表面发生反应。

与单纯等离子体法相比，后置式等离子体催化方式可以提高 VOCs 的脱除率和

表 3-1 单纯等离子体与内置式等离子体催化过程脱除VOCs结果对比

污染物	浓度/ppm	放电形式	催化剂	催化剂引入方式	等离子体 脱除率/%	等离子体 CO_2选择性/%	等离子体 碳平衡/%	内置式 脱除率/%	内置式 CO_2选择性/%	内置式 碳平衡/%	SIE/(J/L)	文献
苯	200	DBD	1%Ag/TiO$_2$	填充在反应器内	53	55	100	89	72	100	约385	[23]
苯	1500	电晕	TiO$_2$	负载在玻璃纤维上	81	54	62	91	58	68	—	[34]
			1%Pt/TiO$_2$					88	68	72		
乙烯	30000	电晕	TiO$_2$	负载在玻璃纤维上	47	29	99	67	36	94	—	[35]
			1%Pt/TiO$_2$					68	46	100		
甲醛	276	DBD	7%Ag/CeO$_2$	填充在反应器内	57	6	—	99	87	—	108	[28]
			γ-Al$_2$O$_3$					78	39	—		
异丙醇	250	DBD	3%MnO$_x$	在反应器内电极表面	73	37	86	90	62	96	195	[36]
			3%CoO$_x$					87	58	92		
TCE	150~200	DBD	3%MnO$_x$	在反应器内电极表面	73	15	—	94	25	—	150	[37]
TCE	250	DBD	3%TiO$_2$	在反应器内电极表面	100	23	100	100	40	100	1090	[38]
			3%MnO$_2$					100	68	100		
甲苯	100	DBD	3%MnO$_x$	在反应器内电极表面	66	23	63	78	56	77	160	[39]
			3%CoO$_x$					82	56	82		

表3-2 单纯等离子体与后置式等离子体催化过程脱除VOCs结果对比

污染物	浓度/ppm	放电形式	催化剂	等离子体				后置式等离子体催化				SIE/(J/L)	文献
				脱除率/%	CO_2选择性/%	O_3浓度/ppm	碳平衡/%	脱除率/%	CO_2选择性/%	O_3浓度/ppm	碳平衡/%		
苯	106	DBD	MnO_2	66	48	—	76	100	56	—	80	1260	[40]
异丙醇	330	电晕	Pt/蜂窝陶瓷	23	—	750	—	66	—	0	—	142	[41]
甲苯	0.5	电晕	TiO_2	19	—	50	—	78	—	38	—	10	[42]
			$CuO/MnO_2/TiO_2$					> 95	—	6	—	—	
甲苯	30	DBD	Ni/蜂窝陶瓷	44	—	60	—	45	—	8	—	—	[43]
甲苯	330	电晕	Pt/蜂窝陶瓷	52	—	750	—	64	—	0	—	142	[41]
甲苯	240	DBD	MnO_2 – FeO_3	36	6	—	38.8	79	24	—	52.6	172	[44]
			γ-Al_2O_3					74	11	—	25.7		
			$9\%MnO_2/Al_2O_3$					88	18	—	36.6		
			$3\%MnO$/活性炭					100	30	—	55		

二氧化碳的选择性（见表 3-2）。在两段式反应器中，等离子体段对反应气体进行预处理，使大分子物质转化为小分子物质，然后在催化剂段进一步发生催化氧化反应。具有氧化性的短寿命物种（如·O、·OH）在离开放电区后会猝灭，这使得到达催化材料床层区的只有较稳定的氧化性分子，如臭氧、NO_2 等。臭氧在催化材料上分解产生的活性氧与 VOCs 反应会提高 VOCs 的脱除率，同时也降低了尾气中的臭氧浓度[33]。两段式反应器的优点在于可以实现等离子体段和催化剂段的相对独立控制，例如等离子体段的电极结构和放电功率，催化剂段的催化剂形状和床层温度等。

总之，等离子体与催化剂结合不但提高了 VOCs 的脱除率，而且抑制了副产物的产生，但等离子体连续放电操作模式的能量消耗仍然较高，尤其对于空气中低浓度 VOCs 的处理。

第三节　循环模式等离子体催化脱除VOCs

基于催化剂可以吸附富集污染物的原理，Ogata 等[45] 采用先吸附再放电的方式处理污染物，后来 Kim 等[46] 及本研究小组[47] 提出使用存储 - 放电循环模式（cycled storage-discharge，CSD，简称循环模式）等离子体催化方法处理污染物，该方法由循环操作的"存储"与"放电"两个阶段组成（见图 3-3）。在存储阶段（关闭放电），污染空气中低浓度的 VOCs 先在催化剂上存储起来，在放电阶段，催化剂上存储的

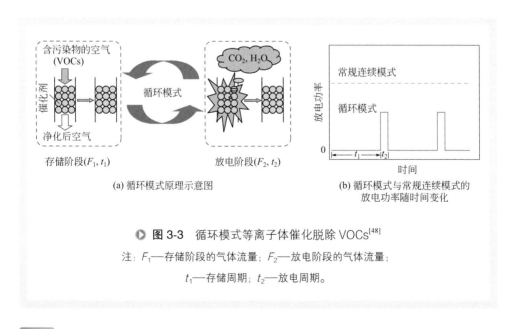

(a) 循环模式原理示意图　　(b) 循环模式与常规连续模式的放电功率随时间变化

> 图 3-3　循环模式等离子体催化脱除 VOCs[48]

注：F_1—存储阶段的气体流量；F_2—放电阶段的气体流量；
t_1—存储周期；t_2—放电周期。

VOCs 被等离子体催化氧化成二氧化碳和水，同时催化剂得到再生。

放电能耗是评价等离子体脱除污染物过程的一个重要指标，可定义为净化单位体积（如 1 m³）气体所消耗的放电能量。与常规的连续模式相比，循环模式采用循环运行的短暂放电［见图 3-3（b）］，放电能耗 EC 为

$$EC = \frac{P t_2}{F_1 t_1} \tag{3-2}$$

式中　P —— 放电功率；

$\quad\quad F_1$ —— 存储阶段的气体流量；

$\quad\quad t_1$ —— 存储周期；

$\quad\quad t_2$ —— 放电周期。

从上式可以看出，在其他条件不变的情况下，处理气体所需的能耗随着存储周期的延长而降低。但是，由于存储容量所限，存储周期不能无限增加。一般而言，VOCs 的浓度越高，存储周期越短。可见，循环模式特别适合于低浓度 VOCs 的脱除。

循环模式等离子体催化脱除 VOCs 的一个关键问题是催化剂需要满足"存储"与"放电"两个阶段的要求，重要的参数包括催化剂的存储容量、选择性吸附能力、可再生性和成本。

一、存储阶段相关问题

1. 催化剂性质对存储容量的影响

穿透容量和穿透时间反映了催化剂在动态吸附污染物过程中对污染物的吸附存储能力。常用的吸附剂是高比表面积的材料，例如氧化铝、硅胶、分子筛和活性炭。沸石分子筛是一种具有规整的晶体结构、非常均一的孔径分布以及可调变的表面性质的晶体，因此在吸附、分离等方面具有广泛的应用。一般而言，沸石分子筛的硅铝比越大，酸性越弱，疏水性越强。Baek 等[49]曾指出用具有疏水性的高硅沸石脱除湿空气中的 VOCs 具有良好的发展前景。

HZSM-5 分子筛通过负载一定量的金属，可以提高对 VOCs 的吸附容量。甲醛的吸附实验结果表明，在高硅 HZSM-5 分子筛（硅铝比为 360）上分别负载 Ag、Cu 以及双组分 Ag 和 Cu 后，甲醛的穿透容量有不同程度的增加，而且负载 Ag 和 Cu 双组分的催化剂的穿透容量高于负载 Ag 和 Cu 单组分催化剂的穿透容量之和（见图 3-4）[48]，这可能是由于 Ag 与 Cu 之间产生了协同效应，提供了更多的甲醛吸附位。苯的吸附实验结果表明[50]，在 HZSM-5 催化剂上的穿透时间约为 300 min，而在 0.8%（质量分数）Ag/HZSM-5 催化剂上增加到 900 min，是前者的 3 倍，这可能是由于苯与银发生了 π 络合吸附。

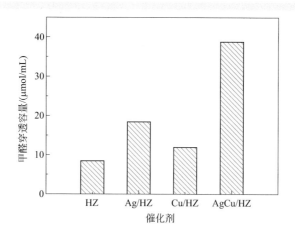

▶ **图 3-4** 甲醛在 HZSM-5（HZ）、Ag/HZ、Cu/HZ 和 AgCu/HZ 催化剂上的穿透容量[48]

注：反应条件为催化剂为5.2%（质量分数）Ag/HZ，5.1%（质量分数）Cu/HZ，3.6%（质量分数）Ag-2.1%（质量分数）Cu/HZ，模拟空气流量为300 mL/min，相对湿度为50%（相对于25 ℃），体积空速为12000 h^{-1}，甲醛浓度为24~30 ppm。

2. 气体的湿度和VOCs浓度对穿透容量的影响

在实际应用中，空气中都含有一定量的水蒸气（常温下空气中饱和水蒸气的体积分数约为3%），污染物的浓度一般会远远低于水蒸气的含量，因此对"存储-放电"等离子体催化过程来说，催化剂首先要具有选择性吸附污染物的能力。

在 AgCu/HZSM-5 催化剂上，加入水蒸气会降低甲醛的穿透容量（见图3-5）[48]，

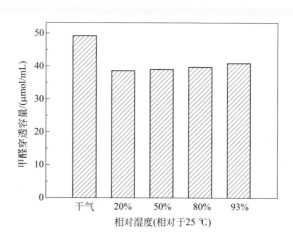

▶ **图 3-5** 相对湿度对甲醛穿透容量的影响[48]

注：反应条件为AgCu/HZSM-5催化剂，模拟空气流量为300 mL/min，
体积空速为12000 h^{-1}，甲醛浓度为26~27 ppm。

这是因为水蒸气与甲醛产生竞争吸附。在相对湿度为 20% ～ 93%（25 ℃）范围内，甲醛穿透容量基本保持不变，催化剂表现出竞争吸附能力和优良的疏水性。甲醛的初始浓度会影响穿透时间，降低甲醛的初始浓度，会延长穿透时间。在 AgCu/HZSM-5 催化剂上，甲醛的初始浓度为 26 ppm、11 ppm 和 6 ppm［相对湿度为 50%（25 ℃）］时的穿透时间分别为 160 min、320 min 和 690 min，这是因为催化剂对甲醛的竞争吸附以及高硅载体的疏水性。

二、放电阶段相关问题

对循环模式等离子体催化过程而言，在放电阶段存储的 VOCs 完全氧化为二氧化碳是非常必需的。在放电阶段，反应器结构、放电功率、放电再生时间等都是关键因素。

1. 等离子体催化反应器结构的影响

利用等离子体对吸附污染物的催化剂进行再生，涉及等离子体和催化剂的结合方式。Fan 等[51]通过改变催化剂相对于等离子体区的位置（见图 3-6），即催化剂在放电区后 2 cm（反应器 A）、催化剂紧邻放电区（反应器 B）和催化剂放置于放电区（反应器 C），考察了三种结构反应器对等离子体催化氧化吸附态苯的影响（见图 3-7）。反应器 A 中，在较长的放电时间内（约 26 min），苯转化为 CO_2 的转化率不到 30%，碳平衡仅有 31%。反应器 B 中，催化剂紧邻放电区，苯转化为 CO_2 的速率明显加快，碳平衡增加。反应器 C 中，催化剂上存储的苯可在短时间（10 min）内完全转化为 CO_2，碳平衡和二氧化碳选择性均接近 100%。

对放电后的催化剂进行氧气程序升温氧化（TPO），结果如图 3-8 所示。碳平衡越差的反应器在 TPO 中生成的 CO_2 越多。如反应器 A，在 TPO 过程中有大量的 CO_2

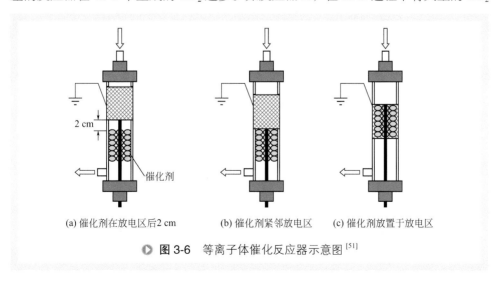

(a) 催化剂在放电区后2 cm   (b) 催化剂紧邻放电区   (c) 催化剂放置于放电区

▶ **图 3-6** 等离子体催化反应器示意图[51]

释放，反应器 B 中生成的 CO_2 量相对较少，而反应器 C 中几乎没有 CO_2 释放。这说明在反应器 A 和 B 中，催化剂虽可以利用等离子体放电产生的长寿命物种（如 O_3）将一部分吸附态苯氧化，但仍有相当一部分苯或苯的衍生物残留在催化剂上，导致碳平衡低。以上的结果表明，催化剂只有放置在等离子体放电区域内，吸附态的苯才能充分与等离子体放电产生的各种活性氧物种（包括激发态氧分子、激发态和基态的氧原子以及 O_3 等）作用而被完全氧化。

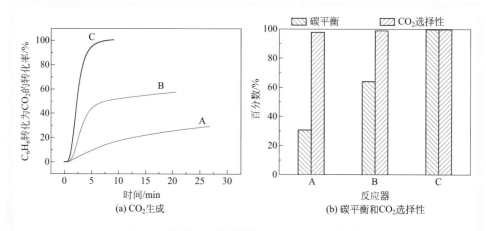

(a) CO_2 生成

(b) 碳平衡和 CO_2 选择性

图 3-7 不同的反应器结构对 Ag/HZSM-5 催化剂上
等离子体催化氧化吸附态苯的影响 [51]

注：反应条件为催化剂为0.8%（质量分数）Ag/HZ；存储阶段条件为模拟空气流量600 mL/min，相对湿度为50%（相对于25 ℃），苯4.7 ppm，吸附1 h；放电阶段条件为氧气流量60 mL/min，功率4.7 W。

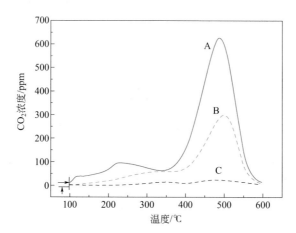

图 3-8 等离子体催化氧化吸附态苯后的催化剂进行氧气程序升温氧化 [51]
注：反应条件为氧气流量60 mL/min，升温速率10 ℃/min。

2. 催化剂的影响

循环模式等离子体催化脱除 VOCs 要求催化剂在放电阶段能够将存储的污染物快速而完全地氧化为二氧化碳，这个过程受到催化剂性质的影响。图 3-9 是 HZSM-5 催化剂上负载不同金属组分（Ce，CO，Ag，Mn，Fe，Ni，Cu，Zn）后，在等离子体催化氧化吸附态苯的过程中的碳平衡和 CO_2 的选择性，其中 Ag/HZSM-5 的 CO_2 选择性最高，接近 100%[51]。

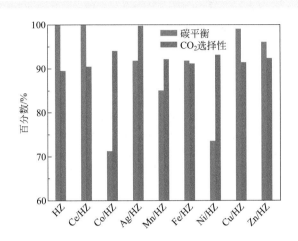

▶ **图 3-9** 在不同催化剂上等离子体催化氧化吸附态苯的碳平衡和 CO_2 选择性 [51]

注：反应条件为催化剂上金属负载量为2%（质量分数）；存储阶段条件为模拟空气流量600 mL/min，相对湿度为50%（相对于25 ℃），苯浓度为4.7 ppm，吸附时间60 min；放电阶段条件为氧气流量60 mL/min，功率4.7 W，放电持续时间为15 min。

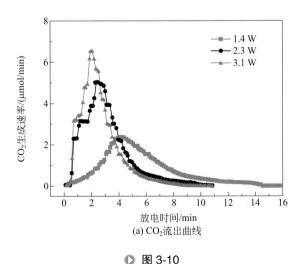

(a) CO_2流出曲线

▶ **图 3-10**

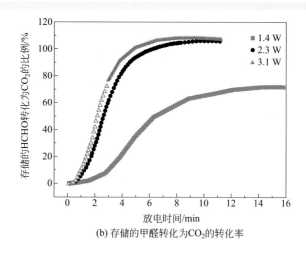

(b) 存储的甲醛转化为CO₂的转化率

● **图 3-10** 放电功率对吸附态甲醛生成 CO_2 的影响 [48]

注：反应条件为催化剂为AgCu/HZSM-5；存储阶段条件为模拟空气流量300 mL/min，相对湿度为50%（相对于25 ℃），体积空速为12000 h⁻¹，吸附时间40 min，甲醛浓度为31 ppm（功率1.4 W时）、27 ppm（功率2.3 W时）和27 ppm（功率3.1 W时）；放电阶段条件为氧气流量60 mL/min。

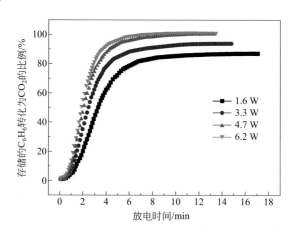

● **图 3-11** 放电功率对等离子体催化氧化吸附态苯过程的影响 [50]

注：反应条件为催化剂为0.8%（质量分数）Ag/HZ；存储阶段条件为模拟空气流量600 mL/min，相对湿度为50%（相对于25 ℃），苯浓度4.7 ppm，吸附时间60 min；放电阶段条件为氧气流量60 mL/min。

3. 放电功率的影响

对循环模式等离子体催化过程而言，要实现存储的 VOCs 在放电阶段完全氧化为二氧化碳，放电功率是一个关键的因素。

对于吸附态甲醛，图 3-10 给出了放电功率对 CO_2 生成的影响。随着放电功率的增加，AgCu/HZSM-5 催化剂上 CO_2 的生成速率增加，当放电功率增加至 3.1 W 时，所有的存储甲醛在 10 min 内完全氧化为 CO_2。在催化剂体积和放电时氧气流量不变的条件下，能量密度的增加会产生更多的活性氧物种与存储的甲醛反应。

对于吸附态苯，图 3-11 给出了放电功率对其氧化的影响。在放电功率为 1.6 W 时，苯转化的速率较低，而且即使经过较长的放电时间，也只有 87% 的苯转化为 CO_2。随着放电功率的增加，苯转化速率增大，碳平衡升高，如当放电功率增加到 4.7 W 时，4 min 左右即有近 90% 的苯转化为 CO_2；而继续增加放电功率，对苯转化为 CO_2 的速率影响不大，碳平衡和 CO_2 选择性也均维持在 100% 左右。放电功率的增加提高了输入的能量，有利于放电产生各种活性氧物种，促进了苯的氧化。

4. 存储周期的影响

图 3-12 是 AgCu/HZSM-5 催化剂上甲醛的存储周期分别为 100 min、300 min 和 690 min 时的等离子体氧化结果。从图 3-12（a）可以看出，随着存储周期的增加，产物 CO_2 的生成速率加快。这是因为存储周期越长，催化剂上的甲醛存储量就越大，因此加快了产物 CO_2 的生成速率。然而，放电周期并不随着存储周期的延长而增加，即使在存储周期长达 690 min 时，存储的甲醛完全氧化为 CO_2 的放电周期仍保持在 10 min，如图 3-12（b）所示。另外，存储周期的延长基本上不影响碳平衡和产物中 CO_2 的选择性。从放电能耗的角度看，存储周期的延长是有利的。以存储周期 690 min 为例，其放电能耗为 1.9×10^{-3} kW·h/m³。如果处理室内空气中极低浓度（不到 0.1 ppm）的甲醛[52]，存储周期会更长，相应的放电能耗会更低。

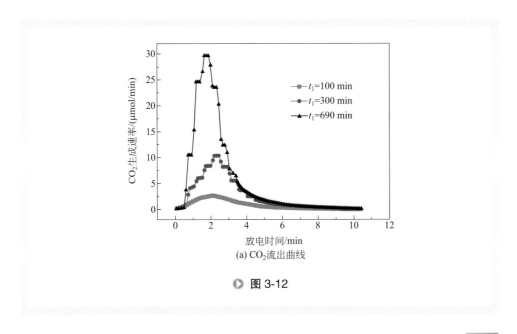

(a) CO_2 流出曲线

▶ 图 3-12

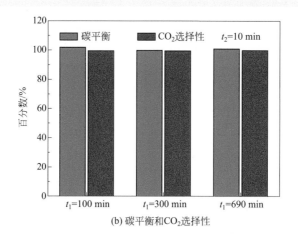

(b) 碳平衡和CO_2选择性

图3-12 等离子体催化氧化吸附态甲醛过程中存储周期的影响[48]

注：反应条件为AgCu/HZSM-5催化剂；存储阶段条件为模拟空气流量300 mL/min，相对湿度为50%（相对于25 ℃），甲醛浓度为6~7 ppm；放电阶段条件为O_2流量60 mL/min，放电功率2.3 W。

5. 空气与氧气放电对氧化过程的影响

从实际应用角度来说，空气比氧气更价廉易得。图3-13比较了空气和氧气放电过程中，AgCu/HZSM-5催化剂上存储甲醛的催化氧化过程。从图3-13（a）可以看出，空气放电时产物CO_2的生成速率较慢，因此存储甲醛完全氧化所需的放

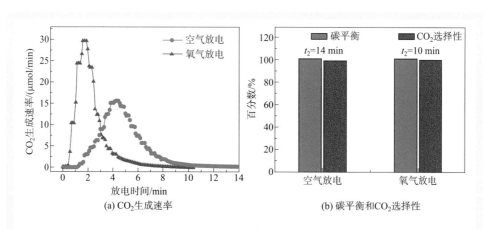

(a) CO_2生成速率　　　　　(b) 碳平衡和CO_2选择性

图3-13 空气等离子体与氧气等离子体对CO_2生成的影响[48]

注：反应条件为AgCu/HZSM-5催化剂；存储阶段条件为模拟空气流量300 mL/min，相对湿度为50%（相对于25 ℃），甲醛浓度为5~6 ppm；放电阶段条件为空气或氧气流量60 mL/min，放电功率2.3 W。

电时间比氧气气氛的长，例如氧气放电时间为 10 min，而空气放电时间则需延长到 14 min。这是因为空气放电时，氧化甲醛的活性氧物种数密度相对降低，从而减慢了甲醛的氧化速率。但是，空气等离子体并不影响碳平衡和产物中的 CO_2 选择性，如图 3-13（b）所示。

图 3-14 是采用 FTIR 光谱仪对放电过程的气相产物进行在线分析的结果，气体中检测到 CO_2（2360 cm^{-1}、3730 cm^{-1}）、少量的 N_2O（1300 cm^{-1}、2240 cm^{-1}）和 NO_2（1630 cm^{-1}）。已有研究结果表明，在大气压空气介质阻挡放电时 N_2 和 O_2 反应生成氮氧化物。图 3-14 中，在空气放电 6 min 后才开始检测到 NO_2 的红外吸收峰，此刻大部分存储甲醛被催化氧化，这意味着存储在催化剂上的甲醛能够抑制空气放电过程中氮氧化物的生成。另外，在空气放电过程中，气相产物中没有检测到 O_3（1060 cm^{-1}、2120 cm^{-1}），可能是由于其在 AgCu/HZSM-5 催化剂上分解。

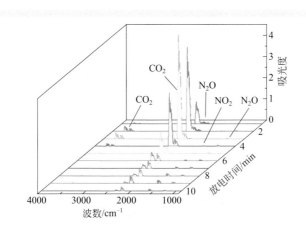

图 3-14 空气等离子体催化氧化存储的甲醛时气体产物的红外谱图[48]

注：反应条件为 AgCu/HZSM-5 催化剂；存储阶段条件为模拟空气流量 300 mL/min，相对湿度为 50%（相对于 25 ℃），甲醛浓度为 5~6 ppm；放电阶段条件为空气流量 60 mL/min，放电功率为 2.3 W。

三、循环模式等离子体催化全过程及其稳定性

对循环模式等离子体催化全过程来说，催化剂的稳定性是关系到催化剂实用化的一个重要参数。图 3-15 考察了循环模式等离子体催化全过程及其五个循环。从图中可以看出，五个循环过程中 CO_2 的生成曲线基本相同，碳平衡和 CO_2 选择性也均在 100% 左右。上述结果表明，AgCu/HZ 催化剂在循环模式等离子体催化过程中展现了较好的稳定性。

总之，采用等离子体法处理 VOCs 的首要问题是如何提高能量效率和二氧化碳的选择性，并减少副产物的产生。等离子体与催化剂相结合可以提高二氧化碳的选择

性并减少有害副产物的产生，但连续模式所消耗的能量仍然很高，尤其是对于空气中低浓度 VOCs 的处理。基于循环模式采用循环运行的短暂放电，可以极大地降低等离子体过程的能量消耗，对等离子体方法脱除 VOCs 实际应用具有极大的促进作用。

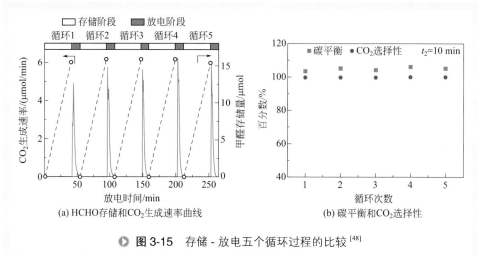

(a) HCHO存储和CO$_2$生成速率曲线　　(b) 碳平衡和CO$_2$选择性

▶ **图 3-15**　存储 - 放电五个循环过程的比较 [48]

注：反应条件为AgCu/HZ催化剂体积1.5 mL；存储阶段条件为28~29 ppm HCHO，相对湿度为50%（相对于25 ℃），模拟空气流量为300 mL/min，存储周期为40 min；放电阶段条件为氧气流量60 mL/min，放电功率为2.3 W，放电周期为10 min。

第四节　空气等离子体原位再生纳米金催化剂

负载型纳米金催化剂因其低温下对一氧化碳（CO）氧化反应的高催化活性而受到广泛关注 [53,54]，但其在反应过程中极易失活，这限制了金催化剂的实际应用 [55]。

在 CO 氧化反应过程中，导致金催化剂失活的原因包括表面碳酸盐的积累和金颗粒的团聚长大 [56]。金催化剂表面碳酸盐的积累是反应过程中造成金催化剂失活的主要原因 [57]，但这种原因失活的金催化剂是可再生的，活性位占据的碳酸盐物种分解后活性位可以恢复，例如通过热处理和水汽处理 [58]。常规热处理方法虽可去除表面碳酸盐，却易造成纳米金颗粒的团聚，直接影响催化剂的活性与稳定性。因此，纳米金催化剂的低温再生方法对其应用具有重要的意义。

一、氧等离子体原位再生与 N$_2$ 含量的影响

2007 年 Kim 等 [59] 使用大气压氧气等离子体或者臭氧再生 Au/TiO$_2$ 催化剂，将

吸附在催化剂活性位的丙烯与甲苯（为使催化剂快速失活而加入）氧化脱除，从而恢复金催化剂室温氧化 CO 的活性。Fan 等[60] 在等离子体再生室温氧化 CO 中失活的 Au/TiO₂ 催化剂过程中，考察了纯氧与氮氧混合气对再生后催化剂活性的影响。纯氧等离子体可使催化剂表面积累的碳酸盐转变为二氧化碳从而使催化剂的活性恢复（见图 3-16），但是氮氧混合气放电会降低 Au/TiO₂ 催化剂的活性（见图 3-17）。

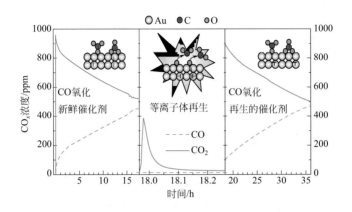

● 图 3-16　室温氧化 CO 在不同阶段 CO_x 浓度随时间的变化[60]

注：反应条件为模拟空气流量600 mL/min，CO浓度为960~970 ppm，相对湿度为50%（相对于25 ℃），空速120000 h^{-1}；等离子体再生条件为O_2流量200 mL/min，放电功率18 W，放电周期20 min。

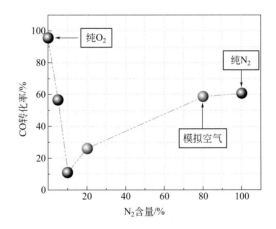

● 图 3-17　氮氧混合气的 N_2 含量对等离子体再生后 Au/TiO₂ 催化剂活性的影响[60]

注：等离子体再生条件为氮氧混合气流量200 mL/min，放电功率18 W，20 min；CO氧化反应条件为模拟空气流量600 mL/min，CO浓度为960~970 ppm，相对湿度为50%（相对于25 ℃），空速60000 h^{-1}，反应30 min。

利用 FTIR 光谱对氮氧混合气放电的气相产物进行检测，改变氮气的含量得到的谱图见图 3-18。当 O_2 放电时，主要产物是 O_3。当氮氧混合气中 N_2 含量为 5% 时，产物除了 O_3，还检测到 N_2O 和 N_2O_5。当 N_2 含量增加至 10% 时，放电产物有 O_3、N_2O、NO_2 和 N_2O_5。图 3-18（b）给出了以上放电产物的红外吸收峰强度随氮氧混合气中 N_2 含量的变化。可以看出，随 N_2 含量增加，O_3 的峰强逐渐降低，N_2 含量为 20% 时已基本检测不到 O_3。N_2O 的峰强随着 N_2 含量增加而单调增加，NO 在 N_2 含量增至 80% 时才出现微弱的吸收峰。随 N_2 含量增加，N_2O_5 和 NO_2 的峰强均出现先增加后降低的趋势，在 N_2 含量为 10% 时 N_2O_5 达到最大值，在 N_2 含量为 20% 时 NO_2 达到最大值。在图 3-17 中，Au/TiO_2 催化剂在氮氧混合气等离子体再生过程的

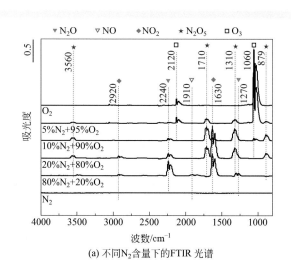

(a) 不同 N_2 含量下的 FTIR 光谱

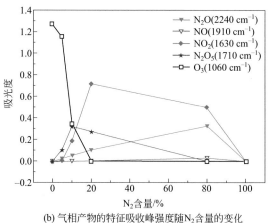

(b) 气相产物的特征吸收峰强度随 N_2 含量的变化

▷ **图 3-18** 氮氧混合气等离子体的气相产物 FTIR 光谱 [60]

毒化程度是在 N_2 含量为 10% 时最严重。由此可知，Au/TiO_2 催化剂产生毒化效应与氮氧混合气放电产生的 N_2O_5 和 NO_2 有关。

通过对比 Au/TiO_2 催化剂等离子体处理前后以及氦气程序升温脱附（He-TPD）之后的红外漫反射（DRIFT）光谱（见图 3-19）可以看出，经过等离子体处理后的催化剂比新鲜的催化剂多出了 1603 cm^{-1}、1584 cm^{-1}、1302 cm^{-1} 处的尖峰，1261 cm^{-1} 处的肩峰以及 1437 cm^{-1} 左右的宽峰。经过 He-TPD 之后这些峰全部消失，进一步验证了催化剂表面上的毒化物种（用 $[NO_y]_s$ 表示）是导致金催化剂等离子体再生后活性下降的主要原因。采用 NO_2 做探针分子，发现吸附 NO_2 后催化剂上出现了较明显的硝酸盐物种的吸收峰：1614 cm^{-1} 和 1252 cm^{-1} 可归属为桥式硝酸盐、1294 cm^{-1} 和 1487 cm^{-1} 可归属为单齿硝酸盐、1587 cm^{-1} 可能归属为双齿硝酸盐[61,62]。这些吸收峰与经过含 10% N_2 的氮氧混合气的等离子体处理后在催化剂表面上形成的峰位不一致，由此推测催化剂表面上的毒化物种不能简单归属为 NO_2 物种的吸附，毒化物种的形成还与 N_2O_5 分子有关。

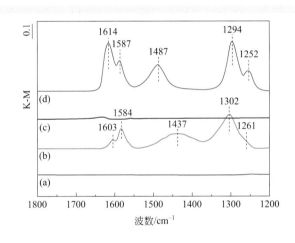

图 3-19 催化剂的 DRIFT 光谱表征[60]

注：（a）新鲜的 Au/TiO_2 催化剂；（b）Au/TiO_2 催化剂经含 10% N_2 的氮氧混合气的等离子体处理后；（c）Au/TiO_2 催化剂先经 10% N_2 - 90% O_2 混合气的等离子体处理后进行 He-TPD；（d）Au/TiO_2 催化剂吸附 NO_2 后。

通过在 CO 氧化反应气氛中引入 N_2O、NO 或者 NO_2，考察其对 Au/TiO_2 催化活性的影响[60]。在反应气氛中加入 N_2O 后，Au/TiO_2 催化剂的活性并没有发生明显的下降，加入 NO 后的活性出现了小幅下降。在反应气氛中加入 NO_2 或者将 NO_2 预先吸附在催化剂上，Au/TiO_2 催化剂的活性在反应初期迅速下降，反应 5 min 后，失活速率开始减缓。然而，使用含 10% N_2 的氮氧混合气处理后催化剂活性下降最为明显。由此可知，N_2O_5 是 Au/TiO_2 催化剂产生毒化效应的主要物质。

纳米金催化剂会产生显著的表面等离子共振吸收，其共振吸收峰的差异能够反映纳米金颗粒所处化学环境的不同。经过含 10% N_2 的氮氧混合气等离子体处理后，金物种在 560 nm 左右的吸收峰变得平坦，这意味着金粒子周围的化学环境发生了变化，这可能与催化剂表面上的毒化物种有关。经过 He-TPD 之后，Au^0 物种的吸收峰重新恢复[60]。由于金粒子的长大也是导致金催化剂失活的一个原因，所以还需考察等离子体再生前后 Au 纳米粒子粒径的变化。透射电镜（TEM）表征的结果表明，经过等离子体处理后金粒子并没有发生明显团聚或长大[60]，这进一步说明致使 Au/TiO$_2$ 催化剂失活的主要原因是催化剂上毒化物种 [NO$_y$]$_s$ 的生成。

从以上结果可以看出，氮氧混合气等离子体再生 Au/TiO$_2$ 催化剂过程中，需要避免在催化剂表面生成毒化物种 [NO$_y$]$_s$。

二、空气等离子体原位再生：湿度的影响

在 CO 氧化过程中失活的纳米金催化剂可由氧等离子体完全再生，然而使用价廉易得的空气进行等离子体再生更具有实际意义，但 O_2 与 N_2 混合气放电会产生严重的毒化效应。Zhu 等[63] 发现使用湿空气等离子体会减少干空气等离子体的毒化效应，并且再生度随着水含量的增加而提高，在水含量约为 2.7% 时催化剂几乎完全再生（见图 3-20）。对干空气和湿空气放电再生过程的气相产物进行红外吸收光谱检测，发现湿空气放电气相产物中二氧化碳浓度高于干空气，而且 O_3、N_2O 及 N_2O_5 的浓度更低（见图 3-21），这表明湿空气放电更加有利于表面碳酸盐物种的分解，并抑制毒化纳米金催化剂物种的生成。

TEM 结果表明，无论是失活样品还是干空气和湿空气放电再生后的样品，其金颗粒的平均粒径均约为 3.5 nm，并未发生聚集长大现象[63]。因此可以排除纳米金

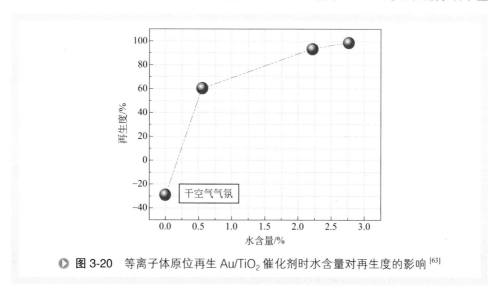

● 图 3-20　等离子体原位再生 Au/TiO$_2$ 催化剂时水含量对再生度的影响[63]

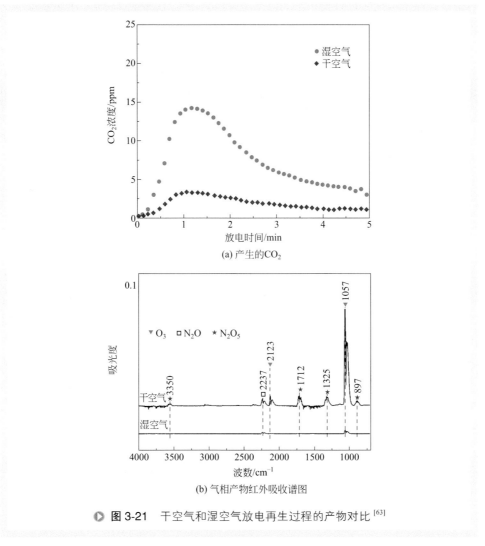

(a) 产生的CO₂

(b) 气相产物红外吸收谱图

▶ **图 3-21** 干空气和湿空气放电再生过程的产物对比 [63]

颗粒的粒径对不同再生条件下金催化剂再生度的影响。通过紫外可见漫反射光谱分析，发现失活的 Au/TiO₂ 共振吸收峰峰宽大于新鲜催化剂的峰宽，应该是由于表面累积的碳酸盐改变了金颗粒所处的化学环境。失活 Au/TiO₂ 经水含量约为 2.7% 的空气等离子体再生后，其共振吸收峰与新鲜催化剂的相近；但干空气等离子体再生后的 Au/TiO₂ 呈现出了宽的共振吸收峰，这是由于放电中产生的氮氧化物在催化剂表面形成的 [NO$_y$]$_s$ 显著改变了金催化剂的表面化学环境[63]。金催化剂的等离子共振吸收峰位置和峰形取决于金颗粒所处的化学环境和金颗粒粒径。但 TEM 的结果表明金颗粒粒径无显著差异，故等离子共振吸收峰的变化应主要归因于表面化学环境的改变。XPS 谱图的结果表明，在干气条件下空气放电再生后的 Au/TiO₂ 出现可归属为 [NO$_y$]$_s$ 物种的新峰（406.6 eV），Au 和 Ti 元素的元素电子结合能要比新鲜及湿空气等离子体再生后的样品高，可归因于干空气放电在 Au/TiO₂ 表面形成的强吸电子物种 [NOᵧ]ₛ 对表面化学环境的改变 [63]。

为了使空气放电再生金催化剂过程更具实用性，直接使用水含量约为 2.7% 的空气代替模拟空气，对失活的纳米金催化剂进行了原位放电再生，活性几乎完全恢复。通过考察金催化剂的 10 个失活 - 再生循环，其再生度处于 94%～100%，表明空气等离子体再生纳米金催化剂具有良好的稳定性 [63]。

从以上结果可以看出，通过增加空气中的水含量可以避免干空气放电再生金催化剂的毒化效应，使纳米金催化剂完全再生，但金催化剂的再生度主要依赖于空气中的水含量。

三、空气等离子体原位再生：交流正弦与脉冲方波高压放电对比

空气放电可以实现失活纳米金催化剂的再生，但其要求所用空气具有高的水含量（相对湿度要高于 80%），限制了其实际应用。Zhu 等 [64] 对比了使用交流正弦波和脉冲方波电压电源干空气放电时纳米金催化剂的再生活性。使用干空气交流放电的再生活性反而远低于再生前的活性，然而干空气脉冲放电却可完全恢复催化剂的反应活性。在不同湿度下，脉冲方波高压放电都能很好地将催化剂再生（见图 3-22）。通过对等离子体再生过程产生的气体进行检测，发现脉冲方波高压放电能更快速地使失活催化剂的表面物种分解（见图 3-23）。以上结果表明，脉冲放电显著降低了催化剂再生过程对水含量的依赖，可实现在干气气氛或低湿度下（交流放电再生过程会产生毒化效应）对纳米金催化剂的有效再生。

对图 3-23 中放电过程的气相产物进行了 FTIR 光谱检测（见图 3-24），在干空气交流放电时生成 N₂O₅，但湿空气交流放电、干空气和湿空气脉冲放电时都没检

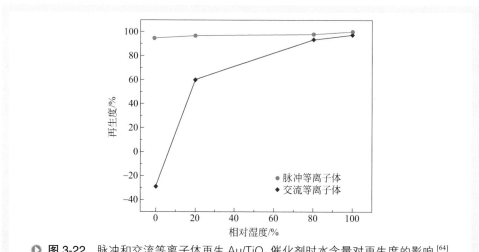

图 3-22 脉冲和交流等离子体再生 Au/TiO₂ 催化剂时水含量对再生度的影响 [64]

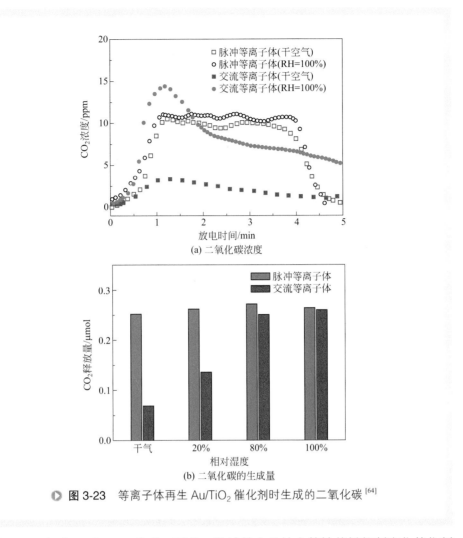

(a) 二氧化碳浓度

(b) 二氧化碳的生成量

▶ **图 3-23** 等离子体再生 Au/TiO₂ 催化剂时生成的二氧化碳[64]

测到 N_2O_5，仅有 O_3 与 N_2O 生成。可见，脉冲放电的放电特性能够抑制毒化催化剂的 N_2O_5 生成。

脉冲电压的上升沿陡峭、脉宽窄，脉冲电流的持续时间短（见图 3-25），能够有效避免毒化物种氮氧化物（氮的深度氧化物）的生成。脉冲放电有较高的瞬时功率，虽然平均的放电功率低于交流放电（见图 3-26），但却可以有效地使 Au/TiO₂ 催化剂再生。

总之，等离子体再生过程使用正弦交流电压的电源放电时，需要空气具有较高的湿度才能使金催化剂完全再生。通过使用脉冲放电代替交流放电可以在所有湿度范围内实现空气等离子体对金催化剂的完全再生。相比较于交流放电，脉冲放电再生催化剂过程所需能耗更低，是一种更高效、更实用的催化剂再生方法。

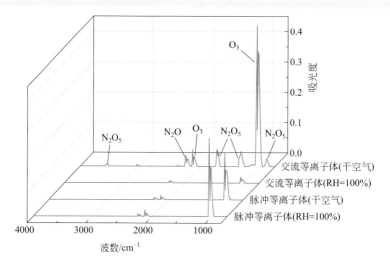

▶ **图 3-24** 等离子体再生过程中气相产物的红外吸收谱图[64]

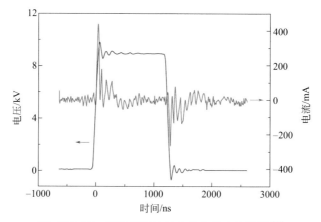

▶ **图 3-25** 干空气脉冲放电的电压电流波形[64]

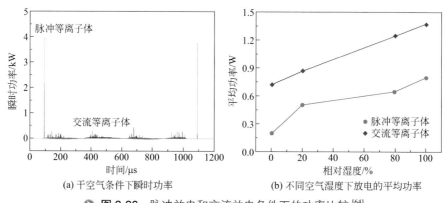

(a) 干空气条件下瞬时功率　　　　(b) 不同空气湿度下放电的平均功率

▶ **图 3-26** 脉冲放电和交流放电条件下的功率比较[64]

参考文献

[1] Kamal M S, Razzak S A, Hossain M M. Catalytic oxidation of volatile organic compounds(VOCs) — a review[J]. Atmospheric Environment, 2016, 140: 117-134.

[2] 贺泓, 李俊华, 何洪, 等. 环境催化: 原理及应用 [M]. 北京: 科学出版社, 2008.

[3] Hammer T. Application of plasma technology in environmental techniques[J]. Contributions to Plasma Physics, 1999, 39(5): 441-462.

[4] Kim H H. Nonthermal plasma processing for air-pollution control: A historical review, current issues, and future prospects[J]. Plasma Processes and Polymers, 2004, 1(2): 91-110.

[5] Chen H L, Lee H M, Chen S H, et al. Removal of volatile organic compounds by single-stage and two-stage plasma catalysis systems: A review of the performance enhancement mechanisms, current status, and suitable applications[J]. Environmental Science & Technology, 2009, 43(7): 2216-2227.

[6] Wan Y, Fan X, Zhu T. Removal of low-concentration formaldehyde in air by DC corona discharge plasma[J]. Chemical Engineering Journal, 2011, 171(1): 314-319.

[7] Lyulyukin M N, Besov A S, Vorontsov A V. Oxidation of ethanol vapors in negative atmospheric corona discharge[J]. Industrial & Engineering Chemistry Research, 2013, 52(17): 5842-5848.

[8] Evans D, Rosocha L A, Anderson G K, et al. Plasma remediation of trichloroethylene in silent discharge plasmas[J]. Journal of Applied Physics, 1993, 74(9): 5378-5386.

[9] Kogelschatz U. Dielectric-barrier discharges: Their history, discharge physics, and industrial applications[J]. Plasma Chemistry and Plasma Processing, 2003, 23(1): 1-46.

[10] Indarto A, Yang D R, Azhari C H, et al. Advanced VOCs decomposition method by gliding arc plasma[J]. Chemical Engineering Journal, 2007, 131(1): 337-341.

[11] Xiao G, Xu W P, Wu R B, et al. Non-thermal plasmas for VOCs abatement[J]. Plasma Chemistry and Plasma Processing, 2014, 34(5): 1033-1065.

[12] Chang M B, Lee C C. Destruction of formaldehyde with dielectric barrier discharge plasmas[J]. Environmental Science & Technology, 1995, 29(1): 181-186.

[13] Blin-Simiand N, Pasquiers S, Jorand F, et al. Removal of formaldehyde in nitrogen and in dry air by a DBD: Importance of temperature and role of nitrogen metastable states[J]. Journal of Physics D: Applied Physics, 2009, 42(12): 122003.

[14] Storch D G, Kushner M J. Destruction mechanisms for formaldehyde in atmospheric pressure low temperature plasmas[J]. Journal of Applied Physics, 1993, 73(1): 51-55.

[15] Rudolph R, Francke K P, Miessner H. OH radicals as oxidizing agent for the abatement of organic pollutants in gas flows by dielectric barrier discharges[J]. Plasmas and Polymers,

2003, 8(2): 153-161.

[16] Hsiao M C, Penetrante B M, Merritt B T, et al. Effect of gas temperature on pulsed corona discharge processing of acetone, benzene and ethylene[J]. Journal of Advanced Oxidation Technologies, 1997, 2: 306-311.

[17] Fan X, Zhu T, Sun Y, et al. The roles of various plasma species in the plasma and plasma-catalytic removal of low-concentration formaldehyde in air[J]. Journal of Hazardous Materials, 2011, 196: 380-385.

[18] Penetrante B M, Hsiao M C, Bardsley J N, et al. Electron beam and pulsed corona processing of carbon tetrachloride in atmospheric pressure gas streams[J]. Physics Letters A, 1995, 209(1): 69-77.

[19] Rosocha L A, Anderson G K, Bechtold L A, et al. Treatment of hazardous organic wastes using silent discharge plasmas[M]. Berlin: Heidelberg, 1993.

[20] Rosocha L, Korzekwa R A. Advanced oxidation and reduction processes in the gas phase using non-thermal plasmas[J]. Journal of Advanced Oxidation Technologies, 1999, 4: 247-264.

[21] Yan K, van Heesch E J M, Pemen A J M, et al. From chemical kinetics to streamer corona reactor and voltage pulse generator[J]. Plasma Chemistry and Plasma Processing, 2001, 21(1): 107-137.

[22] Karatum O, Deshusses M A. A comparative study of dilute VOCs treatment in a non-thermal plasma reactor[J]. Chemical Engineering Journal, 2016, 294: 308-315.

[23] Kim H H, Kobara H, Ogata A, et al. Comparative assessment of different nonthermal plasma reactors on energy efficiency and aerosol formation from the decomposition of gas-phase benzene[J]. IEEE Transactions on Industry Applications, 2005, 41(1): 206-214.

[24] Mok Y S, Nam C M, Cho M H, et al. Decomposition of volatile organic compounds and nitric oxide by nonthermal plasma discharge processes[J]. IEEE Transactions on Plasma Science, 2002, 30(1): 408-416.

[25] Van Durme J, Dewulf J, Sysmans W, et al. Abatement and degradation pathways of toluene in indoor air by positive corona discharge[J]. Chemosphere, 2007, 68(10): 1821-1829.

[26] Jarrige J, Vervisch P. Decomposition of three volatile organic compounds by nanosecond pulsed corona discharge: Study of by-product formation and influence of high voltage pulse parameters[J]. Journal of Applied Physics, 2006, 99(11): 113303.

[27] Van Durme J, Dewulf J, Leys C, et al. Combining non-thermal plasma with heterogeneous catalysis in waste gas treatment: A review[J]. Applied Catalysis B: Environmental, 2008, 78(3-4): 324-333.

[28] Ding H X, Zhu A M, Lv F G, et al. Low-temperature plasma-catalytic oxidation of formaldehyde in atmospheric pressure gas streams[J]. Journal of Physics D: Applied

Physics, 2006, 39(16): 3603.

[29] Veerapandian S, Leys C, de Geyter N, et al. Abatement of VOCs using packed bed non-thermal plasma reactors: A review[J]. Catalysts, 2017, 7(4): 113.

[30] Mao L G, Chen Z Z, Wu X Y, et al. Plasma-catalyst hybrid reactor with CeO_2/gamma-Al_2O_3 for benzene decomposition with synergetic effect and nano particle by-product reduction[J]. Journal of Hazardous Materials, 2018, 347: 150-159.

[31] Neyts E C, Ostrikov K, Sunkara M K, et al. Plasma catalysis: Synergistic effects at the nanoscale[J]. Chemical Reviews, 2015, 115(24): 13408-13446.

[32] Whitehead J C. Plasma-catalysis: The known knowns, the known unknowns and the unknown unknowns[J]. Journal of Physics D: Applied Physics, 2016, 49(24): 243001.

[33] Liu Y, Li X S, Shi C, et al. Ozone catalytic oxidation of adsorbed benzene over AgMn/HZSM-5 catalysts at room temperature[J]. Catalysis Science & Technology, 2014, 4(8): 2589-2598.

[34] Chavadej S, Kiatubolpaiboon W, Rangsunvigit P, et al. A combined multistage corona discharge and catalytic system for gaseous benzene removal[J]. Journal of Molecular Catalysis A: Chemical, 2007, 263(1): 128-136.

[35] Chavadej S, Saktrakool K, Rangsunvigit P, et al. Oxidation of ethylene by a multistage corona discharge system in the absence and presence of Pt/TiO_2[J]. Chemical Engineering Journal, 2007, 132(1): 345-353.

[36] Subrahmanyam C, Renken A, Kiwi-Minsker L. Novel catalytic dielectric barrier discharge reactor for gas-phase abatement of isopropanol[J]. Plasma Chemistry and Plasma Processing, 2007, 27(1): 13-22.

[37] Magureanu M, Mandache N B, Parvulescu V I, et al. Improved performance of non-thermal plasma reactor during decomposition of trichloroethylene: Optimization of the reactor geometry and introduction of catalytic electrode[J]. Applied Catalysis B: Environmental, 2007, 74(3): 270-277.

[38] Magureanu M, Laub D, Renken A, et al. Nonthermal plasma abatement of trichloroethylene enhanced by photocatalysis[J]. The Journal of Physical Chemistry C, 2007, 111(11): 4315-4318.

[39] Subrahmanyam C, Magureanu M, Renken A, et al. Catalytic abatement of volatile organic compounds assisted by non-thermal plasma: Part 1. A novel dielectric barrier discharge reactor containing catalytic electrode[J]. Applied Catalysis B: Environmental, 2006, 65(1): 150-156.

[40] Einaga H, Ibusuki T, Futamura S. Performance evaluation of a hybrid system comprising silent discharge plasma and manganese oxide catalysts for benzene decomposition[J]. IEEE Transactions on Industry Applications, 2001, 37(5): 1476-1482.

[41] Demidiouk V, Jae O C. Decomposition of volatile organic compounds in plasma-catalytic system[J]. IEEE Transactions on Plasma Science, 2005, 33(1): 157-161.

[42] Van Durme J, Dewulf J, Sysmans W, et al. Efficient toluene abatement in indoor air by a plasma catalytic hybrid system[J]. Applied Catalysis B: Environmental, 2007, 74(1): 161-169.

[43] Jae O C, Demidiouk V, Yeulash M, et al. Experimental study for indoor air control by plasma-catalyst hybrid system[J]. IEEE Transactions on Plasma Science, 2004, 32(2): 493-497.

[44] Delagrange S, Pinard L, Tatibouët J M. Combination of a non-thermal plasma and a catalyst for toluene removal from air: Manganese based oxide catalysts[J]. Applied Catalysis B: Environmental, 2006, 68(3): 92-98.

[45] Ogata A, Ito D, Mizuno K, et al. Removal of dilute benzene using a zeolite-hybrid plasma reactor[J]. IEEE Transactions on Industry Applications, 2001, 37(4): 959-964.

[46] Kim H H, Ogata A, Futamura S. Oxygen partial pressure-dependent behavior of various catalysts for the total oxidation of VOCs using cycled system of adsorption and oxygen plasma[J]. Applied Catalysis B: Environmental, 2008, 79(4): 356-367.

[47] 吕福功 . 常温常压下等离子体氧化吸附态 VOCs 的研究 [D]. 大连 : 大连理工大学 , 2007.

[48] Zhao D Z, Li X S, Shi C, et al. Low-concentration formaldehyde removal from air using a cycled storage-discharge(CSD) plasma catalytic process[J]. Chemical Engineering Science, 2011, 66(17): 3922-3929.

[49] Baek S W, Kim J R, Ihm S K. Design of dual functional adsorbent/catalyst system for the control of VOCs by using metal-loaded hydrophobic Y-zeolites[J]. Catalysis Today, 2004, 93-95: 575-581.

[50] Fan H Y, Shi C, Li X S, et al. High-efficiency plasma catalytic removal of dilute benzene from air[J]. Journal of Physics D: Applied Physics, 2009, 42(22): 225105.

[51] Fan H Y, Li X S, Shi C, et al. Plasma catalytic oxidation of stored benzene in a cycled storage-discharge(CSD) process: Catalysts, reactors and operation conditions[J]. Plasma Chemistry and Plasma Processing, 2011, 31(6): 799-810.

[52] Salthammer T, Mentese S, Marutzky R. Formaldehyde in the indoor environment[J]. Chemical Reviews, 2010, 110(4): 2536-2572.

[53] Masatake H, Tetsuhiko K, Hiroshi S, et al. Novel gold catalysts for the oxidation of carbon monoxide at a temperature far below 0 °C[J]. Chemistry Letters, 1987, 16(2): 405-408.

[54] Schlexer P, Widmann D, Behm R J, et al. CO oxidation on a Au/TiO$_2$ nanoparticle catalyst via the Au-assisted Mars-Van Krevelen mechanism[J]. ACS Catalysis, 2018, 8(7): 6513-6525.

[55] Abd El-Moemen A, Abdel-Mageed A M, Bansmann J, et al. Deactivation of Au/CeO$_2$

catalysts during CO oxidation: Influence of pretreatment and reaction conditions[J]. Journal of Catalysis, 2016, 341: 160-179.

[56] Konova P, Naydenov A, Tabakova T, et al. Deactivation of nanosize gold supported on zirconia in CO oxidation[J]. Catalysis Communications, 2004, 5(9): 537-542.

[57] Denkwitz Y, Schumacher B, Kučerová G, et al. Activity, stability, and deactivation behavior of supported Au/TiO$_2$ catalysts in the CO oxidation and preferential CO oxidation reaction at elevated temperatures[J]. Journal of Catalysis, 2009, 267(1): 78-88.

[58] Oh H S, Costello C, Cheung C, et al. Regeneration of Au/γ -Al$_2$O$_3$ deactivated by CO oxidation[J]. Studics in Surface Science and Catalysis, 2001, 139: 375-381.

[59] Kim H H, Tsubota S, Daté M, et al. Catalyst regeneration and activity enhancement of Au/TiO$_2$ by atmospheric pressure nonthermal plasma[J]. Applied Catalysis A: General, 2007, 329: 93-98.

[60] Fan H Y, Shi C A, Li X S, et al. In-situ plasma regeneration of deactivated Au/TiO$_2$ nanocatalysts during CO oxidation and effect of N$_2$ content[J]. Applied Catalysis B: Environmental, 2012, 119: 49-55.

[61] Debeila M A, Coville N J, Scurrell M S, et al. Effect of pretreatment variables on the reaction of nitric oxide(NO) with Au-TiO$_2$: DRIFTs studies[J]. The Journal of Physical Chemistry B, 2004, 108(47): 18254-18260.

[62] Debeila M A, Coville N J, Scurrell M S, et al. The effect of calcination temperature on the adsorption of nitric oxide on Au-TiO$_2$: DRIFTs studies[J]. Applied Catalysis A: General, 2005, 291(1): 98-115.

[63] Zhu B, Li X S, Liu J L, et al. In-situ regeneration of Au nanocatalysts by atmospheric-pressure air plasma: Significant contribution of water vapor[J]. Applied Catalysis B: Environmental, 2015, 179: 69-77.

[64] Zhu B, Liu J L, Li X S, et al. In situ regeneration of Au nanocatalysts by atmospheric-pressure air plasma: Regeneration characteristics of square-wave pulsed plasma[J]. Topics in Catalysis, 2017, 60(12-14): 914-924.

等离子体转化二氧化碳制备高附加值燃料和化工产品

随着经济与社会的发展，大气中的二氧化碳（CO_2）含量不断升高，对地球环境产生严重的威胁。从 1850 年至 2000 年的一百五十年中，CO_2 的总排放量为 1100 Gt。据预测，在 21 世纪的一百年期间，CO_2 的排放量至少达到 3480 Gt。因此，CO_2 的减排与利用已经成为全世界关注的热点问题，也是急需面对的迫切挑战。

CO_2 既是含碳化合物分解的最终产物，又是碳一家族中最为廉价的化合物，是自然界中存在的最丰富的碳源。因此，研究和开发利用 CO_2 既是绿色化学与化工过程中非常重要的课题，又是 21 世纪全球发展所面临的一大难题。CO_2 转化和利用对未来社会的能源结构和化工原料的来源都将会产生深刻的影响。如果能够利用廉价的 CO_2 合成重要的燃料和化工产品，那么在环境保护和化工生产等方面就可以形成良性循环，具有非常广阔的发展前景。

当前的一些 CO_2 转化和利用工艺，例如热催化工艺，通常需要在高温或高压下进行，以获得满意的 CO_2 转化率。然而因加热而消耗的大量能源，导致这些工艺的能耗上升，能量利用效率（后文简称能量效率）下降，从而也降低了这些工艺实际应用的经济性和可行性。低温等离子体协同催化转化 CO_2 技术有希望解决这一问题[1]。

低温等离子体（non-thermal plasma, NTP）可以在常温常压下产生大量高能电子和活性粒子，其平均电子能量一般在 1 ~ 10 eV 之间，可以激发背景气体或反应气体形成激发态或亚稳态粒子，电离背景气体形成带电离子，甚至打断分子内的化学键，而整个过程中气体的宏观温度可以接近室温，具有显著的非平衡特性[2]。与热催化工艺相比，低温等离子体技术在 CO_2 转化和利用方面有巨大的潜力。同时，与需要较长稳定时间的热催化装置相比，等离子体反应系统可以迅速启动和停止，改变反应条件时也可以快速的响应。此外，等离子体工艺消耗的是电能，相当于通过等离子体工艺，将电能转化成化学能"储存"起来，实现化学储能（chemical storage），从而回收利用了这部分能量[3]。在等离子体反应系统中可以进行不同的反应，包括CO_2直接分解、CO_2加氢和甲烷二氧化碳重整反应等，既可以合成CO、CH_4和合成气等燃气和化工原料，也可以合成烯烃、含氧化合物和液态烃等具有高附加值的化工产品（见图4-1）。本章将详细介绍这几个反应，并介绍它们的特点。

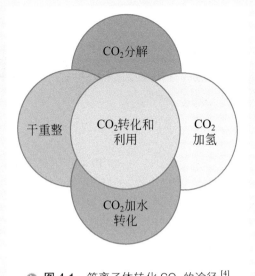

图4-1　等离子体转化 CO_2 的途径[4]

　　在等离子体转化 CO_2 过程中，CO_2 转化率和反应能量效率之间存在着互相制约的关系[5,6]。这也是等离子体 CO_2 转化技术进行工业应用的一个瓶颈。将等离子体和催化剂结合使之产生等离子体催化协同效应，是解决这种互相制约问题的一个新思路。研究表明，等离子体和催化剂的结合可以同时显著提高 CO_2 转化率和能量效率[7,8]。从微观层面看，催化剂和低温等离子体的结合可以降低反应所需要的活化能，提高目标产物的选择性。等离子体和催化剂之间的化学物理作用能产生协同效应，产生"1 + 1 > 2"的效果，使得反应物在等离子体中的反应速率很高，可以相对快速地达到稳定状态[9]。

　　等离子体的产生有多种形式，本章将以最常见的介质阻挡放电（DBD）等离子体为例，介绍等离子体协同催化 CO_2 转化。低温等离子体和催化剂的结合通常有两种方式。第一种方式称为"一段式"等离子体催化，催化剂可以以颗粒或者粉末的形式完全或者部分填充在放电区域，也可以以涂层的形式添加在放电区域的电极表面或者反应器壁面。第二种方式称为"两段式"等离子体催化，即催化剂放置在等离子体放电区域的上游或下游，其中又以在放电区域下游填充催化剂居多。催化剂床可以加热也可以不加热，取决于具体的反应，如图4-2所示。

　　在等离子体催化反应器中，根据催化剂床占据等离子体放电空间的比例，可以将填充方式分为部分填充和完全填充两种情况。在放电空间选择部分填充催化剂还是完全填满催化剂取决于很多因素，比如反应类型、催化剂组成等[10]。在放电空间内完全填充催化剂往往需要考虑催化剂本身的成本，比如对于贵金属催化剂，完全填充的成本会非常高，通常的做法是将催化剂和廉价的填充材料（介电材料），例如玻璃珠、石英棉、钛酸钡、氧化钙等，相互混合后填充到反应区域[7,11,12]。对于等量的催化剂，适量混合填充材料有助于催化剂分散，这也使得 CO_2 分子能更加充

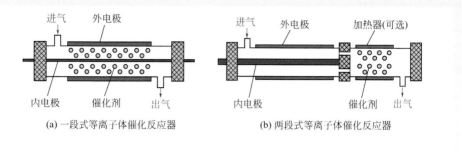

图 4-2　等离子体催化反应器示例 [4]

分地与催化剂接触，从而有利于反应的进行。当然，使用填充材料也有弊端，催化剂混合填充材料后，等离子体放电形式、反应物停留时间等多种因素会导致 CO_2 转化率的改变。

第一节　等离子体分解二氧化碳

一、等离子体分解二氧化碳概述

低温等离子体可直接分解 CO_2 生成 CO 和 O_2。

$$2\,CO_2 \longrightarrow 2\,CO + O_2 \qquad \Delta H = 247\ kJ/mol \qquad （4\text{-}1）$$

产物 CO 是一种重要的化工原料，但是在低温条件下，该反应几乎不可能通过热催化方法实现。很多文献报道了利用不同类型的等离子体放电分解 CO_2 生成 CO 和 O_2，包括介质阻挡放电[13-15]、滑动电弧[9,16,17]、辉光放电[18]、射频放电[5]和微波放电等离子体等[19]。有一些工作利用氮气或氩气等气体作为载气来稀释 CO_2，利用其产生的亚稳态氮分子或者亚稳态氩原子促进 CO_2 在等离子体中的转化，但是这种方法通常会增加成本，而且使用氮气作为载气时还会产生氮氧化物等副产物。不同类型的放电等离子体往往具有不同的能量效率，一般来说，在不使用催化剂的情况下，滑动电弧和微波放电等离子体分解 CO_2 的能量效率较高，而介质阻挡放电等离子体的能量效率较低，不过介质阻挡放电等离子体更容易与催化剂结合，产生等离子体催化协同效应，从而能显著提高 CO_2 反应的转化率和能量效率。

在没有催化剂的情况下，等离子体分解 CO_2 发生在气相中，CO_2 通过振动激发或者电子碰撞分解成 CO 和 O 原子，两个 O 原子复合生成 O_2 分子，见式（4-2）。这一反应产生的 O 原子同样可以与 CO_2 反应生成 CO 和 O_2 分子，见式（4-3）。

$$O + O \longrightarrow O_2 \qquad\qquad (4\text{-}2)$$

$$O + CO_2 \longrightarrow O_2 + CO \qquad\qquad (4\text{-}3)$$

如果电子具有足够高的电子能量,这一反应也有可能生成碳单质,见式(4-4)。另外,生成的 CO 也可能与 O 原子结合重新生成 CO_2,见式(4-5)。

$$CO + e^- \longrightarrow C + O + e^- \qquad\qquad (4\text{-}4)$$

$$CO + O \longrightarrow CO_2 \qquad\qquad (4\text{-}5)$$

介质阻挡放电等离子体分解 CO_2 反应受到很多反应参数的影响,如放电功率、气体流量、放电间隙等[20]。在放电功率不变的情况下,增大气体流量会降低反应区域的比输入能量(等离子体功率除以总气体流量),CO_2 转化率也会因此而降低。相反,增大放电功率能在等离子体放电区域产生更多的丝状放电,从而增加反应通道的数量,促进 CO_2 的分解。此外,研究发现介质材料的厚度对 CO_2 分解反应也有着颇为显著的影响。当比输入能量和放电间隙不变时,将石英介质的厚度从 1.5 mm 增大到 2.5 mm,CO_2 转化率和能量效率均降低 15% 左右[20]。同时,电极结构对 CO_2 分解也有显著的影响。例如,和传统的圆管形内电极相比,在介质阻挡放电反应器中使用锯齿状的内电极能有效增加 CO_2 转化率和能量效率[20]。

二、等离子体协同催化分解二氧化碳

研究发现,在等离子体协同催化分解 CO_2 的反应中,催化剂表面的氧空位数量是决定 CO_2 转化的重要因素[21]。氧空位的存在可以促进电子解离附着(dissociative electron attachment, DEA),因此存在于催化剂表面的氧空位可以有效提高 CO_2 转化率[22]。Chen 等[22] 发现利用氩气等离子体对 NiO/TiO_2 催化剂进行预处理可以增加催化剂表面的氧空位数量,显著提高 CO_2 转化率和反应的能量效率。

在等离子体放电区域中填充催化剂或填充材料都会对 CO_2 分解产生影响。比如在常压介质阻挡放电反应器中,如果没有填充材料,CO_2 等离子体放电以丝状放电为主,但是在放电空间填满钛酸钡($BaTiO_3$)小球后,丝状放电变弱,而表面放电变强[11,12,21]。由于钛酸钡小球的存在导致体积放电受限,丝状放电只能在填充的钛酸钡小球之间或者小球与介质器壁之间的空隙中产生,而表面放电则在填充的小球表面发生[11,12]。针对填充式介质阻挡放电等离子体的模拟计算研究表明,与不填充任何材料的放电相比,填充 ZrO_2 小球后,在上述接触点处的电子能量可以增加 4 倍[23]。实际上,在输入电压或者输入功率保持不变的情况下,在放电区域填充催化剂可以提高放电的平均电子能量[23],从而促进 CO_2 激发、电离和解离,提高 CO_2 的转化率。

在等离子体中，CO_2 在常温常压下即可与 H_2 或 H_2O 反应加氢，而在传统热催化工艺中通常需要高温高压反应才能进行。CO_2 加氢主要有三类反应：逆水汽变换反应 [reversed water-gas shift reaction, RWGS, 见式（4-6）]、CO_2 甲烷化反应 [见式（4-7）] 以及合成含氧化合物等高价值化学品的反应 [见式（4-8）][24-26]。CO_2 加氢反应可以消耗温室气体 CO_2（减排）并将其转化为高附加值的燃料或化工产品，但是如果想要实际应用，还需要先解决经济性的问题。一方面，目前 CO_2 加氢反应需要消耗大量的氢气，而氢气通常要比合成的目标产物（如 CO 或 CH_4）更昂贵——如何通过可再生能源获得低成本氢源非常关键，例如可用废电、废热分解水获得 H_2，利用生物能源转化得到 H_2 等。另一方面，目前产氢的主要工艺为甲烷水蒸气重整，这一工艺同样产生 CO_2 排放[27]。考虑到这一点，CO_2 加氢反应或者以 CO_2 加氢反应为基础的整个能源系统需要实现零碳排放或者负碳排放，才能实现 CO_2 减排。

$$CO_2 + H_2 \longrightarrow CO + H_2O \qquad (4\text{-}6)$$

$$CO_2 + 4H_2 \longrightarrow CH_4 + 2H_2O \qquad (4\text{-}7)$$

$$CO_2 + 3H_2 \longrightarrow CH_3OH + H_2O \qquad (4\text{-}8)$$

一、二氧化碳加氢合成一氧化碳

CO_2 加氢合成 CO，即逆水汽变换反应，在热催化条件下通常需要 500 ℃ 以上的温度才能有效进行，而在等离子体系统中这一反应在常温常压下就可以实现，并且可以通过在等离子体中加入催化剂来进一步提高 CO_2 转化率、调节产物 CO 的选择性、提高反应的能量效率等[24]。

在介质阻挡放电等离子体体系中，CO_2 加氢合成 CO 的过程可以简单描述为：CO_2 与高能电子碰撞而被激发或者分解产生 CO [见式（4-9）][28]。同时，CO_2 分解产生的 O 原子也会与 H_2 反应生成 H_2O[29]。当进气中的 CO_2 浓度较低时，电子碰撞是 H_2 分解的主要途径 [见式（4-10）][30]；当进气中的 CO_2 浓度较高时，H_2 主要与 H_2O^+ 和 H_3O^+ 反应而转化[27]。

$$CO_2 + e^- \longrightarrow CO + O^* + e^- \qquad (4\text{-}9)$$

$$H_2 + e^- \longrightarrow H_2^* \longrightarrow H^* + H^* \qquad (4\text{-}10)$$

式中的 * 表示激发态粒子。

同时，CO 分解反应也可以发生 [见式（4-4）]，但是该反应的反应速率相对要小得多[31]。水汽变换反应也有可能发生 [见式（4-11）]，作为 CO_2 加氢制 CO 的逆反应，水汽变换反应的发生相当于同时降低了 CO_2 和 H_2 的转化率[24,26]。

$$CO + H_2O \longrightarrow CO_2 + H_2 \qquad (4\text{-}11)$$

随着进气中 H_2 含量的增加，H_2/CO_2 摩尔比、CO_2 转化率、CO 的选择性和产率都会提高。当气体总流量增加时，产物中的 CO 选择性上升，而 CH_4 选择性下降[31]。这是因为流速增加导致停留时间减少，从而抑制 CO 和 O 复合，也抑制 CO 进一步加氢形成 CH_4。

二、二氧化碳加氢甲烷化

目前，热催化 CO_2 加氢甲烷化可以达到很高的 CH_4 选择性（接近100%），但是如前所述，反应需要较高的温度，而且高温会带来催化剂失活等一系列问题。与热催化相比，等离子体催化可以在常温常压下实现 CO_2 甲烷化反应[26]。等离子体中产生的高能电子和激发态分子等活性组分为 CO_2 转化开辟了新的反应途径，同时也使得 CO_2 的分解不再受该温度下表面反应速率的限制[32]。但是 CH_4 选择性还有提升的空间，需要对催化剂和反应机理做进一步的研究。

曾宇翱等[26]结合实验手段和模拟计算，发现用氩气作为载气时，介质阻挡放电等离子体中的高能电子和亚稳态氩原子可以为 CO_2 加氢甲烷化开辟新的反应途径。

等离子体 CO_2 加氢甲烷化受到很多实验参数的影响，例如气体流量、气体比例、反应温度、反应压力、工作电压、输入功率和反应器结构等。合理选择流量可以使 CO_2 转化率和 CH_4 选择性同时达到最大[31,33]。进气中的 H_2/CO_2 的摩尔比对反应结果也有很大影响，在甲烷化过程中 H_2/CO_2 比例大于1，能促进 CO_2 的转化和甲烷的生成[24]。曾宇翱等[26]利用介质阻挡放电反应器研究了 H_2/CO_2 摩尔比对等离子体二氧化碳甲烷化的影响，发现 H_2/CO_2 摩尔比为3:1时，甲烷的产率最高。

另据报道，在200 Pa低气压的反应条件下进行 CO_2 加氢甲烷化反应，在等离子体装置中引入磁场可以提高 CO_2 转化率、CH_4 选择性和反应的能量效率[30,34]。提高工作电压或者输入功率通常会增加等离子体区域的功率密度，进而提高 CO_2 的转化率，改善 CH_4 的选择性[30,33]。然而当输入功率较高时，更多的能量消耗于加热电极，而不是用于等离子体反应，因此不仅无法提高 CH_4 选择性，反而会降低反应的能量效率。类似地，减小放电间隙有利于 CO_2 转化生成 CH_4。因为减小放电间隙可以提高电场强度和功率密度。当放电间隙较小时，气体更容易被击穿，在较低的输入功率下即可得到相对高的 CH_4 选择性。虽然增加输入功率会提高 CO_2 的转化率，但是会降低整个反应的能量效率。如果从工程应用的角度考虑 CO_2 加氢甲烷化反应，那么需要在输入功率和能量效率之间寻求最优，或者使用催化剂来突破这个瓶颈并提高甲烷选择性。另外，由于氧化铝的相对介电常数比石英的大，将介质阻挡放电反应器中使用的石英介质替换成氧化铝可能可以改善甲烷化反应的性能。

三、二氧化碳加氢合成高附加值液体产品（以甲醇为例）

CO$_2$ 加氢合成含氧液体产品（例如甲醇、乙醇和二甲醚等）是 CO$_2$ 转化和利用非常具有前景的一个方向。以甲醇为例，它是一种典型的高附加值液体产品，既可以用于替代燃料或者作燃料添加剂，也可以作为化工原料用于合成其他化学品，而且甲醇是一种颇具应用潜力的氢载体，可以用于氢能的储存和运输。图 4-3 给出了 CO$_2$ 加氢合成甲醇的不同技术路线，传统催化工艺需要高温高压条件，而等离子体协同催化二氧化碳加氢合成甲醇反应则可以在常温常压下实现。

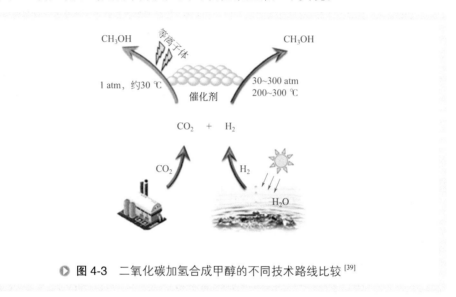

图 4-3　二氧化碳加氢合成甲醇的不同技术路线比较 [39]

到目前为止，传统热催化 CO$_2$ 加氢合成甲醇的工艺一般需要高温高压 [35]。铜基催化剂在这一反应中具有非常优异的反应活性，从而引起了研究者们的极大兴趣。大量的研究工作致力于筛选载体（例如 Al$_2$O$_3$、ZnO、ZrO$_2$、SiO$_2$、Nb$_2$O$_5$、Mo$_2$C 和碳材料等等）、添加助剂（例如 Zn、Zr、Ce、Ga、Si、V、K、Ti、B、F 和 Cr 等）和优化制备方法对铜基催化剂进行改性 [35]。和传统热催化 CO$_2$ 加氢合成甲醇相比，无论是否使用催化剂，等离子体 CO$_2$ 加氢合成甲醇的研究工作鲜有报道 [36,37]。在 20世纪 90 年代末，瑞士的 Eliasson 团队利用介质阻挡放电等离子体反应器进行了 CO$_2$ 加氢合成甲醇的研究 [38]。结果显示该反应仅产生痕量甲醇，在一个大气压下甲醇最大产率仅为 0.2%。他们还发现增加反应压力、使用催化剂能增大甲醇的选择性和产率，比如增大反应压力到 8 bar（1 bar=10^5 Pa），在反应器中填充 Cu/ZnO/Al$_2$O$_3$催化剂（一种商业甲醇合成催化剂）可以将甲醇产率提高到 1%，将甲醇选择性从0.4% 提高到 10%，而 CO$_2$ 转化率从 12.4% 略微增加到 14%。另据报道，在低气压（1 ～ 10 Torr，1 Torr = 133.322 Pa）下，射频（RF）脉冲放电等离子体 CO$_2$ 加氢反应也检测到了痕量的甲醇 [31]。最近，利物浦大学屠昕教授团队开发了一种新型水电极介质阻挡放电反应器，可以在常温（30℃）常压下实现CO_2加氢合成甲醇。研究发现，等离子体反应器的结构对甲醇的生成和产率有显著影响，使用水电极和单介质的介质阻挡反应器可以实现更高的CO_2转化率和甲醇产率[39]。

第三节　等离子体甲烷二氧化碳重整

一、甲烷二氧化碳重整反应

甲烷二氧化碳重整反应又称为干重整（dry reforming）反应，这是相对于"湿重整"或"水蒸气重整（steam methane reforming, SMR）"——甲烷和水蒸气重整反应而言。甲烷水蒸气重整反应是重要的制氢反应，大多采用热催化工艺，面临着反应温度高、工艺能耗高、高温条件下催化剂容易烧结变性失活等问题。尤其是为了供应反应所需的水蒸气，并保持反应装置在高温下运行，这一工艺需要消耗大量的能量，排放大量的二氧化碳。此外，甲烷水蒸气重整产生的合成气中，H_2/CO的摩尔比一般大于2，不适合用于费托合成，还需要通过水汽、逆水汽变换反应对H_2/CO比例进行调节，这一过程也会排放大量的二氧化碳。据报道，甲烷水蒸气重整每生产$1\ t\ H_2$，就要排放$9 \sim 12\ t\ CO_2$[40]。

相反地，甲烷二氧化碳重整反应［见式（4-12）］以两种温室气体为原料，可以合成一系列高附加值的化工产品和燃料，包括氢气、一氧化碳、单质碳和低碳烃，例如乙烯、乙炔、乙烷和丙烷等。其中氢气和一氧化碳在产物中占的比例远远高于低碳烃等其他产物[27,41,42]。由于甲烷二氧化碳重整反应不需要消耗大量能量用于制取水蒸气，并且同时消耗CO_2和CH_4这两种温室气体制取合成气，产生的合成气理论H_2/CO比值等于1——非常适合费托合成，因此甲烷干重整反应有很高的应用潜力[9,27]。

$$CO_2 + CH_4 \longrightarrow 2\,CO + 2\,H_2 \qquad \Delta H = 247\ kJ/\,mol \qquad （4-12）$$

二、等离子体甲烷二氧化碳重整反应

虽然甲烷二氧化碳重整反应能显著减少二氧化碳排放，但是热催化甲烷干重整工艺需要非常高的反应温度（> 700 ℃）[43]。而且高温下甲烷的裂解反应还会产生大量的碳，这些碳沉积在催化剂表面，会覆盖催化剂的活性位点，使催化剂很快失活，因此高温和催化剂失活是制约这一工艺走向工业化的主要问题。

大量的研究表明，低温等离子体技术作为一种新技术，在甲烷活化和二氧化碳

转化领域具有非常好的前景。目前，电晕放电、介质阻挡放电、滑动电弧放电和微波放电等形式的等离子体都有用于甲烷干重整的研究[9,44,45]。值得一提的是，乙炔等炔烃在介质阻挡放电甲烷干重整反应中产量非常小，而使用纳秒脉冲放电或者滑动电弧放电进行干重整反应时，产物中的碳氢化合物以炔烃为主，主要是乙炔，这表明等离子体系统和放电形式对自由基的形成和反应路径影响较大[9]。等离子体重整甲烷生成的碳单质可以有多种形态，包括无定形碳和石墨等，也可以生成碳纳米纤维和碳纳米管。Tu 和 Whitehead[9]利用滑动电弧反应器进行了甲烷干重整实验，成功制备了多层碳纳米管和球形碳纳米颗粒。

等离子体甲烷干重整反应除了生成 H_2、CO 和低碳烃，在特定条件下，也可能生成高附加值的液态产品，特别是醇、醛、酸和醚等含氧液态产品。传统方法利用热催化工艺，通常需要通过两个步骤进行：首先，利用干重整反应在高温（> 700 ℃）下制取合成气（CO 和 H_2）；接下来，在高气压下将合成气转化为液态产品。例如，有学者提出利用Cu/Co、Pt/Al_2O_3、Pd/SiO_2和Rh/SiO_2等催化剂，可以将CO_2和CH_4逐步转化为乙酸[46-48]。这种分步反应过程需要考虑周期性切换反应物和收集产品等问题，因此操作复杂。而且，由于热催化干重整需要高温、高能耗，所以两步法的能量效率很低，由于积炭引起的催化剂失活等问题则进一步阻碍了该方法的商业化应用。如果要一步反应合成液态产品，就必须要将 CO_2 和 CH_4 这两种非常稳定的分子同时活化，这是非常困难的。Zhao 等[49]通过密度泛函理论（density function theory, DFT）模型计算，认为 CO_2 和 CH_4 可以在掺杂 Zn 的 CeO_x 催化剂上直接进行 C-C 偶联形成乙酸［见式（4-13）］。然而在热催化条件下，这个反应同样需要很高温度才能发生。

$$CO_2 + CH_4 \longrightarrow CH_3COOH \tag{4-13}$$

Martini 等[41]利用介质阻挡反应器进行了二氧化碳和甲烷干重整的研究，发现产物中含有微量甲酸、甲醇、乙酸、乙醇、丙酸和丁酸等含氧化合物。目前对于生成甲酸、乙酸和丙酸的反应路径有一些研究报道：一般认为，CO 和 ·OH 结合形成羧基（—COOH），羧基与氢原子结合可以形成甲酸，CO 和甲基自由基结合，或者羧基和甲基自由基结合则会生成乙酸。与此类似，当乙基自由基取代了甲基自由基并与 CO 或者羧基反应，就可以生成丙酸[41]。英国利物浦大学屠昕教授团队开发了一种具有水电极结构的新型介质阻挡放电反应器，可以在常温（30 ℃）和常压下将甲烷和二氧化碳一步转化成含氧液态化合物[50]。他们的研究发现，在 30 ℃ 下，如果仅使用催化剂而不引入等离子体，干重整反应无法进行，但是在等离子体反应器中，可以在室温常压下一步转化得到乙酸、甲醇、乙醇和丙酮等液态含氧产物。其中，乙酸为主要液态产物。即使不用催化剂，等离子体重整反应的液态产物总选择性仍可达 60%，其中乙酸、乙醇、甲醇和丙酮的选择性分别为 34%、12%、12% 和 2%[50]。相比之下，气态产物 CO 的选择性仅为 20%[50]。图 4-4 给出了等离子体二氧化碳甲烷重整一步生成甲醇、乙醇和乙酸的主要反应路径[50]。

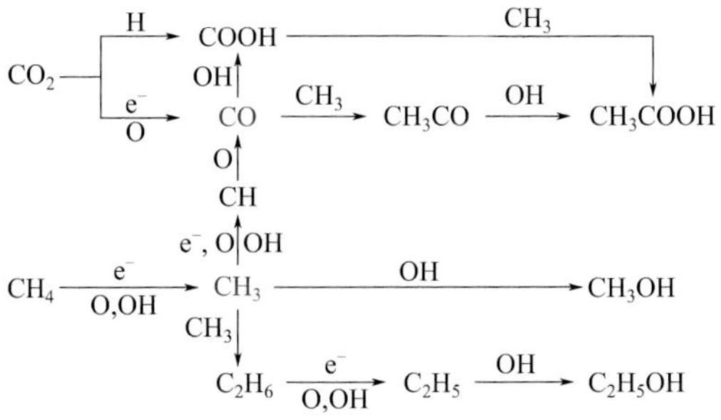

CO_2 ──H/OH──> COOH ──────────────> CH_3│
CO_2 ──e^-/O──> CO ──CH_3──> CH_3CO ──OH──> CH_3COOH

O/CH

CH_4 ──e^-/O,OH──> CH_3 ──e^-,O/OH──> ──OH──> CH_3OH
CH_3│
C_2H_6 ──e^-/O,OH──> C_2H_5 ──OH──> C_2H_5OH

▶ **图 4-4** 等离子体二氧化碳甲烷重整一步生成甲醇、乙醇和乙酸的主要反应路径 [50]

三、等离子体甲烷二氧化碳重整反应影响因素

比输入能量对 CO_2 和 CH_4 转化率的影响非常显著。一般情况下，如果放电功率和气体总流量保持同步变化（比输入能量不变），则 CO_2 和 CH_4 的转化率几乎不变[3]。增加比输入能量会提高 CO_2 和 CH_4 的转化率[51]，但是，研究发现比输入能量的增加往往伴随着重整反应能量效率的降低，也就是转化率和能量效率之间存在相互制约的关系，因此催化剂的使用和反应系统的优化显得尤其重要。此外，增加原料气在等离子体放电区域中的停留时间也可以有效提高气体转化率，不过研究发现，改变原料气的停留时间对产物中 H_2 和 CO 选择性的影响很小[3,52]。

原料气中 CO_2/CH_4 比例对反应的性能具有非常重要的影响，包括 CO_2 和 CH_4 转化率、产物选择性、产物产率和产物中的 H_2/CO 摩尔比等[43,52]。例如增加进气中的 CO_2 含量可以提高 CH_4 转化率和重整的能量效率[53,54]。这是因为 CO_2 和 CH_4 在等离子体中解离分别生成 O 原子和 H 原子，这些原子同样会与 CO_2 和 CH_4 发生碰撞，从而促进甲烷和二氧化碳的分解和转化[3]。

介质阻挡放电中微放电或者丝状放电的通道长度、数量也会影响重整反应。放电通道越长、数量越多，通道内的平均电子能量就越低，直接影响到重整的能量效率和气体转化率[3]。

改变放电形式同样会改变反应，例如利用脉冲放电等离子体可以极大提高干重整的能量效率，而提高脉冲频率或峰值电压则会增加 CO_2 和 CH_4 的转化率[52]。此外，使用脉冲电源驱动介质阻挡放电反应器时，增加占空比也可以提高 CO_2 和 CH_4 的转化率[41]。

四、等离子体协同催化甲烷二氧化碳重整

如式（4-14）所示，干重整是一个强吸热反应。因此，反应通常需要很高温度

（>1000 ℃）以活化 CO_2 和 CH_4 分子并得到满意的转化率。使用催化剂可以降低反应所需的活化能，然而通常情况下反应温度仍高于 700 ℃[43,51]。低温等离子体与催化剂结合可以提高重整效率并降低工艺成本[55,56]。而且，催化剂和等离子体之间的物理化学作用，可能产生大幅度提高转化率和能量效率的协同效应[8,43,44]。

不同于干重整反应的化学计量比（1:1），在实际反应中 CO_2 和 CH_4 的转化率是不同的。在热催化重整反应中，由于有逆水汽变换反应［式（4-6）］发生，CO_2 的转化率比 CH_4 的略高。等离子体催化重整则不同，在该条件下 CH_4 的转化率往往比 CO_2 高。甲烷分子在等离子体中的分解相比二氧化碳有更多的反应路径，比如甲烷可以在等离子体中通过电子碰撞解离［式（4-15）～式（4-17）］，也可以和 CO_2 分解产生的氧原子碰撞分解［式（4-18）］[43]。

$$CO_2 + CH_4 \longrightarrow 2\ CO + 2\ H_2 \qquad \Delta H = 247\ kJ\ /mol \qquad （4\text{-}14）$$

$$CH_4 + e^- \longrightarrow \bullet CH_3 + H \bullet + e^- \qquad （4\text{-}15）$$

$$CH_4 + e^- \longrightarrow \bullet CH_2 + H_2 + e^- \qquad （4\text{-}16）$$

$$CH_4 + e^- \longrightarrow CH^* + H^* + H_2 + e^- \qquad （4\text{-}17）$$

$$CH_4 + O^* \longrightarrow CH_3^* + OH^* \qquad （4\text{-}18）$$

式中 * 代表激发态粒子。

类似地，CO_2 在等离子体中也会发生解离［式（4-9）］[28,52]。而且等离子体重整反应生成的活性组分也会吸附到催化剂表面，再在催化剂表面结合生成 CO 和 H_2[57]。

在等离子体催化干重整体系中，等离子体中的气相反应和催化剂表面的反应可以同时发生、同时进行，从而促进 CH_4 和 CO_2 的转化。低温甚至室温下的反应可以减少积炭产生，延长催化剂寿命，提高了催化剂和反应的稳定性。当等离子体作用于催化剂表面时，原本吸附在催化剂表面上的基团可能更容易发生脱附，从而可以调控产物的选择性。等离子体和催化剂相互作用，可以产生等离子体催化协同效应，从而大幅提高气体转化率和重整效率。这些都是等离子体催化干重整的优势。

在热催化干重整的反应过程中，负载型过渡金属催化剂因其成本低廉和来源广泛而被广泛研究。对于等离子体催化干重整反应，选择催化剂时往往参考热催化重整工艺，从中选择高活性和高稳定性的催化剂来进行测试和研究。Ni/Al_2O_3[10,43,58]、Co/Al_2O_3[43]、Mn/Al_2O_3[43]、Cu/Al_2O_3[43,59]、La_2O_3/Al_2O_3[60]、NaX、NaY[61,62]、Ag/Al_2O_3[63]、Pd/Al_2O_3[59,63]、Zeolite 3A[64]、Fe/Al_2O_3[65]、$Cu\text{-}Ni/Al_2O_3$[57]、$LaNiO_3$[66] 和 $LaNiO_3@SiO_2$[67] 等催化剂在等离子体催化甲烷重整反应中的性能已有研究报道，其中以镍基催化剂最为常见。需要强调的是，除了以上列举的催化剂，用于等离子体催化重整的负载型金属催化剂还有很多形式，比如掺杂助剂的催化剂、双金属催化剂和钙钛矿型催化剂（perovskite-type catalyst）等。相对于热催化干重整反应，在等离子体催化反应中开展的催化剂筛选工作还远远不够，如何选择高效的催化剂用于等离子体催化反应还缺少经验。

在等离子体催化系统中，等离子体和催化剂之间存在的物理和化学作用，有助于产生等离子体催化协同效应。协同效应的产生表明等离子体和催化剂结合产生的反应效果要优于单纯等离子体反应和单纯催化反应的效果之和[8]。等离子体放电可以在气相中生成大量自由基等活性基团，这些活性基团也可能被吸附到催化剂表面上，从而改变气相或者催化剂表面上的反应路径[26]。等离子体还可能对催化剂产生其他影响，例如带电粒子轰击改变催化剂表面的孔道结构，提高活性组分的分散度等。离子和电子碰撞过程中的能量转移，可以减少积炭生成或者提高催化剂活性。等离子体还可改变催化剂活性组分的价态和载体的结晶度，提高其氧亲和力，促进 CH_4 转化。反之，催化剂也可以影响等离子体的放电特性[55,68]，尤其是催化剂的介电常数和填充方式对等离子体催化干重整反应来说非常重要[56,69]。首先，催化剂可以改变介质阻挡放电的放电形式，例如甲烷或者二氧化碳中的介质阻挡放电通常以丝状放电或者微放电为主，在等离子体区域中加入催化剂可以将放电形式改为微放电和表面放电混合的模式。加入催化剂后，放电可能会集中在催化剂颗粒接触点及其附近区域，放电能量因此更加集中并导致局部电场强度和电子能量增加，最终使得在等离子体和催化剂表面发生的反应随着电场强度和电子能量的增大而加强[70]。介电常数较大的催化剂（例如铁电体）不仅可以增加等离子体放电的电场强度，而且能够在干重整反应中提升合成气的产率[55,68]。其次，催化剂的填充方式可以影响等离子体和催化剂之间的相互作用。研究表明，在介质阻挡放电反应器中填充 Ni/Al_2O_3 催化剂，部分填充比完全填充更能促进干重整反应[8]。

第四节　等离子体转化二氧化碳的化学反应动力学模拟

要实现放电等离子技术大规模成功应用于二氧化碳转化制备高附加值燃料和化工产品的目标，需要做更多的基础性研究工作。除了上文描述的实验研究工作，对等离子体化学反应体系进行建模仿真可以揭示更深层次的反应机理，因而获得国内外的广泛关注。

利用二维或三维流体模型对等离子体反应器进行建模往往需要较长的计算时间，特别是对于粒子和化学反应种类繁多的等离子体，其仿真难度较大，因此这类模型首先针对化学反应机理简单的氩气或氦气，并进一步扩展到空气、二氧化碳，甚至是其与其他气体的混合物[71-74]。相比流体模型，零维等离子体化学模型忽略了复杂输运过程的影响，允许描述大量的粒子，能够包含大量的化学反应，并且计算成本较低，因而被广泛使用在阐明复杂等离子体反应体系的基本反应路径中。零维模型不仅在纯二氧化碳转化中，而且在甲烷以及在二氧化碳/甲烷中以及更为复杂的反应体系中被广泛应用[75,76]。

零维反应动力学模型基于化学反应定义的生成率和损失率求解所有粒子数密度的平衡方程[76]

$$\frac{\mathrm{d}n_i}{\mathrm{d}t} = \sum_j \left\{ \left(a_{ij}^{(2)} - a_{ij}^{(1)} \right) k_j \prod_l n_l^{a_{ij}^{(1)}} \right\} \quad (4-19)$$

式中　$a_{ij}^{(1)}$、$a_{ij}^{(2)}$——化学反应 j 左侧和右侧粒子 i 的化学计量系数；

　　　　n_l——反应左侧粒子数密度；

　　　　k_j——反应 j 的速率系数（见下文）。

电子碰撞过程的反应速率由电子平均能量确定并通过电子碰撞截面计算得到。而中性粒子或离子之间的化学反应速率系数从文献中得到。

零维反应动力学模型粒子数密度的平衡方程只考虑了粒子数密度随时间的变化，忽略了由于等离子体输运过程引起的空间变化。不过，实际仿真操作利用气体流量将粒子数密度随时间的变化转化为随反应器中空间的变化。换言之，等离子体反应器被认为是活塞流反应器，等离子体特性随着气流行进距离的变化而变化，其方式与在间歇反应器中随时间变化的方式相同。因此，粒子数密度平衡方程中的时间对应于气体在反应器中的停留时间。除了求解粒子数密度，零维反应动力学模型还通过考虑电子能量产生和消耗过程的平衡方程计算平均电子能量。

为了研究多种组分气体混合条件下等离子体反应体系的化学反应动力学机理，文献[76]建立了 $CO_2/CH_4/N_2/O_2/H_2O$ 介质阻挡放电等离子体的反应动力学模型，表4-1给出了该模型包含的主要粒子。其中，各种高阶烃和含氧化合物也包含在内，以阐明这些产物是否可以在介质阻挡放电等离子体反应体系中形成。

图4-5给出了介质阻挡放电条件下，在 $CO_2/CH_4/N_2$（1:1:8）混合物中的等离子体化学反应动力学机理。

在目前的介质阻挡放电条件下，CH_4 转换过程开始于 CH_4 的电子碰撞解离，形成·CH_3 自由基。同时，N_2 与电子碰撞激发产生亚稳态（单重态和三重态）N_2 分子，它们与 CH_4 的碰撞促进 CH_4 分解为·CH_3、·CH_2、·CH 基团和 C 原子。·CH_3 基团将重新结合成更高阶的烃（主要是 C_2H_6 和 C_3H_8）。而且，CH_4 和 CH 之间重组产生不饱和烃（主要是 C_2H_4）。后者可以与 H 原子重新组合成·C_2H_5 自由基，然后进一步产生其他烃如 C_2H_6 和 C_3H_8 以及·CH_3 自由基。此外，通过 CH_4 与电子、亚稳态 N_2 碰撞以及高阶烃的分解都会产生 H_2。

同时，电子与 N_2 分子的碰撞也促使 N_2 分裂为 N 原子，它们可以与·CH_3 自由基反应生成不稳定的 H_2CN。然后再与 N 或 H 原子碰撞迅速转化为氰化氢（HCN）。在 N_2 含量为80%时，模拟显示 HCN 是含丰富 N 的最终产物（约1600 ppm）。这表

表 4-1 $CO_2/CH_4/N_2/O_2/H_2O$ 反应动力学模型考虑的粒子[76]

中性分子	带电粒子	中性自由基	激发态粒子
C_3H_8，C_3H_6，C_2H_6，C_2H_4，C_2H_2，CH_4	$C_2H_6^+$，$C_2H_5^+$，$C_2H_4^+$，$C_2H_3^+$，$C_2H_2^+$，C_2H^+，CH_5^+，CH_4^+，CH_3^+，CH_2^+，CH^+	$\cdot C_4H_2$，$\cdot C_3H_7$，$\cdot C_3H_5$，$\cdot C_2H_5$，$\cdot C_2H_3$，$\cdot C_2H$，$\cdot CH_3$，$\cdot CH_2$，$\cdot CH$	
CO_2，CO	CO_2^+，CO^+，CO_3^-，CO_4^-，CO_4^+，$C_2O_4^+$，$C_2O_3^+$，$C_2O_2^+$	$\cdot C_2O$	$CO_2(E1)$，$CO_2(E2)$
C_2N_2		$\cdot CN$，$\cdot NCN$	
H_2O，H_2O_2	H_2O^+，H_3O^+，OH^+，OH^-	$\cdot HO_2$，$\cdot OH$	
N_2H_4，NH_3，N_2H_2	NH_4^+，NH_3^+，NH_2^+，NH^+	$\cdot NH_2$，$\cdot NH$，$\cdot N_2H$，$\cdot N_2H_3$	
N_2O，N_2O_3，N_2O_4，N_2O_5	NO^+，N_2O^+，NO_2^+，NO^-，N_2O^-，NO_2^-，NO_3^-，$N_2O_2^+$	$\cdot NO$，$\cdot NO_2$，$\cdot NO_3$	
CH_2CO，CH_3OH，CH_3CHO，CH_3OOH，C_2H_5OH，C_2H_5OOH，CH_2O		CHO，$\cdot CH_2OH$，$\cdot CH_3O$，$\cdot CH_3O_2$，$\cdot C_2HO$，$\cdot CH_3CO$，$\cdot CH_2CHO$，$\cdot C_2H_5O$，$\cdot C_2H_5O_2$	
HCN		$\cdot H_2CN$，$\cdot ONCN$，$\cdot NCO$	
	C_2^+，C^+	$\cdot C$，$\cdot C_2$	
N_2	N_2^+，N^+，N_3^+，N_4^+	$\cdot N$	$N_2(a'\Sigma_u^-)$，$N_2(C^3\Pi_u)$，$N_2(V)$，$N_2(A^3\Sigma_u^+)$，$N_2(B^3\Pi_g)$，$N(2P)$，$N(2D)$
H_2	H_2^+，H^+，H^-，H_3^+	$\cdot H$	$H(2P)$，$H_2(V)$，$H_2(E)$
O_3，O_2	O_3^-，O_4^-，O_4^+，O_2^-，O_2^+，O^+，O^-	$\cdot O$	$O(1D)$，$O(1S)$，$O_2(a1)$，$O_2(b1)$
	e^-		

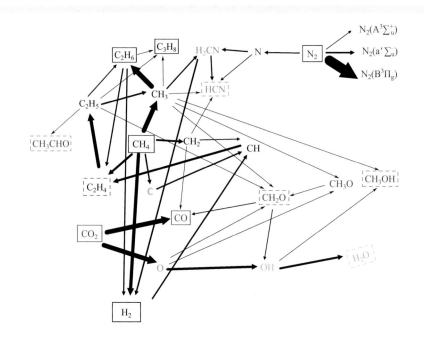

● 图 4-5　在 $CO_2/CH_4/N_2$（1∶1∶8）混合物中等离子体反应动力学机理

注：气体总流量为200 mL/min，放电功率为10 W。箭头线的粗细与净反应速率成线性比例关系。
密度大的粒子用实线框表示，密度小的粒子用虚线框表示[76]。

明，即使在高浓度下，N_2 的存在也不会导致含氮物质的显著生成。这与实验中没有检测到含 N 的物质的结论一致。

　　直接与电子碰撞或者和亚稳态 N_2 碰撞也有助于 CO_2 转化为 CO 和 O。此外，由 CH_4 分解形成的·CH_3 自由基与 O 原子反应形成 CH_2O（甲醛）和·CH_3O 自由基，后者进一步转化为 CH_2O。此外，O 原子可以与 CH_2O 或 CH_4 反应生成·OH 自由基，并进一步与·CH_3 自由基反应生成 CH_3OH（甲醇）。·OH 自由基还会进一步反应生成 H_2O。最后，由 CO_2 转化产生的 O 原子引发其他含氧化合物如乙醛（CH_3CHO）的形成。然而，这种反应路径相对不重要，这是因为这种情况下 O 基团的形成有限。

　　仿真发现，混合物为 $CO_2/CH_4/N_2$（1∶1∶8）时，H_2、CO、C_2H_6、H_2O 以及氰化氢（HCN）是主要终产物（分别为 0.80%、0.60%、0.20%、0.19% 和 0.16%），其他含氧化合物（CH_2O、CH_3OH 等）以及最终产品中的 C_3H_8 含量低于 0.1%。

　　另一方面，对于 $CO_2/CH_4/N_2/O_2$ 混合物，等离子体反应动力学机理有着明显的不同，因为添加 O_2 会明显影响粒子的生成和损失机理。图 4-6 中绘制了在 $CO_2/CH_4/N_2/O_2$（10∶10∶78∶2）混合物中 CH_4、CO_2、O_2 和 N_2 转化的主要反应途径。

　　CH_4 与电子和亚稳态 N_2 碰撞时的分解反应导致·CH_3 自由基的生成。后者可以再次重组成碳氢化合物，例如乙烷（C_2H_6），但由于·CH_3 和 O_2 或·OH 自由基之

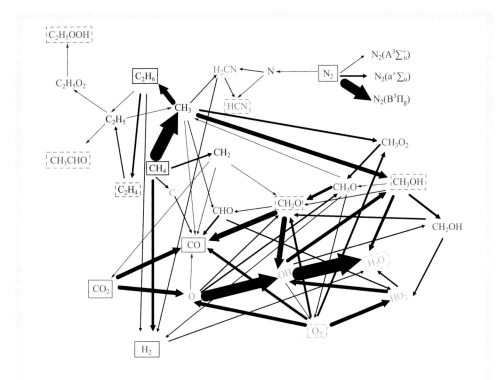

▶ **图 4-6** 在 $CO_2/CH_4/N_2/O_2$（10∶10∶78∶2）混合物中等离子体反应动力学机理

注:气体总流量为200 mL/min,功率为10 W。箭头线的粗细与净反应速率成线性比例关系。密度大的粒子用实线框表示,密度小的粒子用虚线框表示[76]。

间的复合速率增加,通过·CH_3重组产生的高阶烃减少,导致甲醇（CH_3OH）形成。此外,·CH_3自由基和O_2分子重新组合成·CH_3O_2自由基,进一步形成·CH_3O,对于整个反应体系也变得重要。·CH_3O自由基还会形成甲醛（CH_2O）和甲醇（CH_3OH）。然而,甲醇（CH_3OH）可以通过与O、H或·OH自由基的反向反应快速转变回·CH_3O自由基,因此该仿真模型显示了从甲醇（CH_3OH）到甲醛（CH_2O）的净转化率。

此外,甲醇（CH_3OH）可以通过·CH_2OH基团进一步反应生成甲醛（CH_2O）。甲醛（CH_2O）除了可以进一步转化成CO,也可直接与O原子反应或者通过·CHO自由基反应。此外,甲醛（CH_2O）与O原子的反应也会产生·OH自由基。O_2分子转化为HO_2·自由基、O原子、CO以及甲醛（CH_2O）。值得一提的是,大部分的O_2转化都是通过中性粒子之间的碰撞进行的。例如,在与亚稳状态N_2碰撞时的O_2分解贡献约15%,表现出电子激发亚稳态N_2分子的重要作用,而电子碰撞分解贡献仅为3%～4%。与·OH自由基反应后,CO可以进一步氧化成CO_2。此外,·CH_2自由基也可以被氧化成CO_2。这些反应显然是转化过程所不希望的。O原子也能转化为·CH_3O 和·OH 自由基，它们可以再次形成水。由于与添加 O_2 时消耗·CH_3 自由基的其他反应的竞争，N 和·CH_3 自由基之间碰撞产生·H_2CN 的反应被大大抑制了。结果，混合物中 HCN 的浓度大大降低。

仿真发现在 $CO_2/CH_4/N_2/O_2$（10：10：78：2）混合物中最重要的产物是（依重要性递减）H_2O、CO、H_2、乙烷（C_2H_6）、甲醇和氰化氢（HCN），其摩尔分数分别为 1.60%、1.30%、0.78%、0.13%、0.10% 和 0.094%。

图 4-5 和图 4-6 清楚地表明，O_2 的添加对 CO_2 和 CH_4 转化过程中的化学反应有显著的影响。研究表明，CH_4/N_2 与 CO_2 混合有利于 H_2 的形成，而加入 O_2 后 H_2O 的生成得到极大促进。CO 在两种气体混合物反应产物中的密度都较高，添加 O_2 可以有效地促进 CH_4 的转化。不过，我们也应该看到，O_2 的加入也会形成大量 CO_2，导致 CO_2 的净转化率大大降低。

基于等离子体技术的 CO_2 转化在世界范围内受到越来越多的关注，为了进一步地优化这类等离子体 CO_2 转化技术，需要对等离子体环境下 CO_2 转化的反应机理和基础机制有更深入的了解。研究表明，上述仿真分析结果显示了零维化学反应动力学模型对于获得 CO_2 和 CH_4 转化过程的基本反应机理和反应路径的重要作用，这对优化转化目标反应过程有着非常重要的价值。例如，仿真模型显示的不同反应路径可以帮助确定最优的进料气体比例，以获得所需产品的最高产量和/或最高选择性。综合所述，零维反应动力学模型非常适合详细描述等离子体辅助 CO_2 转化的反应机理和路径。

参考文献

[1] Ye Z, Yang J, Zhong N, et al. Tackling environmental challenges in pollution controls using artificial intelligence: A review[J]. Science of the Total Environment, 2020, 699: 134279.

[2] Jang B W L, Allagui A, Liu C J, et al. Frontiers in plasma catalysis(ISPCEM 2018)[J]. Catalysis Today, 2019, 337: 1-2.

[3] Snoeckx R, Zeng Y X, Tu X, et al. Plasma-based dry reforming: Improving the conversion and energy efficiency in a dielectric barrier discharge[J]. RSC Advances, 2015, 5: 29799-29808.

[4] Ashford B, Tu X. Non-thermal plasma technology for the conversion of CO_2[J]. Current Opinion in Green and Sustainable Chemistry, 2017, 3: 45-49.

[5] Spencer L F, Gallimore A D. Efficiency of CO_2 dissociation in a radio-frequency discharge[J]. Plasma Chemistry and Plasma Processing, 2011, 31: 79-89.

[6] Butterworth T, Elder R, Allen R. Effects of particle size on CO_2 reduction and discharge characteristics in a packed bed plasma reactor[J]. Chemical Engineering Journal, 2016, 293: 55-67.

[7] Van Laer K, Bogaerts A. Improving the conversion and energy efficiency of carbon dioxide splitting in a zirconia-packed dielectric barrier discharge reactor[J]. Energy Technology, 2015, 3: 1038-1044.

[8] Tu X, Whitehead J C. Plasma-catalytic dry reforming of methane in an atmospheric dielectric barrier discharge: Understanding the synergistic effect at low temperature[J]. Applied Catalysis B: Environmental, 2012, 125: 439-448.

[9] Tu X, Whitehead J C. Plasma dry reforming of methane in an atmospheric pressure AC gliding arc discharge: Co-generation of syngas and carbon nanomaterials[J]. International Journal of Hydrogen Energy, 2014, 39(18): 9658-9669.

[10] Tu X, Gallon H J, Twigg M V, et al. Dry reforming of methane over a Ni/Al_2O_3 catalyst in a coaxial dielectric barrier discharge reactor[J]. Journal of Physics D: Applied Physics, 2011, 44(27): 274007.

[11] Duan X, Hu Z, Li Y, et al. Effect of dielectric packing materials on the decomposition of carbon dioxide using DBD microplasma reactor[J]. AIChE Journal, 2015, 61(3): 898-903.

[12] Mei D, Zhu X, He Y L, et al. Plasma-assisted conversion of CO_2 in a dielectric barrier discharge reactor: Understanding the effect of packing materials[J]. Plasma Sources Science and Technology, 2015, 24(1): 015011.

[13] Aerts R. Experimental and computational study of dielectric barrier discharges for environmental applications[D]. Antwerp: University of Antwerp, 2014.

[14] Paulussen S, Verheyde B, Tu X, et al. Conversion of carbon dioxide to value-added chemicals in atmospheric pressure dielectric barrier discharges[J]. Plasma Sources Science and Technology, 2010, 19: 034015.

[15] Alliati M, Mei D, Tu X. Plasma activation of CO_2 in a dielectric barrier discharge: A chemical kinetic model from the microdischarge to the reactor scales[J]. Journal of CO_2 Utilization, 2018, 27: 308-319.

[16] Li L, Zhang H, Li X, et al. Plasma-assisted CO_2 conversion in a gliding arc discharge: Improving performance by optimizing the reactor design[J]. Journal of CO_2 Utilization, 2019, 29: 296-303.

[17] Zhang H, Li L, Li X, et al. Warm plasma activation of CO_2 in a rotating gliding arc discharge reactor[J]. Journal of CO_2 Utilization, 2018, 27: 472-479.

[18] Wang J, Xia G, Huang A, et al. CO_2 decomposition using glow discharge plasmas[J]. Journal of Catalysis, 1999, 185: 152-159.

[19] Tsuji M, Tanoue T, Nakano K, et al. Decomposition of CO_2 into CO and O in a microwave-excited discharge flow of CO_2/He or CO_2/Ar mixtures[J]. Chemistry Letters, 2001, 1: 22-23.

[20] Mei D, Tu X. Conversion of CO_2 in a cylindrical dielectric barrier discharge reactor: Effects of plasma processing parameters and reactor design[J]. Journal of CO_2 Utilization, 2017, 19: 68-78.

[21] Ray D, Subrahmanyam C. CO_2 decomposition in a packed bed DBD plasma reactor: Influence of packing materials[J]. RSC Advances, 2016, 6(45): 39492-39499.

[22] Chen G, Georgieva V, Godfroid T, et al. Plasma assisted catalytic decomposition of CO_2[J]. Applied Catalysis B: Environmental, 2016, 190: 115-124.

[23] Bogaerts A, Kozak T, van Laer K, et al. Plasma-based conversion of CO_2: Current status and future challenges[J]. Faraday Discussions, 2015, 183: 217-232.

[24] Zeng Y X, Tu X. Plasma-catalytic CO_2 hydrogenation at low temperatures[J]. IEEE Transactions on Plasma Science, 2016, 44(4): 405-411.

[25] Schwab E, Milanov A, Schunk S A, et al. Dry reforming and reverse water gas shift: Alternatives for syngas production[J]. Chemie Ingenieur Technik, 2015, 87(4): 347-353.

[26] Zeng Y X, Tu X. Plasma-catalytic hydrogenation of CO_2 for the cogeneration of CO and CH_4 in a dielectric barrier discharge reactor: Effect of argon addition[J]. Journal of Physics D: Applied Physics, 2017, 50(18): 184004.

[27] De Bie C, van Dijk J, Bogaerts A. The dominant pathways for the conversion of methane into oxygenates and syngas in an atmospheric pressure dielectric barrier discharge[J]. The Journal of Physical Chemistry C, 2015, 119(39): 22331-22350.

[28] Fridman A. Plasma chemistry[M]. New York: Cambridge University Press, 2008.

[29] Ponduri S. Understanding CO_2 containing non-equilibrium plasma: Modelling and experiments[D]. Eindhoven: Eindhoven University of Technology, 2016.

[30] Arita K, Iizuka S. Production of CH_4 in a low-pressure CO_2/H_2 discharge with magnetic field[J]. Journal of Materials Science and Chemical Engineering, 2015, 3: 69-77.

[31] Kano M, Satoh G, Iizuka S. Reforming of carbon dioxide to methane and methanol by electric impulse low-pressure discharge with hydrogen[J]. Plasma Chemistry and Plasma Processing, 2012, 32(2): 177-185.

[32] Jwa E, Lee S B, Lee H W, et al. Plasma-assisted catalytic methanation of CO and CO_2 over Ni-zeolite catalysts[J]. Fuel Processing Technology, 2013, 108: 89-93.

[33] Mora E Y, Sarmiento A, Vera E. Alumina and quartz as dielectrics in a dielectric barrier discharges DBD system for CO_2 hydrogenation[J]. Journal of Physics: Conference Series, 2016, 687: 012020.

[34] Li L, Zhang H, Li X, et al. Magnetically enhanced gliding arc discharge for CO_2 activation[J]. Journal of CO_2 Utilization, 2020, 35: 28-37.

[35] Wang W, Wang S, Ma X, et al. Recent advances in catalytic hydrogenation of carbon dioxide[J]. Chemical Society Reviews, 2011, 40(7): 3703-3727.

[36] Zou J J, Liu C J. Carbon dioxide as chemical feedstock[M]. Weinheim: Wiley-VCH Verlag GmbH & Co. KGaA, 2010.

[37] Hayashi N, Yamakawa T, Baba S. Effect of additive gases on synthesis of organic compounds

from carbon dioxide using non-thermal plasma produced by atmospheric surface discharges[J]. Vacuum, 2006, 80(11-12): 1299-1304.

[38] Eliasson B, Kogelschatz U, Xue B, et al. Hydrogenation of carbon dioxide to methanol with a discharge-activated catalyst[J]. Industrial & Engineering Chemistry Research, 1998, 37(8): 3350-3357.

[39] Wang L, Yi Y, Guo H, et al. Atmospheric pressure and room temperature synthesis of methanol through plasma-catalytic hydrogenation of CO_2[J]. ACS Catalysis, 2017, 8(1): 90-100.

[40] Collodi G, Wheeler F. Hydrogen production via steam reforming with CO_2 capture[J]. Chemical Engineering Transactions, 2010, 19: 37-42.

[41] Martini L M, Dilecce G, Guella G, et al. Oxidation of CH_4 by CO_2 in a dielectric barrier discharge[J]. Chemical Physics Letters, 2014, 593: 55-60.

[42] De Bie C, Martens T, van Dijk J, et al. Dielectric barrier discharges used for the conversion of greenhouse gases: Modeling the plasma chemistry by fluid simulations[J]. Plasma Sources Science and Technology, 2011, 20: 024008.

[43] Zeng Y X, Zhu X B, Mei D H, et al. Plasma-catalytic dry reforming of methane over γ-Al_2O_3 supported metal catalysts[J]. Catalysis Today, 2015, 256: 80-87.

[44] Zeng Y X, Wang L, Wu C F, et al. Low temperature reforming of biogas over K-, Mg- and Ce-promoted Ni/Al_2O_3 catalysts for the production of hydrogen rich syngas: Understanding plasma-catalytic synergy[J]. Applied Catalysis B: Environmental, 2018, 224: 469-478.

[45] Li M W, Xu G H, Tian Y L, et al. Carbon dioxide reforming of methane using DC corona discharge plasma reaction[J]. The Journal of Physical Chemistry A, 2004, 108(10): 1687-1693.

[46] Huang W, Xie K C, Wang J P, et al. Possibility of direct conversion of CH_4 and CO_2 to high-value products[J]. Journal of Catalysis, 2001, 201(1): 100-104.

[47] Wilcox E M, Roberts G W, Spivey J J. Direct catalytic formation of acetic acid from CO_2 and methane[J]. Catalysis Today, 2003, 88(1-2): 83-90.

[48] Ding Y H, Huang W, Wang Y G. Direct synthesis of acetic acid from CH_4 and CO_2 by a step-wise route over Pd/SiO_2 and Rh/SiO_2 catalysts[J]. Fuel Processing Technology, 2007, 88(4): 319-324.

[49] Zhao Y, Cui C, Han J, et al. Direct C-C coupling of CO_2 and the methyl group from CH_4 activation through facile insertion of CO_2 into Zn-CH_3 σ-bond[J]. Journal of the American Chemical Society, 2016, 138(32): 10191-10198.

[50] Wang L, Yi Y, Wu C, et al. One-step reforming of CO_2 and CH_4 into high-value liquid chemicals and fuels at room temperature by plasma-driven catalysis[J]. Angewandte Chemie, 2017, 129(44): 13867-13871.

[51] Scapinello M, Martini L, Dilecce G, et al. Conversion of CH_4/CO_2 by a nanosecond repetitively

pulsed discharge[J]. Journal of Physics D: Applied Physics, 2016, 49(7): 075602.

[52] Nguyen H H, Kim K S. Combination of plasmas and catalytic reactions for CO_2 reforming of CH_4 by dielectric barrier discharge process[J]. Catalysis Today, 2015, 256: 88-95.

[53] Wang Q, Yan B H, Jin Y, et al. Investigation of dry reforming of methane in a dielectric barrier discharge reactor[J]. Plasma Chemistry and Plasma Processing, 2009, 29(3): 217-228.

[54] Bo Z, Yan J, Li X, et al. Plasma assisted dry methane reforming using gliding arc gas discharge: Effect of feed gases proportion[J]. International Journal of Hydrogen Energy, 2008, 33(20): 5545-5553.

[55] Kameshima S, Tamura K, Ishibashi Y, et al. Pulsed dry methane reforming in plasma-enhanced catalytic reaction[J]. Catalysis Today, 2015, 256: 67-75.

[56] Allah Z A, Whitehead J C. Plasma-catalytic dry reforming of methane in an atmospheric pressure AC gliding arc discharge[J]. Catalysis Today, 2015, 256: 76-79.

[57] Zhang A J, Zhu A M, Guo J, et al. Conversion of greenhouse gases into syngas via combined effects of discharge activation and catalysis[J]. Chemical Engineering Journal, 2010, 156(3): 601-606.

[58] Mahammadunnisa S, Manoj K R P, Ramaraju B, et al. Catalytic nonthermal plasma reactor for dry reforming of methane[J]. Energy & Fuels, 2013, 27(8): 4441-4447.

[59] Kroker T, Kolb T, Schenk A, et al. Catalytic conversion of simulated biogas mixtures to synthesis gas in a fluidized bed reactor supported by a DBD[J]. Plasma Chemistry and Plasma Processing, 2012, 32(3): 565-582.

[60] Pham M H, Goujard V, Tatibouët J M, et al. Activation of methane and carbon dioxide in a dielectric-barrier discharge-plasma reactor to produce hydrocarbons — influence of La_2O_3/γ-Al_2O_3 catalyst[J]. Catalysis Today, 2011, 171(1): 67-71.

[61] Eliasson B, Liu C J, Kogelschatz U. Direct conversion of methane and carbon dioxide to higher hydrocarbons using catalytic dielectric-barrier discharges with zeolites[J]. Industrial & Engineering Chemistry Research, 2000, 39(5): 1221-1227.

[62] Zhang K, Kogelschatz U, Eliasson B. Conversion of greenhouse gases to synthesis gas and higher hydrocarbons[J]. Energy & Fuels, 2001, 15(2): 395-402.

[63] Sentek J, Krawczyk K, Młotek M, et al. Plasma-catalytic methane conversion with carbon dioxide in dielectric barrier discharges[J]. Applied Catalysis B: Environmental, 2010, 94(1-2): 19-26.

[64] Gallon H J, Tu X, Whitehead J C. Effects of reactor packing materials on H_2 production by CO_2 reforming of CH_4 in a dielectric barrier discharge[J]. Plasma Processes and Polymers, 2012, 9(1): 90-97.

[65] Krawczyk K, Mlotek M, Ulejczyk B, et al. Methane conversion with carbon dioxide in plasma-catalytic system[J]. Fuel, 2014, 117(part A): 608-617.

[66] Goujard V, Tatibouët J M, Batiot-Dupeyrat C. Use of a non-thermal plasma for the production of synthesis gas from biogas[J]. Applied Catalysis A: General, 2009, 353(2): 228-235.

[67] Zheng X, Tan S, Dong L, et al. $LaNiO_3@SiO_2$ core-shell nano-particles for the dry reforming of CH_4 in the dielectric barrier discharge plasma[J]. International Journal of Hydrogen Energy, 2014, 39(22): 11360-11367.

[68] Chung W C, Chang M B. Review of catalysis and plasma performance on dry reforming of CH_4 and possible synergistic effects[J]. Renewable and Sustainable Energy Reviews, 2016, 62: 13-31.

[69] Montoro-Damas A, Brey J J, Rodríguez M A, et al. Plasma reforming of methane in a tunable ferroelectric packed-bed dielectric barrier discharge reactor[J]. Journal of Power Sources, 2015, 296: 268-275.

[70] Gallon H J, Kim H H, Tu X, et al. Microscope-ICCD imaging of an atmospheric pressure CH_4 and CO_2 dielectric barrier discharge[J]. IEEE Transactions on Plasma Science, 2011, 39(11): 2176-2177.

[71] Wang W, Berthelot A, Kolev S, et al. CO_2 conversion in a gliding arc plasma: 1D cylindrical discharge model[J]. Plasma Sources Science and Technology, 2016, 25(6): 065012.

[72] Wang W, Mei D, Tu X, et al. Gliding arc plasma for CO_2 conversion: Better insights by a combined experimental and modelling approach[J]. Chemical Engineering Journal, 2017, 330: 11-25.

[73] Wang W, Kim H H, van Laer K, et al. Streamer propagation in a packed bed plasma reactor for plasma catalysis applications[J]. Chemical Engineering Journal, 2018, 334: 2467-2479.

[74] Wang W, Patil B, Heijkers S, et al. Nitrogen fixation by gliding arc plasma: Better insight by chemical kinetics modelling[J]. ChemSusChem, 2017, 10(10): 2145-2157.

[75] Shah J, Wang W, Bogaerts A, et al. Ammonia synthesis by radio frequency plasma catalysis: Revealing the underlying mechanisms[J]. ACS Applied Energy Materials, 2018, 1(9): 4824-4839.

[76] Wang W, Snoeckx R, Zhang X, et al. Modeling plasma-based CO_2 and CH_4 conversion in mixtures with N_2, O_2, and H_2O: The bigger plasma chemistry picture[J]. The Journal of Physical Chemistry C, 2018, 122(16): 8704-8723.

第五章

电除尘器

第一节 引言

　　放电等离子体可产生高能电子、离子、自由基、活性组分、紫外光或冲击波等复合物化效应，在很多领域获得了应用。通常，电源种类对等离子体特性起决定作用。如采用脉冲电压时，可产生流光放电等离子体，放电布满电极之间，产生大量自由基，具有较强的氧化性。当施加直流电压时，获得电晕放电等离子体，以离子电流为主，放电区域局限在高压电极附近，自由基产量低，几乎不具有氧化性，但能产生大量的电荷。

　　电除尘器就是利用直流电晕放电产生的大量电荷对颗粒物荷电，通常采用负高压放电，使带负电的颗粒物在电场力的驱动下移向收尘板，从而将微粒从气流中分离出来。电除尘器具有除尘效率高、阻力小、能耗低、能处理高温和大烟气量的气体等优点，在化工、冶金、石油、发电等行业中得到广泛应用。

　　电除尘器应用历史已逾百年，根据技术突破点可将它的发展过程分为三个阶段：①应用初期（1880～1917年），早期的电除尘器主要用于金属冶炼厂的烟气中颗粒物的捕集和回收。1910年Cottrell[1]在美国加利福尼亚州Balaklala铅冶炼厂安装一台电除尘器，由于未考虑粉尘比电阻而仅能捕集烟气中90%的颗粒物。为了解决此问题，Howard[2]在美国犹他州Garfild铜冶炼厂通过添加水蒸气和三氧化硫等烟气调质手段来提高除尘效率。然而其实欧美大部分干式电除尘器都无法有效解决高温下粉尘高比电阻的问题。②经典发展期（1918～1980年），1918年在Wolcott[3]提出粉尘层与电除尘器火花放电的关系后，Rohmann[4]、Arendt[5]等先后完成了颗粒物场致荷电、扩散荷电等理论工作。在这个时期，电除尘器理论和工业应用都得到蓬勃发展，White[6]、Oglesby[7]等都在此时期总结了电除尘器的理论基础和工业设计过程。同时工业电除尘器逐渐成型，捕集效率已经可以达到99.5%[8]。③现代电除尘期（1981年至今），如今大部分电除尘器的捕集目标已是99.9%。

我国电除尘起步较晚，但发展很快。20世纪50年代中期开始模仿、设计、制造电除尘器，60年代中期开始电除尘器技术的实验研究，70年代初开始电除尘器系列化产品的生产，80年代中期开始先后引进西欧、北美的电除尘技术。到了90年代中期，我国已成为世界电除尘大国。目前电除尘技术已较普遍地应用于我国的燃煤电厂、水泥厂、钢铁厂、冶炼厂、化工厂、造纸厂、电子工业和机械工业等部门的各种炉窑。我国燃煤烟气中粉尘的排放限值历经3次修订，从早年间的数百 mg/m^{3}降至如今的30 mg/m^3，而重点区域限值甚至低至20 mg/m$^{3[9]}$。现代电除尘器注重于捕收烟气中的细颗粒物PM2.5（粒径小于2.5 μm），解决烟气波动、供电形式和本体结构对收尘效果的影响，并构建电除尘器效率预测、选型和改造的理论基础[10]。

第二节　电除尘器基本原理

典型的电除尘器结构如图5-1所示，其结构主要是由高压电晕线和接地收尘板组成，放电极均匀地布置在板电极之间，通常采用负直流高压激励。电除尘器的工

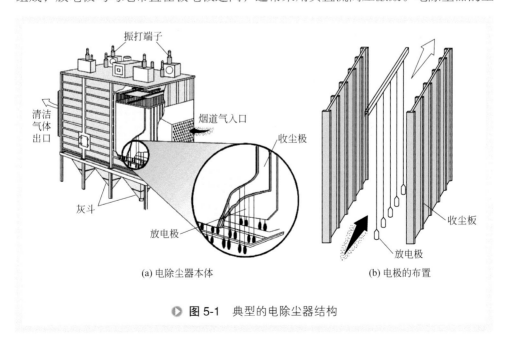

(a) 电除尘器本体　　　　　　　(b) 电极的布置

▶ **图 5-1**　典型的电除尘器结构

作过程主要包括气体电离、粉尘荷电、迁移收集、清灰，但实际上是一个非常复杂的过程。

一、直流电晕放电

电除尘首先需要使颗粒物荷电，一般通过直流电晕放电来实现。当施加高压直流电时，在放电极和收尘极之间会产生电场，并且电晕线附近电场最强，当放电极电压达到起晕电压时，放电极附近可以观察到明亮的蓝色辉光产生，电晕放电开始。电晕放电产生的自由电子迅速逃离放电极，做加速运动并与气体分子发生碰撞，电离产生更多的电子，这一过程通常称为电子雪崩。失去电子的气体分子变成正离子，此过程是极短的时间内在强电场区域发生的。由于正离子直径比电子大百倍以上，虽然在负电场的作用下做加速运动，但正离子的运动要比自由电子缓慢得多。通常，正离子会与放电极或放电极周围的气体分子发生碰撞，产生附加的电子而自身被消耗掉。在持续的电晕放电下，生成了大量的自由电子和正离子。

自由电子离开放电极附近的强电场区域进入极间区后，速度会变慢。在极间区，自由电子与气体分子不再是强烈的电离碰撞，而是碰撞后被气体分子捕获，气体分子获得一个负电荷而变为负离子。负离子与强电场区形成的正离子不同，正离子分布在放电极附近，而负离子在极间区电场的作用下沿着电力线的方向向着收尘极运动。

二、颗粒物荷电

负离子对颗粒物的荷电起到关键的作用。颗粒物随着气流进入电场，与负离子

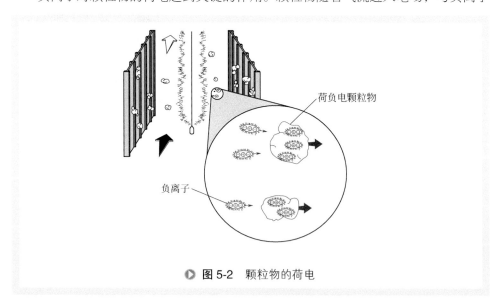

荷负电颗粒物

负离子

▶ 图 5-2　颗粒物的荷电

发生碰撞。由于颗粒物要比负离子大得多，所以很多负离子会与颗粒物发生碰撞附着（如图 5-2 所示），使颗粒物带上负电。直径小于 1 μm 的细颗粒物可以附着几十个负离子，直径大于 10 μm 的大颗粒物可以附着数以万计的负离子。当颗粒物达到饱和荷电后，自身产生的电场迫使其不再吸附负离子，而是在放电电场的作用下向收尘极运动。

三、迁移收集

荷电颗粒物在电场力的作用下向收尘极运动，最终被收尘极捕获。随后颗粒物通过接地的收尘极将部分负电荷缓慢地释放掉，剩余的负电荷用来维持分子间的黏附力并使颗粒物继续附着在收尘极上（如图 5-3 所示）。由于颗粒物具有不规则的表面，黏附力可以使颗粒物牢牢地黏附在一起，新运动到收尘极上的颗粒物也可以通过黏附力与已捕获的颗粒物黏附在一起，从而在收尘极表面形成灰层。

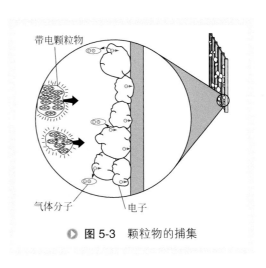

● 图 5-3　颗粒物的捕集

四、振打清灰

当收尘极上的灰层积累到一定厚度时，需要通过振打、声波清灰等手段将粉尘层从极板表面剥离，使其落入灰斗并从烟气体系中分离。振打清灰是通过向收尘极传送机械脉冲或振动将沉积在板面上的灰层移除的方法。

第三节　除尘效率影响因素

一、粉尘粒径

电除尘器可以有效地捕集粒径范围在 0.01 ～ 100 μm 的颗粒物。然而，颗粒物的分级除尘效率却是不同的，通常呈如图 5-4 所示的分布形式。从图中的曲线可以看出，在 0.2 ～ 0.5 μm 粒径范围内的颗粒物除尘效率较低。因为粒径直接影响着颗粒物在电场中的荷电量和迁移速度。通常对于粒径大于 0.5 μm 的颗粒物主要靠场致荷电，小于 0.2 μm 的颗粒物主要靠扩散荷电，而介于 0.2 ～ 0.5 μm 的颗粒物同时受这两种荷电机制的影响，荷电量较低且在电场中的迁移速度较小。因此，在实际电除尘器的设计中，要充分考虑对这部分颗粒物的捕集。

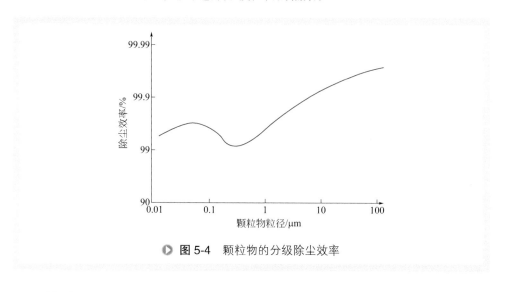

● 图 5-4　颗粒物的分级除尘效率

二、比电阻

　　煤本身不含有灰分，灰分是煤燃烧后的残渣[11]。燃煤飞灰主要由煤中矿物质产生，在燃烧过程中焦炭燃烧体积不断减小、内部矿物质不断聚集形成较大的超微米颗粒物；而亚微米颗粒物直径较小，是煤炭中矿物质在高温下挥发、在蒸汽饱和或温度降低时通过均相成核形成的，同时挥发矿物质也在已有颗粒物表面通过非均相凝结形成亚微米颗粒物。

　　由于形成机制不同，颗粒物的形状也各不相同，包括球状、不规则状、超细颗粒物和烟炱等。颗粒物形状显著影响电除尘器性能，如线状和片状颗粒物可能会在电除尘器中首尾相连引起短路，而空心漂珠由于质量小、黏性差而易二次扬尘。燃煤电厂的颗粒物基本呈球状，表面比较光滑，多数为无孔实心颗粒。电除尘器对不规则颗粒物的去除能力优于球形颗粒[12]。

　　除粉煤灰外，燃煤过程对颗粒物化学成分以及比电阻的改变对电除尘过程影响较为明显。粉尘比电阻是指单位长度、单位截面的粉尘层电阻，由表面比电阻和体积比电阻构成。一般认为粉尘的比电阻能够影响其迁移速度、伏安特性、粉尘层电场力，产生反电晕或二次扬尘，并最终影响除尘效率。一般认为粉尘比电阻在 $10^4 ～ 10^{10}$ Ω·cm 范围内较适合电除尘器捕集；$10^{10} ～ 10^{13}$ Ω·cm 范围也可采用电除尘，但会产生火花；高于 10^{13} Ω·cm 则易产生反电晕，造成电场削弱和粉尘层击穿；低于 $10^4 \, \Omega \cdot cm$ 则易二次扬尘[13]。粉尘比电阻在后两个范围内时，需通过烟气调质等调整后方能有效运行电除尘器。

因此粉尘比电阻的预测模型对于电除尘器设计、运行控制异常重要。环境湿度、温度对比电阻皆有影响，通常湿度越高，粉尘比电阻越低；而随着温度升高，粉尘比电阻则呈钟罩形变化。变化的临界温度一般在 200 ～ 300 ℃。低于此值时表面比电阻起主导作用，颗粒物表面水分逐渐蒸发后比电阻会随之上升；而高于临界温度后，体积比电阻开始占优，使得粉尘比电阻逐渐随温度升高而降低。

由于比电阻随温度变化有钟罩形规律，可以通过降温手段降低粉尘比电阻以提高捕集效率。降温同时还具有降低烟气流速、提高运行电压的作用。

三、电除尘器振打

收集在极板上的灰层需要在累积至一定厚度时被剥离极板，以防止电晕封闭等影响除尘效率。常规的电除尘器清灰手段是侧部振打或顶部振打，利用重锤的重力势能转化为机械能，在极板上产生法向和切向加速度，使灰层与极板的相对位置发生变化，从而自极板上被剥离下来。在振打过程中二次扬尘不可避免，振打扬尘对电除尘器出口浓度的贡献可达 13.6% ～ 90%[14,15]。

避免振打引起二次扬尘的已有手段包括采用弯折收尘极板结构、关闭正在振打的通道等。为了消除静电力对粉尘的吸附或压实作用，工程上还采用断电振打[16]。即在振打周期中停止高压电源向除尘器输出高电压，在振打结束后再恢复电除尘器输出电压。断电振打能够将灰层较为彻底的自极板剥离，但也会使除尘器在振打期间失去收尘能力，加剧二次扬尘程度。

在周靖鑫等[17]进行的小试实验中，当振打期间运行电压从 –30 kV 降低至 0 kV 时，二次扬尘浓度会从 2 mg/cm³ 上升至 8 mg/cm³。在极板上已收集的灰层在带电或断电振打下呈现如图 5-5 所示不同的剥离情况。断电振打条件下灰层呈细小颗粒态散状剥离，而带电振打条件下则呈较大块片状剥离。相较于断电振打，带电振打能够通过高场强压缩粉尘层使细颗粒物紧密结合，并对二次扬尘实现再收尘，能够降低以 PM2.5 为主的二次扬尘浓度，避免细颗粒物在振打期间大量逃逸出电除尘器。

 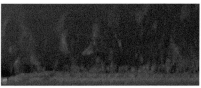

(a) 断电振打　　　　　　　　　　　(b) 带电振打

▶ **图 5-5** 断电和带电振打下极板灰层剥离情况照片

四、高压电源

电除尘器现有高压电源主要采用高频电源或三相电源来替代传统单相电源。不同高压电源的区别在于运行电压、电流、峰值电压和功率因子等，而不同厂家的区别则主要在于控制技术。

三相电源功率因子一般在 0.85 ～ 0.95 之间，而单相电源往往较低，约为 0.6 ～ 0.8。将已有的单相电源改造为三相电源的应用中，功率因子可以自 0.55 上升至 0.93。故可在一次输入功率并无明显变化的前提下，大幅度提高电除尘器本体的输入功率。

图 5-6 为单相和三相电源下电除尘器除尘效率的比较，除尘效率均随运行电压升高而增加。运行电压为 55 kV 的单相电源条件下，除尘效率在 83% ～ 88% 之间；运行电压为 69 kV 的三相电源条件下，除尘效率可提高到 92% ～ 98%。采用三相电源可将颗粒物迁移速率自 17 cm/s 提高至 25 ～ 35 cm/s[18]。

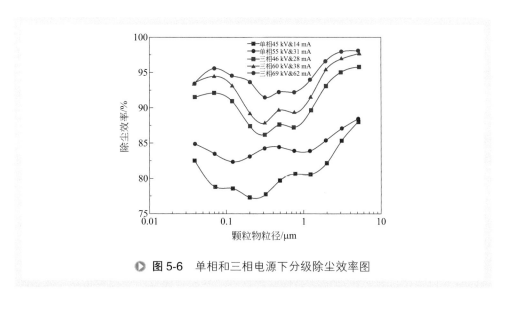

● 图 5-6　单相和三相电源下分级除尘效率图

五、运行温度

电除尘器经历了高温（170 ～ 400 ℃，高温侧 ESP）、低温（130 ～ 170 ℃，低温侧 ESP）和低低温（70 ～ 130 ℃，低低温侧 ESP）三个阶段。

1960 ～ 1980 年期间燃煤烟气除尘工艺中多将电除尘器置于热交换器上游，以保持其温度在 350 ～ 400 ℃ 范围内。粉尘比电阻在此温度区间明显降低，高比电阻粉尘带来的诸多除尘问题都得到了解决。但长期运行的高温电除尘器纷纷出现"贫钠效应"，进而发生反电晕[19]。因此电除尘器运行温度纷纷回归 150 ℃ 左右。如前所述，温度降低也能够解决高比电阻问题，但酸结露带来的腐蚀问题阻碍了温度低于 120 ℃ 的电除尘器的推广。

直到 1993 年，日本三菱重工成功在原町电厂完成一套 1000 MW 机组上的低低温电除尘示范，运行温度低于 100 ℃[20]。随后大量电厂开始采用低低温电除尘器，图 5-7[21] 为 Alstom 公司 Andreas 在不同电厂进行的粉尘相对驱进速度与烟气温度的关系实验数据。烟气温度为 90 ～ 100 ℃ 时，粉尘的相对驱进速度几乎是 150 ～ 180 ℃ 时的 2 ～ 3 倍。这意味着降低烟气温度 50 ℃ 左右能够将电除尘器尺寸减小一半，或者在同样的本体结构下明显提高除尘效率。图 5-7 中电除尘器出口粉尘浓度均在 4 ～ 7 mg/m³ 范围内，可见在电除尘器上游安装低温省煤器或空气预热器在回收烟气热量的同时将烟气温度降至 120 ℃ 甚至 100 ℃ 以下后，低低温电除尘器更能满足出口低排放要求，适于高比电阻低硫煤等锅炉的烟气除尘，在合理的设计和运行后还可避免后续的腐蚀和堵塞问题。

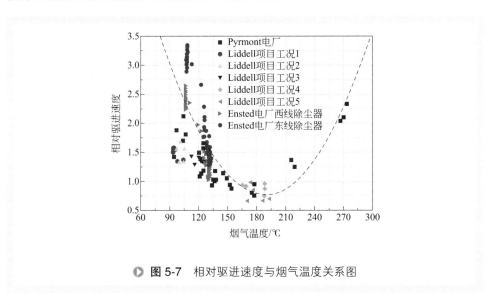

图 5-7 相对驱进速度与烟气温度关系图

六、本体选型和分区

对电除尘器本体进行选型和分区的目的是在相近的本体尺寸下尽可能提高电除尘指数或在同样的电除尘指数下尽量缩减本体尺寸。现有电除尘器本体主要采取大分区制造，各分区未明确不同控制原则。在高负荷收尘区内还常出现电源与本体不匹配导致的运行场强偏低。

一般从第 1 电场至末电场起晕电压应逐次增加以满足前端高负荷收尘和防止过度放电的需求，而放电电流及输入功率则逐次递减以避免后端电场离子风引起的细颗粒物二次扬尘。如图 5-8 所示，电场越靠近端头，有效长度越短，各电场平均运行电压相近，在 80 ~ 86 kV 范围内，电流密度则明显自 1.0mA/m² 降至 0.1 mA/m²。尽管第 1 电场的运行电压略高于后续电场，但由于电场长度短，它的比收尘面积为 12 m²/(m³/s)，低于第 3 电场。图 5-8 中红色虚线为不同电场输入功率的变化程度，前端电场由于电流密度较高而使输入功率高，捕集高浓度颗粒物的能力较强；而末电场电流密度和输入功率低，收集到极板的细颗粒物不易被离子风吹起。

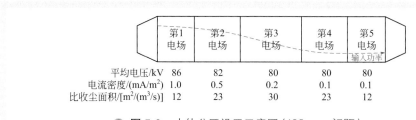

	第1电场	第2电场	第3电场	第4电场	第5电场
平均电压/kV	86	82	80	80	80
电流密度/(mA/m²)	1.0	0.5	0.2	0.1	0.1
比收尘面积/[m²/(m³/s)]	12	23	30	23	12

▶ **图 5-8** 本体分区设置示意图 (400 mm 间距)

每个电场振打都会引起出口排放浓度出现峰值，越靠近末电场峰值越高。如平均出口浓度为 8 mg/m³ 左右时，四电场电除尘器从第 1 电场至末电场顺次振打造成的排放浓度峰值分别可达 35 mg/m³、40 mg/m³、60 mg/m³ 和 45 mg/m³。在神华某燃煤机组中，进行 5 电场小分区供电改造，可实现 PM10 和 PM2.5 的排放浓度分别在 15 mg/m³ 和 2 mg/m³ 以下 [22]。

七、离子风

离子风是指高压电极产生的离子推动周边空气分子产生的气流运动。电除尘效率依赖于颗粒物在电场力作用下向收尘极板的迁移能力 [23]，电晕放电产生的离子风则会影响除尘器内部流场形态，易将均匀的层流分布转变为复杂的湍流 [24]。

曾宇翾等 [25] 利用二维激光粒子成像测速技术 (PIV) 测试发现输入功率比电极间距对离子风影响更大，离子风速度与运行电压呈线性关系。在实验装置中施加 8 kV 的电压即可产生速度达 0.5 m/s 的离子风。沈欣军等进一步发现正、负电晕放电产生的离子风都会严重干扰电除尘器内部一次气流分布，最高气流增速可达 0.7 m/s。当收尘极板间布置一对放电极时，会产生 4 个对称的涡旋，不利于细颗粒物的收集。

第四节 收尘效率预测模型

静电除尘器 (ESP) 广泛用于颗粒物捕集领域，特别是用于烟气净化领域，因为它具有很强的收集悬浮颗粒的能力。ESP 的设计和投资主要取决于根据排放限值要求的颗粒收集效率。随着其应用扩展到化学工业和制药领域，ESP 亟需更准确的理论来预测各种颗粒的收集效率。

很多运行因素都会影响 ESP 的性能，因此 1919 年 Anderson 已经尝试对 ESP 中的颗粒收集进行精确建模。20 世纪 20 年代中期，基于使用处理时间和沉淀常数的经验公式，Deutsch 以指数方程的形式对 ESP 的收尘效率进行了预测。在这个所谓的 Deutsch 方程中定义了特定的收尘面积（SCA）和迁移速度，这也是目前 ESP 选型和效率预测的基础。Matts 和 Öhnjeld 对工业应用进行了进一步修改，其中采用了通常介于 0.4 ～ 0.6 的修正系数。

在实际工程应用中，设计人员通过实际收尘效率的测量值和 SCA 值来反推特定粉煤灰在某个实际运行的 ESP 内的有效迁移速度。这些典型煤种和有效迁移速度将被存储以供后续类似的 ESP 设计者参考。对每种工况下颗粒物的有效迁移速度进行全部收集是难以实现的，因此应该提出一个具有明确物理意义的纯理论预测模型来改进经验 Deutsch 方程 [5]。

已有很多研究对 Deutsch 公式进行了修正。例如，Cooperman[26] 考虑了粒子扩散系数，Leonard 等[27] 引入了电迁移参数和 Pectel 数，Llewelyn[28] 使用了横向扩散系数。他们考虑了边界条件、湍流分散系数、电流体动力学、电场强度等修正方式。随着模型中引入更多的经验常数，模型变得越来越复杂，也不便于应用。

此外，Deutsch 等式及其后续的修正公式几乎没有考虑 ESP 内的电气运行情况。因此，方程中的理论迁移速度被工业应用中的有效迁移速度 ω_{eff} 所取代[29]。ω_{eff} 不能通过理论计算获得，一般只能通过将实际测量的收尘效率插入到 Deutsch 公式中来确定。科研人员已经进行了大量的计算 ω_{eff} 的尝试，例如根据电极直径、气体流速和运行电压[11] 或通过可视化方法[12] 进行数据拟合。对于大多数中试规模的 ESP，从操作经验确定 ω_{eff} 比从这些方法中确定 ω_{eff} 更为实用。中国工业电除尘器设计的 ω_{eff} 值为经验值。燃煤锅炉后安装的 ESP 的值通常在 0.08 ～ 0.122 m/s 之间。

一、Deutsch 公式及其修正

广泛使用的 Deutsch 方程用有效的迁移速度表示为

$$\ln\left(1-\eta\right) = -\frac{A}{Q}\omega = -\mathrm{SCA} \times \omega_{eff} \qquad （5-1）$$

式中　η——分级收收尘效率，无量纲；

　　SCA——比收尘面积（收尘面积 A 的单位为 m^2，气体流量 Q 的单位为 m^3/s），$m^2/(m^3/s)$；

　　ω_{eff}——有效迁移速度，m/s。

对于工业应用，等式的修正形式如下

$$\ln\left(1-\eta\right) = -\left(\frac{A}{Q}\omega_{\mathrm{eff}}\right)^{0.5} = -\left(\mathrm{SCA}\times\omega_{\mathrm{eff}}\right)^{0.5}$$

二、电除尘指数

2012 年，闫克平等[10]将平均电场强度、峰值电场强度和 SCA 的乘积定义为电除尘指数。据此提出了一个分级收尘效率等式

$$\lg\left[\frac{1-\eta(\phi)}{\beta}\right] = -\alpha E_{\mathrm{a}} E_{\mathrm{p}} \mathrm{SCA} \tag{5-2}$$

式中 α、β——校正系数，无量纲；

E_{a}、E_{p}——放电阴极和收尘板之间的平均电场强度和峰值电场强度，kV/cm；

$\eta(\phi)$——某个直径为 ϕ 的粒子的分级收尘效率，%。

由于目前的工业电除尘器采用纹波系数较小的三相或高频电源，闫克平等认为 $E_{\mathrm{a}}E_{\mathrm{p}}$ 可以用 E_{a}^2 代替，因此上述等式修改为

$$\lg\left[\frac{1-\eta_i(\phi)}{\beta_i}\right] = -\alpha_i E_{\mathrm{a}i}^2 \mathrm{SCA}_i$$

式中 i——电场的序号。

$\eta_i(\phi)$、α_i、β_i、$E_{\mathrm{a}i}$、SCA_i 为与式（5-2）中描述的含义相同的第 i 个电场。

这个公式给出颗粒物穿透率与 SCA 和平均电场平方之间呈线性变化关系，但没有给出 α 和 β 的理论表达式。清楚地解释上述公式中 α 和 β 的物理意义具有很强的现实意义。

三、电除尘指数公式推导

对卧式电除尘器的分级效率预测模型作出如下假设：系统处于稳态，通过除尘器的气体速度也是均匀的，完全湍流扩散和混合；在除尘器内部任何横截面处，颗粒浓度均匀且恒定；所有粒子进入 ESP 后立即饱和荷电并达到最终的迁移速度；忽略空间电荷、离子风、涡流、二次扬尘和反电晕等干扰；放电线和收尘板之间的实际电场以平均电场强度取代，即用施加电压除以线板间距。

基于这些假设，当 ESP 内的一个粒子达到其最终的迁移速度时，作用于其上的净力应为零，如图 5-9 所示，库仑力和阻力数值相等，方向相反。

$$m_{\mathrm{p}}\frac{\mathrm{d}\omega_{\mathrm{eff}}}{\mathrm{d}t} \cong F_{\mathrm{coulomb}} - F_{\mathrm{drag}} = E_{\mathrm{a}}q - \frac{3\pi\mu\phi\omega_{\mathrm{eff}}}{C(Kn)} \tag{5-3}$$

式中 F_{coulomb}——库仑力，N；

F_{drag}——阻力，N；

E_a——平均电场强度，V/m；

q——粒子电荷，C；

μ——黏度，Pa·s；

$C(Kn)$——斯托克斯定律的滑动修正系数；

ω_{eff}——颗粒物迁移速度；

m_p——颗粒物质量。

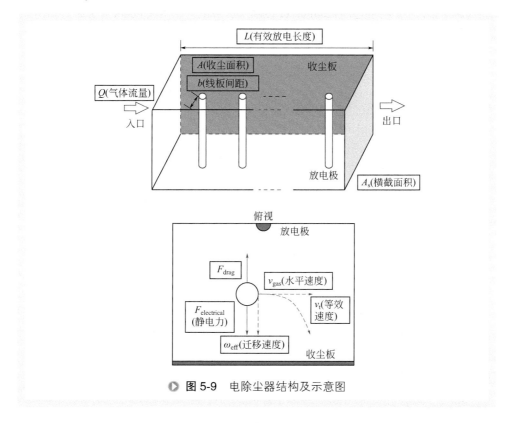

图 5-9 电除尘器结构及示意图

（1）颗粒物荷电

颗粒由电线和电极板之间的电晕放电产生的离子充电。实际荷电过程中，由于离子通过电场而引起的场致荷电，对于大于 2 μm 的粒子占主导地位[30]。由电场和热扩散引起的扩散荷电对于小于 0.2 μm 的颗粒起主要作用[31,32]。一个粒子的总电荷应该是扩散和场电荷的总和[22]，而场的充电和扩散充电过程对于尺寸范围在 0.2～2 μm 的粒子是同样重要的[33]。

White[6] 提出了一个粒子在与离子相撞后将获得一个电荷

$$q_{\text{diffusion}} = \frac{\phi kT}{2e} \ln\left(1 + \frac{\pi \phi C N_0 e^2}{2kT} t\right) \tag{5-4}$$

式中　　k——玻尔兹曼常数；

　　　　T——热力学温度，K；

　　　　e——电荷量，4.80×10^{-10} C；

　　　　C——离子的动力学理论根面速度，m/s；

　　　　N_0——离子浓度，m^{-3}；

　　　　t——时间，s。

最早饱和电荷通常是用 Pauthenier 极限来计算的[23]，但 Cochet 和 J. P. Gooch 认为离子的平均自由程对于亚微米粒子不应忽略。修正后的模型是

$$q_{\text{field}} = \pi \varepsilon_0 E_{\text{c}} (\phi + \chi)^2 \left[1 + \frac{\varepsilon_{\text{r}} - 1}{\varepsilon_{\text{r}} + 2} \frac{2\phi^3}{(\phi + \chi)^3} \right] \quad (5\text{-}5)$$

式中　　E_{c}——充电电场强度，V/m；

　　ε_0、ε_{r}——自由空间中的介电常数（8.85×10^{-12} F/m）和颗粒的比介电常数；

　　　　χ——可调参数，可以根据已知的收尘效率来计算。

（2）颗粒物迁移

当放电间隙中的颗粒达到一定速度时，颗粒加速度 $\mathrm{d}\omega_{\text{eff}}/\mathrm{d}t$ 应该等于零。通过将其代入式（5-3）中，可以推出迁移速度如下

$$\omega_{\text{eff}} = E_{\text{a}} E_{\text{c}} \frac{C(Kn)}{3\mu} \left\{ \frac{\varepsilon_0 (\phi + \chi)^2}{\phi} \left[1 + \frac{\varepsilon_{\text{r}} - 1}{\varepsilon_{\text{r}} + 2} \frac{2\phi^3}{(\phi + \chi)^3} \right] + \frac{kT}{2\pi e E_{\text{c}}} \ln \left(1 + \frac{\pi t C N_0 e^2}{2kT} \phi \right) \right\}$$

$$(5\text{-}6)$$

用 α 代替式（5-6）的 E_{c} 后面的部分。α 的前半部分 $C(Kn)/3\mu$ 主要与 ESP 的运行条件有关，它显示了电场内的带电粒子和特定烟气的运动能力。α 的剩余部分与颗粒物特性有关，表明了其可以荷电的数量。α 值能够指出某个直径的颗粒物能够达到的最终迁移速度。

如定义所述，将比收尘面积代入上述公式，可得

$$\eta_{\text{discharge}} (\phi) = 1 - \exp \left[-(SCA \cdot E_{\text{a}} E_{\text{c}} \alpha)^n \right] = 1 - \exp \left[-(I_{\text{ESP}} \alpha)^n \right] \quad (5\text{-}7)$$

式中，n 为一个值为 0.5 ～ 1 的修正因子。

（3）颗粒物沉降及其修正

对于实际工业应用，由重力引起的沉降不可忽视。因此，在计算中应考虑垂直方向沉降的贡献。假设未被电场力捕获的粒子将部分沉积到漏斗中。分级沉降效率 $\eta_{\text{deposition}}(\phi)$ 可以由 Liu 等[34]的公式进行计算

$$\eta_{\text{deposition}} (\phi) = 1 - \frac{1}{\exp \left[v_{\text{d}} (\phi) \pi D L / Q \right]} \quad (5\text{-}8)$$

式中　　Q——总气体体积流量，m^3/s；

D——沉积部分的等效直径，m；

L——ESP 的长度，m；

$v_d(\phi)$——沉积速度，m/s。沉积速度 $v_d(\phi)$ 是沉降速度和扩散沉积速度的总和[24]。扩散沉积速度可以通过滑移校正给出

$$v_d(\phi) = v_{sedimentation}(\phi) + v_{diffusion}(\phi) = \frac{(\rho_p - \rho_g)g\phi^2 C(Kn)}{18\mu} + Sh\frac{D_p}{L} \tag{5-9}$$

式中　ρ_p、ρ_g——颗粒和空气的密度，kg/m^3；

g——重力加速度，m/s^2；

Sh——Sherwood 数；

D_p——粒子的扩散系数，m^2/s。

将分级沉降效率关系式 $1 - \eta_{deposition}(\phi)$ 定义为沉降系数 β。考虑颗粒沉积的 ESP 的等级效率 $\eta(\phi) = 1 - (1 - \eta_{discharge})\beta$。等式可以进一步写成

$$\ln\left[\frac{1 - \eta(\phi)}{\beta}\right] = -(SCA \cdot E_a E_c \alpha)^n = -(\alpha I_{ESP})^n \tag{5-10}$$

（4）总体收尘效率

通过积分分级效率和粒径，式（5-10）可以用于总体收尘效率预测。但是如果没有粒子的实际质量分布，则不能推导出整体分布。虽然有一些模型可以模拟粒子的初始分布，但它们很难适合实际应用，或者不适合进一步计算。因此，科研人员试图通过积分来获得平均的 α 和 β 值，以接近实际的整体收尘效率。如果忽略颗粒直径对 $C(Kn)$ 的影响[对于直径大于 0.02 μm 的颗粒，$C(Kn)$ 变化很小]，可以容易地获得总体收尘效率 $\eta_{overall}$

$$\ln\left[\frac{1 - \eta_{overall}}{\bar{\beta}}\right] = -(SCA \cdot E_a E_c \bar{\alpha})^n = -(\bar{\alpha} I_{ESP})^n \tag{5-11}$$

四、电除尘指数公式有效性

（1）χ 值

式（5-6）中的可调参数 χ 需要实验数据和理论假设进一步确认。单级电除尘器收尘效率的最低值在 $0.2 \sim 0.5$ μm 范围内[25,30,31]。因此，我们设定在 0.2 μm 粒径处出现式（5-7）的最小值。图 5-10 表示在不同温度和介电常数 ε_r 下的 χ 值，确保其在颗粒直径为 0.2 μm 时方程的导数等于零。显然，χ 值随着温度和比介电常数的增加而增加。室温 20 ℃，ε_r 为 5 时，典型 χ 值为 1.14×10^{-7}。在以下计算中将针对特定运行参数计算 χ 值。

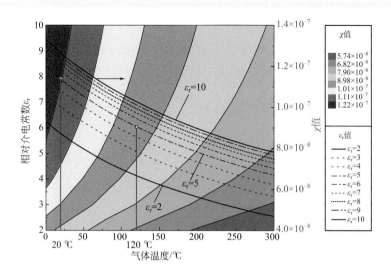

◉ 图 5-10　不同条件下的 χ 值

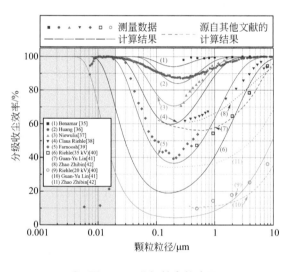

◉ 图 5-11　分级效率拟合图

（2）分级效率预测

理论值的 U 形趋势与测量结果相似[20]，如图 5-11 所示。该图中的线表示放电对颗粒收集的贡献。显然，0.2 μm 的颗粒捕获相对困难。蓝色和红色点显示，该方程无法预测粒径小于 0.02 μm 颗粒物的快速下降。因此，式（5-7）可以应用的范围仅限于粒径大于 0.02 μm 的粒子。

（3）颗粒物沉降

图 5-12 显示了一台 0.3 m 长的电除尘器中的颗粒沉积速度、扩散速度和沉降速

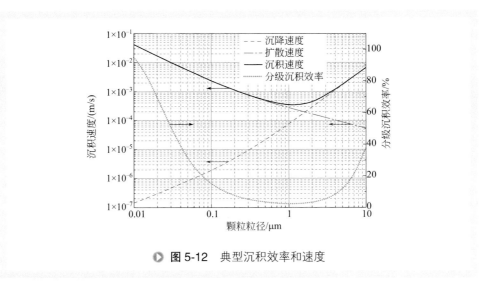

● **图 5-12** 典型沉积效率和速度

度。可以看出，随着粒径的增加，沉积速度先减小后增加，在直径为 1～2 μm 处达到最小值。特定操作条件下的最小沉积速度约为 0.0025 m/s。

在实验室中测试了重力引起的颗粒物沉降效果，夹带粉煤灰样品的模拟气体在 ESP 及其管道内循环。采用 ELPI 测量瞬时颗粒质量浓度。式（5-8）的结果显示了与图 5-13 中的实验数据类似的趋势。

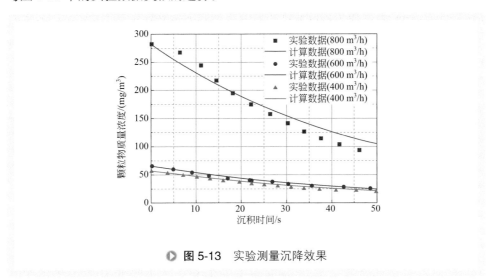

● **图 5-13** 实验测量沉降效果

（4）α 值和 β 值

典型的 α 值和 β 值如图 5-14 所示。α 值范围为 10^{-13}～10^{-7}，β 值从 0 增加到 1，由红色和黄色线条表示。对于该 ESP 装置及其运行条件，平均 α 值和 β 值分别为 1.83×10^{-12} 和 0.98。这些值意味着通过沉降捕获颗粒的能力相对较低，几乎所有

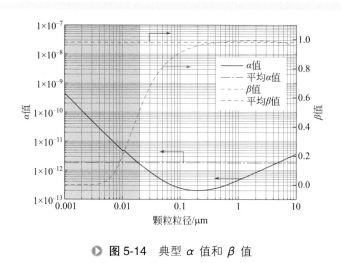

● 图 5-14　典型 α 值和 β 值

的颗粒都是在电场力作用下通过迁移收集的。

（5）总体收尘效率的预测

从文献[43-45]中提取实验数据，采用式（5-11）计算相对总体收尘效率。图 5-15 中的点表明，ESP 指数大于 8×10^{11} s·V^2/m^3，数据偏离 2.8%～5.7%，排放引起的效率理论数据很好地拟合了实验结果。ESP 指数低于 8×10^{11} s·V^2/m^3，数据偏差增加到 4.3%～77.2%。产生精度差异的原因是当 ESP 指数较小时，沉降的影响不能再忽略。通过沉降修正的效率，图 5-15 中的空心点落在接近实验数据的区域，偏离 1.8%～33.5%。

对于工业电除尘器，由于驻留时间过长，沉降的贡献增加。放电计算结果与

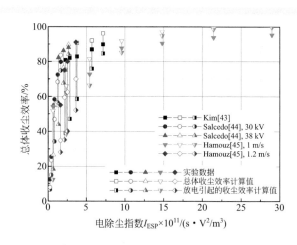

● 图 5-15　实验室总体收尘效率实验值与模拟值的对比

工业测量结果有很大偏差，相对误差为 0.0017 ～ 0.032，与装机容量无关。这证明了对于较低的 ESP 指数，应考虑沉降的影响以进一步校正预测方程。根据图 5-16 中式（5-11）的计算结果显示，预测总体收尘效率与实际数据相关，相对误差为 0.0001 ～ 0.009。这种改善来自于粉尘沉降的贡献。图 5-16 中的曲线是式（5-1）的结果，这是工业 ESP 常用的预测模型，ω_{eff} 分别为 0.8 m/s、0.4 m/s 和 0.1 m/s[12]。

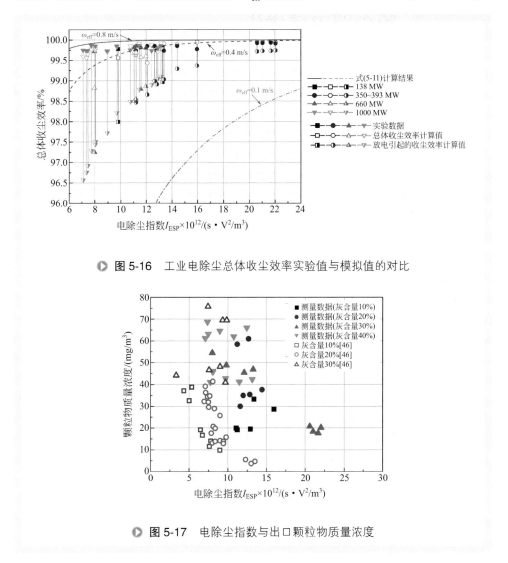

▶ **图 5-16** 工业电除尘总体收尘效率实验值与模拟值的对比

▶ **图 5-17** 电除尘指数与出口颗粒物质量浓度

五、ESP 指数和颗粒物排放

图 5-17 所示为多种燃煤锅炉电除尘器出口颗粒物的质量浓度结果。排放浓度几乎随着 ESP 指数或其平方根线性下降。显然，煤灰含量越高，ESP 排出的颗粒越

多。根据结果，ESP 指数应不低于 7×10^{12} s·V²/m³，才能满足现行国标。ESP 指数应大于 13×10^{12} s·V²/m³，以确保出口处的质量浓度低于 10 mg/m³。由于实际比收尘面积通常为 $90 \sim 120$ m²/(m³/s)，平均工作电压应在 $66 \sim 80$ kV 之间。

第五节 除尘器电场优化

根据电除尘指数公式，电除尘指数越高（即更高的比收尘面积 SCA 或电压），粉尘排放浓度越低。然而，在工程应用中并非电压越高排放浓度越低。为了进一步理解 ESP 电气操作对其性能的影响，在中国 660 MW 燃煤锅炉上进行了工业试验。该锅炉采用一个四电场低低温电除尘器，比收尘面积 SCA 约为 90 m²/(m³/s)。ESP 包括 4 个烟道，每个烟道分 4 个电场。前 3 个区域的线板间距离为 20 cm，最后一个电场间距为 23 cm，由 16 台三相电源供电。

图 5-18 为单独操作每个电场运行电压时 PM10 和 PM2.5 的出口浓度，试验过程中，保持其他电场运行条件不变但调整测试场的输入功率。就最佳电场强度（PM10 排放最小）来说，第一电场为 3.3 kV/cm，第二电场为 3.1 kV/cm，第三电场为 2.36 kV/cm，第四电场为 2.35 kV/cm。PM10 和 PM2.5 的最小质量浓度分别为 12.2 mg/m³ 和 2.2 mg/m³。如图 5-18（a）和图 5-18（b）所示，第一和第二电场可以在较高电压下使用，PM10 和 PM2.5 浓度均随着电场强度的增加而下降。然而，对于第三和第四电场，在出口浓度和场强方面存在最佳值，如图 5-18（c）和图 5-18（d）

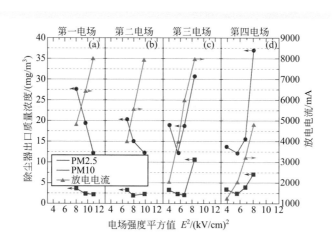

▶ **图 5-18** ESP 不同电场出口浓度受电压影响

所示。如绿色三角形所示，较高的电压或电场强度会引起较大的放电电流，但不会因此减少灰尘的排放，可能是由于在较高的电场强度下产生显著的离子风或 EHD 流动，最终降低了颗粒物的收集效率。

参考文献

[1] Cottrell F G. The electrical precipitation of suspended particles[J]. Journal of Industrial & Engineering Chemistry, 1911, 3(8): 542-550.

[2] Howard W H. Electrical fume precipitation at Garfield[J]. Transactions of the American Institute of Mining and Metallurgical Engineers, 1914, 49: 540-557.

[3] Wolcott E R. Effects of dielectrics on the sparking voltage[J]. Physical Review, 1918, 12(4): 284-292.

[4] Rohmann H. Methode zur messung der größe von schwebeteilchen[J]. Zeitschrift für Physik, 1923, 17(1): 253-265.

[5] Arendt P, Kallman H. The mechanism of charging mist particles[J]. Zeitschrift für Physik, 1926, 35: 421.

[6] White H J. Industrial electrostatic precipitation[M]. Boston: Addison-Wesley Publishing, 1963.

[7] Oglesby S, Nichols G B. Electrostatic precipitation[J]. Pollution Engineering and Technology, 1978, 8: 31-64.

[8] Cooper C D, Alley F C. Air pollution control: A design approach[M]. 4th ed. Long Grove: Waveland Press, 2011.

[9] GB 13223—2011 火电厂大气污染物排放标准 [S].

[10] 闫克平，李树然，冯卫强，等. 高电压环境工程应用研究关键技术问题分析及展望 [J]. 高电压技术, 2015, 41(8): 2528-2544.

[11] 陈鹏. 中国煤炭性质、分类和利用 [M]. 北京：化学工业出版社, 2007.

[12] 郝吉明，段雷，易红宏. 燃烧源可吸入颗粒物的物理化学特征 [M]. 北京：科学出版社, 2008.

[13] Walker A B. Operating principles of air pollution control equipment[M]. Somerville: Research Cottrell Inc, 1968.

[14] Bush P V. Study of rapping reentrainment emissions from a pilot-scale electrostatic precipitator[J]. Environmental Science & Technology, 1984, 18(9): 699-705.

[15] Engelbrecht H L. Rapping systems for collecting surfaces in an electrostatic precipitator[J]. Environment International, 1981, 6(1-6): 297-305.

[16] 郑国强. 电除尘器提效节能方法研究与应用 [J]. 电力科技与环保, 2013, (4): 8-10.

[17] 周靖鑫，李树然，李加丰，等. 振打清灰对电除尘器排放的影响：实验基础研究 [J]. 高电

压技术 , 2017, 8: 2689-2695.

[18] 朱继保 . 细颗粒物的电收集技术研究 [D]. 杭州 : 浙江大学 , 2010.

[19] Bickelhaupt R E. An interpretation of the deteriorative performance of hot-side precipitators[J]. Journal of the Air Pollution Control Association, 1980, 30(8): 882-888.

[20] Tanaka T, Fujishima H, Tsuchiya Y. Development of advanced dust collecting system for coal-fired power plant[C]. Proceeding of ICESP Ⅴ, USA, 1993.

[21] Bäck A. Enhancing ESP efficiency for high resistivity fly ash by reducing the flue gas temperature//Yan K P. Electrostatic Precipitation[C]. Hangzhou: Springer, 2009: 406-411.

[22] 王仕龙 , 陈英 , 韩平 , 等 . 燃煤电厂电除尘 PM10 和 PM2.5 的排放控制 Ⅲ : 电除尘电源及小分区改造与 PM10 和 PM2.5 的排放（以 4×330 MW 机组为例)[J]. 科技导报 , 2014, 32(33): 39-42.

[23] 曹云霄 , 王志强 , 王进君 , 等 . 基于图像识别的微细粒子静电捕集效率评价方法 [J]. 高电压技术 , 2016, 42(5): 1455-1462.

[24] 李庆 , 王利 , 杨青 , 等 . 板 - 袋收尘极板对微细粉尘收集效果的影响分析 [J]. 高电压技术 , 2016, 42(2): 361-367.

[25] 曾宇翾 , 沈欣军 , 章旭明 , 等 . 电除尘器中离子风的实验研究 [J]. 浙江大学学报 : 工学版 , 2013, (12): 2208-2211.

[26] Cooperman P. A new theory of precipitator efficiency[J]. Atmospheric Environment, 1971, 5: 541-551.

[27] Leonard G, Mitchner M, Self S. Particle transport in electrostatic precipitators[J]. Atmospheric Environment, 1980, 14: 1289-1299.

[28] Llewelyn R P. Two analytical solutions to the linear transport diffusion equation for a parallel plate precipitator[J]. Atmospheric Environment, 1982, 16: 2989-2997.

[29] Li S, Li X, Huang Y. Fly ash resistivity: Influencing factors, predicting models and its impacts on electrostatic precipitator performance// Sarker P K. Fly Ash, Sources, Applications and Potential Environmental Impacts[M]. New York: NOVA Science Publishers, 2014.

[30] Arrondel V, Salvi J, Gallimberti I, et al. ORCHIDEE: Efficiency optimisation of coal ash collection in electrostatic precipitators[C]. Proceeding of ICESP Ⅸ, South Africa, 2004.

[31] 王仕龙 , 陈英 , 韩平 , 等 . 燃煤电厂电除尘 PM10 和 PM2.5 的排放控制 Ⅰ : 电除尘选型及工业应用 [J]. 科技导报 , 2014, 32(33): 23-33.

[32] 马洪金 , 徐建元 , 王仕龙 , 等 . 燃煤电厂电除尘 PM10 和 PM2.5 的排放控制 Ⅵ : 以 75 t/h 工业锅炉为例分析讨论电除尘的运行（嘉兴协鑫环保热电分析)[J]. 科技导报 , 2014, 33(18): 20-22.

[33] Chandra A, Kumar S. Investigations on fly ash resistivity of varieties of coals used in Indian power plants[C]. Proceeding of ICESP Ⅸ, South Africa, 2004.

[34] Liu B Y, Agarwal J K. Experimental observation of aerosol deposition in turbulent flow[J].

Journal of Aerosol Science, 1974, 5: 145-148.

[35] Benamar B, Donnot A, Rigo M. Experimental study of wood dust precipitation in a wire-cylinder electrostatic precipitator[J]. Int J Energy Environ Econ, 2011, 19: 369.

[36] Huang S H, Chen C C. Ultrafine aerosol penetration through electrostatic precipitators[J]. Environ Sci Technol, 2002, 36: 4625-4632.

[37] Niewulis A, Berendt A, Podliński J, et al. Electrohydrodynamic flow patterns and collection efficiency in narrow wire-cylinder type electrostatic recipitator[J]. Journal of Electrostastics, 2013, 71: 808-814.

[38] Riehle C, Löffler F. The effective migration rate in electrostatic precipitators[J]. Staub Reinhaltung der Luft, 1990, 50: 271-279.

[39] Farnoosh N, Adamiak K, Castle G S P. Numerical calculations of submicron particle removal in a spike-plate electrostatic precipitator[J]. IEEE Trans Dielectr Electr Insul, 2011, 18: 1439-1452.

[40] Riehle C, Löffler F. Investigations of the particle dynamics and separation efficiency of a laboratory-scale electrostatic precipitator using laser-doppler velocimetry and particle light-scattering size analysis[C]. Proceedings of the fourth international conference on electrostatic precipitation, Beijing, 1990: 14-17.

[41] Lin G Y, Chen T M, Tsai C J. A modified Deutsch-Anderson equation for predicting the nanoparticle collection efficiency of electrostatic precipitators[J]. Aerosol Air Qual Res, 2012, 12: 697-706.

[42] Zhao Z B, Zhang G Q. Investigations of the collection efficiency of an electrostatic precipitator with turbulent effects[J]. Aerosol Sci Technol, 1994, 20: 169-176.

[43] Kim S, Lee K. Experimental study of electrostatic precipitator performance and comparison with existing theoretical prediction models[J]. J Electrost, 1999, 48: 3-25.

[44] Salcedo R, Munz R. The effect of particle shape on the collection efficiency of laboratory-scale precipitators[C]. Proceedings of third international conference on electrostatic Precipitation, Abano-Padova, Italy, 1978.

[45] Hamouz Z. Numerical and experimental evaluation of fly ash collection efficiency in electrostatic precipitators[J]. Energy Conversion Management, 2014, 79: 487-497.

[46] 闫克平, 李树然, 郑钦臻, 等. 电除尘技术发展与应用 [J]. 高电压技术, 2017, 2: 476-486.

第六章

大气压冷等离子体在生物技术中的应用

等离子体通常被认为是与固态、液态和气态并列的物质的第四种存在状态，是包含足够数量的非束缚态电荷的多粒子体系[1]。据计算，已知宇宙空间 99% 以上物质均以等离子体状态存在，既包括闪电、太阳核心等自然形态，也包括霓虹灯、氢弹等人为形态。等离子体的分类方法很多，按存在的空间位置可分为天体等离子体、空间等离子体和实验室等离子体；按放电时的气体压力可分为大气压等离子体、中等气压等离子体和低气压等离子体；按气体温度可分为高温等离子体和低温等离子体，其中低温等离子体又可分为冷等离子体、暖等离子体和热等离子体。

近二十年来，大气压冷等离子体（cold atmospheric plasma，CAP）的理论和应用研究发展迅速，涉及生物医学、生物技术、环境治理、流动控制、材料处理、辅助燃烧、薄膜沉积、物质合成转换及人工降雨等多个领域。本章将重点介绍 CAP 在生物技术中的应用。

第一节　CAP的产生方法及作用原理概述

CAP 由带电粒子（电子、阴离子、阳离子）、自由基、中性粒子（激发态的原子或分子）、光子（可见光和紫外线）和电磁场组成，其各组分比例因等离子体产生方式、放电电压、气源种类不同而略有差异。CAP 的主要产生方法有电晕放电、介质阻挡放电以及裸露金属电极放电等多种形式[1,2]。

一、电晕放电

电晕放电是在不均匀电场中工作气体的局部放电，放电容易在尖端、边缘或细丝附近的强电场区产生，产生的条件是：气体压强较高（一般在一个大气压以上），在放电的两个电极中至少有一个电极曲率半径很小（如图 6-1 所示）。当在电极两端加未达击穿的电压时，电极表面附近的局部电场很强，电极附近的工作气体被击穿而产生局部放电。该种放电只发生在临界半径（径向衰减的电场在该处强度正好等于工作气体的击穿场强）区域内，具有放电区域小、电流弱、产生等离子体及活性物种的效率较低等特点。当采用提高外加电压的方式来增强放电效率时，若电源功率不足够大，放电容易转变成火花放电；若电源功率足够大，则易转变成弧光放电。无论火花放电还是弧光放电，均因其局部气体温度较高而难以应用于生物技术领域。

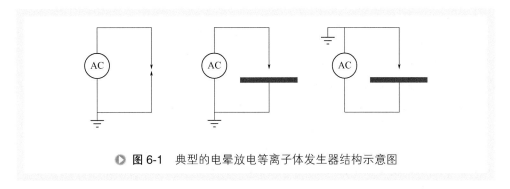

▶ 图 6-1　典型的电晕放电等离子体发生器结构示意图

二、介质阻挡放电

介质阻挡放电（dielectric barrier discharge, DBD）是一个或两个电极用绝缘介质覆盖，或将介质直接插入放电区域（如图 6-2 所示 [3]）的放电形式，其产生的条件是：在外加电场作用下，电子获得能量后通过碰撞把自身能量转移给周围原子、分子，使其激发、电离，进而产生电子雪崩。当气体间隙上施加的电压足够高（超过气体的击穿电压）时，电极间的工作气体会被击穿而放电，从而产生活性粒子。DBD 通常将生物样品放置于两电极之间的放电区，因此难以适用于具有三维复杂结构的生物学应用。DBD 发生器需要采用千赫兹以上高压电源驱动放电，两电极间的放电区的被处理生物材料易因局部丝状放电造成待处理样品的失活。

三、裸露金属电极放电

裸露金属电极结构的大气压射频辉光放电（radio-frequency atmospheric pressure glow discharge，RF APGD）是近年来提出的一种新型放电形式 [4]。相比于介质阻挡

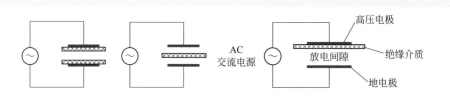

图 6-2 典型的介质阻挡放电等离子体发生器 [3]

放电，RF APGD 电极表面无介质层覆盖，结构简单且击穿电压相对较低，产生的均匀辉光放电面积较大，具有等离子体密度高、活性物种含量丰富、射流温度较低、操作条件安全温和、可控性强等特点。本研究团队将这种具有自主知识产权的新型 RF APGD 等离子体称为常压室温等离子体（atmospheric and room temperature plasma，ARTP）。目前，该术语已得到生物技术领域的广泛接受。在大

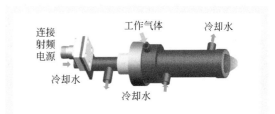

图 6-3 裸露金属电极结构的 RF APGD 等离子体发生器结构示意图 [5]

量研究的基础上，我们成功研制了专门用于生物诱变育种的 ARTP 诱变育种仪，其核心部件是裸露金属电极结构的 RF APGD 等离子体发生器，如图 6-3 所示 [5]。RF APGD 等离子体发生器中，在气流和电场的共同作用下，放电区内产生的等离子体在无固体边界约束的外界气体环境中向工作区域定向流动。这种方法实现了放电区与工作区的分离，有利于生物样品的远程照射处理，同时保证了大部分活性粒子能够输运到需要处理的样品表面，这对其在生物技术领域的应用至关重要。

　　在 RF APGD 等离子体放电中，由于气体分子的平均自由程比低气压条件下小得多，电子与重粒子间碰撞十分频繁，平行于电极表面方向的参数（如电场强度、粒子数密度、电子温度等）梯度与垂直于电极表面方向的参数梯度相比要小得多，因此可采用一维流体模型来进行研究 [6-8]。一维、非稳态数值模拟计算得到的放电电压（V_d），时空平均的气体温度（$\langle \overline{T}_g \rangle$）和电子温度（$\langle \overline{T}_e \rangle$），以及实验测量得到的放电电压（$V_d$），距离发生器出口 $x=2$ mm 处的射流气体温度（T_{jet}）和发生器输入功率（P_{in}）随放电电流密度 I 的变化曲线 [电极间距 $L=1.6$ mm，工作气体流量（标准状况）$Q_{He}=15$ L/m] 如图 6-4 所示 [5]。当等离子体发生器输入功率（P_{in}）在 $30 \sim 120$ W 时，放电区气体温度为 $42 \sim 65$ ℃，在等离子体射流与环境气体的对流传热作用下，射流区距离发生器出口 $x=2$ mm 处的气体温度（T_{jet}）为 $27 \sim 39$ ℃。因此，RF APGD 等离子体很适合在生物技术中应用。

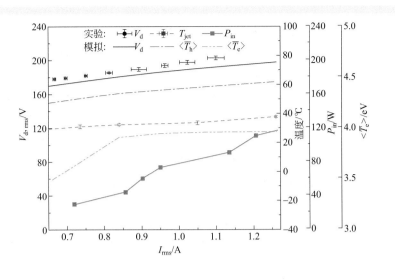

● **图 6-4** 一维流体模型参数与实验测量参数随放电电流的变化曲线[5]

CAP在生物技术中的应用进展概述

CAP 的产生和应用是近年来低温等离子体领域成效最为显著的研究进展之一。CAP 的电子温度（T_e）范围一般为 2～10 eV，远远高于重粒子温度（T_h，即气体温度 T_g），具有显著的非平衡效应。在这个能量水平，电子可以催化诸多化学反应，从而使等离子体含有种类丰富、浓度相对较高的化学活性粒子，并进一步引发其与作用目标间的生物、化学反应。此外，CAP 能够直接在大气压开放环境中产生，与原有的低气压冷等离子体相比，免去了复杂昂贵的真空系统，不仅减少了设备建设、运行及维护的成本，更为重要的是，CAP 的工作参数范围与生物体的生存空间一致，具有温度低、生物亲和性好、操作相对简单等突出的特点，在生物技术中具有广阔的应用前景。目前，CAP 已经在消毒灭菌、生物诱变、农业与食品加工、生物医学等领域取得了不少重要的研究进展。

CAP与生物作用机制

第三节

大量研究表明，CAP 会与 DNA、蛋白质、微生物细胞发生相互作用[9]，其内含有的大量活性氧化物和活性氮化物会引起 DNA 断裂、真核细胞 DDR 响应、原核细胞 SOS 响应，进而导致细胞死亡或亚死亡[10-12]。常见的活性物质如表6-1[13]所示。当 DNA 上的 N- 糖苷键受到攻击或脱氧核糖发生脱氢反应时，DNA 上会产生单链断裂。当不同链上的断链位置相近时，DNA 会形成双链断裂。裸露的 DNA 片段、质粒经由 CAP 处理后，会在短时间内出现双链断裂和完全裂解的现象。对于细胞，CAP 首先作用于细胞膜上的膜蛋白、脂质、磷脂层等，以改变细胞膜的通透性。在膜结构被破坏之后，CAP 内的活性粒子或其与水分子及胞内生物分子进一步反应生成的活性物质会引发 DNA 易错性修复机制[14]。具有不同膜结构的细胞对 CAP 的耐受能力不同[15]。当 CAP 照射强度过高时，细胞会死亡；而当强度适中时，细胞则会产生基因突变，成为突变体。

表 6-1　CAP中常见的活性物质[13]

自由基	非自由基	自由基	非自由基
活性氧化物（ROS）		活性氮化物（RNS）	
超氧阴离子, O_2^- ·	过氧化氢, H_2O_2	一氧化氮自由基, NO ·	亚硝酸, HNO_2
羟基自由基, · OH	臭氧, O_3	二氧化氮自由基, NO_2 ·	过氧亚硝基, $ONOO^-$
氢过氧自由基, HO_2 ·	单线态氧, $^1O_2$		过氧亚硝酸, ONOOH
碳酸根自由基, CO_3^- ·	有机过氧化物, ROOH		烷基过氧亚硝基, ROONO
烷氧基, RO ·	过氧亚硝基, $ONOO^-$		烷基过氧硝基, RO_2ONO
烷过氧基, RO_2 ·	硝基过氧碳酸酯, $ONOOCO_2$		
二氧化碳自由基阴离子, CO_2^- ·			

第四节　CAP在生物技术中的应用

　　基于 CAP 能与生物分子、细胞以及组织之间产生丰富多样的相互作用，CAP 在生物技术中得到了快速的应用。

一、CAP 在杀菌和消毒中的应用

CAP 最早被广泛应用于杀菌和消毒。研究表明用 CAP 处理各类菌（革兰氏阳性、阴性、好氧、厌氧和孢子等），往往很短时间就能使细菌减少 3 ～ 6 个量级。Mizuno 等 [16] 研究了 CAP 对水体微生物的杀灭作用，发现处理后酵母菌的数量减少了 6 个量级。Deng 等 [17] 研究了平板式 CAP 处理杏仁表面的大肠杆菌，处理 30 s 后，大肠杆菌的密度降低了 5 个量级。Cao 等 [18] 利用大面积 CAP 射流阵列，很好地提高了 CAP 对手术刀、血管银夹等医疗器械的杀菌、消毒的效率。Koban 等 [19] 的研究发现，CAP 能够有效地去除附着在龋齿上的微生物膜，处理后细菌密度减少了 5 个量级。总体来看，CAP 用于消毒与灭菌包括 2 个层面：一是用于体外灭菌，包括对环境进行消毒、对食品进行灭菌、对医疗器械进行灭菌等，其中医疗器械的灭菌需要达到无菌保证水平（sterility assurance level, SAL<10^{-6}），即只允许不超过百万分之一的微生物存活；二是用于活体灭菌，特别是在临床治疗中用于抗感染，这需要等离子体具有良好的选择性生物效应，即高效灭菌且不伤害正常的肌体细胞。

传统的医疗器械灭菌通常是在 120 ℃ 以上的高温条件下进行的，这不适用于现代医学中大量应用的热敏感材料及设备（如内窥镜）的灭菌，而一些化学灭菌方法，如环氧乙烷清洗，往往需要很长的操作时间，且存在有害残留。这些传统的灭菌方法还存在灭菌不彻底的风险，比如导致疯牛病的朊病毒能短时承受 300 ℃ 以上的高温。研究发现，CAP 用于医疗器械灭菌具有 3 方面的优势：①具有广谱抗菌特性，达到无菌保证水平一般只需要几分钟 [20]；②等离子体气体温度接近室温的特点使得它可以用于热敏感材料灭菌，从而有望大大减少一次性医用材料的使用量，降低医疗成本；③可以高效地灭活具有强抵抗力的生物物质，包括耐药性很强的超级细菌、耐温能力很强的朊病毒以及具有群体保护功能的细菌生物膜等 [21,22]。

CAP 用于临床抗感染也具有特别重要的意义，这是因为传统的药物抗生素已面临严重危机：一方面，耐药性极强的超级细菌不断涌现，另一方面药物抗生素的研发难度越来越大，新药越来越少。抗生素危机已成为现代医学面临的最严峻的挑战之一。2013 年 Bayliss 等 [23] 报道了利用 CAP 对耐甲氧西林金黄色葡萄球菌（methicillin resistant staphylococcus aureus，MRSA）进行预处理后，MRSA 对三类失效抗生素开始敏感的结果。Matthes 等 [24] 研究了氩气 CAP 射流对金黄色葡萄球菌微生物膜的灭活效果，结果表明 CAP 处理对细菌失活效果非常稳定，并且金黄色葡萄球菌微生物膜不会产生等离子体抗性。现有研究结果也表明 CAP 存在"混沌效应" [25,26]，相比于常规抗生素，细菌更不易对其产生耐受性，这使它有望成为一种新型的"等离子体抗生素"。也就是说，"等离子体抗生素"有望辅助或替代现有的药物抗生素，成为守护人类健康的新防线。

二、CAP在生物诱变育种中的应用

在早期的研究中，CAP的致死效应成为人们关注的重点，其亚致死条件下产生的生物效应则未被充分重视。但从CAP的作用机理可以看出，亚致死条件下，CAP能影响生物体内DNA分子并造成可稳定遗传的基因突变，是一种潜在的诱变育种工具。十年多来，CAP在生物诱变育种中的应用获得了快速发展。

1. CAP在微生物诱变育种中的应用

2002年，Laroussi等首次研究并报道了非致死剂量下CAP对大肠杆菌代谢途径的影响[27]。研究人员将经由DBD等离子体处理的大肠杆菌分别置于95种碳源中进行培养，通过对比发现虽然处理后的菌株相比于野生菌对大部分底物的利用能力没有明显改变，但它们对L-岩藻糖、D-山梨糖醇和D-半乳糖醛酸的利用能力明显提高，对丙酮酸甲酯、糊精和D,L-乳酸的利用能力则明显降低。之后，介质阻挡放电等离子体诱变得到一定应用：Xiu等[28,29]获得了1,3-丙二醇产量提高43%的肺炎克雷伯菌；Dong等[30]获得了乙醇产量提高33%的酿酒酵母；Chen等[31]获得了能以木糖为碳源、乙醇产量提高36.2%的休哈塔假丝酵母；Liu等[32]获得了虾青素产量提高59%的雨生红球藻。酶动力学、组学分析发现在上述突变体中产物合成相关、有毒底物代谢相关酶的表达量的差异是突变体表型变化的重要原因。尽管获得了上述应用成效，DBD等离子体诱变技术的基础研究滞后，其突变率、突变谱和相关机理均未有所报道。且由于介质层的存在，DBD等离子体的工作电压较高，通常为万伏量级，有臭氧产生，难以获得均匀、稳定的放电，不利于生物突变的高效产生。

为了克服以上缺点，基于更稳定、更温和、可控的大气压射频辉光放电（RF APGD）等离子体源，李和平等自主研发了常压室温等离子体（ARTP）诱变育种技术（见图6-5），并对其诱变机制和能力进行了系统深入的研究。Li等发现ARTP中丰富的活性粒子是其能作用于体外DNA[10]和蛋白质[33]并使它们产生结构性变化的主要成分。王立言[34]研究了ARTP对细胞内超氧化物歧化酶（SOD）以及微生物的基因损伤作用等的影响，验证了ARTP产生的活性氧化物确实能够进入细胞，并造成细胞损伤。进一步，Zhang等[35]基于umu-test原理和流式细胞术建立了各种诱变源（ARTP、UV、化学诱变剂等）对活细胞DNA损伤强度的定量分析方法，并通过Fluctuation test方法对各突变源的突变率进行了表征，结果显示ARTP对活细胞DNA的损伤强度、诱变的突变率均远高于其他突变源（见图6-6）。此外，对基于ARTP诱变的大肠杆菌突变株进行全基因组重测序分析可以发现，相比于其他诱变手段，ARTP的突变谱广，覆盖了全部的核苷酸突变类型（见表6-2）。

ARTP诱变技术最早被Wang等应用于对生产阿维菌素的阿维链霉菌进行诱变育种。根据菌落形态对突变后的菌株进行筛选，Wang等获得了一株阿维菌素总产量提高 18%、抗虫活性最高的组分 B1a 产量提高 43% 且具有良好遗传稳定性的高产菌株[36]。之后，为了推进 ARTP 生物育种技术的广泛应用，本团队成功研制了

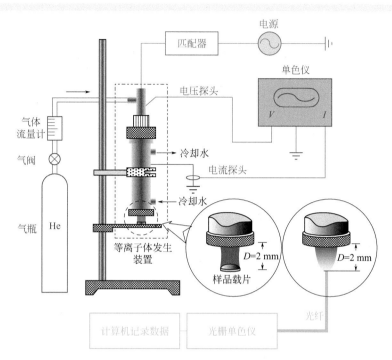

▶ **图 6-5** ARTP 生物育种设备的实验室研发平台概念图[34]

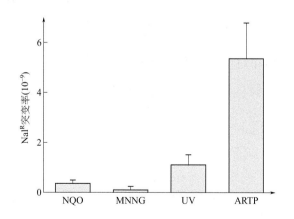

▶ **图 6-6** ARTP 与常规突变源的突变率比较结果[35]

注：NQO 4-硝基喹啉-1-氧化物；
MNNG N-甲基-N-硝基-N-亚硝基胍；
UV 紫外辐射；ARTP 常压室温等离子体。

一系列的 ARTP 诱变育种仪，实现了技术的装备化、产业化。目前，ARTP 生物育种技术及其设备因其快速、便捷、高突变率、突变类型广谱的特点被迅速推广使用，已成功用于百余种微生物的性能改造，包括细菌、真菌、微藻等，涉及生产能力、生长速度及耐受性等表型的改变，相关应用案例的详细介绍可参考已发表的综述论文[37,38]。

表6-2 基于ARTP诱变大肠杆菌突变株重测序突变谱

突变	编码序列单碱基突变数	百分比	基因间隔序列单碱基突变数	百分比	总单碱基突变数	百分比
GC-AT	207	16.39%	20	9.90%	227	15.49%
GC-CG	32	2.53%	4	1.98%	36	2.46%
GC-TA	46	3.64%	13	6.44%	59	4.03%
CG-TA	263	20.82%	31	15.35%	294	20.07%
CG-AT	32	2.53%	7	3.47%	39	2.66%
CG-GC	31	2.45%	6	2.97%	37	2.53%
AT-GC	213	16.86%	28	13.86%	241	16.45%
AT-CG	33	2.61%	12	5.94%	45	3.07%
AT-TA	29	2.30%	19	9.41%	48	3.28%
TA-GC	40	3.17%	17	8.42%	57	3.89%
TA-AT	38	3.01%	15	7.43%	53	3.62%
TA-CG	299	23.67%	30	14.85%	329	22.46%

2. CAP在植物和动物育种中的应用

近年来，CAP 也被广泛应用于植物的诱变育种研究中，其对植物种子萌发速度、生长速度、作物产量的影响备受关注。目前，植物育种领域主要使用的是 DBD 等离子体。Šerá 等[39] 研究了小麦和燕麦种子在 CAP 照射后的生长情况，发现等离子体在萌发速度、叶柄生长速度、支根生长速度等方面都对种子产生了一定影响，并且通过进一步的成分分析发现照射后得到的芽菜中酚类物质的含量相比于未处理组发生了明显变化。Mária 等[40] 研究发现玉米种子经 CAP 照射后长出的根部所含的抗氧化酶活性相比于阴性对照明显降低。进一步，Zhang 等[41] 揭示了经氩气 CAP 照射后，黄豆种子萌发速度和豆芽生长速度加快是由 ATP 合成、雷帕霉素靶标以及生长调控等相关基因的脱甲基化水平调控的。这些结果证明，当 CAP 的剂量达到一定程度时，CAP 能够直接与种子内的细胞发生作用，并诱导产生可遗传的突变。在一些实际应用中，处理后的植物表现出了极优的表型：经过处理的黄瓜种子的出苗速度、幼苗株高、茎粗、地上部鲜（干）质量、地下部鲜（干）质量、根体积均有不同程度的增加[42]；等离子体处理后的番茄无论从番茄果重、果粗、果长看，还是从番茄的株高、主径高、展开度看都明显优于对照[43]；处理后的拟南芥收获周期缩短 11%，丰收得到的种子数、种子总质量分别提高 39% 和 56%[44]；等离子体照射后的小麦在孕穗期株高、根长、鲜重、茎径、叶厚、叶面积等均出现明显增长，且最后小麦产量相比于对照组提高 5.89%[45]。

本章作者团队通过对发射源喷嘴的改造和系统集成，大幅度提高了等离子体照射面积和均匀性，发展了适用于植物育种的 ARTP-P 诱变装备（见图 6-7），该设备已被成功用于玉米等植物诱变育种中。在 ARTP 照射 30 min 后，玉米幼苗显著增长，干重增加[46]。目前，该设备已在多种植物育种中开展了应用。

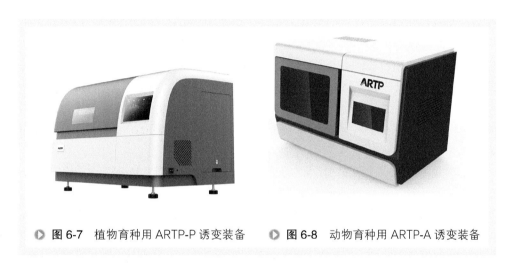

▶ **图 6-7** 植物育种用 ARTP-P 诱变装备　　▶ **图 6-8** 动物育种用 ARTP-A 诱变装备

关于 CAP 应用于动物育种的研究起步比较晚。本团队在植物育种用 ARTP-P 设备研发的基础上，发展了动物育种用 ARTP-A 诱变设备（见图 6-8），并在多种鱼的育种中进行了初步应用。对黄河鲤鱼受精卵进行 ARTP 照射后，孵化和养殖结果表明，①ARTP 诱变黄河鲤鱼和未照射的对照鲤鱼相比，畸形率没有显著差异；②经 ARTP 照射的黄河鲤鱼在三个月前的生长中体长增加明显，而在三个月后重量增加明显，且三个月后的诱变黄河鲤鱼重量与体长的比值增加明显；③经 ARTP 照射的黄河鲤鱼经过六个月能够养成，比常规黄河鲤鱼养殖至少缩短一半时间。通过 ARTP 诱变鲫鱼受精卵后，其表现出野生鲫鱼的性状特点，同时大幅度缩短了生长周期，突变体中体色变化明显，并产生具有观赏性的体色变化。在优化 ARTP 辐照牙鲆受精卵处理条件后，进行孵化和养殖，获得了性能发生显著改变的突变体，基因组测序及信息学解析表明 ARTP 诱变的牙鲆 SNP 和 InDel 突变率达到 0.064%，远高于已报道的化学诱变剂的诱变效率[47]。这些鱼类的 ARTP 育种结果表明 CAP 在动物诱变育种中具有巨大的应用潜力。

总体而言，随着人们对转基因食品安全问题的日渐关注，作为非转基因手段的 ARTP 诱变育种技术因其操作简单、环境友好、突变率高的优势，有望成为高效诱变育种技术的首选，结合高效筛选技术和分子育种技术，将会得到越来越多的应用。

三、CAP 在农业和食品加工中的应用

在农业和食品行业中，以 DBD 为代表的 CAP 主要有以下的应用方向：①储存时对种子进行去污染；②增强种子发芽；③捕获水中的大气氮作为肥料；④加入活性氧和其他氧化剂，同时降低 pH 值，减少病原体侵入土壤；⑤温室设施中的空气清洁、消毒和挥发性有机化合物的去除；⑥处理果实消毒和洗涤用水；⑦包装前、包装后消毒；⑧空气净化，消毒并去除农产品储存设施和运输车辆中的挥发性有机化合物；⑨控制店内展示柜和店内存储的病虫害和病原体；⑩去除空气中的乙烯以降低食品的老化率；⑪对家用食品加工设施或杂货店的砧板、刀具和其他食品加工设备进行灭菌；⑫等离子体协助销毁危险废物或将非危险的食品废物转化为能源。在上述应用中，应用①、⑤～⑨、⑪主要利用了 CAP 对病原体的灭活能力，其相关情况在前文中进行了一定的介绍，故不再赘述，本节主要介绍②～④、⑩、⑫的原理和应用。

在增强种子发芽方面，除了已经介绍的诱变育种效应，Volin 等 [48] 研究发现 CAP 能够用于种子表面亲疏水性能的改造，改变种子的吸水速度，进而影响种子的萌发速率。当使用疏水气源（四氟化碳或全氟萘烷）时，萝卜、豌豆、大豆、玉米种子的发芽速率明显减缓，且减缓幅度和表面等离子体包裹的厚度呈正相关；当使用亲水性略好的环己烷、苯胺或肼作为气源时，部分种子开始表现出发芽速率增强的现象。因此，为了提高种子的萌发速率、加强种子对水的吸收，种皮的亲水性改造也成为一个研究方向。

在经等离子体处理后的水（PAW）中，致病菌、竞争养料的微生物均可以被灭活。且由于一系列氧化还原反应，PAW 中富含各种氮化物（硝酸根、亚硝酸根等），利用它在液体培养工业中进行植物培养，有利于加快作物的生长、增加果实产量 [49,50]。因此，PAW 被应用于方向③、④。

应用⑩和应用⑫主要利用 CAP 产生的活性氧化物（臭氧、羟基自由基、过氧化氢）与有机物之间的氧化还原反应，从而实现乙烯、有机污染物等物质的快速氧化。一些新鲜水果会自发产生乙烯，在自我催熟的过程中加快附近水果的衰老，因此，运输过程中乙烯的降解有利于水果保持新鲜。Nishimura 等 [51] 报道了利用 DBD 等离子体对乙烯进行降解并利用表面修饰有 Ag 的沸石吸收有毒副产物（一氧化碳、氧气等）的解决方案。在日常生活污水、工业废水中通常有大量的有机物存在，它们会使微生物大量增殖并造成水体含氧量的急剧减少，对原有的生态环境产生严重

危害。传统化学试剂处理的方法有可能造成二次污染，CAP 则很好地避免了这个问题。Doubla 等[52] 较早报道了 CAP 在废水处理中的应用，处理后的啤酒厂废水中生物需氧量减少了 97%。

四、CAP 在生物医学中的应用

等离子体医学（plasma medicine）是 CAP 应用开发中最具创新性且发展最为迅速的领域，它涉及等离子体物理、生命科学和临床医学等多个学科。等离子体在医学中的应用有两种形式：一种是间接作用，通过等离子体或等离子体技术来实现表面、材料或设备的特异性处理以应用于随后的特殊医疗环境；另一种则是基于等离子与活体组织的直接相互作用，在人或动物体内实现治疗效果。详细研究进展可参考相关综述文献[53-55]，本节则主要对基于 CAP 与组织的直接相互作用的应用进行简单的介绍。

1. 伤口治疗

早期的实验表明，真核细胞相比于原核细胞对 CAP 具有更强的耐受性，因此，CAP 能够用来高效灭活伤口处的生物膜并消除伤口感染。此外，体外细胞实验及活体实验也表明它还能促进成纤维细胞、血管内壁细胞等皮肤细胞的增殖，进一步加快伤口的愈合[56]，图 6-9（a）给出了利用 CAP 处理与未经处理的糖尿病小鼠伤口愈合情况的对比照片[57]。

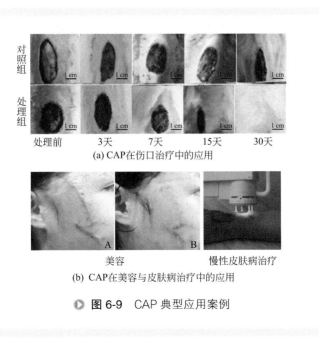

(a) CAP 在伤口治疗中的应用

美容　　　　　　　　慢性皮肤病治疗
(b) CAP 在美容与皮肤病治疗中的应用

▶ 图 6-9　CAP 典型应用案例

2. 美容与皮肤病治疗

目前 CAP 在美容和皮肤病治疗方面成功应用的报道较局限于皮肤表层,其主要原因是皮肤角质层对等离子体有很强的阻挡作用[58]。研究表明,CAP 能够修复光损伤和面部瘢痕,使肌肤更加光滑,已分别用于美容、粉刺治疗、过敏性皮炎和皮肤慢性溃疡的治疗等[59-61],典型案例见图 6-9(b)[60,61]。

3. 牙齿美白与根管消毒

CAP 在牙齿美白与根管消毒方面均有比较成功的报道[62,63]。相比于传统的牙齿美白方法,CAP 具有速度快、无损伤的特点。有研究表明,CAP 对牙齿美白的促进作用是由于其能去除牙齿表面的蛋白,能够增强 OH 的产量[62](这一结论也得到了 Sun 等[64]的验证)。对于牙齿根管的治疗,CAP 则可深入到细长根管的内部,在几十秒时间内灭活粪肠球菌(导致牙齿根管治疗的最常见的致病菌),实现更为彻底的牙齿根管消毒[65],有助于避免病菌重新感染而导致的根管治疗失败。

4. 癌症治疗

相比于传统的癌症治疗方法(如放疗和化疗等),CAP 具有极好的特异性,即能在不影响正常细胞的同时杀死癌细胞。研究表明,CAP 中的活性氧化物(reactive oxygen species, ROS)和活性氮化物(reactive nitrogen species, RNS)在癌细胞灭活中起到了主导作用,它们能通过扩散进入胞内或激发胞内活性氧化物的生成,使胞内氧化物水平提高并引发细胞死亡。相比于正常细胞,癌细胞膜成分、胞内代谢情况的不同可能是 CAP 具有选择性的主要原因。到目前为止,CAP 已经被验证能在活体内治疗多种癌症,包括脑癌、皮肤癌、心脏癌症、结肠癌、肺癌、子宫癌、肝癌等[53,65]。

第五节 展望

由于大气压冷等离子体(CAP)在大气压开放环境条件下产生,其参数范围(主要指等离子体的气体温度和工作压强)与生物体的生存空间参数一致。因此,相比于低气压放电等离子体,CAP 的产生和系统维持变得简单,设备的制造和维护及运营成本大大降低,而且具有更好的可移动性,生物样品处理过程更易于实现自动化和智能化,操作方便、可控性强、效率高,这极大地拓展了 CAP 在工业生物技术、农业生物技术及生物医学等领域的应用深度和广度[66]。如上文所述,相关技术的产业化、设备化以及临床应用都取得了令人瞩目的进展。由于 CAP 活性粒子丰富多样、基因损伤效应显著，并对细胞具有选择性，其在生物诱变育种、消毒、农业、疾病的无创治疗等方面将发挥越来越大的作用。

为了加速和拓展 CAP 在生命科学与技术中的应用进程，今后需要系统深入地解析各种活性粒子与生物分子、细胞及组织作用的分子机制，稳定生成 CAP 及其作用强度的调控方法，强化 CAP 工作气体激发效率等[67]。但在大气压条件下，冷等离子体处理体系比低气压条件下等离子体更加复杂，比如，等离子体与环境空气的作用过程更加复杂，CAP 成分的时空演化过程是一个复杂系统，因此对其的规律认识及调控十分必要，同时 CAP 发生过程的能量传递通道及机制也变得更加复杂。未来 CAP 在生命科学与技术领域的应用，将是一个具有高度学科交叉融合特色的研究领域，涉及等离子体放电稳定性、强碰撞过程、非线性动力学过程、时空多尺度效应和等离子体参量的调控机制、等离子体的生物学效应及其作用机制等关键科学问题，以及面向特定应用的等离子体发生器结构设计、材质选择、复杂界面过程控制、等离子体强度优化和等离子体剂量学等核心技术问题，覆盖了等离子体物理化学、工程热物理、生命科学、生物技术、材料科学与工程、自动控制等诸多学科方向[66]。这对从事该领域研发的团队提出了更高的、多学科协同创新的迫切要求。通过多学科交叉创新，发展面向不同实际应用体系的等离子体技术与装备，加快 CAP 在生命科学与生物技术等相关领域的应用发展。

参考文献

[1] Schutze A, Jeong J Y, Babayan S E, et al. The atmospheric-pressure plasma jet: A review and comparison to other plasma sources[J]. IEEE Transactions on Plasma Science, 1998, 26(6): 1685-1694.

[2] Bogaerts A, Neyts E, Gijbels R, et al. Gas discharge plasmas and their applications[J]. Spectrochimica Acta Part B, 2002, 57: 609-658.

[3] Kogelschatz U. Dielectric-barrier discharge: Their history, discharge physic, and industrial applications[J]. Plasma Chemistry and Plasma Processing, 2003, 23(1): 1-46.

[4] Park J, Henins I, Herrmann H W, et al. An atmospheric pressure plasma source[J]. Applied Physics Letters, 2000, 76(3): 288-290.

[5] 王智斌. 裸露金属电极结构大气压射频辉光放电等离子体特性研究 [D]. 北京：清华大学，2013.

[6] Yuan X, Raja L L. Role of trace impurities in large-volume noble gas atmospheric-pressure glow discharges[J]. Applied Physics Letters, 2002, 81(5): 814-816.

[7] Yuan X, Raja L L. Computational study of capacitively coupled high-pressure glow discharges in helium[J]. IEEE Transactions on Plasma Science, 2003, 31(4): 495-503.

[8] Shi J, Kong M G. Mode characteristics of radio-frequency atmospheric glow discharges[J].

IEEE Transactions on Plasma Science, 2005, 33(2): 624-630.

[9] Arjunan K, Sharma V, Ptasinska S. Effects of atmospheric pressure plasmas on isolated and cellular DNA — a review[J]. International Journal of Molecular Sciences, 2015, 16(2): 2971-3016.

[10] Li G, Li H P, Wang L Y, et al. Genetic effects of radio-frequency, atmospheric-pressure glow discharges with helium[J]. Applied Physics Letters, 2008, 92(22): 2006-2009.

[11] Gaunt L F, Beggs C B, Georghiou G E. Bactericidal action of the reactive species produced by gas-discharge nonthermal plasma at atmospheric pressure: A review[J]. IEEE Transactions on Plasma Science, 2006, 34(4 II): 1257-1269.

[12] Lackmann J W, Schneider S, Edengeiser E, et al. Photons and particles emitted from cold atmospheric-pressure plasma inactivate bacteria and biomolecules independently and synergistically[J]. The Royal Society, 2013, 10(89): 20130591.

[13] Halliwell B. Oxidative stress and neurodegeneration: Where are we now?[J]. Journal of Neurochemistry, 2006, 97(6): 1634-1658.

[14] Kalghatgi S, Kelly C M, Cerchar E, et al. Effects of non-thermal plasma on mammalian cells[J]. Plos One, 2011, 6(1): 1-11.

[15] Lu H, Patil S, Keener K M, et al. Bacterial inactivation by high-voltage atmospheric cold plasma: Influence of process parameters and effects on cell leakage and DNA[J]. Journal of Applied Microbiology, 2014, 116(4): 784-794.

[16] Mizuno A, Hori Y. Destruction of living cells by pulsed high-voltage application[J]. IEEE Transactions on Industry Applications, 1988, 24(3): 387-394.

[17] Deng S, Ruan R, Mok C K, et al. Inactivation of *Escherichia coli* on almonds using nonthermal plasma[J]. Journal of Food Science, 2007, 72(2): 62-66.

[18] Cao Z, Walsh J L, Kong M G. Atmospheric plasma jet array in parallel electric and gas flow fields for three-dimensional surface treatment[J]. Applied Physics Letters, 2009, 94: 021501.

[19] Koban I, Holtfreter B, Hübner N O, et al. Antimicrobial efficacy of non-thermal plasma in comparison to chlorhexidine against dental biofilms on titanium discs in vitro — proof of principle experiment[J]. Journal of Clinical Periodontology, 2011, 38: 956-965.

[20] Laroussi M. Low temperature plasma-based sterilization: Overview and state-of-the-art[J]. Plasma Processes and Polymers, 2005, 2: 391-400.

[21] Whittaker A G, Graham E M, Baxter R L, et al. Plasma cleaning of dental instruments[J]. Journal of Hospital Infection, 2004, 56: 37-41.

[22] Vleugels M, Shama G, Deng X T, et al. Atmospheric plasma inactivation of biofilm-forming bacteria for food safety control[J]. IEEE Transactions on Plasma Science, 2005, 33(2): 824-828.

[23] Bayliss D L, Shama G, Kong M G. Restoration of antibiotic sensitivity in meticillin-

resistant *Staphylococcus aureus* following treatment with a non-thermal atmospheric gas plasma[J]. International Journal of Antimicrobial Agents, 2013, 41(4): 398-399.

[24] Matthes R, Assadian O, Kramer A. Repeated applications of cold atmospheric pressure plasma does not induce resistance in *Staphylococcus aureus* embedded in biofilms[J]. GMS Hygiene and Infection Control, 2014, 9(3): Doc17.

[25] Walsh J L, Iza F, Janson N B, et al. Three distinct modes in a cold atmospheric pressure plasma jet[J]. Journal of Physics D: Applied Physics, 2010, 43(7): 075201.

[26] Dong L, Liu F, Liu S, et al. Observation of spiral pattern and spiral defect chaos in dielectric barrier discharge in argon/air at atmospheric pressure[J]. Physical Review E, 2005, 72: 046215.

[27] Laroussi M, Richardson J P, Dobbs F C. Effects of nonequilibrium atmospheric pressure plasmas on the heterotrophic pathways of bacteria and on their cell morphology[J]. Applied Physics Letters, 2002, 81(4): 772-774.

[28] Dong X Y, Xiu Z L, Hou Y M, et al. Enhanced production of 1,3-propanediol in *Klebsiella pneumoniae* induced by dielectric barrier discharge plasma in atmospheric air[J]. IEEE Transactions on Plasma Science, 2009, 37(6): 920-926.

[29] Dong X Y, Xiu Z L, Li S, et al. Dielectric barrier discharge plasma as a novel approach for improving 1,3-propanediol production in *Klebsiella pneumoniae*[J]. Biotechnology Letters, 2010, 32: 1245-1250.

[30] Dong X Y, Yuan Y L, Tang Q, et al. Parameter optimization for enhancement of ethanol yield by atmospheric pressure DBD-treated *Saccharomyces cerevisiae*[J]. Plasma Science and Technology, 2014, 16(1): 73-78.

[31] Chen H, Xiu Z, Bai F. Improved ethanol production from xylose by *Candida shehatae* induced by dielectric barrier discharge air plasma[J]. Plasma Science and Technology, 2014, 16(6): 602-607.

[32] Liu J, Chen J, Chen Z, et al. Isolation and characterization of astaxanthin-hyperproducing mutants of *Haematococcus pluvialis*(Chlorophyceae) produced by dielectric barrier discharge plasma[J]. Phycologia, 2016, 55(6): 650-658.

[33] Li H P, Wang L Y, Li G, et al. Manipulation of lipase activity by the helium radio-frequency, atmospheric-pressure glow discharge plasma jet[J]. Plasma Processes and Polymers, 2011, 8(3): 224-229.

[34] 王立言. 常压室温等离子体对微生物的作用机理及其应用基础研究 [D]. 北京 : 清华大学, 2009.

[35] Zhang X, Zhang C, Zhou Q Q, et al. Quantitative evaluation of DNA damage and mutation rate by atmospheric and room-temperature plasma(ARTP) and conventional mutagenesis[J]. Applied microbiology and biotechnology, 2015, 99(13): 5639-5646.

[36] Wang L Y, Huang Z L, Li G, et al. Novel mutation breeding method for *Streptomyces avermitilis* using an atmospheric pressure glow discharge plasma[J]. Journal of Applied Microbiology, 2010, 108(3): 851-858.

[37] Ottenheim C, Nawrath M, Wu J C. Microbial mutagenesis by atmospheric and room-temperature plasma(ARTP): The latest development[J]. Bioresources and Bioprocessing, 2018, 5: 12.

[38] Zhang X, Zhang X F, Li H P, et al. Atmospheric and room temperature plasma(ARTP) as a new powerful mutagenesis tool[J]. Applied Microbiology and Biotechnology, 2014, 98(12): 5387-5396.

[39] Šerá B, Špatenka P, Šerý M, et al. Influence of plasma treatment on wheat and oat germination and early growth[J]. IEEE Transactions on Plasma Science, 2010, 38(10): 2963-2968.

[40] Mária H, Slováková L, Martinka M, et al. Growth, anatomy and enzyme activity changes in maize roots induced by treatment of seeds with low-temperature plasma[J]. Biologia, 2012, 67(3): 490-497.

[41] Zhang J J, Jo J O, Huynh D L, et al. Growth-inducing effects of argon plasma on soybean sprouts via the regulation of demethylation levels of energy metabolism-related genes[J]. Scientific Reports, 2017, 7: 41917.

[42] Wang M, Yang S, Chen Q, et al. Effects of atmospheric pressure plasma on seed germination and seedling growth of cucumber[J]. Transactions of the Chinese Society of Agricultural Engineering, 2007, 23(2): 195-200.

[43] Zhou Z, Huang Y, Yang S, et al. Effects of atmospheric pressure plasma on the growth, yield and quality of tomato[J]. Journal of Anhui Agricultural Sciences, 2010, 38(2): 1085-1088.

[44] Koga K, Thapanut S, Amano T, et al. Simple method of improving harvest by nonthermal air plasma irradiation of seeds of *Arabidopsis thaliana*(L.)[J]. Applied Physics Express, 2016, 9: 016201.

[45] Jiang J, He X, Li L, et al. Effect of cold plasma treatment on seed germination and growth of wheat[J]. Plasma Science and Technology, 2014, 16(1): 54-58.

[46] Luo M J, Zhao Y X, Song W, et al. Effects on maize seed and pollen germination by atmospheric and room temperature plasma[J]. Molecular Plant Breeding, 2016, 14(5): 1262-1267.

[47] Hou J, Zhang Y, Wang G, et al. Novel breeding approach for Japanese flounder using atmosphere and room temperature plasma mutagenesis tool[J]. BMC Genomics, 2019, 20: 323.

[48] Volin J C, Denes F S, Young R A, et al. Modification of seed germination performance through cold plasma chemistry technology[J]. Crop Science, 2000, 40(6): 1706-1718.

[49] Takaki K, Takahata J, Watanabe S, et al. Improvements in plant growth rate using underwater discharge[J]. Journal of Physics: Conference Series, 2013, 418: 012140.

[50] Takahata J, Takaki K, Satta N, et al. Improvement of growth rate of plants by discharge inside bubble in water[J]. Japanese Journal of Applied Physics, 2015, 54: 01AG07.

[51] Nishimura J, Takahashi K, Takaki K, et al. Removal of ethylene and by-products using dielectric barrier discharge with Ag nanoparticle-loaded zeolite for keeping freshness of fruits and vegetables[J]. Trans Mat Res Soc Japan, 2016, 41(1): 41-45.

[52] Doubla A, Laminsi S, Nzali S, et al. Organic pollutants abatement and biodecontamination of brewery effluents by a non-thermal quenched plasma at atmospheric pressure[J]. Chemosphere, 2007, 69(2): 332-337.

[53] Reiazi R, Akbari M E, Norozi A, et al. Application of cold atmospheric plasma(CAP) in cancer therapy: A review[J]. International Journal of Cancer Management, 2017, 10(3): 8728.

[54] Keidar M, Yan D, Beilis I I, et al. Plasmas for treating cancer: Opportunities for adaptive and self-adaptive approaches[J]. Trends in Biotechnology, 2018, 36(6): 586-593.

[55] Li H P, Zhang X F, Zhu X M, et al. Translational plasma stomatology: Applications of cold atmospheric plasmas in dentistry and their extension[J]. High Voltage, 2017, 2(3): 188-199.

[56] Lloyd G, Friedman G, Jafri S, et al. Gas plasma: Medical uses and developments in wound care[J]. Plasma Processes and Polymers, 2010, 7(3-4): 194-211.

[57] Fathollah S, Shahriar M, Mansouri P, et al. Investigation on the effects of the atmospheric pressure plasma on wound healing in diabetic rats[J]. Scientific Reports, 2016, 6: 19144.

[58] Lademann J, Ulrich C, Patzelt A, et al. Risk assessment of the application of tissue-tolerable plasma on human skin[J]. Clinical Plasma Medicine, 2013, 1: 5-10.

[59] Heinlin J, Morfill G, Landthaler M, et al. Plasma medicine: Possible applications in dermatology[J]. Journal of the German Society of Dermatology, 2010, 8(12): 968-977.

[60] 付荣刚, 陈博, 殷秀清, 等. 微等离子体射频技术在急诊面部美容缝合术后的应用 [J]. 中国美容医学, 2018, 27(5): 42-45.

[61] Heinlin J, Isbary G, Stolz W, et al. Plasma applications in medicine with a special focus on dermatology[J]. Journal of the European Academy of Dermatology and Venereology, 2011, 25: 1-11.

[62] 熊紫兰, 卢新培, 曹颖光. 等离子体医学 [J]. 中国科学: 技术科学, 2011, 41: 1279-1298.

[63] Lu X, Cao Y, Yang P, et al. An RC plasma device for sterilization of root canal of teeth[J]. IEEE Transactions on Plasma Science, 2009, 37(5): 668-673.

[64] Sun P, Pan J, Tian Y, et al. Tooth whitening with hydrogen peroxide assisted by a direct-current cold atmospheric-pressure air plasma microjet[J]. IEEE Transactions on Plasma Science, 2010, 38(2): 1892-1896.

[65] Yan D, Sherman J H, Keidar M. Cold atmospheric plasma, a novel promising anti-cancer treatment modality[J]. Oncotarget, 2017, 8: 15977-15995.

[66] Li H P, Yu D R, Sun W T, et al. State-of-the-art of atmospheric discharge plasmas[J]. High Voltage Engineering, 2016, 42(12): 3697-3727.

[67] Li H P, Ken K O, Sun W T. The energy tree: Non-equilibrium energy transfer in collision-dominated plasmas[J]. Physics Reports, 2018, 770-772: 1-45.

第七章

气液等离子体高级氧化过程

近年来，气液等离子体过程强化技术的研究与应用引起了研究者的极大兴趣与广泛关注，同时也为等离子体化学的发展带来了新的机遇和挑战。相对于单纯的气相或者气固等离子体化学反应，气液等离子体化学反应的选择性和速率都很高，比如等离子体在有机液体里进行材料合成的速度是气相等离子体的上千倍[1]。同时，液体具有的特殊性质（比如流动性和蒸发性等）对等离子体放电过程的影响更大[2]，导致气液等离子体化学反应的过程机理更加复杂。因此对气液等离子体化学反应的研究具有重要的科学和现实意义。

目前气液等离子体过程强化技术已在高级氧化过程取得了长足的进步与发展，同时其在液相化学合成、纳米颗粒制备等领域也显示了重大的应用潜力。但是由于气液等离子体过程强化技术本身的复杂性及多学科交叉性，有关其发生、发展过程的复杂物理与化学耦合机理还未得到充分认识，同时，气液等离子体反应器形式多样，反应体系复杂，缺乏系统研究及反应器设计理论指导，从而极大程度地限制了该技术的进一步应用和发展。因此，从本质上认识气液等离子体过程强化技术显得极为迫切和重要。

本章以气液等离子体高级氧化过程的研究热点和难点为阐述对象，介绍了近年来有关气液等离子体高级氧化过程的诊断及机理研究进展，重点关注了气液等离子体氧化活性组分的传递与反应机理，进一步剖析了气液等离子体反应器的类型及相对能量效率，提出了高效、稳定反应器的设计思路与关键细节，同时回顾和展望了气液等离子体高级氧化过程的应用，最后指出了该技术未来的重点研究方向，为实现该技术的开发与工业化应用建立重要的科学基础。

气液等离子体高级氧化过程的原理是利用放电产生的·OH、O_3 和 H_2O_2 等化学活性物质对有机污染物进行氧化降解，同时放电过程会产生高能电子辐射、紫外光、冲击波等多种物理作用，对废水也可起到消毒和杀菌的作用[3-5]。相比其他高级氧化过程，具有降解速率快、流程短、无二次污染、适用范围广等特点[6]。

气液等离子体高级氧化过程涉及等离子体物理、等离子体化学、流体力学、热力学、电力系统、环境保护、材料等多个学科。从化学工程的角度理解，气液等离子体高级氧化过程本质上是一个特殊外场作用下的多相传递与反应过程，如图 7-1 所示，其中涉及高能电子碰撞辐射、活性组分氧化（·OH、O_3、H_2O_2 等）、紫外光解和冲击波等多种物理与化学作用。

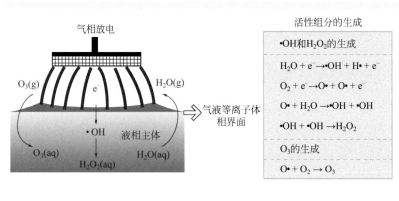

◉ 图 7-1　气液等离子体作用原理示意图

近年来，随着先进测量技术和计算方法的不断开发，研究者开始关注气液等离子体的基础物理和化学特性，包括气液等离子体放电过程中流光的产生及传播现象[7,8]，在气泡内放电的物理和化学特性的描述与分析[9-11]，以及气液等离子体放电过程中电子温度和密度的测量与分析[12-14]。同时有关放电过程中氧化活性组分（O·、·OH、O_3、H_2O_2 等）的测量与分析[15-18]，尤其是·OH 的测量[19-21]与数值模拟[22,23]也取得了一定的进步与发展。Kanazawa 等[19]分别采用激光诱导荧光（laser induced fluorescence, LIF）技术和化学探针的方法，直接和间接观测了水面脉冲放电过程中，水面上产生的·OH 强度和溶解在液相内的·OH 浓度，如图 7-2 所示。同时在实验中，采用米氏散射技术观测到了水面脉冲放电过程中液体内的流场分布，如图 7-3 所示。Lindsay 等[24]采用数值模拟的方法探讨了气液等离子体放电过程中气液相间及界面的动量、热量及活性粒子（包括·OH 和 HNO_3）的质量传递。

研究表明在水面上的流光放电过程中，液相·OH 和 HNO₃ 的浓度由上至下呈大幅度下降，在气液等离子体相界面以下 50 μm 的距离内，·OH 和 HNO₃ 的浓度分别降低大约 9 和 4 个数量级。此结果定性揭示了气液等离子体氧化活性组分在液相内的传递限制，这对气液等离子体反应器的设计有直接指导作用。同时研究表明等离子体产生的离子风[25]可导致气液界面上液相温度的降低（具体数值与等离子体放电方式有关），而等离子体气液两相温度的差别可直接影响气液等离子体氧化过程的反应动力学。

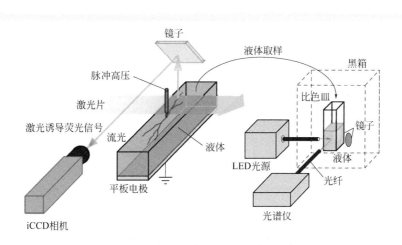

▶ **图 7-2** Kanazawa 等测量水面脉冲放电过程产生的·OH 所用的实验装置图[19]

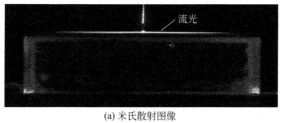

(a) 米氏散射图像

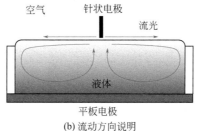

(b) 流动方向说明

▶ **图 7-3** Kanazawa 等采用米氏散射测量得到的
水面脉冲放电过程中液体内的流场图[19]

可以看出，目前开展的气液等离子体物理和化学特性的基础研究多为纯水中的等离子体放电过程，即液相体系很少涉及有机物的化学反应。Shimizu 等[26]首次采用纹影技术拍摄了脉冲流光放电作用下甲基红溶液发生变色反应的实验现象，定性揭示了氧化活性组分在液相内的对流传递作用，如图 7-4 所示。但是受到定量测量手段的限制，对于气液等离子体传递与反应耦合机理的认识仍停留在表面现象的描述上，缺乏系统的实验研究。因此，借助先进的定量可视化测试手段，来全面开展气液等离子体传递与反应特性研究显得极为迫切和重要。

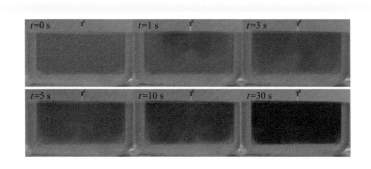

● 图 7-4　Shimizu 等采用纹影技术拍摄的等离子体作用下甲基红溶液的变色行为[26]

第二节　气液等离子体传递与反应特性的可视化研究

气液等离子体高级氧化过程本质上是一个特殊外场作用下的多相传递与反应过程，为了充分揭示气液等离子体传递与反应耦合的复杂微观机理，亟待开发出先进的在线定量可视化测量手段。由于检测设备易受气液等离子体放电过程的直接影响，要原位在线表征等离子体与液相的直接相互作用尤其是气液等离子体界面处的传递与反应耦合作用非常困难，必须匹配气液等离子体反应器内的液相等离子体放电情况，开发出精确的在线分析手段。此外，气液等离子体的反应过程包括活性氧化基团、电场、冲击波等多种化学和物理作用，每一个过程条件参数的改变都会影响到其物理和化学特性的改变，并最终直接导致反应结果的改变。因此，为了得到最佳的反应效果，必须对气液等离子体反应过程的操作参数进行精确控制。目前可以直接人为控制的实验操作参数十分有限，包括放电电压、放电气氛及反应器电极结构等。而要实现对电子能量、电子密度、自由基组成及密度等微观反应控制参数的选择控制却很困难。因此首先需要深入系统地剖析这些实验操作参数对反应控制参数的影响规律，从而逐步建立和实现反应控制参数的精确调控。

程易教授研究组利用自主开发的反应流激光诱导荧光（Reactive-PLIF）可视化测量技术[27]，同时辅助粒子图像测速（PIV）技术以及发射光谱诊断（OES）技术，深入系统地研究了反应器结构、放电电压、放电方式、放电气氛等宏观操作参数对氧化活性组分的浓度、组成及分布的影响规律，并与有机物的降解效果及反应器的能量效率进行直接关联。研究结果[28,29]首次揭示了气液等离子体传递与反应的微观机理，直接为高效气液等离子体反应器的设计和应用提供指导依据。本实验的测量系统如图7-5所示，采用片激光照射到被测流场上，通过CCD相机从侧面实时捕捉荧光示踪剂发出的荧光信号并传递到计算机上，其中测定液相浓度场的示踪剂为荧光染料罗丹明B（同时也作为模拟的有机污染物），测定速度场的示踪剂为荧光聚苯乙烯颗粒。实验采用多通道光纤光谱仪对气液等离子体反应器内的气相活性组分（如寿命极短的·OH、O·、H·等自由基）进行在线检测，进一步揭示气液等离子体传递与反应的微观机理。

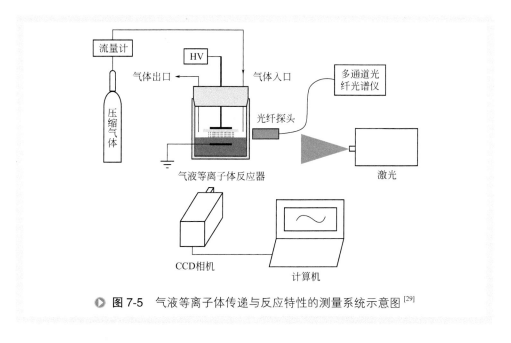

图7-5　气液等离子体传递与反应特性的测量系统示意图[29]

图7-6为气液等离子体作用下液相的典型浓度场和速度场分布。图7-6（a）中的颜色代表归一化的罗丹明B浓度，其中纯红色表示初始浓度为1，蓝色表示浓度为0，白色部分指的是浸入液层中的地电极。可以看出，液层上方的罗丹明B脱色显著，而在液层下方的罗丹明B浓度基本没有变化。这是因为，如图7-6（b）所示，液层上方在等离子体的直接作用下，氧化活性组分的传递以对流扩散为主，因此罗丹明B被迅速氧化呈现出显著的脱色效果。而在液层下方由于等离子体的直接作用受限，基本处于静止状态，氧化活性组分的传递以分子扩散为主，因此罗丹明B脱色过程十分缓慢。可以明确的是，液相内浓度场和速度场的相互对应表明气液等离

子体作用下液相内的对流传递作用直接决定了氧化活性组分的分布，从而影响有机物的浓度场分布，最终影响有机物的降解动力学。

图 7-7 给出了放电电压对气液等离子体传递与反应特性的影响规律，结果表明增大放电电压可显著增强等离子体放电细丝的密度，直接导致更多的氧化活性组分

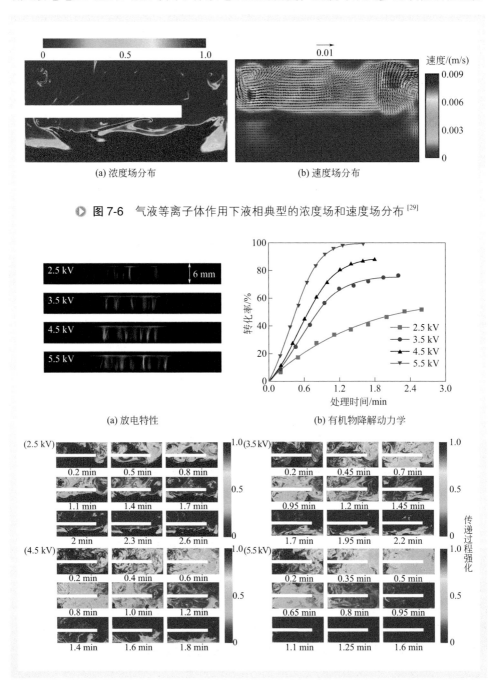

(a) 浓度场分布　　　　　　　　　　(b) 速度场分布

▶ **图 7-6**　气液等离子体作用下液相典型的浓度场和速度场分布 [29]

(a) 放电特性　　　　　　　　　　(b) 有机物降解动力学

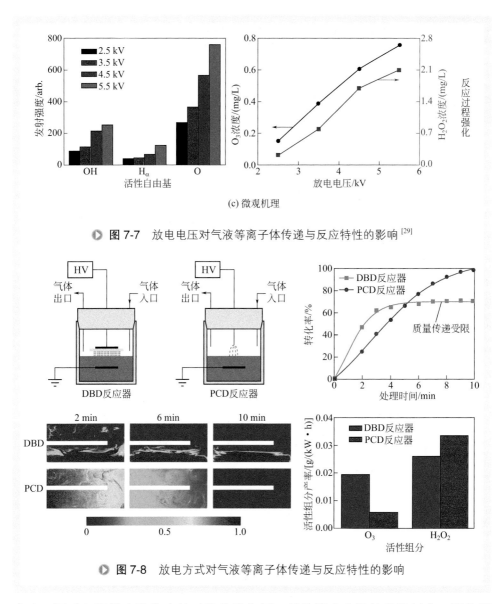

(c) 微观机理

图 7-7 放电电压对气液等离子体传递与反应特性的影响[29]

图 7-8 放电方式对气液等离子体传递与反应特性的影响

产生，同时加强其在液体内的对流传递作用，最终提高有机物的降解率。因此通过增大放电电压来提高有机物的降解效率是气液等离子体传递与反应共同强化的结果。

图 7-8 给出了介质阻挡放电（DBD）与脉冲电晕放电（PCD）两种不同放电方式对气液等离子体传递与反应特性的影响规律，结果表明放电方式会直接影响等离子体对液相的对流作用，导致液相流场呈现出显著差异，并且影响氧化活性组分的浓度，从而最终影响有机物的降解动力学。因此，研究气液等离子体传递与反应特性有助于从微观机理角度加深对有机物降解过程的认识。

气液等离子体反应器

气液等离子体反应器是实现其产品过程的核心设备，它直接决定了过程的能量效率以及产品的选择性和性能。

一、反应器的类型及相对能量效率

目前文献报道的气液等离子体反应器形式多样，从外加电压的形式划分，可分为直流、交流、脉冲三种；从介质参与反应的相态划分，有液相、气相、气液两相和气液固混合三相；从液相等离子体的产生方式划分，如图 7-9 所示，可以分为直接在液体内放电、在液体表面放电和在液体内通入气泡放电[30,31]。另外，产生气液等离子体的放电方式主要包括介质阻挡放电（DBD）、脉冲电晕放电（PCD）、滑动电弧放电等[32-34]，液体与等离子体的接触方式主要为静止的液体层或连续流动的液滴、薄膜等。

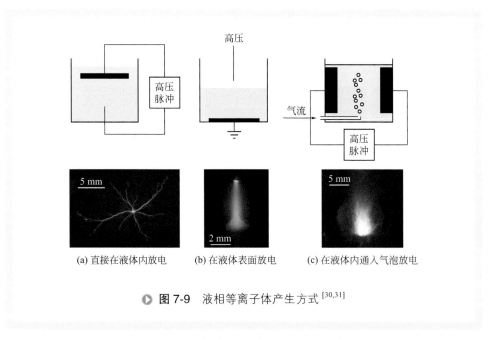

(a) 直接在液体内放电　　　(b) 在液体表面放电　　　(c) 在液体内通入气泡放电

> **图 7-9　液相等离子体产生方式**[30,31]

日本 Minamitani 等[35-38] 采用脉冲电晕放电方式，较为系统地研究了不同等离子体与液相的接触模式对染料脱色率的影响。研究内容包括：①将气相放电产生的臭氧气体直接通入污水中进行处理；②利用气相放电产生的臭氧气体，直接与喷淋的液滴作用；③喷淋液滴与气相放电区的直接作用；④液膜与气相放电区的直接作用。其中①与②是等离子体与液相的间接作用，主要是利用了放电产生的臭氧的强氧化性、脱色性，③与④是等离子体与液相的直接接触。实验结果表明等离子体与喷淋液滴直接作用，染料的脱色率最高。

Dojčinović 等 [39,40] 采用介质阻挡放电降膜反应器，研究了加入均相催化剂（H_2O_2、Fe^{2+} 和 Cu^{2+}）以及高浓度无机盐（NaCl、Na_2SO_4 和 Na_2CO_3）对染料脱色率的影响。Ghezzar 等 [41] 采用介质阻挡放电降膜反应器，研究了加入光催化剂 TiO_2 强化染料脱色的效率。

影响气液等离子体反应器相对能量效率的因素很多，等离子体发生方式、放电反应器的结构、电极的材质、等离子体与液相的接触模式、电源的输入功率等都会对有机物的降解效果产生直接影响，同时废水的组成、pH 值、电导率 [42]、温度和压力 [43] 等也是重要的影响因素 [44]。Malik[44] 总结并比较了 27 种主要类型的气液等离子体反应器的相对能量效率，结果表明不同类型反应器之间的相对能量效率差别很大，高达 5 个数量级。目前较为高效的反应器形式为等离子体直接作用于液膜或液滴的介质阻挡放电反应器和脉冲电晕放电反应器。

二、高效反应器设计及应用实例

高效气液等离子体反应器的设计和运行一直是制约气液等离子体高级氧化过程发展的重要瓶颈 [45,46]。理想的等离子体化学反应器应可以根据反应目标有选择性地产生所需的活性组分，同时应易于工业放大，并且能较长时间地稳定运行，同时保持较高的能量效率 [1]。虽然已有大量文献报道了各种不同类型的气液等离子体反应器，但是由于反应器设计细节复杂并且缺乏理论指导依据，要获得理想的气液等离子体反应器还很困难。根据相关的研究探索，要实现高效气液等离子体反应器的稳定运行，需要同时考察放电过程中等离子体与液体的接触模式和相互作用机制，在充分提高液体与等离子体接触效率的同时，需要保证液体的引入对等离子体气体放电过程不产生影响。以气液等离子体降膜反应器 [47,48] 为例，文献中并未提及反应器内部液膜表面的放电状态，根据已有的反应器设计经验，反应器内部液膜是否均匀稳定会直接影响其表面的放电状态，从而影响有机物降解的宏观结果及反应器效率。

冯雪兰等 [49,50] 自行设计开发了高效、连续、稳定、可控的气液介质阻挡放电降膜反应器平台技术，通过等离子体原位氧化微米级厚度的流动液膜，大大强化了传递与反应效率。反应器的具体结构如图7-10所示，其中溢流槽的结构设计实现了连续、均匀、稳定的液膜表面放电状态，并可由透明导电玻璃电极直接呈现。实验测得该反应器氩气放电气氛下·OH 浓度是文献中采用电助光催化过程的 2000 倍，是普通光催化过程的 4000 倍 [50]。结果表明该反应器具有显著的·OH 氧化优势，并已成功应用于罗丹明 B 染料废水的脱色处理 [49] 及抗生素类药物甲硝唑（MNZ）[50]

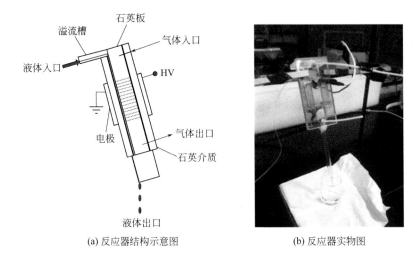

| (a) 反应器结构示意图 | (b) 反应器实物图 |

> **图 7-10** 气液介质阻挡放电降膜反应器示意图[49,50]

的降解。其中初始浓度为 50 mg/L 的罗丹明 B 溶液在该反应器内的停留时间为 1.9 s 时，脱色率可达 97.4%；初始浓度为 5 mg/L、10 mg/L 和 20 mg/L 的甲硝唑溶液在该反应器内停留 3 s 时，转化率分别为 97.8%、85.4% 和 78.7%。

第四节 气液等离子体高级氧化的应用研究进展

　　气液等离子体高级氧化过程的研究工作始于 1985 年美国的 Clements 博士和日本的 Sato 博士，他们开创性地将高压脉冲应用于水中放电，并利用放电产生的氧化活性物质降解有机染料污染物[51]。随后以日本和美国为代表的研究者们活跃于此领域的基础和应用研究，极大地推动了气液等离子体高级氧化过程的快速发展。我国在这方面的研究起步较晚，最早加入该研究领域的专家学者是大连海事大学的孙冰教授，他首次研究了水中脉冲流光电晕放电产生的活性物质，利用发射光谱研究手段证实了水中放电产生·OH、O·、H·自由基和长寿命的氧化活性物质 O_3 和 H_2O_2[52]。同时，他发表的有关高压脉冲放电应用于有机污染物的氧化降解研究工作也是该领域的重要前瞻性学术成果[53,54]。目前我国越来越多的研究者加入到该领域的研究当中，孙冰教授在 2013 年出版了《液相放电等离子体及其应用》一书，向读者系统地阐释了液相放电等离子体的基本概念与应用研究进展，为我国研究者今后在该领域取得更大的发展和突破提供了基础。

目前气液等离子体高级氧化过程已被广泛应用于各类有机物的降解，包括各种有机染料[55-57]、酚类[58,59]、有机药物类[60-62]等有毒、难降解污染物，并取得了良好的去除效果。Thagard等[63]提出了一个可以准确预测气液等离子体反应器内23种不同类型有机污染物降解效果的模型，模型指出气液等离子体反应器对不同类型有机污染物的处理能力不同。有机物在气液界面的浓度是决定其降解效果的重要因素，相比非表面活性物质，由于表面活性物质在气液界面有较高的浓度，因而气液等离子体反应器对这类有机物具有更高的处理能力。以全氟化表面活性剂的降解[64]为例，对初始浓度为20 μmol/L的全氟辛酸溶液，输入54.6 W/L的能量，处理30 min，降解率可达90%。与文献报道的超声波分解、紫外光解、电化学技术相比，气液等离子体高级氧化过程对全氟辛酸的降解效率最高，具有突出的技术优势。

近年来，气液等离子体高级氧化过程发展迅速，显示出广阔的应用前景。在国际上，气液等离子高级氧化过程在饮用水杀菌、消毒领域的应用取得了显著成绩。图7-11是美国国家航空航天局（NASA）格伦研究中心的研究人员搭建的等离子体水处理装置，他们致力于采用等离子体水处理技术解决发展中国家居民的饮用水安全问题，并声称该技术有望使当地居民摆脱每年因饮用水污染而导致上百万人死亡的严峻生存现状[65]。以城市供水中常见的微囊藻毒素污染为例，该物质中有一类是由蓝藻水华产生的具有环状结构和间隔双键的七肽单环肝毒素，具有相当的稳定性。中国生活饮用水标准限制饮用水中该毒素含量为1 μg/L。传统处理方法很难将之去除，NASA研究人员的研究结果表明采用水下DBD等离子体射流可以高效去除微囊藻毒素。此外等离子体还可以高效降解卤代烃、芳香烃、农药、氰化物、抗生素药物等严重危害人体健康的有毒物质。图7-12是智利先进创新中心的科学家开发的气液等离子体水处理装置，该装置可以在5 min内处理35 L水，并且处理每升水的成本不到1美分。目前该装置已成功应用，极大地改善了当地居民的饮用水环境[66]。

▶ **图7-11** NASA研究人员搭建的等离子体水处理装置[65]

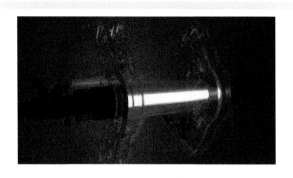

在我国，气液等离子体高级氧化过程的发展也取得了显著成果。图7-13是位于大连海湾的船舶采用气液等离子体放电装置处理 250 t/h 压舱水的示意图[67]，现场实验结果表明：压舱水中有害的水生生物和病原体经该放电装置处理后迅速被杀灭，并且在 5 天的贮存时间内未见再生长。压舱水的质量有了显著改善，满足国际海事组织 D-2 压舱水排放标准。与目前的处理方法相比，气液等离子体处理是一种潜在的有效技术，在今后的海洋船舶压舱水处理中具有实际应用价值。另外，针对有毒、难降解工业废水的处理，苏州超等环保科技有限公司开发了等离子体联合生物法水处理工艺流程。该工艺充分利用了气液等离子体高级氧化过程与传统生物处理方法的各自优势，将气液等离子体高级氧化过程作为一项预处理技术，首先用于提高有毒、难降解污染物的可生化性，再与生物处理方法组合优化，从而提高整体能量效率和经济效益，为未来气液等离子体高级氧化过程的发展方向提供了新的思路。

▶ **图7-13**　250 t/h 压舱水等离子体处理系统（大连海湾）[67]

第五节　展望

气液等离子体高级氧化过程的应用研究已经得到了国内外同行的广泛关注，但是该技术的长足发展依赖于对气液等离子体基础物理和化学特性的深刻认识，由于该技术本身的多学科交叉性及过程机理的复杂性，实现该技术的工业化应用还有很长一段路要走，需要克服诸多技术难题。笔者针对气液等离子体高级氧化过程所面临的挑战，提出了未来的重点研究方向。

① 气液等离子体高级氧化过程涉及活性氧化基团、电场、紫外光、冲击波等多种化学和物理作用，每一个过程条件参数的改变都会影响其物理和化学特性的改变，并最终直接导致反应结果的改变。目前可以直接人为控制的实验操作参数十分有限，而要实现对电子能量、电子密度、自由基组成及密度等微观反应控制参数的选择可控的确很困难。因此未来的研究重点和难点在于加强对等离子体微观物理特性的直接测量与认识，并揭示等离子体物理参数对氧化活性组分浓度、组成及分布的直接影响规律，从而在微观层面上精确地调控反应过程，提高等离子体本身的能量利用率[30,31,68]。

② 充分理解等离子体与液相相互作用的传递与反应机理，设计高效的气液等离子体反应器，并在实验室小试基础上，对反应器进行逐级放大，最终设计实际工业应用的反应器结构，是未来需要突破的关键科学问题。

③ 开发高效节能电源和低成本耐用电极、优化水处理组合工艺有助于提高整体能量效率和经济效益，是气液等离子体高级氧化过程的应用发展趋势[69-71]。值得一提的是，气液等离子体协同光催化技术[72-74]有助于克服等离子体能量消耗较高、反应过程产生副产物的缺点，是未来的研究热点之一。

参考文献

[1] 刘万楹. 非平衡等离子体有机化学进展 [J]. 有机化学, 1992, 12: 337-344.

[2] 张秀玲, 于淼, 翟林燕. 气液等离子体技术研究进展 [J]. 化工进展, 2010, 29(11): 2034-2038.

[3] Jiang B, Zheng J T, Qiu S, et al. Review on electrical discharge plasma technology for wastewater remediation[J]. Chemical Engineering Journal, 2014, 236: 348-368.

[4] Hyoung-Sup K, Wright K, Joshua P A, et al. Inactivation of bacteria by the application of spark plasma in produced water[J]. Separation and Purification Technology, 2015, 156(2): 544-552.

[5] Hwang I, Jeong J, You T, et al. Water electrode plasma discharge to enhance the bacterial

inactivation in water[J]. Biotechnology & Biotechnological Equipment, 2018, 32(2): 530-534.

[6] Tijani J O, Fatoba O O, Madzivire G, et al. A review of combined advanced oxidation technologies for the removal of organic pollutants from water[J]. Water Air and Soil Pollution, 2014, 225: 2102.

[7] Stephan K D, Dumas S, Komala-Noor L, et al. Initiation, growth and plasma characteristics of 'Gatchina' water plasmoids[J]. Plasma Sources Science and Technology, 2013, 22(2): 025018.

[8] Wen X Q, Li Q, Li J S, et al. Quantitative relationship between the maximum streamer length and discharge voltage of a pulsed positive streamer discharge in water[J]. Plasma Science and Technology, 2017, 19: 085401.

[9] Foster J E, Sommers B S, Gucker S N. Towards understanding plasma formation in liquid water via single bubble studies[J]. Japanese Journal of Applied Physics, 2015, 54: 01AF05.

[10] Tu Y L, Xia H L, Yang Y, et al. Time-resolved imaging of electrical discharge development in underwater bubbles[J]. Physics of Plasmas, 2016, 23(1): 013507.

[11] Venger R, Tmenova T, Valensi F, et al. Detailed investigation of the electric discharge plasma between copper electrodes immersed into water[J]. Atoms, 2017, 5: 40.

[12] Hong Y, Niu J H, Pan J, et al. Electron temperature and density measurement of a dielectric barrier discharge argon plasma generated with tube-to-plate electrodes in water[J]. Vacuum, 2016, 130: 130-136.

[13] Ahmed M W, Rahman M S, Choi S, et al. Measurement of electron temperature and number density and their effects on reactive species formation in a DC underwater capillary discharge[J]. Applied Science and Convergence Technology, 2017, 26(5): 118-128.

[14] Simeni M S, Baratte E, Zhang C, et al. Electric field measurements in nanosecond pulse discharges in air over liquid water surface[J]. Plasma Sources Science and Technology, 2018, 27: 015011.

[15] Li O L, Takeuchi N, He Z, et al. Active species generated by a pulsed arc electrohydraulic discharge plasma channel in contaminated water treatments[J]. Plasma Chemistry and Plasma Processing, 2012, 32(2): 343-358.

[16] Liu Z C, Liu D X, Chen C, et al. Physicochemical processes in the indirect interaction between surface air plasma and deionized water[J]. Journal of Physics D: Applied Physics, 2015, 48: 495201.

[17] Hsieh K C, Wang H H, Locke B R. Analysis of electrical discharge plasma in a gas-liquid flow reactor using optical emission spectroscopy and the formation of hydrogen peroxide[J]. Plasma Processes and Polymers, 2016, 13(9): 908-917.

[18] Kovačević V V, Dojčinović B P, Jović M, et al. Measurement of reactive species generated by dielectric barrier discharge in direct contact with water in different atmospheres[J]. Journal of Physics D: Applied Physics, 2017, 50: 15.

[19] Kanazawa S, Kawano H, Watanabe S, et al. Observation of OH radicals produced by pulsed discharges on the surface of a liquid[J]. Plasma Sources Science and Technology, 2011, 20(3): 034010.

[20] Xiong Q, Yang Z Q, Bruggeman P J. Absolute OH density measurements in an atmospheric pressure DC glow discharge in air with water electrode by broadband UV absorption spectroscopy[J]. Journal of Physics D: Applied Physics, 2015, 48: 42.

[21] Hsieh K C, Wandell R J, Bresch S, et al. Analysis of hydroxyl radical formation in a gas-liquid electrical discharge plasma reactor utilizing liquid and gaseous radical scavengers[J]. Plasma Processes and Polymers, 2017, 14(8): 1600171.

[22] Naidis G V. Modelling of OH production in cold atmospheric-pressure He-H_2O plasma jets[J]. Plasma Sources Science and Technology, 2013, 22(3): 035015.

[23] Qian M Y, Yang C Y, Wang Z D, et al. Numerical study of the effect of water content on OH production in a pulsed-DC atmospheric pressure helium-air plasma jet[J]. Chinese Physics B, 2016, 25: 015202.

[24] Lindsay A, Anderson C, Slikboer E, et al. Momentum, heat, and neutral mass transport in convective atmospheric pressure plasma-liquid systems and implications for aqueous targets[J]. Journal of Physics D: Applied Physics, 2015, 48: 424007.

[25] Ohyama R, Inoue K, Chang J S. Schlieren optical visualization for transient EHD induced flow in a stratified dielectric liquid under gas-phase AC corona discharges[J]. Journal of Physics D: Applied Physics, 2007, 40(2): 573-578.

[26] Shimizu T, Iwafuchi Y, Morfill G E, et al. Formation of thermal flow fields and chemical transport in air and water by atmospheric plasma[J]. New Journal of Physics, 2011, 13(5): 053025.

[27] 王文坦, 张梦雪, 赵述芳, 等. 激光诱导荧光技术在液体混合可视化研究中的应用 [J]. 化工学报, 2013, 64(3): 771-778.

[28] Feng X L, Shao T, Wang W T, et al. Visualization of in situ oxidation process between plasma and liquid phase in two dielectric barrier discharge plasma reactors using planar laser induced fluorescence technique[J]. Plasma Chemistry and Plasma Processing, 2012, 32(6): 1127-1137.

[29] Feng X L, Yan B H, Lu W, et al. Visualization of coupled mass transfer and reaction in a gas-liquid dielectric barrier discharge reactor[J]. Chemical Engineering Journal, 2014, 245: 47-55.

[30] Bruggeman P, Leys C. Non-thermal plasmas in and in contact with liquids[J]. Journal of Physics D: Applied Physics, 2009, 42(5): 053001.

[31] Samukawa S, Hori M, Rauf S, et al. The 2012 plasma roadmap[J]. Journal of Physics D: Applied Physics, 2012, 45(25): 253001.

[32] Brisset J, Moussa D, Doubla A, et al. Chemical reactivity of discharges and temporal post-discharges in plasma treatment of aqueous media: Examples of gliding discharge treated solutions[J]. Industrial & Engineering Chemistry Research, 2008, 47(16): 5761-5781.

[33] Mouele E, Tijani J O, Fatoba O O, et al. Degradation of organic pollutants and microorganisms from wastewater using different dielectric barrier discharge configurations — a critical review[J]. Environmental Science and Pollution Research, 2015, 22(23): 18345-18362.

[34] Banaschik R, Lukes P, Jablonowski H, et al. Potential of pulsed corona discharges generated in water for the degradation of persistent pharmaceutical residues[J]. Water Research, 2015, 84: 127-135.

[35] Minamitani Y, Shoji S, Ohba Y, et al. Decomposition of dye in water solution by pulsed power discharge in a water droplet spray[J]. IEEE Transactions on Plasma Science, 2008, 36(5): 2586-2591.

[36] Handa T, Minamitani Y. The effect of a water-droplet spray and gas discharge in water treatment by pulsed power[J]. IEEE Transactions on Plasma Science, 2009, 37(1): 179-183.

[37] Kobayashi T, Sugai T, Handa T, et al. The effect of spraying of water droplets and location of water droplets on the water treatment by pulsed discharge in air[J]. IEEE Transactions on Plasma Science, 2010, 38(10): 2675-2680.

[38] Sugai T, Nguyen P T, Tokuchi A, et al. The effect of flow rate and size of water droplets on the water treatment by pulsed discharge in air[J]. IEEE Transactions on Plasma Science, 2015, 43(101): 3493-3499.

[39] Dojčinović B P, Roglić G M, Obradović B M, et al. Decolorization of reactive textile dyes using water falling film dielectric barrier discharge[J]. Journal of Hazardous Materials, 2011, 192(2): 763-771.

[40] Dojčinović B P, Roglić G M, Obradović B M, et al. Decolorization of reactive black 5 using a dielectric barrier discharge in the presence of inorganic salts[J]. Journal of the Serbian Chemical Society, 2012, 77(4): 535-548.

[41] Ghezzar M R, Ognier S, Cavadias S, et al. DBD_{plate} TiO_2 treatment of yellow tartrazine azo dye solution in falling film[J]. Separation and Purification Technology, 2013, 104: 250-255.

[42] Zhu L, He Z H, Gao Z W, et al. Research on the influence of conductivity to pulsed arc electrohydraulic discharge in water[J]. Journal of Electrostatics, 2014, 72(1): 53-58.

[43] Saito R, Sugiura H, Ishijima T, et al. Influence of temperature and pressure on solute decomposition efficiency by microwave-excited plasma[J]. Current Applied Physics, 2011, 11(5): S195-S198.

[44] Malik M A. Water purification by plasmas: Which reactors are most energy efficient?[J]. Plasma Chemistry and Plasma Processing, 2010, 30(1): 21-31.

[45] Stratton G R, Bellona C L, Dai F, et al. Plasma-based water treatment: Conception and application of a new general principle for reactor design[J]. Chemical Engineering Journal, 2015, 273: 543-550.

[46] Foster J E. Plasma-based water purification: Challenges and prospects for the future[J]. Physics of Plasmas, 2017, 24(5): 055501.

[47] Lesage O, Thibault R C, Commenge J M, et al. Degradation of 4-chlorobenzoic acid in a thin falling film dielectric barrier discharge reactor[J]. Industrial & Engineering Chemistry Research, 2014, 53: 10387-10396.

[48] Yu Z Q, Sun Y B, Zhang G Y, et al. Degradation of DEET in aqueous solution by water falling film dielectric barrier discharge: Effect of three operating modes and analysis of the mechanism and degradation pathway[J]. Chemical Engineering Journal, 2017, 317: 90-102.

[49] Feng X L, Yan B H, Yang Q L, et al. Gas-liquid dielectric barrier discharge falling film reactor for the decoloration of dyeing water[J]. Journal of Chemical Technology and Biotechnology, 2016, 91(2): 431-438.

[50] 冯雪兰，杨千里，王玉珏，等. 气液介质阻挡放电降膜反应器降解甲硝唑实验研究 [J]. 环境科学学报, 2016, 36(11): 3965-3970.

[51] Clements J S, Sato M, Davis R H. Preliminary investigation of prebreakdown phenomena and chemical reactions using a pulsed high voltage discharge in water[J]. IEEE Transactions on Industry Applications, 1987, 23(2): 224-235.

[52] Sun B, Sato M, Clements J S. Optical study of active species produced by a pulsed streamer corona discharge in water[J]. Journal of Electrostatics, 1997, 39(3): 189-202.

[53] Sun B, Sato M, Clements J S. Use of a pulsed high-voltage discharge for removal of organic compounds in aqueous solution[J]. Journal of Physics D: Applied Physics, 1999, 32(15): 1908-1915.

[54] Sun B, Sato M, Clements J S. Oxidative processes occurring when pulsed high voltage discharges degrade phenol in aqueous solution[J]. Environmental Science & Technology, 2000, 34(3): 509-513.

[55] 张路路，黄娅妮，王刚，等. 滑动弧等离子体处理三种染料废水的研究 [J]. 环境工程, 2016, 34(12): 48-52.

[56] 陶旭梅，王国伟，刘得璐，等. 新型两级 DBD 等离子体反应器处理印染废水的研究 [J]. 现代化工, 2016, 36(10): 142-145.

[57] Zhou Z Y, Liang Z R, Liu Y, et al. Intensification of degradation of sunset yellow using packed bed in a pulsed high-voltage hybrid gas-liquid discharge system: Optimization of operating parameters, degradation mechanism and pathways[J]. Chemical Engineering and Processing, 2017, 115: 23-33.

[58] Ni G, Zhao G, Jiang Y, et al. Steam plasma jet treatment of phenol in aqueous solution at

atmospheric pressure[J]. Plasma Processes and Polymers, 2013, 10: 353-363.

[59] 董冰岩, 张鹏, 聂亚林, 等. 针 - 板式高压脉冲气液两相放电降解废水中的苯酚 [J]. 化工进展, 2016, 35(1): 314-319.

[60] Dobrin D, Bradu C, Magureanu M, et al. Degradation of diclofenac in water using a pulsed corona discharge[J]. Chemical Engineering Journal, 2013, 234: 389-396.

[61] Rong S P, Sun Y B. Wetted-wall corona discharge induced degradation of sulfadiazine antibiotics in aqueous solution[J]. Journal of Chemical Technology and Biotechnology, 2014, 89(9): 1351-1359.

[62] Magureanu M, Mandache N B, Parvulescu V I. Degradation of pharmaceutical compounds in water by non-thermal plasma treatment[J]. Water Research, 2015, 81: 124-136.

[63] Thagard S M, Stratton G R, Dai F, et al. Plasma-based water treatment: Development of a general mechanistic model to estimate the treatability of different types of contaminants[J]. Journal of Physics D: Applied Physics, 2017, 50: 014003.

[64] Stratton G R, Dai F, Bellona C L, et al. Plasma-based water treatment: Efficient transformation of perfluoroalkyl substances in prepared solutions and contaminated groundwater[J]. Environmental Science & Technology, 2017, 51: 1643-1648.

[65] Blankson I M, Foster J E, Adamovsky G. Non-equilibrium plasma applications for water purification supporting human spaceflight and terrestrial point-of-use[EB/OL]. [2016-05-24]. https: //ntrs. nasa. gov/search. jsp?R=20160006639.

[66] Zolezzi A. How water purification technology is saving lives[EB/OL]. [2013]. https: //www. youtube. com/watch?v=eEh4SsM_nKQ.

[67] Bai M D, Zhang Z T, Zhang N H, et al. Treatment of 250 t/h ballast water in oceanic ships using • OH radicals based on strong electric-field discharge[J]. Plasma Chemistry and Plasma Processing, 2012, 32(4): 693-702.

[68] Adamovich I, Baalrud S D, Bogaerts A, et al. The 2017 plasma roadmap: Low temperature plasma science and technology[J]. Journal of Physics D: Applied Physics, 2017, 50: 323001.

[69] 闫克平, 李树然, 冯卫强, 等. 高电压环境工程应用研究关键技术问题分析及展望 [J]. 高电压技术, 2015, 41(8): 2528-2544.

[70] Vanraes P, Ghodbane H, Davister D, et al. Removal of several pesticides in a falling water film DBD reactor with activated carbon textile: Energy efficiency[J]. Water Research, 2017, 116: 1-12.

[71] 孙基惠, 孙玉, 程茜, 等. 介质阻挡放电联合生物法处理染料废水的研究 [J]. 水处理技术, 2017, 43(5): 38-42.

[72] Liu H, Du C M, Wang J, et al. Comparison of acid orange 7 degradation in solution by gliding arc discharge with different forms of TiO$_2$[J]. Plasma Processes and Polymers, 2012, 9(3): 285-297.

[73] 荣俊锋. 等离子体协同紫外光催化净化聚丙烯酰胺废水 [J]. 应用化工, 2016, 45(8): 1535-1538.

[74] 余芳, 陈元涛, 张炜, 等. TiO$_2$-HNTs 催化剂协同介质阻挡放电等离子体降解亚甲基蓝废水 [J]. 化工进展, 2016, 35(12): 4076-4081.

第八章

微通道气液等离子体有机合成

　　微流体技术（microfluidics technology）是指在微观尺度下操作、控制流体的科学和技术[1]。微流体技术起源于十九世纪四五十年代的色谱分离技术[2]，在近二十年来，作为一门新兴的跨学科技术，微流体技术也被广泛地应用于生物、化学、材料等诸多领域。随着微流体技术的发展，科学家们陆续提出了全分析系统（micro total analysis system，microTAS）和芯片实验室（lab-on-a-chip）的概念。芯片实验室是指借助微电子加工等技术手段，将不同的单元操作（如混合、分离、检测）通过微通道技术实现，使传统实验室微型化。在生物医学领域，微型化的检测装置大大减小了对珍贵样品的消耗，大大节省了资源消耗，使得芯片实验室成为二十一世纪初生物检测领域的宠儿。在化学合成领域，芯片实验室也具有多项优点：①反应设备的小尺度和反应设备中的微结构增加了流体的比表面积，极大强化了流体的传质和传热过程；②微反应技术可以使极端条件下的反应变得温和可控，避免飞温和爆炸事故，同时对于药品（特别是有毒、腐蚀性药品）的承载量有限，降低了实验设备的安全风险；③微反应设备多为连续性反应器，其工业放大过程较传统化工的工业放大更加简单。微流体技术和微反应技术内容十分广泛，本章主要探讨气液微反应器与等离子体过程的耦合应用。

　　等离子体作为一种不同于气、液、固态的物质状态，可以被认为是一种电离了的"气体"。等离子体中包括离子、电子、中子、原子以及其他亚稳态物质（如自由基）。对于化学反应而言，等离子体中存在的诸多高活性亚稳态物质可以被用作化学反应的引发剂或催化剂，从而取代传统过程中使用的需要后期分离的均相或非均相化学引发剂或催化剂，使得化工生产更加经济和环保。本章主要探讨借助等离子体在微通道反应器中实现的气液有机合成反应的新概念与可行性。

第一节 微流体过程强化以及等离子体相关关键概念

一、流动化学和微流体反应器

　　一般实验室使用的化学反应器如烧瓶、舒伦克瓶（Schlenk flask）等，通常体积在几毫升至几升之间，对于反应进程的监控通常是从反应器中取样然后通过线下检测。当一个化工合成的实验室工艺完成后，一般都需要经过若干级的放大实验进一步研究在一定规模装置中各部分反应条件的变化规律，并解决实验室阶段未能解决或尚未发现的问题。图 8-1 比较了传统化工过程的放大方式与微反应器（microreactor）的放大方式。不同于传统化工的增大反应器尺寸、逐级经验放大的方式，微反应设备的工业放大通过增加并联的反应设备数量实现，从而简化了工业放大的步骤。

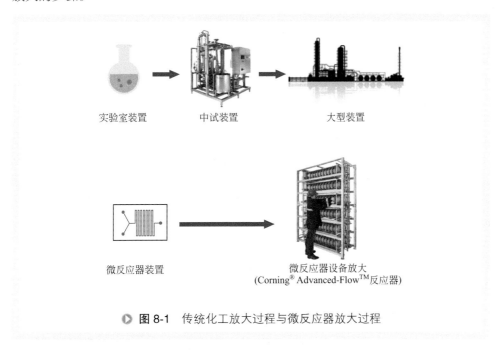

实验室装置　　　　中试装置　　　　　大型装置

微反应器装置　　　　微反应器设备放大
　　　　　　　　　（Corning® Advanced-Flow™反应器）

▶ 图 8-1　传统化工放大过程与微反应器放大过程

1. 微反应技术的基本概念

　　对于微反应技术而言，有两个无量纲数极为重要：雷诺数（Reynolds number）与毛细管数（capillary number）。

雷诺数定义如下

$$Re = \frac{\rho v L}{\mu} \qquad (8-1)$$

式中　　ρ——流体密度，kg/m^3；

　　　　v——流体平均流速，m/s；

　　　　L——特征尺寸，m；

　　　　μ——流体动力黏度，$Pa \cdot s$。

雷诺数表征了流体惯性力与黏性力的比值，通常用来定义流体的流型。当雷诺数低（$Re < 2100$）时为层流流型，而当雷诺数高（$Re > 4000$）时为湍流流型。对于微型反应设备而言，反应器特征尺寸通常在厘米甚至更低级别，流体平均流速通常较低，由此推断出流体在微型反应设备中基本上为层流流型，流体的流动较稳定，且反应物在微反应器中的停留时间更易控制。

毛细管数，亦称界面张力数，定义为

$$Ca = \frac{\mu v}{\gamma} \qquad (8-2)$$

式中　　γ——两种流体之间的表面张力，N/m。

毛细管数表征了流体黏性力与界面张力的比值。由于微反应器的微小尺度和流体在反应设备中的较低流速，在微反应器中的毛细管数通常较低，意味着微反应器中的流动通常由毛细管力主导，而重力因素可以忽略不计。

2. 微流体设备组装技术和材料

微流控芯片的制备材料主要可以分为三类。早期的微流控芯片的制作工艺来自微电子技术，硅片或玻璃是芯片的主要材料。随着光刻蚀技术的发展，越来越多的高分子类的材料 [3,4] 被应用于微流控芯片的制备。高聚物微流控芯片的制备过程可以快速成型（rapid-prototyping），制备方法比使用硅或玻璃材料更简单，成本更低。近几年来，纸基微流控芯片 [5-7] 成为一种新兴的微流控检测分析平台，具有成本低、加工简便、携带方便等优点。如图8-2所示，诸多材料可以用于微流控芯片的构建，在实际应用中需要综合考虑化学/生物兼容性、制备成本与微流控芯片的生命周期等因素。

3. 微反应设备的实验条件控制

微反应设备的特点之一为其对反应过程的高度可控制性。反应过程的可控性一方面通过流体更为稳定的层流流型实现，从而实现对停留时间的精确控制。从实际操作的角度来讲，需要精度较高的泵和阀门系统，可以分为微流控芯片的外部泵系统（如注射泵、液相色谱泵和压力驱动泵等）或微流控芯片上的集成微泵系统（如压电薄膜式微泵、热电薄膜式微泵等）。另一方面，微小反应设备中的小尺度和微

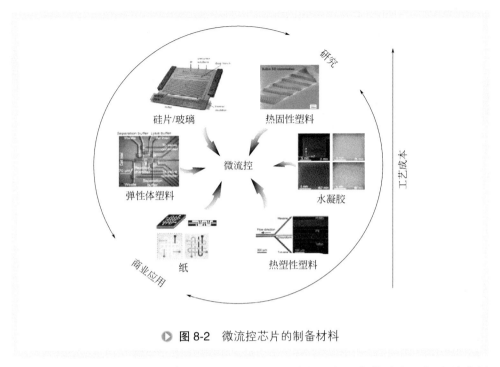

图 8-2 微流控芯片的制备材料

结构极大地增大了流体的比表面积，从而强化了反应器中的传热效率，极大地降低了对反应温度的控制难度。在实际操作中，微反应设备中通常利用集成电路加入电阻加热器的方式[8,9]组成加热单元，冷却浴的方式[10]对微反应设备实现冷却。

二、流动化学合成应用举例

随着微反应设备的发展，流动化学（flow chemistry）也吸引了越来越多有机化学研究者的注意。流动化学是指在连续流动的流体中进行的化学反应，与之相应的是传统的间歇式反应釜。流动化学综合了厘米级管道、具有微结构的微反应设备、温度/流动控制体系、光/电引发体系。

1. 液相反应

从 20 世纪 90 年代起，研究人员就致力于将在间歇式反应器中成功实现的化学反应移到微反应设备中，如硝化反应（nitration）[11,12]、糖基化反应（glygosylation）[13-15]、烯烃合成反应（olefination）[16,17]、多肽合成反应（peptide coupling reaction）[18-20]等。

硝化反应是一个强放热反应，在传统大尺度反应釜中需要特别注意反应过程的安全问题。与此同时，实践中通常使用强腐蚀性的硝酸或与空气混合可爆炸的乙酸作为反应原料，大大增加了工业流程的风险。如图 8-3 所示，Brocklehurst 等研究人

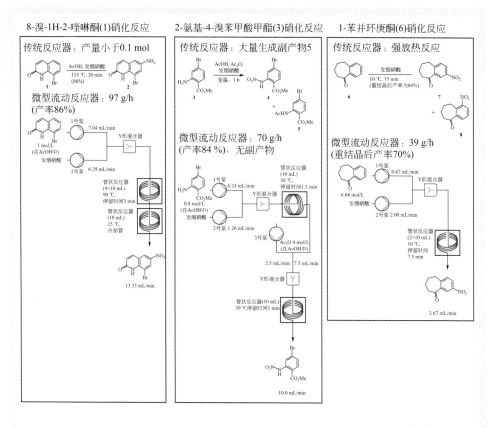

图8-3 间歇釜式反应器与流动化学微反应器中硝化反应的比较 [12]

员比较了在传统间歇反应釜与 Vapourtec 公司提供的商业流动化学设备中的三个不同硝化反应。在微反应设备中，反应原料通过一个简单的 Y 形混合器混合，达到快速混合的效果，同时避免了反应副产物（2- 氨基 -4- 溴苯甲酸甲酯）的生成。在微反应器中，三个硝化反应的产率都与间歇式反应釜中产率相当，但是微反应器的应用大大降低了反应过程的危险性，并且使反应流程从间歇式反应进化为连续式反应。

2. 气液反应

随着有毒性或有腐蚀性气体在有机合成反应中的应用发展，科学家们开始研究在流动化学反应体系中引入气液多相反应。在微反应体系中，科学家成功实现了芳香化合物的氟化反应 [21-23]。

另一种气液反应在微反应设备中的应用为光化学反应。光化学反应中产生的活性物质的半衰期通常非常短，而微反应设备中的高效传质过程使得光化学反应中产生的活性物质得以充分应用。以氯化反应为例，Ehrich 等 [24] 研究人员利用光催化降膜反应器（falling film microreactor）实现了芳香化合物的氯化反应，并且发现该反应的选择性取决于反应温度。

在微反应设备中，气液分散体系大致有两种实现方式——气泡或气体薄膜。上文介绍的光催化降膜反应器即通过形成一层气体薄膜与一层液体薄膜实现气液接触。气泡类反应器可以按照气泡发生器的数量由少到多分为三类：泰勒气泡流（Taylor bubbling flow）[25,26]、鼓泡反应器（bubbling column）[21]、泡沫反应器（foam microreactor）[27]，如图8-4所示。

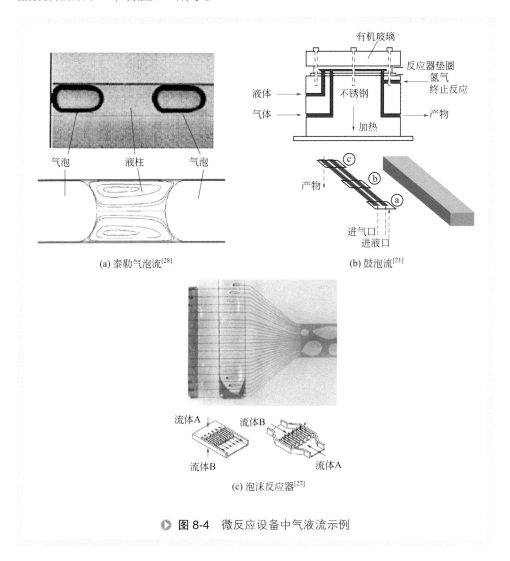

(a) 泰勒气泡流[28]　　　　(b) 鼓泡流[21]

(c) 泡沫反应器[27]

▶ 图8-4　微反应设备中气液流示例

3. 固液反应

在微流控芯片中一般会避免固体的介入，因为固体颗粒可能会堵塞微结构或微管道，影响流体的流动。即便如此，仍然有研究者利用在微反应设备内壁上沉积固态催化剂的方式，成功地在流动化学装置中引入固液反应。鉴于微反应设备中的高比表面积与高效传递机制，固液多相催化反应得以在微反应设备中更高效地进行。例如，Phan 等 [29] 在具有钯催化剂高分子涂层的微反应器中高效实现了铃木反应。

三、低温等离子体辅助有机合成过程

1. 低温等离子体

等离子体可以根据是否达到准平衡态被大致分为高温等离子体和低温等离子体 [30]。平衡态时等离子体中的电子温度与其他重粒子的温度相似。非平衡态等离子体中电子温度远远高于其他重粒子的温度，整个体系呈低温状态，亦被称为低温等离子体。在低温等离子体中，电子从电场获得能量后通过与其他粒子的碰撞将能量传递给其他重粒子，使得其他重粒子被激发，产生离子、自由基等活性物质，从而引发一系列的物理化学反应，如表 8-1 所示。

表 8-1　等离子体的主要反应[31]

电子 / 分子反应		原子 / 分子反应	
激发过程	$e^- + A_2 \longrightarrow A_2 \cdot + e^-$	电荷传递过程	$A^+ + B \longrightarrow A + B^\pm$
分裂过程	$e^- + A_2 \longrightarrow 2A + e^-$	离子结合过程	$A^- + B^+ \longrightarrow AB$
附着过程	$e^- + A_2 \longrightarrow A_2^-$	中子结合过程	$A + B + M \longrightarrow AB + M$
分裂性附着过程	$e^- + A_2 \longrightarrow A^- + A$	分解	
离子化	$e^- + A_2 \longrightarrow A_2^+ + 2e^-$	电子碰撞	$e^- + AB \longrightarrow A + B + e^-$
分裂性离子化	$e^- + A_2 \longrightarrow A^+ + A + 2e^-$	原子碰撞	$A \cdot + B_2 \longrightarrow AB + B$
结合过程	$e^- + A_2^+ \longrightarrow A_2$	合成	
分离过程	$e^- + A_2^- \longrightarrow A_2 + 2e^-$	电子碰撞	$e^- + A \longrightarrow A \cdot + e^-$
原子 / 分子反应			$A \cdot + B \longrightarrow AB$
潘宁分裂过程	$M \cdot + A_2 \longrightarrow 2A + M$	原子碰撞	$A + B \longrightarrow AB$
潘宁电离过程	$M \cdot + A_2 \longrightarrow A_2^+ + M + e^-$		

2. 等离子体与液体相互作用

等离子体与液体的相互作用是一个非常有意义且非常有挑战性的研究课题。一方面，等离子体提供了化学反应所需的大量活性粒子；另一方面，等离子体内部的活性物质与液体分子在气液界面发生复杂的物理、化学相互作用，如图 8-5 所示。目前等离子体与液体的相互作用在生物、化学、材料、环境等领域有着广泛的应用。

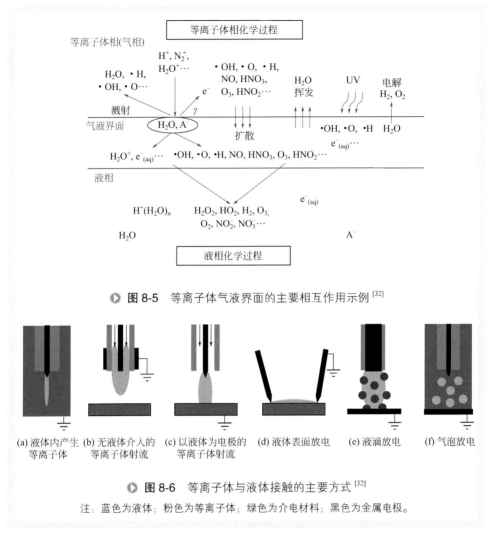

图 8-5 等离子体气液界面的主要相互作用示例[32]

（a）液体内产生的等离子体 （b）无液体介入的等离子体射流 （c）以液体为电极的等离子体射流 （d）液体表面放电 （e）液滴放电 （f）气泡放电

图 8-6 等离子体与液体接触的主要方式[32]

注：蓝色为液体；粉色为等离子体；绿色为介电材料；黑色为金属电极。

　　图 8-6 介绍了等离子体与液体接触的几种主要方式，可以分为三大类：①直接在液体内产生等离子体［见图 8-6（a）］；②在气相中产生等离子体后，活性物质与液体接触［见图 8-6（b）～（d）］；③在气液分散体系中产生等离子体［见图 8-6（e）、（f）］。

　　液体内直接产生的等离子体通常被视为一种高活性的动态等离子体。一般利用高压脉冲放电的方式在液体中直接产生等离子体，也可以利用脉冲激光的方式[33]。关于液体内直接产生等离子体，一种可能的解释是等离子体在液体中事先存在的微气泡或因为微秒级脉冲高压引发的焦耳效应而产生的气泡中形成。但是此种解释在纳秒级的脉冲高电压时并不适用，因为纳秒脉冲时间过短，并不足以在液体中形成微气泡。目前，由于实验操作难度高，关于液体内直接产生等离子体的原理在学术界仍然有不同的观点[34-36]。

第二种等离子体与液体的接触方式通常包括一个简单的气液界面，可以大致分为两种形式。第一种是如图 8-6（b）、（c）所示，通过大气压等离子体射流（atmospheric pressure plasma jets, APPJs）与液体接触。活性物质在上游的等离子体发生器中产生，随后随气流喷射到液体表面。Yamanishi 等[37] 利用此种接触方式在微流体通道内生成等离子体微气泡，将之应用于高级氧化过程（advanced oxidation processes, AOP）。另一种简单的气液界面的形成方式是在液膜表面形成等离子体[38-42]，此接触方式的主要问题是在液膜表面的液体挥发。

第三种等离子体与液体的接触方式是在一个气液高度分散的体系中施加强电场作用，直接引发等离子体。一种常见的实现方式是在液体中通过鼓泡的方式形成气液分散体系[43-45]。此种接触方式中气液接触的比表面积大，气液传质得到强化，多被用于高级氧化过程。

3. 传统反应器中等离子体与液体相互作用下的有机合成反应

等离子体中大量存在的活性物质使等离子体适用于引发各种有机化学反应，此处仅以氧化反应与高分子聚合反应为例。

Wandell 研究组[46] 利用一个等离子体气液双相反应器实现了己烷与环己烷的氧化反应。由液相挥发至气相的水分子在等离子体作用下形成羟基自由基，氧化己烷，生成 3- 己醇。与此同时，反应生成的氧化产物可以被液相溶剂吸收，使气相的反应平衡正向移动。与此同时，等离子体使常规反应所需的加热或催化剂步骤变得不再必要，也由此减少了反应中间产物的生成。同样是氧化反应的思路，Liu 课题组[47] 利用等离子体气液反应器实现了苯的羟基化反应生成苯酚，给传统的三步制备苯酚法提供了思路。

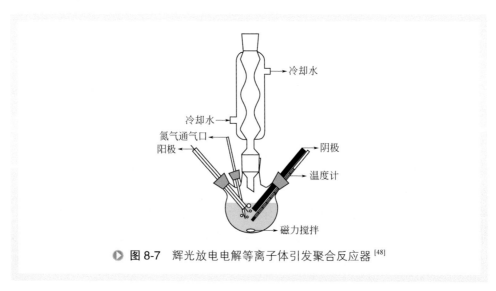

▶ 图 8-7　辉光放电电解等离子体引发聚合反应器[48]

另一个例子是气液反应器中等离子体引发的高分子聚合反应，多用于生产有机薄膜，如等离子体增强化学气相沉积（plasma enhanced chemical vapor deposition, PECVD）。高锦章等[48]在等离子体气液反应器中（如图8-7所示），利用辉光放电电解实现了聚甲基丙烯酸甲酯的聚合。该反应中引发反应的自由基由等离子体提供，且反应中无有机溶剂介入，符合绿色化学的主张。

第二节　过程强化原理

从过程强化的角度来看，将气液等离子体反应器微型化主要有两个方面的考虑。

一、帕邢定律与微型反应器

帕邢定律是德国物理学家帕邢（F.Paschen）发现的均匀电场气体间隙击穿电压、间隙距离和气压间关系的定律：击穿电压（V）是电极距离 d（cm）和气压 p（Torr，1 Torr=133.322 Pa）乘积的函数。图8-8展示了不同气体的帕邢曲线。在一定范围内，降低气压与气体间隙距离都可以降低产生等离子体的击穿电压。与此同时，在气压一定的条件下（比如恒定大气压），通过降低反应器的尺度（电极之间的距离），可以降低产生等离子体需要的击穿电压。

降低击穿电压可以降低等离子体发生器的技术指标要求，从而大幅度降低实验装备的成本。此外，用大气压的反应条件代替低压的反应条件，也从另一种角度降低了实验的装备成本。同时，相对较低的击穿电压和工作电压也降低了实验的安全风险。

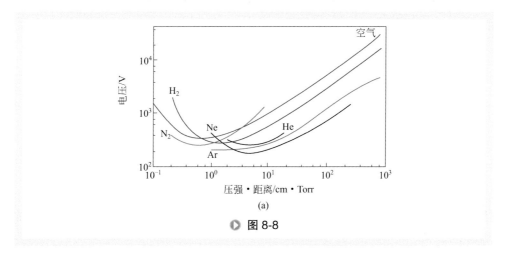

▶ 图8-8

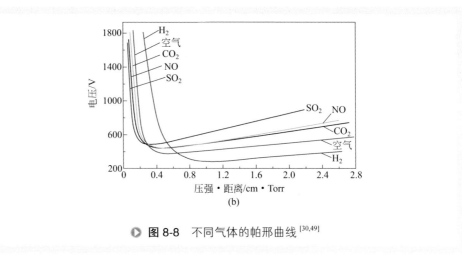

图 8-8　不同气体的帕邢曲线[30,49]

二、气液界面自由基传质与反应的精确控制

在微小等离子体气液反应器中，等离子体于气相中产生，随之产生的自由基等活性物质也首先存在于气相。借助反应器的微小特征尺度，气液之间的传质、反应过程得以强化。

从反应的过程而言，有两种可能的路径：第一种路径中，自由基等活性物质在气相等离子体中产生，然后一部分通过气液界面传递至液相，与液相中的待反应分子结合，发生目标反应，如图 8-9（a）所示；另一种路径中，自由基等活性物质在气相生成后，与挥发于液相中的待反应分子或分子碎片结合反应，气相反应产物被液相吸收，如图 8-9（b）所示，使得气相中的反应平衡正向移动，达到过程强化的效果。

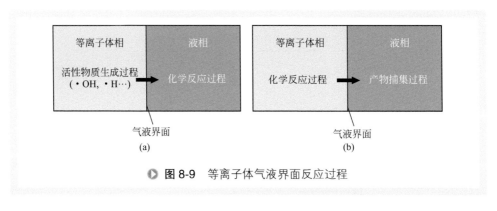

图 8-9　等离子体气液界面反应过程

在小尺度的反应器中，流体处于层流流型，气液界面较稳定，流体动力学相对传统尺寸反应器而言较易控制、可重复性高。在小尺度反应中传质尺度降低，从而增强了传质效率。

应用实例

一、鼓泡型微通道气液等离子体反应器

在微流体领域，鼓泡型微通道反应器是一种应用广泛的气液反应器，其优势在于微气泡能够增强气液接触的比表面积从而加强气液界面之间的传质过程。鼓泡型微通道气液等离子体反应器的设计综合了鼓泡型微通道反应器的气液传质强化以及等离子体产生的高活性自由基两方面的优势。下面将具体介绍鼓泡型微通道气液等离子体反应器的设计与工作原理。

鼓泡型微通道气液等离子体反应器主要由两部分构成：气泡生成部分与等离子体生成部分。在微通道内，等离子体通过强电场的形式在气相生成，气相分子受等离子体作用生成活性物质（如自由基、离子等），活性物质可能有两种反应路径。一方面，活性物质可能通过气液传质传递到液相，从而与液相分子发生相互作用，实现液相分子的化学修饰；另一方面，活性物质也可能在气泡内与其他气相粒子发生反应，产物可能扩散到液相或者停留在气相，被等离子体分解成更小的粒子。

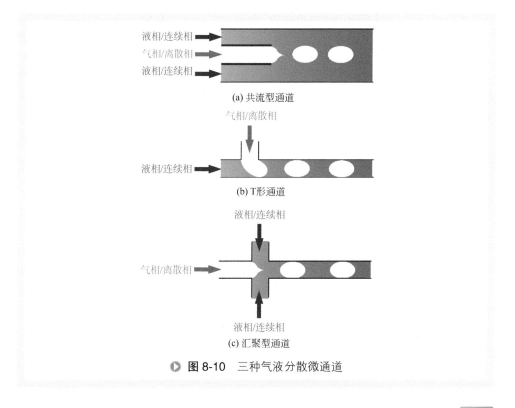

图 8-10 三种气液分散微通道

近二十年以来，随着微流体技术的发展，在微通道气液分散体系中进行微气泡的可控生产已经有大量研究[50-53]。一般鼓泡流微通道选用以下三种通道结构：T形通道、汇聚型通道（flow focusing）和共流型通道（coflow），如图8-10所示。在中、低雷诺数体系（$Re=0.01 \sim 10$）中，微气泡大小以及生成频率可以通过调节气液流速、气液黏度比等参数实现[50]。

1. 反应器及实验设计

首先介绍鼓泡型微通道气液等离子体反应器的组装方式。微通道反应器的组装材料为玻片与紫外光学固化胶 Norland Optical Adhesive 81（NOA 81）[54,55]。相比于微流控研究通常使用的软物质聚二甲基矽氧烷（PDMS），NOA 81 有诸多优势：①PDMS是一种众所周知的透气材料，而 NOA 81 结构致密，不透水也不透气，适用于需要严格控制气氛的等离子体环境[54]；②NOA 81 具有很高的弹性模量（1 GPa），与PDMS相比更不易变形；③NOA 81 对于不同有机溶剂具有更强的耐腐蚀性；④NOA 81 具有较高的介电常数（1 MHz时介电常数为4.05），是优秀的高压绝缘材料；⑤NOA 81 在近紫外和可见光波长透射率较高，组装生成的反应器为透明反应器，可以对反应器内部进行光学检测。综上所述，NOA 81 是一种适用于微通道气液等离子体反应器的组装材料。

图8-11介绍了反应器组装的主要步骤。首先通过光刻蚀，在硅片上生成与目标通道结构相同的 SU-8 树脂结构。然后将树脂结构倒模于 PDMS 上。再通过 PDMS 模具在紫外光下生成 NOA 81 固化的通道。根据不同的需要，微通道的上下面可能是玻璃，也可能是 NOA 81 的光滑表面。

对于等离子体反应器而言，在反应器内整合电极也是非常重要的一步。图8-12介绍了一种在微通道反应器中整合电极的方式：利用低熔点金属（200 ℃ Sn/In 合金）将电极"注射"入微通道反应器中。

图8-13展示了一个 T 形微通道鼓泡型气液等离子体反应器。强电场区域临近于 T 形交汇处。反应器特征尺寸如下：d_g = 120 μm；d_1 = 240 μm；通道高度 h = 50 μm。液相为 2- 丙醇或去离子水，气相为氩气。气液分散通过压力控制装置实现（Fluigent, MCFS-EZ 系统）。

在小尺度的反应器中，流体处于层流流型，气液界面较稳定，流体动力学相对传统尺寸反应器而言较易控制、可重复性高；在小尺度反应中传质尺度降低，从而增强了传质效率。图8-14展示了 T 形通道中利用水或 2- 丙醇与气相形成稳定气液分散流的流型。由于 2- 丙醇的表面张力较小，2- 丙醇与氩气在 T 形通道内的流动规律符合 Garstecki 建立的气液流动规律[50]：气泡的长度 $L = d \times (Q_{gas}/Q_{liquid})+d_1$，$d$ 为气泡挤压处的特征长度，d_1 为主通道的宽度。在水 / 氩气流中，为了防止气液界面的表面活性剂与自由基发生反应，水相中并未加入表面活性剂。

在 T 形微通道鼓泡型气液等离子体反应器中，两个电极分别接高压交流信号和

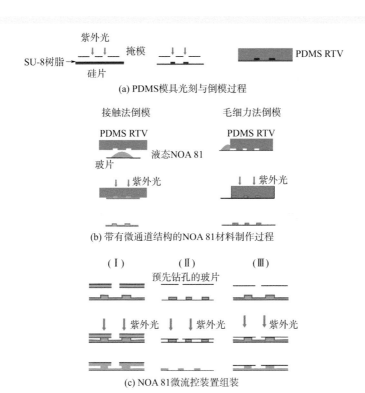

(a) PDMS模具光刻与倒模过程

(b) 带有微通道结构的NOA 81材料制作过程

(c) NOA 81微流控装置组装

▶ **图8-11** NOA 81 微通道反应器组装的主要步骤

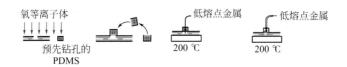

▶ **图8-12** 低熔点电极的组装方式

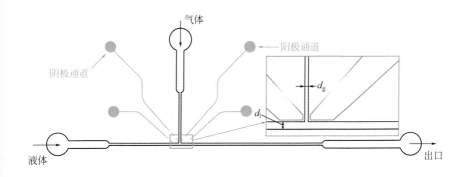

▶ **图8-13**

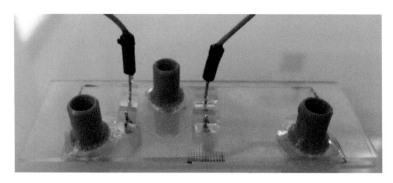

⬤ 图 8-13　T 形微通道鼓泡型气液等离子体反应器

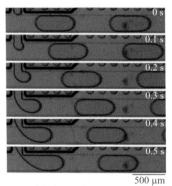

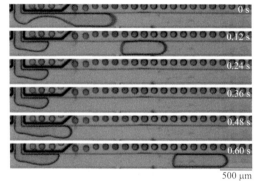

(a) 液相为2-丙醇, p_{gas}=80 mbar,
p_{liquid}=91 mbar(Q_{liquid}=10 μL/min)

(b) 液相为水, p_{gas}=184 mbar,
p_{liquid}=200 mbar(Q_{liquid}=55 μL/min)

⬤ 图 8-14　T 形微通道中气液流型

接地。高压交流信号由函数发生器经信号放大装置放大后产生（Trek 20/20C）。在等离子体反应器与接地之间安装了一个电流探针，用于检测等离子体放电的电信号。在本实验中，等离子体可以在频率为 500 Hz，高压峰峰值为 9 kV 时产生。等离子体放电的光信号通过显微镜（Leica Z16 APO）光学放大后，由增强电荷耦合器件（intensified-CCD camera, Pimax 4, Princeton Instruments）在黑暗环境中捕捉。

图 8-15 展示了该微通道气液等离子体反应器中等离子体产生时的电信号与光信号。如图 8-15（a）所示，等离子体即体系中的电流峰峰值，每半周期产生一次。iCCD 相机通过内部引发模式控制，快门时间为 2 ms。如图 8-15（b）所示，在两个电极之间的气体中产生了等离子体放电，并且金属电极由于等离子体发光而产生了反射。等离子体的光信号在 T 形通道的气体入口产生，在液体入口及 T 形下游没有观察到等离子体的光信号。在鼓泡型微通道气液等离子体反应器中，等离子体在气液接触发生前在气相中产生。

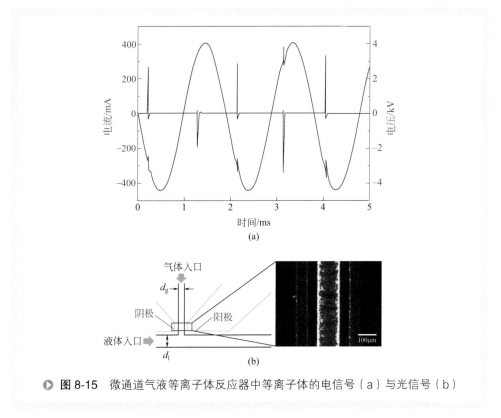

图 8-15　微通道气液等离子体反应器中等离子体的电信号（a）与光信号（b）

2. 反应器内自由基传递过程评估与过程强化

在鼓泡型微通道气液等离子体反应器中，等离子体在 T 形通道上游产生，在气相激发生成自由基，自由基在 T 形结构中与液相接触后可能传递至液相，引发液相的自由基反应。本节主要通过自由基与液相的自旋捕获探针（spin trapping）的结合情况，讨论自由基在鼓泡型反应器中的气液传递效率。

Wu 等[56]利用电子自旋共振技术（electron spin resonance, ESR）成功探测到了一个在常压等离子体反应器中产生并传递到水相中的羟基自由基，超氧阴离子自由基（·O_2^-）和单态氧（$^1O_2$）。利用环状硝酮类自由基捕获探针 DMPO（5,5- 二甲基 -1- 吡咯啉 -N- 氧化物）与上述高活性自由基发生反应，生成半衰期较长的稳定自由基，再利用 ESR 技术对稳定自由基进行定性与定量研究，反应原理如图 8-16（a）所示。在本节研究的实验体系中，气相为氩气，液相为去离子水，等离子体引发时可能与挥发在气相中的水蒸气分子发生作用，生成羟基自由基，羟基自由基与液相形成气泡流后通过界面传质和反应过程与液相的自旋捕捉探针进行反应，如图 8-16（c）所示。

为了估测自由基在该反应器中的传递效率，利用 COMSOL 仿真软件对该反应传递过程进行了一维数值模拟。模拟的对象为主通道稳定气泡流中的半个气

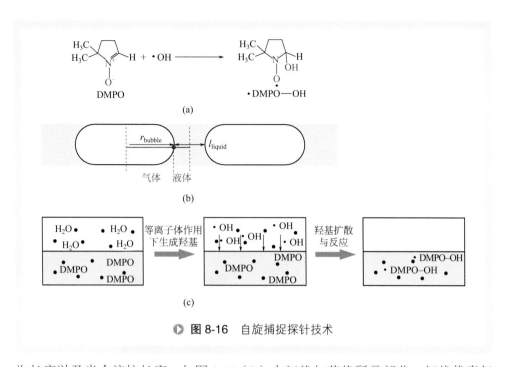

图 8-16　自旋捕捉探针技术

泡长度以及半个液柱长度，如图 8-16（b）中红线与蓝线所示部分。红线代表气相，蓝线代表液相。该模拟首先使用了两个相对随机的气泡和液柱尺寸，气泡半径 r_{bubble} = 50 μm，液柱长度 l_{liquid} = 100 μm。假设气相在形成气泡时羟基自由基的浓度为 36 ppm（1 ppm=10^{-6}，体积分数），该浓度值与 Hibert 等 [57] 和 Bruggeman 等 [58] 研究的氩气气氛下饱和水蒸气等离子体中的羟基浓度范围相吻合。在该简化的一维模型中，气相与液相中的传质过程主要由扩散驱动（气相中的扩散系数为 10^{-5} m²/s，液相中为 10^{-9} m²/s）。在气液界面的羟基自由基与 H_2O_2 浓度达到热力学平衡，气相中羟基自由基的亨利常数为 760 mol/(m·Pa)[59]。液相与气相中的主要传质方程如下

$$\frac{\partial c_i}{\partial t} + \nabla\left(-D_l \nabla c_i\right) = R_i \qquad (8\text{-}3)$$

$$\frac{\partial c_i}{\partial t} + \nabla\left(-D_g \nabla c_i\right) = R_i \qquad (8\text{-}4)$$

式中　c_i——物种 i 的浓度，mol/m³；

D_g——气相中的扩散系数，m²/s；

D_l——液相中的扩散系数，m²/s；

R_i——反应项，mol/(m³·s)。

气相与液相的主要化学反应分别列于表 8-2 与表 8-3 中。自旋捕捉反应为反应 12，·DMPO—OH 为半衰期较长的自由基，其生成速率为

$$R_{\cdot DMPO-OH} = k_{12}[DMPO]_l[OH]_l \tag{8-5}$$

式中　$R_{\cdot DMPO-OH}$——液相中·DMPO—OH 的生成速率，mol/(m³·s)；

　　　$[DMPO]_l$——液相中 DMPO 浓度，mol/m³；

　　　$[OH]_l$——液相中羟基自由基的浓度，mol/m³；

　　　k_{12}——反应 12 的反应速率常数，m³/(mol·s)。

表 8-2　主要的气相反应

序号	反应	k	参考文献
1	H·+·OH $\longrightarrow$ H₂O	4.14×10^6 m³/(mol·s)	[60]
2	·OH+·OH $\longrightarrow$ H₂O₂	1.05×10^7 m³/(mol·s)	[60]
3	·OH+·OH $\longrightarrow$ H₂O+O·	8.9×10^5 m³/(mol·s)	[60]
4	·OH+H₂ $\longrightarrow$ H₂O+H·	4.033×10^3 m³/(mol·s)	[60]
5	·OH+H₂O₂ $\longrightarrow$ H₂O+HO₂	1.02×10^6 m³/(mol·s)	[60]
6	H·+H· $\longrightarrow$ H₂	9.7×10^4 m³/(mol·s)	[61]
7	H₂O₂+H· $\longrightarrow$ ·OH+H₂O	2.52×10^4 m³/(mol·s)	[61]
8	H₂O₂+H· $\longrightarrow$ H₂+HO₂	3.1×10^3 m³/(mol·s)	[61]
9	O·+HO₂ $\longrightarrow$ OH+O₂	3.5×10^7 m³/(mol·s)	[60]
10	·OH+HO₂ $\longrightarrow$ H₂O+O₂	6.62×10^7 m³/(mol·s)	[60]
11	HO₂+HO₂ $\longrightarrow$ H₂O₂+O₂	9.63×10^5 m³/(mol·s)	[60]

表 8-3　主要的液相反应

序号	反应	k	参考文献
12	DMPO+·OH $\longrightarrow$ DMPO—OH	$\sim 1 \times 10^6$ m³/(mol·s)	[62]
13	·OH+·OH $\longrightarrow$ H₂O₂	5.5×10^6 m³/(mol·s)	[60]
14	·OH+H₂O₂ $\longrightarrow$ HO₂·+H₂O	2.7×10^4 m³/(mol·s)	[60]
15	HO₂· $\longrightarrow$ O₂⁻·+H⁺	0.8×10^6 s⁻¹	[60]
16	O₂·⁻+H⁺ $\longrightarrow$ HO₂·	5.0×10^7 m³/(mol·s)	[60]
17	·OH+O₂·⁻ $\longrightarrow$ OH⁻+O₂	0.8×10^7 m³/(mol·s)	[60]
18	·OH+OH⁻ $\longrightarrow$ ·O⁻+H₂O	1.3×10^7 m³/(mol·s)	[60]
19	·OH+·O⁻ $\longrightarrow$ HO₂⁻	2.0×10^7 m³/(mol·s)	[60]
20	HO₂·+H· $\longrightarrow$ H₂O₂	1.0×10^7 m³/(mol·s)	[60]
21	·OH+HO₂⁻ $\longrightarrow$ HO₂·+OH⁻	7.5×10^6 m³/(mol·s)	[60]
22	·OH+HO₂· $\longrightarrow$ H₂O+O₂	6.0×10^6 m³/(mol·s)	[60]
23	HO₂·+HO₂· $\longrightarrow$ H₂O₂+O₂	8.3×10^2 m³/(mol·s)	[60]

由于气相中羟基自由基的起始浓度较低，选择了较低的 DMPO 初始浓度 $[DMPO]_0 = 10^{-5}$ mol/L。气泡半径 $r_{bubble} = 50$ μm，液柱长度 $l_{liquid} = 100$ μm。

图 8-17 展示了液柱内·DMPO—OH 的浓度变化。可以看到自由基的扩散仅限制于液相临近气相的 5 μm 距离内。液柱内 H_2O_2 的形成规律与·DMPO—OH 的形成规律相似，如图 8-18 所示，但 H_2O_2 的浓度远远高于·DMPO—OH 的浓度，该现象可能是由于反应 13 的反应速率常数高于反应 12 的反应速率常数。

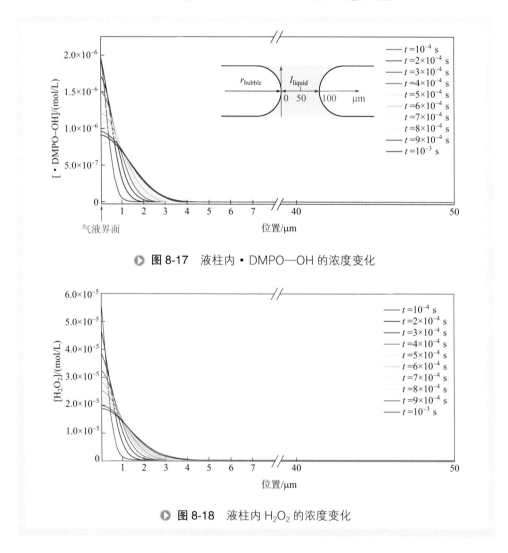

图 8-17 液柱内·DMPO—OH 的浓度变化

图 8-18 液柱内 H_2O_2 的浓度变化

图 8-19 描述了气相中羟基自由基的平均浓度变化。气相中的羟基自由基在 10^{-3} s 后即被液相吸收，仅剩下 1% 的游离羟基自由基。一方面说明羟基自由基气液界面反应速率极快，另一方面也说明液相中自由基的浓度取决于气相中自由基的生成情况。

在本节介绍的鼓泡型微通道气液等离子体反应器中，等离子体产生于气液接触

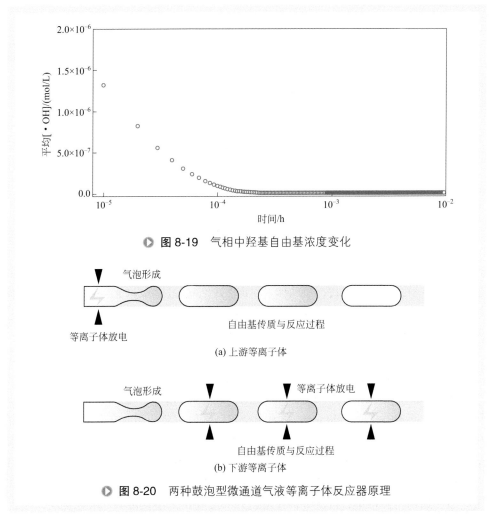

图 8-19 气相中羟基自由基浓度变化

(a) 上游等离子体

气泡形成

等离子体放电

自由基传质与反应过程

(b) 下游等离子体

气泡形成

等离子体放电

自由基传质与反应过程

图 8-20 两种鼓泡型微通道气液等离子体反应器原理

之前，自由基生成于气液接触之前，从某种程度上限制了可以传递到液相的自由基数量。为了克服这一缺点，张梦雪等设计了一种强化型的鼓泡型微通道等离子体反应器，如图8-20所示。在稳定气泡流区域施加强电场，在气泡中重复生成等离子体，从而实现气相中的自由基重复产生，提升可能传递到液相的自由基数量。

二、ESR自由基检测技术在微通道气液等离子体反应器中的应用

1. 空穴反应器及该反应器中的等离子体放电过程

为了简化微通道内的气液流动，减少气液流动体系中的不稳定因素对实验的影响，在本节使用了一种特制的空穴型微通道气液等离子体反应器，如图8-21所示。Abbyad 等 [63] 在研究微通道中液液分散流时，通过在微通道内刻蚀微槽和微孔

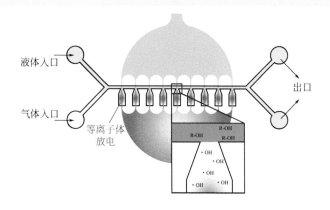

图 8-21　空穴型微通道气液等离子体反应器工作原理

的方式，利用表面张力"困住"离散的微液滴。该思路也适用于气液流，可以通过在主通道旁刻蚀空穴的方式，将气体"固定"在空穴的区域。如图 8-21 中，先在体系中通入氩气，随后降低氩气流速、提高液相（水）流速，使液相占领主通道，氩气被封闭在主通道旁的空穴内，与液相有半月形的气液接触界面。

　　该微反应器的主体结构由一条主通道和若干与主通道相连的空穴构成。主通道的宽度 $w = 500\ \mu m$，空穴为轴对称的六边形形状，与主通道相连部分尺寸较小（$w_1 = 500\ \mu m$），空穴长度 $l = 3000\ \mu m$，主体 $w_2 = 1228\ \mu m$，通道高度为 $h = 70\ \mu m$，每个空穴之间相隔 $d_c = 2500\ \mu m$，共 9 个空穴。微反应器使用前文介绍的 NOA 与玻片进行联合组装，电极材料为 ITO 薄膜或金薄膜，如图 8-22 所示。ITO 薄膜通过溅射沉积于厚度约为 70 μm 的盖玻片外侧，厚度约为 60 nm。金薄膜通过物理沉积的方式在通道组装前沉积于载玻片上，宽度 $w_{ITO} = 490\ \mu m$，厚度约为 100 nm。组装后金电极在通道内部接地，ITO 电极在通道外部接高压，不直接与气液相接触，在金电极与 ITO 之间的通道空间内通过介质阻挡放电。

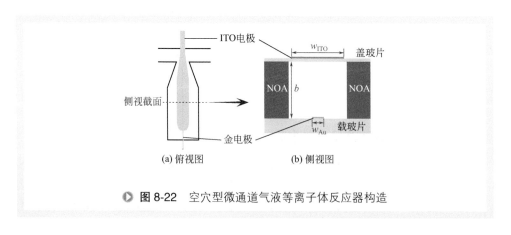

图 8-22　空穴型微通道气液等离子体反应器构造

在一个工作循环中，首先在体系中通入压力控制体系输入气相（氩气），当气相占领所有通道体积后，缓慢提高液相流速至 5 μL/min，使得液相进入主通道。与此同时，将气相压强保持在 10 ～ 20 mbar，保证液体不从气相入口流出。在反应器内，气液界面稳定保持在空穴与主通道的交汇处。接入交流高压电信号后，等离子体在空穴中的气相发生（如图 8-21 所示）。由于气相中有挥发的水蒸气存在，等离子体可能在气相生成羟基自由基等高活性物质。在空穴反应器中，等离子体的发生与气液接触同时进行，理论上提高了反应器中自由基的产生频率。

对于化工反应器而言，反应（停留）时间是一个非常重要的概念。在空穴型微通道气液等离子体反应器中，反应时间为液体与等离子体接触的时间，即

$$t = n \frac{hww_1}{Q_1} \tag{8-6}$$

式中　n——空穴数量；

　　　Q_1——液体流量，m^3/s；

　　　h——通道高度，m；

　　　w——主通道宽度，m；

　　　w_1——空穴与主通道接触位置的宽度，m。

为了表征微通道中等离子体放电的发生，可以采用电信号分析法与光信号分析法。

电信号分析法的实验设置如下：交流电压信号（若无特别标注则为 1 kHz）由信号发生器（CENTRAD，GF467F，0.01 Hz ～ 5 MHz）产生后，通过信号放大器（Trek，10/40 A）放大，施加于 ITO 电极上。等离子体放电的电流信号通过与反应器串流接地的电阻器（$R = 4700\ \Omega$）两端电压测得。高压信号与电阻器两端信号使用示波器测得（Lecroy Waverunner LT342, 500 MHz）。放电电流的强度可以通过以下公式获得

$$I(t) = V_2^{osc}(t) / R \tag{8-7}$$

式中　$V_2^{osc}(t)$——电阻器两端电压，V；

　　　R——电阻器阻值，Ω。

在本节研究的空穴微通道气液等离子体反应器中，随着电压信号峰峰值逐渐增大到 2.4 kV，可以逐渐在示波器上观察到电流信号。随着电压逐渐增强，电流信号变得越来越稳定，其中负极性的电流强度高于正极性的电流强度。就示波器波形而言，等离子体放电由一系列强度不同的微放电先后发生构成，体现在示波器波形上表现为一系列类似狄拉克函数的波形。等离子体放电能量可以通过反应器两端电压与放电电流积分所得

$$Q = \int_0^T V(t) I(t) \mathrm{d}t \tag{8-8}$$

式中 $V(t)$ ——电压强度，V；

$I(t)$ ——该时刻的电流强度，A；

T ——每一次放电时长，平均约为 2×10^{-7} s。

图 8-23 展示了示波器测量的电信号波形，该时刻电压峰峰值为 3.2 kV，每次放电能量约为 1.4×10^{-7} J。

由于等离子体放电时经常伴随发光现象，还可以用光信号检测法诊断微通道反应器中是否产生了等离子体放电。等离子体的放电发光现象可以通过前面介绍的 iCCD 相机进行检测。当反应器中只有气体时，可以通过 iCCD 相机观察到，在较

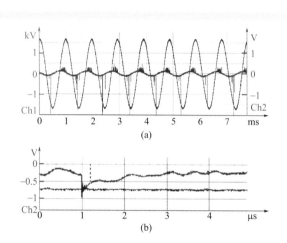

图 8-23 空穴型微通道等离子体反应器中放电时波形

注：V_{pk-pk} = 3.2 kV, f = 1 kHz。

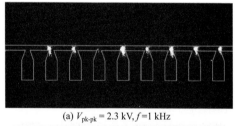

(a) V_{pk-pk} = 2.3 kV, f =1 kHz

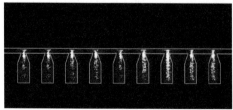

(b) V_{pk-pk} = 2.6 kV, f =1 kHz

图 8-24 空穴型微通道等离子体反应器中纯氩气放电

低电压下，等离子体仅在空穴与主通道之间产生。这可能与金电极在该区域的尖端几何形状有关。随着电压升高，等离子体渐渐在空穴中均匀生成，如图 8-24 所示。iCCD 相机由波形发生器的 TTL 信号引发，快门时间为 2 µs，图像为 10 个周期的图像累计而成。氩气入口压强为 20 mbar。

借助 iCCD 相机，还可以观察液相加入反应器后的等离子体放电情况，如图 8-25 所示。气相为氩气，液相为去离子水，体积流量为 5 µL/min。高压电压峰峰值为 3 kV，频率为 1 kHz。拍摄快门时间为每周期 2 µs，图像为 50 周期图像累计而成。可以观察到在空穴结构中有等离子体放电，说明在空穴型反应器中可以实现稳定气液流中的等离子体放电。同时也可以观察到每个空穴中的放电强度可能出现强弱不一的情况。值得注意的是，在使用电信号检测等离子体发生时，示波器检测的是任一时刻不同区域所有放电的电流累计情况，即无法通过电信号监控等离子体放电的空间分布。而使用光信号法时，虽然无法精确测量放电过程的能量强度等信息，但通过 iCCD 相机可以检测等离子体放电的空间分布情况。电信号与光信号这两种方法对于微通道内等离子体放电而言是两种互补的检测方法。

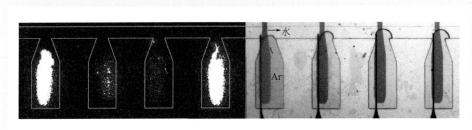

▶ **图 8-25** 空穴型微通道等离子体反应器中气液流型下的等离子体放电

注：V_{pk-pk} = 3 kV, f = 1 kHz。

2. ESR 自由基检测技术

在上一部分已经简单介绍了自旋捕捉探针诊断技术，该技术通过利用环状硝酮类自由基捕获探针 DMPO 与高活性自由基结合生成半衰期较长的稳定自由基，再利用 ESR 技术对稳定自由基的自旋状态进行定性和定量研究。由于与不同活性自由基结合生成的稳定自由基在 ESR 检测中具有不同的自旋共振光谱，自旋捕捉探针法是一种具有高选择性的检测方法。

本节主要介绍羟基自由基的自旋捕捉实验。实验选用的自旋捕捉探针为 DMPO（DMPO 在使用前用 Kugelrohr 蒸馏提纯）。将 DMPO 溶解于去离子水中，DMPO 的初始浓度为 $[DMPO]_0$ = 0.4 mol/L。在空穴型微通道气液等离子体反应器中，形成稳定的气液流（气相为氩气，液相为 DMPO 的去离子水溶液），其中液相体积流量为 Q_1 = 10 µL/min。实验装置类似图 8-21 所示，含有 DMPO 的液相通过主通道，并在与空穴接触处吸收气相中生成的羟基自由基。在 30 min 后反应结束时将产物混合物移至体积为 250 μL 的石英毛细管，并立即在室温下通过 ESR 共振光谱仪。该 ESR 共振光谱仪在 X 射线波段工作，实验参数如表 8-4 所示。该实验的空白实验则使用相同浓度的 DMPO 溶液在没有等离子体放电的情况下通过微通道，并将反应器出口的 DMPO 溶液通过 ESR 共振光谱仪。

表 8-4　实验参数

参数	电信号	电压峰峰值	频率	$[DMPO]_0$	Q_1
数值	交流电压	3 kV	2 kHz	0.4 mol/L	10 μL/min

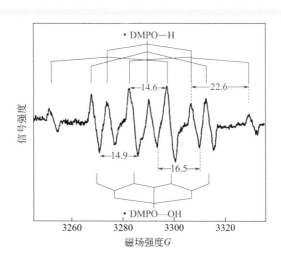

图 8-26　实验自旋共振谱图

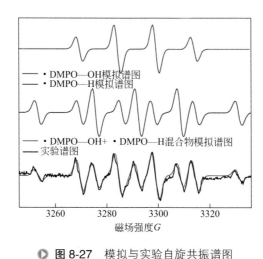

图 8-27　模拟与实验自旋共振谱图

实验所得自旋共振谱图如图 8-26 所示，空白实验中未得到自旋共振信号。与文献中的自旋共振谱图比较后可以初步判定液相中有·DMPO—OH 和·DMPO—H 两种稳定自由基[64]。

为了进一步确定两种稳定自由基的存在，可以利用 ESR 谱图仿真软件模拟多种自由基共存时的自旋共振谱图。图 8-27 比较了模拟与实验自旋共振谱图，由此可以基本确定反应体系中羟基自由基与氢原子的存在。

在 ESR 自旋共振技术中，信号在频域的双重积分与样品中存在的自旋数（即产物中的自由基数量）成正比。通过 ESR 自旋共振仪在相同的操作参数下比较已知浓度的稳定基团 TEMPONE（2,2,6,6- 四甲基 -4- 氧哌啶酰）的水溶液（10^{-5} mol/L）的谱图的双重积分，可以推导出·DMPO—OH 和·DMPO—H 的浓度，两种基团浓度均约为 0.5×10^{-6} mol/L。该实验重复进行且结果相近。

与此同时，研究人员也对·DMPO—OH 与·DMPO—H 在空气中随时间衰变的情况进行了评估。评估结果为这两种基团在小时范围内浓度稳定，并无显著变化。虽然反应产物在反应结束与进行 ESR 自旋共振探测之间有一定的时间差（不超过 30 min），基于衰变实验的结果，仍然可以认为·DMPO—OH 与·DMPO—H 基团在反应器出口处的浓度约为 0.5×10^{-6} mol/L，从侧面验证了自由基在微通道型等离子体反应器内部的气液界面能够进行有效传递。

第四节　展望

在本章中，主要讨论了将微流体技术与等离子体技术耦合的可能性。微通道反应器具有高传递效率等优点，并且可以降低介质阻挡放电等离子体的击穿电压，增强实验安全系数。与此同时，等离子体中生成的自由基能够在微通道反应器中与液体充分接触，传递至液相从而引发液相的自由基反应，可以替代传统化学引发剂或催化剂的作用。等离子体与微流体耦合进行液相有机合成反应具有反应活性高、反应条件较传统化学反应更温和的优点。通过改变气相以及液相分子的种类，可以对微反应器中的化学反应种类进行调控：例如氧气等离子体会促进液相的氧化反应[65]，氨气等离子体可以促进液相的氨化反应等。与此同时，微反应器的应用大大降低了危险气体如氧气、氨气的实验风险，为创新发展绿色化工工艺开拓了一条新的路线。

参考文献

[1] Whitesides G M. The origins and the future of microfluidics[J]. Nature, 2006, 442: 368-373.

[2] Philpot J S L. The use of thin layers in electrophoretic separation[J]. Trans Faraday Soc, 1940, 35: 38-46.

[3] Becker H, Gärtner C. Polymer microfabrication methods for microfluidic analytical applications[J]. Electrophoresis, 2000, 21: 12-26.

[4] Sollier E, Murray C, Maoddi P, et al. Rapid prototyping polymers for microfluidic devices and high pressure injections[J]. Lab Chip, 2011, 11: 3752-3765.

[5] Martinez A W, Phillips S T, Carrilho E, et al. Simple telemedicine for developing regions: Camera phones and paper-based microfluidic devices for real-time, off-site diagnosis[J]. Anal Chem, 2008, 80: 3699-3707.

[6] Rattanarat P, Dungchai W, Cate D M, et al. A microfluidic paper-based analytical device for rapid quantification of particulate chromium[J]. Anal Chim Acta, 2013, 800: 50-55.

[7] Xia Y, Si J, Li Z. Fabrication techniques for microfluidic paper-based analytical devices and their applications for biological testing: A review[J]. Biosens Bioelectron, 2016, 77: 774-789.

[8] Garcia-Egido E, Wong S Y F, Warrington B H. A Hantzsch synthesis of 2-aminothiazoles performed in a heated microreactor system[J]. Lab Chip, 2002, 2: 31-33.

[9] Iles A, Fortt R, de Mello A J. Thermal optimisation of the Reimer-Tiemann reaction using thermochromic liquid crystals on a microfluidic reactor[J]. Lab Chip, 2005, 5: 540.

[10] Kawaguchi T, Miyata H, Ataka K, et al. Room-temperature Swern oxidations by using a microscale flow system[J]. Angew Chem Int Ed, 2005, 44: 2413-2416.

[11] Doku G N, Haswell S J, McCreedy T, et al. Electric field-induced mobilisation of multiphase solution systems based on the nitration of benzene in a micro reactor[J]. Analyst, 2001, 126: 14-20.

[12] Brocklehurst C E, Lehmann H, la Vecchia L. Nitration chemistry in continuous flow using fuming nitric acid in a commercially available flow reactor[J]. Org Process Res Dev, 2011, 15: 1447-1453.

[13] Cancogni D, Lay L. Exploring glycosylation reactions under continuous-flow conditions[J]. Synlett, 2014, 25: 2873-2878.

[14] Snyder D A, Noti C, Seeberger P H, et al. Modular microreaction systems for homogeneously and heterogeneously catalyzed chemical synthesis[J]. Helv Chim Acta, 2005, 88: 1-9.

[15] Ratner D M, Murphy E R, Jhunjhunwala M, et al. Microreactor-based reaction optimization in organic chemistry — glycosylation as a challenge[J]. Chem Commun, 2005, 5: 578-580.

[16] Skelton V, Greenway G M, Haswell S J, et al. The preparation of a series of nitrostilbene

ester compounds using micro reactor technology[J]. Analyst, 2001, 126: 7-10.

[17] Skelton V, Greenway G M, Haswell S J, et al. The generation of concentration gradients using electroosmotic flow in micro reactors allowing stereo selective chemical synthesis[J]. Analyst, 2001, 126: 11-13.

[18] Watts P, Wiles C, Haswell S J, et al. The synthesis of peptides using micro reactors[J]. Chem Commun, 2001, 11: 990-991.

[19] Watts P, Wiles C, Haswell S J, et al. Solution phase synthesis of β-peptides using micro reactors[J]. Tetrahedron, 2002, 58: 5427-5439.

[20] Watts P, Wiles C, Haswell S J, et al. Investigation of racemisation in peptide synthesis within a micro reactor[J]. Lab Chip, 2002, 2: 141-144.

[21] De Mas N, Günther A, Schmidt M A, et al. Microfabricated multiphase reactors for the selective direct fluorination of aromatics[J]. Ind Eng Chem Res, 2003, 42: 698-710.

[22] Hessel V, Ehrfeld W, Golbig K, et al. Gas/liquid microreactors for direct fluorination of aromatic compounds using elemental fluorine// Microreaction Technology: Industrial Prospects[M]. Berlin: Springer Berlin Heidelberg, 2000: 526-540.

[23] Jähnisch K, Baerns M, Hessel V, et al. Direct fluorination of toluene using elemental fluorine in gas/liquid microreactors[J]. J Fluor Chem, 2000, 105: 117-128.

[24] Ehrich H, Linke D, Morgenschweis K, et al. Application of microstructured reactor technology for the photochemical chlorination of alkylaromatics[J]. Chim Int J Chem, 2002, 56: 647-653.

[25] Irandoust S, Andersson B. Mass transfer and liquid-phase reactions in a segmented two-phase flow monolithic catalyst reactor[J]. Chem Eng Sci, 1988, 43: 1983-1988.

[26] Kreutzer M T. Hydrodynamics of Taylor flow in capillaries and monolith reactors[D]. Delft: Technical University of Delft, 2003.

[27] Löb P, Pennemann H, Hessel V. G/L-dispersion in interdigital micromixers with different mixing chamber geometries[J]. Chem Eng J, 2004, 101: 75-85.

[28] Hessel V, Angeli P, Gavriilidis A, et al. Gas-liquid and gas-liquid-solid microstructured reactors: Contacting principles and applications[J]. Ind Eng Chem Res, 2005, 44: 9750-9769.

[29] Phan N T S, Khan J, Styring P. Polymer-supported palladium catalysed Suzuki-Miyaura reactions in batch and a mini-continuous flow reactor system[J]. Tetrahedron, 2005, 61: 12065-12073.

[30] Fridman A. Plasma Chemistry[M]. Cambridge: Cambridge University Press, 2008.

[31] Eliasson B, Kogelschatz U. Nonequilibrium volume plasma chemical processing[J]. IEEE Trans Plasma Sci, 1991, 19: 1063-1077.

[32] Samukawa S, Hori M, Rauf S, et al. The 2012 plasma roadmap[J]. J Phys Appl Phys, 2012,

45: 253001.

[33] De Giacomo A, Dell′ Aglio M, de Pascale O, et al. From single pulse to double pulse ns-laser induced breakdown spectroscopy under water: Elemental analysis of aqueous solutions and submerged solid samples[J]. Spectrochimica Acta Part B Atom Spectroscopy, 2007, 62: 721-738.

[34] Schoenbach K, Kolb J, Xiao S, et al. Electrical breakdown of water in microgaps[J]. Plasma Sources Sci Technol, 2008, 17: 024010.

[35] Pekker M, Shneider M N. Pre-breakdown cavitation nanopores in the dielectric fluid in the inhomogeneous, pulsed electric fields[J]. J Phys Appl Phys, 2015, 48: 424009.

[36] Starikovskiy A, Yang Y, Cho Y I, et al. Non-equilibrium plasma in liquid water: Dynamics of generation and quenching[J]. Plasma Sources Sci Technol, 2011, 20: 024003.

[37] Yamanishi Y, Sameshima S, Kuriki H, et al. Transportation of mono-dispersed microplasma bubble in microfluidic chip under atmospheric pressure// 2013 transducers eurosensors XXVII: The 17th international conference on solid-state sensors, actuators and microsystems(TRANSDUCERS EUROSENSORS XXVII)[C]. 2013: 1795-1798.

[38] Ruma D, Hosseini S H R, Yoshihara K, et al. Properties of water surface discharge at different pulse repetition rates[J]. J Appl Phys, 2014, 116: 123304.

[39] Shih K Y, Locke B R. Chemical and physical characteristics of pulsed electrical discharge within gas bubbles in aqueous solutions[J]. Plasma Chem Plasma Process, 2009, 30: 1-20.

[40] Sahni M, Locke B R. Quantification of hydroxyl radicals produced in aqueous phase pulsed electrical discharge reactors[J]. Ind Eng Chem Res, 2006, 45: 5819-5825.

[41] Ishigame H, Nishiyama S, Sasaki K. Spatial distribution of OH radical density in atmospheric-pressure DC helium glow plasma in contact with electrolyte solution[J]. Jpn J Appl Phys, 2015, 54: 01AF02.

[42] Gumuchian D, Cavadias S, Duten X, et al. Organic pollutants oxidation by needle/plate plasma discharge: On the influence of the gas nature[J]. Chem Eng Process: Process Intensif, 2014, 82: 185-192.

[43] Pawłat J, Hensel K, Ihara S. Generation of oxidants and removal of indigo blue by pulsed power in bubbling and foaming systems[J]. Czechoslov J Phys, 2006, 56: B1174-B1178.

[44] Ikoma S, Satoh K, Itoh H. Decomposition of methylene blue in an aqueous solution using a pulsed-discharge plasma at atmospheric pressure[J]. Electr Eng Jpn, 2012, 179: 1-9.

[45] Tachibana K, Takekata Y, Mizumoto Y, et al. Analysis of a pulsed discharge within single bubbles in water under synchronized conditions[J]. Plasma Sources Sci Technol, 2011, 20: 034005.

[46] Wandell R J, Bresch S, Hsieh K, et al. Formation of alcohols and carbonyl compounds from hexane and cyclohexane with water in a liquid film plasma reactor[J]. IEEE Trans Plasma

Sci, 2014, 42: 1195-1205.

[47] Liu Y J, Jiang X Z, Wang L. One-step hydroxylation of benzene to phenol induced by glow discharge plasma in an aqueous solution[J]. Plasma Chem Plasma Process, 2007, 27: 496-503.

[48] Wang A X, Gao J Z, Yuan L, et al. Synthesis and characterization of polymethylmethacrylate by using glow discharge electrolysis plasma[J]. Plasma Chem Plasma Process, 2009, 29: 387-398.

[49] Raizer Y P. Gas discharge physics[M]. Berlin: Springer, 1991.

[50] Garstecki P, Fuerstman M J, Stone H A, et al. Formation of droplets and bubbles in a microfluidic t-junction — scaling and mechanism of break-up[J]. Lab Chip, 2006, 6: 437-446.

[51] Garstecki P, Gitlin I, DiLuzio W, et al. Formation of monodisperse bubbles in a microfluidic flow-focusing device[J]. Appl Phys Lett, 2004, 85: 2649-2651.

[52] Fu T, Ma Y. Bubble formation and breakup dynamics in microfluidic devices: A review[J]. Chem Eng Sci, 2015, 135: 343-372.

[53] Hashimoto M, Shevkoplyas S S, Zasońska B, et al. Formation of bubbles and droplets in parallel, coupled flow-focusing geometries[J]. Small, 2008, 4: 1795-1805.

[54] Bartolo D, Degré G, Nghe P, et al. Microfluidic stickers[J]. Lab Chip, 2008, 8: 274-279.

[55] Priest C. Surface patterning of bonded microfluidic channels[J]. Biomicrofluidics, 2010, 4: 032206.

[56] Wu H, Sun P, Feng H, et al. Reactive oxygen species in a non-thermal plasma microjet and water system: Generation, conversion, and contributions to bacteria inactivation — an analysis by electron spin resonance spectroscopy[J]. Plasma Process Polym, 2012, 9: 417-424.

[57] Hibert C, Gaurand I, Motret O, et al. [OH(X)] measurements by resonant absorption spectroscopy in a pulsed dielectric barrier discharge[J]. J Appl Phys, 1999, 85: 7070-7075.

[58] Bruggeman P, Schram D C. On OH production in water containing atmospheric pressure plasmas[J]. Plasma Sources Sci Technol, 2010, 19: 045025.

[59] Djakaou I S, Ghezzar R M, Zekri M E M, et al. Removal of model pollutants in aqueous solution by gliding arc discharge. Part II: Modeling and simulation study[J]. Plasma Chem Plasma Process, 2014, 35: 143-157.

[60] Herron J T, Green D S. Chemical kinetics database and predictive schemes for nonthermal humid air plasma chemistry. Part II. Neutral species reactions[J]. Plasma Chem Plasma Process, 2015, 21: 459-481.

[61] Baulch D L, Cobos C J, Cox R A, et al. Evaluated kinetic data for combustion modelling[J]. J Phys Chem Ref Data, 1992, 21: 411-734.

[62] Finkelstein E, Rosen G M, Rauckman E J. Spin trapping kinetics of the reaction of

superoxide and hydroxyl radicals with nitrones[J]. J Am Chem Soc, 1980, 102: 4994-4999.

[63] Abbyad P, Dangla R, Alexandrou A, et al. Rails and anchors: Guiding and trapping droplet microreactors in two dimensions[J]. Lab Chip, 2011, 11: 813-821.

[64] Ohsawa I, Ishikawa M, Takahashi K, et al. Hydrogen acts as a therapeutic antioxidant by selectively reducing cytotoxic oxygen radicals[J]. Nat Med, 2007, 13: 688-694.

[65] Wengler J, Ognier S, Zhang M, et al. Microfluidic chips for plasma flow chemistry: Application to controlled oxidative processes[J]. React Chem Eng, 2018, 3: 930-941.

第九章

等离子体固氮技术

　　氮元素是地球上最丰富的元素之一，以双原子气体分子形式存在的氮气占大气成分的 78.09%，对于包括动植物在内的生命体至关重要。然而氮气分子的化学性质相对不活泼，不能被多数生命体直接利用，需要通过"固氮"的方式将其转化为性质相对活泼的其他存在形式进而加以利用。固氮反应可以被简单描述为 $N \equiv N$ 断裂，并与氧、氢等成键形成氮氧化物、氨或其他化合物的反应过程。氮元素固定主要有生物和化学两种途径。生物固氮长期以来一直是最主要的固氮方式，然而随着社会的发展，人类活动对自然界氮循环产生了明显的影响，尤其是随着人口的激增，生物固氮难以满足日益增长的需求，从而促使了人工固氮的研究和发展。在此背景下，化学固氮领域取得了许多成果，主要包括：伯克兰 - 艾迪电弧工艺、弗兰克 - 卡罗工艺以及哈伯 - 博施工艺。目前最主要的人工固氮方法是哈伯-博施法，该方法通过高温高压，在催化剂的作用下合成氨。自20世纪初被发明以来，哈伯-博施法不断得到改进和完善，其固氮量已达到每年 1.36 亿吨（截至 2010 年），约占固氮总量的29%[1]。然而哈伯-博施工艺每年消耗约世界能源总产量的1%～2%[2]，总天然气产量的3%～5%[3]，产生的二氧化碳约占工业排放总量的42%[4]，是关系到全球变暖问题的一个值得警惕的因素 [5]。在当今的新环境和能源问题背景下，对新型可持续固氮技术的研究是非常有必要的。

　　目前，世界各地的科学家从不同方向对新型固氮技术进行了研究，包括运用生物固氮方法，电化学催化方法和等离子体技术等 [5,6]。近年来，等离子体技术运用于化学物质合成方面的研究受到了广泛的关注并取得了良好的进展，其中非热等离子体技术在固氮方面的应用研究是一个非常重要的研究方向。由于非热等离子体固氮具有可在常温常压下进行、设备小型化、易于与可再生能源匹配以及其他一些特点，相对于传统哈伯 - 博施固氮方法更符合绿色工艺和非集中化生产的理念，其商业潜力也吸引了不少企业参与此项技术的研发。本章主要讨论等离子体固氮技术的研究发展情况，重点介绍氮氧化物以及氨的合成，并且总结了目前最新的研究进展。此外，根据目前该研究领域的现状和发展趋势，本章还提出了对未来研究的相应建议和展望。

第一节 **非热等离子体固氮技术**

一、非热等离子体固氮技术的优势

等离子体常被分为热等离子体和非热等离子体，由于两种等离子体的性质不同，相关的固氮工艺在能效、反应机理、设备要求等方面都有较大差别。目前报道过的研究中，热等离子体固氮相对较多，主要目标都是合成一氧化氮。最早的伯克兰-艾迪电弧法就属于热等离子体固氮技术，这也是最早工业化的等离子体化工工艺。然而，从能量角度上考虑，在热等离子体中许多能量被用来加热而不能利用到固氮的反应中去，因而此类方法能效不高。早期报道的伯克兰-艾迪电弧法在生产1% 一氧化氮的情况下能耗约为 $3.4 \sim 4.1$ MJ/mol[7,8]。一些文献中报道的热等离子体固氮能耗更是在 $10 \sim 1000$ MJ/mol 之间[9-12]。根据计算[13]，热等离子体合成一氧化氮在 $20 \sim 30$ bar（1 bar=10^5 Pa）气压、$3000 \sim 3500$ K 温度的情况下，需要结合 10^7 K/s 的高速冷却才能把能效降低至 0.86 MJ/mol。由于较高的温度和较低的能效，热等离子体固氮技术的潜力有限，近年来更多关注被投入到非热等离子体固氮的研究中。与热等离子体不同，非热等离子体中由于电子、离子和粒子处于非热平衡态，较多能量能够被用于生成较多的高能活性组分，参与到固氮的反应中去，从而降低工艺的能耗。与此同时，气体整体还可以保持在相对较低的温度（例如室温）。值得注意的是，非热等离子体固氮的能耗理论极限较低，在氮分子氧化的反应中约为 0.2 MJ/mol[13,14]，这一数值甚至低于哈伯-博施合成氨工艺能耗的理论极限。除了在能效上的潜力之外，非热等离子体固氮技术还具有很多其他优点，如工艺简单、可一步合成、能够即时开启和结束、能量密度高、反应速度快、合成过程绿色环保、反应器及工艺单元小型化等等[15]。这些特点使得非热等离子体固氮技术能够与新能源生产地，以及固氮产物的使用良好地结合起来，实现就地、即时、按需进行固氮。综上所述，不管是从长远考虑在能耗上的潜力，还是根据目前情况发展可持续小型化固氮新概念，非热等离子体固氮工艺都十分具有研究价值。

二、非热等离子体固氮反应

1. 合成氮氧化物的反应

等离子体中的电子、离子及中性粒子等的存在以及它们之间的相互碰撞作用是决定等离子体中化学反应的关键。对于非热等离子体来说，化学反应通常是通过具有活性的化学物质驱动的，而这些活性物质则是通过电子引发的一系列碰撞产生。首先，等离子体中的电子通过电场加速，与气体分子、原子产生撞击，伴随而来的是气体分子或原子被激发、电离、分解等许多过程。电子的能量分布对于这些过程无疑是最关键的参数，通常用电子平均能量来衡量这一参数。常规情况下，非热等离子体的电子平均能量在 2 ~ 5 eV 的范围内，但是电子能量的分布情况中，部分电子能量可以超过 10 eV[16]。电子能量分布通常由放电种类、气压、温度和特定输入能量（SEI）等因素决定，是影响等离子体内化学组分产生的重要因素，进而影响等离子体内的化学反应。

对于氮氧化物的合成，一般情况是以氮气和氧气作为反应物，很多研究甚至直接在空气中产生等离子体。此反应所使用的反应物具有廉价、储量丰富的特点，由于不需要氢的参与（无需考虑产氢的能耗等），工艺整体能耗和经济性都有优势。在氮气和氧气的环境中，氮、氧分子，原子与电子产生碰撞，被激发、电离或分解，产生氮或氧的活性化学组分。其中主要组分包括基态和激发态的氧原子、激发态氮分子，产生的反应如下所示

$$O_2 + e^- \longrightarrow O + O + e^- \tag{9-1}$$

$$O_2 + e^- \longrightarrow O + O^* + e^- \tag{9-2}$$

$$N_2 + e^- \longrightarrow N_2^* + e^- \tag{9-3}$$

这些过程与电子能量分布紧密相关，以 Penetrante 等[17]对空气中等离子体的研究为例，电子平均能量较低时大部分供给到等离子体的电能被用于氮分子的振动激发。随着电子平均能量的增加，氧分子的分解，氮分子的分解、电离，氧分子电离逐渐增加（消耗更多比例的输入能量），如图 9-1 所示。

经电子撞击过程的产物，如激发氮分子、氧原子等，经过相互间的反应生成氮氧化物。其中通过振动激发态的氮分子打开强力的氮氮三键是非常高效的。通过对滑动电弧的研究表明，在约化电场（E/N）小于 100 Td 的情况下，氮分子的振动激发是最主要的电子反应过程。振动激发态的氮分子 $N_2(v)$ 通过非热 Zeldovich 机制与氧原子反应生成一氧化氮和氮原子，所得氮原子又进一步与氧分子反应，生成的氧原子则能参与到第一步反应中，如式（9-4）和式（9-5）所示

$$O + N_2(v) \Longleftrightarrow NO + N \tag{9-4}$$

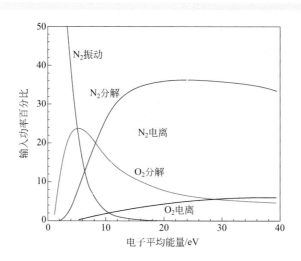

图 9-1 大气压下空气等离子体中各电子撞击过程导致反应的
能量消耗比与电子平均能量的关系[17]

$$N+O_2 \rightleftharpoons NO+O \qquad (9-5)$$

很多研究都证明了振动激发态的氮分子在一氧化氮合成中的重要作用[18-21]，Macheret 等[22]也报道了通过振动激发态氮分子进行一氧化氮合成是最高效的途径。同时，一氧化氮也能通过电子激发相关的反应途径生成，但对比振动激发路径需要较高能量，其效率也比 Zeldovich 机制要低很多[23]。

生成的部分一氧化氮可与 O 在等离子体中反应生成二氧化氮，如式（9-6）所示

$$NO+O \longrightarrow NO_2 \qquad (9-6)$$

在生成 NO_x 的同时，等离子体中的一些反应也会导致产物 NO_x 的减少，因而导致最终等离子体固氮过程中产物的净产量减少，如式（9-7）～式（9-10）所示[24]

$$N^* + NO \longrightarrow N_2 + O \qquad (9-7)$$

$$NO_2 + N \longrightarrow N_2O + O \qquad (9-8)$$

$$NO_2 + O + M \longrightarrow NO_3 + M \qquad (9-9)$$

$$NO_3 + NO_2 + M \longrightarrow N_2O_5 + M \qquad (9-10)$$

Malik[25]总结了空气中非热等离子体生成以一氧化氮为主的氮氧化物反应，如图 9-2 所示。

在固氮工艺中，通过等离子体处理的氮氧化物气体（以二氧化氮为理想产物）与水反应生成硝酸，如式（9-11）所示

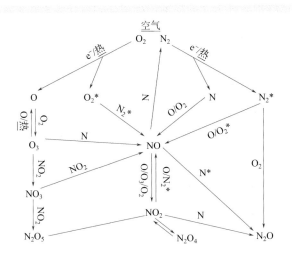

图9-2 非热等离子体在空气中生成氮氧化物的反应途径

$$3NO_2 + H_2O(l) \longrightarrow 2HNO_3(aq) + NO \tag{9-11}$$

在一些有 H_2O 的反应环境下，例如潮湿空气中产生等离子体，或等离子体气液界面反应中以 H_2O 作为反应物，HNO_3 可以在等离子体作用下直接产生。其中，H_2O 在等离子体中产生的·OH 在这一过程中十分重要，相关的反应如式（9-12）所示

$$\cdot OH + NO_2 \longrightarrow HNO_3 \tag{9-12}$$

除了气相的反应之外，表面反应也是等离子中氮氧化物生成的可能途径。Rapakoulias 和 Amouroux 等[20,21]在研究中发现，等离子体固氮过程中固氮量随反应器表面积/体积比减小而减小，说明了表面反应对一氧化氮生成的重要性。通过引入催化剂，利用等离子体与催化剂的协同作用，氮氧化物的产量能够得到提高。Cavadias 和 Amouroux 以及 Gicquel 等[26,27]的研究中使用了 WO_3 作为催化剂，Mutel 等[28]在研究中使用了 MoO_3 作为催化剂，均取得了固氮量的提高。Rapakoulias 等[20]对等离子体催化产生一氧化氮的反应机理进行了研究，认为等离子体中振动激发的氮分子首先分解吸附在催化剂（如 WO_3 和 MoO_3）表面，然后与自由的氧原子在表面反应形成 NO，如式（9-13）和式（9-14）所示，其中被吸附的氮与氧的反应是决定反应速率的关键步骤。

$$N_2^* \xleftarrow{\text{表面}} 2N_{ads} \tag{9-13}$$

$$N_{ads} + O \xleftarrow{\text{表面}} (NO)_{ads}^* \xleftarrow{\text{脱附}} NO \tag{9-14}$$

然而在利用等离子体催化合成氮氧化物的过程中，等离子体与催化剂之间的协同效应机理一直是研究的难点，催化剂如何增加固氮的速率和等离子体对表征催化剂、活性点分布有何影响等诸多问题需要未来通过更多研究来解答。

2. 合成氨反应

氮分子和氢分子直接合成氨的反应是一个放热反应，如式（9-15）所示，但从反应动力学角度来说高温有利于提高反应速率。

$$N_2 + 3H_2 \rightleftharpoons 2NH_3 \qquad \Delta H = -92 \text{ kJ/mol} \tag{9-15}$$

目前多数非热等离子体合成氨的研究都是与催化剂相结合的。在等离子体催化合成氨的过程中，等离子体主要有两方面重要作用：①分解氮分子和氢分子，在有催化剂或无催化剂的情况下完成氨的合成；②提供必要的电离能量，产生电子供给到催化剂系统中[29,30]。首先在等离子体中，氮分子和氢分子被电子分解，如式（9-16）和式（9-17）所示[31,32]

$$N_2 + e^- \longrightarrow 2N + e^- \tag{9-16}$$

$$H_2 + e^- \longrightarrow 2H + e^- \tag{9-17}$$

然后形成·NH，进一步与 H 或 H_2 反应最终生成 NH_3[16,33,34]，如式（9-18）～式（9-22）所示

$$N + H \longrightarrow \cdot NH \tag{9-18}$$

$$\cdot NH + H \longrightarrow \cdot NH_2 \tag{9-19}$$

$$\cdot NH + H_2 \longrightarrow NH_3 \tag{9-20}$$

$$\cdot NH_2 + H \longrightarrow NH_3 \tag{9-21}$$

$$\cdot NH + 2H \longrightarrow NH_3 \tag{9-22}$$

值得注意的是，氮分子的键离解能为 9.79 eV，高于氢分子的 4.52 eV。同时，·NH 的生成是合成氨反应的必要条件，对合成氨的反应速率有重要影响[35,36]。除了式（9-18）所示反应，·NH 也可能通过离子参与的反应途径生成，如式（9-23）和式（9-24）所示，其中，电子碰撞可以使氮分子电离产生 N_2^+，或是两个亚稳态氮分子之间的反应。

$$N_2^+ + H_2 \longrightarrow N_2H^+ + H \tag{9-23}$$

$$N_2H^+ + e^- \longrightarrow \cdot NH + N \tag{9-24}$$

Hong 等[37]在研究中指出，在非热等离子体合成氨的机理中，自由基、振动激发态分子间的反应远超过离子之间的反应。该研究还将合成氨的反应分为在气相的反应和催化剂表面的反应，催化剂表面反应包括氢分子的分解吸附、氨的生成等[38]。·NH 可以和气态的 H 或是表面的 H 反应逐步生成 NH_3。同时，电子作用下

的反应能促使氨分解，如式（9-25）和式（9-26）所示[38]

$$e^- + NH_3 \longrightarrow e^- + \cdot NH_2 + H \qquad (9\text{-}25)$$

$$e^- + NH_3 \longrightarrow e^- + \cdot NH + H_2 \qquad (9\text{-}26)$$

Mizushima 等[39] 在对非热等离子体与 Ru/Al$_2$O$_3$ 催化剂合成氨的研究中发现，等离子体作用下氮分子、氢分子分解吸附到氧化铝表面，然后形成 $\cdot$NH 并最终形成 NH$_3$。此外，氢分子能够分解吸附到 Ru 表面，所吸附的 H 能与氧化铝表面所吸附的 N 反应生成 $\cdot$NH 并最终产生 NH$_3$，这一点极大地增加了合成氨的转化率和能效。该反应机理如图 9-3 所示

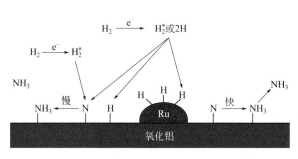

▶ **图 9-3** N$_2$-H$_2$ 等离子体中 Ru/Al$_2$O$_3$ 催化剂上合成氨的机理[39]

振动激发态的氮分子在等离子体催化合成氨的反应中同样非常重要。Mehta 等[40] 通过研究提出在不影响大气压条件下逐步加氢反应和氨的脱附的情况下，等离子体产生的振动激发态氮分子能够降低氮分子的分解能垒，促进氨的合成。Rouwenhorst 等[41] 对此进行了动力学分析，并提出了等离子体环境下催化合成氨的四种反应途径，其中等离子体通过振动激发态氮分子来增强催化合成氨的反应途径最为重要。

值得注意的是，以上所描述的等离子体合成氨途径与哈伯 - 博施工艺一样需要氢气作为原料，存在制氢成本。通常在哈伯 - 博施工艺中，利用甲烷通过蒸汽重整制取氢气，然后所得氢气与氮气反应合成氨。等离子体有望将这两个步骤合二为一，实现直接从甲烷与氮气合成氨。一些研究人员对此类合成氨方法进行了研究[42-44]，并对氨生成的反应途径进行了分析。Pringle 等[44] 对甲烷与氮气在填充床等离子体反应器中的反应进行了研究，认为此反应途径与 N$_2$/H$_2$ 类似，唯一不同点在于：氢原子的产生可能是通过电子撞击分解甲烷分子，或是电子激发态的氮原子与甲烷反应。Bai 等[42] 在对甲烷 / 氮气中微间隙 DBD 放电的研究中指出了 N$^+$ 能与 CH$_4$ 分子反生成 NH，继而生成 NH$_3$。

3. 其他固氮反应及途径

除了合成氮氧化物和合成氨的反应，非热等离子体固氮也存在一些其他途径，氰化氢的合成就是其中之一，一些文献对氮气和甲烷在等离子体作用下合成氰化氢有报道[45-48]。Amouroux 等[49] 在对低气压下甲烷和氮气中 RF 放电的研究表明，从初级电子撞击获得较高振动能级形成的易分解激发态 N** 是合成氰化氢的关键，在等离子体中形成的中度激发态氮分子 N* 则与甲烷作用生成 C_2H_2，如式（9-27）所示[16,19]

$$N_2 + e^- \longrightarrow \begin{cases} N_2^{**} + CH_4 \longrightarrow HCN & E > 9.7 \text{ eV} \\ \\ N_2^* + CH_4 \longrightarrow C_2H_2 & 9.7 \text{ eV} > E > 4.6 \text{ eV} \end{cases} \qquad (9\text{-}27)$$

另外，等离子体还能用于氮化物的生成，进一步利用氮化物合成氨。如 Zen 等[50] 报道的氧化镁在氮气等离子体作用下转化为氮化镁，氮化镁与水反应释放氨，而另一产物氢氧化镁经加热后生成氧化镁，又可作为反应物参与到等离子体反应中生成氮化镁，形成循环，如图 9-4 所示。

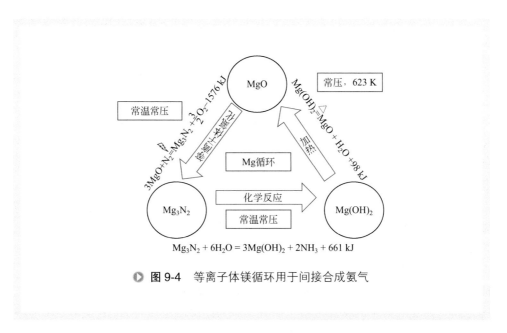

▶ 图 9-4   等离子体镁循环用于间接合成氨气

以上两类固氮反应在等离子体中研究较少，考虑产量、能耗、实际运用、经济性等诸多问题，目前等离子体固氮的研究主要还是集中在氮氧化物和氨的直接合成反应。

一、等离子体类型及反应器

从早期的伯克兰 - 艾迪工艺开始，许多不同类型的等离子体和相关的反应器就被用来进行氮氧化物合成的研究。不同类型的等离子体和反应器由于放电特性、参数等差别，所取得的氮氧化物产量和能效各有不同。同种类型等离子体放电由于电源、电路类型、工作参数、反应器电极设计不同，固氮情况也有所差别。目前被研究较多的包括电弧放电、火花放电、射频等离子体放电、微波等离子体、介质阻挡放电、电感耦合高频等离子体、滑动电弧放电等，表 9-1 列举了一些文献报道过用于合成氮氧化物的等离子体及反应器类型。

表 9-1　文献报道用于合成NO$_x$的不同等离子体及反应器类型[3]

等离子体反应器类型及工作条件	原料	固氮情况	参考文献
射频等离子体			
5 ～ 7 MHz，大气压	N$_2$ 和 O$_2$	—	[51]
结合冷却	空气	固氮量 4%	[52]
无冷却	空气	固氮量 2%	
1 ～ 2 atm①气压下	空气	固氮量 17%	[53]
微波等离子体			
2.45 GHz，0 ～ 90 kPa	空气	—	[54]
调控能量气压比 E/P	N$_2$ 和 O$_2$	—	[55]
60 ～ 90 W，流速 6 ～ 10 L/min	空气	NO 浓度 0.0180% ～ 0.02% NO$_2$ 浓度 0.32% ～ 0.43%	[56]
DC 高温等离子体			
DC 高温等离子体射流	N$_2$ 和 O$_2$	—	[57]
DC 收缩电弧	空气	固氮量 7%	[58]
DC 电弧	空气	NO 浓度 8% ～ 12%（体积分数）	[59]
电感耦合等离子体			
40 MHz 高频	N$_2$ 和 O$_2$	NO 浓度 9.5%	[21]
MoO$_3$ 和 WO$_3$ 催化剂	N$_2$ 和 O$_2$	NO 浓度 19%	[20]

等离子体反应器类型及工作条件	原料	固氮情况	参考文献
暖等离子体			
AC 滑动电弧	空气	NO_2 浓度 3.45% ~ 6.98%	[60]
DC 滑动电弧	空气	NO 浓度 0.05% ~ 0.3%	[61]
暂态火花放电	空气	NO 浓度 0.045% NO_2 浓度 0.017%	[62]

① 1 atm=101.325 kPa。

在伯克兰 - 艾迪电弧工艺的基础上，Ingels[59] 对电弧工艺进行了发展并获取了专利。在此专利中，空气或氧气掺杂的空气作为原料通过电弧放电进行一氧化氮的合成，并用与电弧 90° 正交的磁场来扩展等离子体体积。该反应器工作气压在 1 bar以下，电弧工作温度保持在 3000 ~ 5000 K，同时在电弧上游或下游配有喷淋冷却。此专利所报道的固氮能耗达 30 GJ/t（标准状况），在气体停留时间减少到 0.1 s 时一氧化氮浓度达到 8%（体积分数），当停留时间减少到 0.001 s 时将达到 12%（体积分数）。除了电弧等热等离子体，Amouroux 等 [20,21,47,63,64] 在非热等离子体反应器中对合成 NO 及 HCN 进行了研究，并发表了一系列成果。他们利用电感耦合高频等离子体在 40 MHz 和 1 ~ 40 mbar 的工作范围下分析了各温度参数对 NO 生成的影响，该研究发现电子温度高达 23200 ~ 34800 K 时，转动温度和振动温度分别为1500 ~ 2000 K 和 4000 ~ 6000 K，并指出振动温度与化学反应活性有直接关系。

目前被研究较多的是电弧这类热等离子体，然而热等离子体能耗较高，反应选择性低，也难以与催化剂相结合。相反非热等离子体在这些方面具备优势，但是目前关于这方面的研究相对较少，文献报道更多的是非热等离子体氮氧化物的消除而并非合成。在常温常压下操作的非热等离子体将极大地简化固氮工艺和降低成本，是非常有发展潜力的。Malik[25] 总结了不同种类等离子体放电对产生 NO 的影响，并认为热等离子体对 NO 的产生更为适合，因为非热等离子体往往副产 NO_2 甚至 O_3。然而对于面向农业等领域的固氮工艺来说，NO_2 恰恰是更为理想的产物，在反应器中一步生成能够省略从 NO 到 NO_2 的额外工艺单元。Diaz[65] 将热等离子体与非热等离子体结合起来，用热等离子体产生 NO，然后用非热离子体产生的 O_3 将其氧化得到 NO_2，随后进一步通过与水反应得到 HNO_3 或是硝酸盐作为肥料。Janda 等 [62] 对暂态火花放电合成 NO_x 进行了研究，结果表明产物中 NO_2 与 NO 的比例随放电频率升高而减小，在 1 kHz 情况下该比值为 4，而在 7.5 kHz 时降低到 0.4。该现象可能的原因是暂态火花放电由两个阶段组成：非热的流注阶段，以及属于热等离子的火花阶段。当频率升高时，流注阶段温度升高，导致 O_3 产量减少，因而更少量 NO 被转化成 NO_2。

近年来在非热等离子体固氮这个领域里，滑动电弧放电合成 NO_x 的研究取得了较好的效果，引起了很多关注。滑动电弧放电具有"热"和"非热"放电两种特性，是一种暖等离子体放电，根据输入功率及气流，其温度可在较大范围内变化，目前被认为是较为高效也是最有潜力的等离子体放电方式[2,66-71]。很多等离子体课题中都有利用滑动电弧放电，例如二氧化碳转化、甲烷重整、挥发性有机物消除等。在一氧化氮合成中，使用滑动电弧反应器的研究也有所报道[60,72-74]，然而多数研究并未将能耗以及 NO_x 的产量、选择性等作为研究目标。Wang 等[18]通过建立模型对滑动电弧合成 NO_x 反应途径和机理进行了探究，并指出振动激发态的氮分子能够帮助克服非热 Zeldovich 反应的能垒，因而大幅提高了一氧化氮的产量，同时通过对比，体现出滑动电弧相对热等离子体具有更大的潜力。该研究还对进一步提高滑动电弧反应器固氮能力提出了一些建议，包括：通过改变外电路设计参数来调节约化场强（E/N），从而促进振动激发，更有效地将能量运用到固氮核心反应中；或是通过改良反应器几何设计，从而优化气流通过反应器的情况，使滑动电弧处理气体量最大化。Patil 等[75]在研究中使用毫米级滑动电弧进行 NO_x 合成，产物 NO_x 浓度达到9500（10^{-6} 体积分数），能耗为 $28.7\ kW \cdot h/kg$。这样的毫米级反应器使得未经电弧处理的反应物的量最小化，增加了活性组分之间的接触，有效地将能量传递到反应气体中去。除了常规的 2D 平面式的电极布局，滑动电弧还可以由多个电极呈 3D 结构配合三相或多相电源[76,77]，或是通过控制气流形成涡流的滑动电弧等离子体管[78,79]，如图 9-5 所示。Trenchev 等[80]以及 Kalra 等[81]对反向涡流滑动电弧进行了研究，这样的反应器设计能够实现与反应器壁良好的绝热、高度的电离以及较高的能效。此外，滑动电弧反应器的表现和外部电源/电路类型、工作条件也紧密相关。Yang 等[82]对滑动电弧在高频（kHz）及低频（Hz）条件下对 NO_x 的合成进行了研究，结果表明反应器效率在千赫兹级高频条件下比 50 Hz 低频下的效率要高三倍。

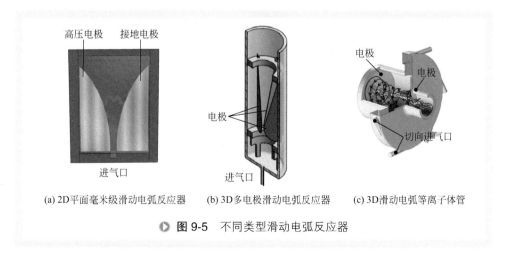

(a) 2D平面毫米级滑动电弧反应器　　(b) 3D多电极滑动电弧反应器　　(c) 3D滑动电弧等离子体管

▶ 图 9-5　不同类型滑动电弧反应器

除以上介绍的几种类型外，还有一些等离子体及反应器被运用在合成氮氧化物的研究中，例如目前非热等离子体领域被最广泛研究的介质阻挡放电（DBD）。在很多研究中，DBD 合成 NO_x 的功能被用到生物、医学等方面[83-86]，其固氮量相对较小。然而由于其易于与催化剂结合的特点，在一些研究中被作为反应器使用[87,88]。

对于等离子体固氮技术，等离子体及反应器的类型是起决定性作用的。虽然目前文献中报道过各种不同的反应器，但是从固氮表现上来看不能直接将各种反应器进行比较。无论是高温还是非热等离子体反应器的设计，目前还没有较为统一、明确的指导方向，在未来还需要继续深入研究探索。值得注意的是，反应器的设计应结合外部电源及电路系统的构建，综合考虑和分析放电参数、温度、气压、功率等重要因素，才能在固氮能效、产量以及产物选择性上达到较好的效果。

二、等离子体催化 NO_x 合成

目前等离子体催化运用在氮氧化物合成方面的研究还不多，相关文献较为少见。Cavadias 和 Amouroux 等对该课题进行了相关的研究，并在文献 [20] 中报道了通过使用 WO_3 作为催化剂在等离子体中合成氮氧化物。研究结果表明，催化剂与等离子体的结合可使固氮率从单独等离子体作用下的 8% 增加到 19%，如图 9-6 所示。随后该研究从低气压条件扩展到大气压下，通过使用流化床反应器和 WO_3/Al_2O_3 催化剂进行氮氧化物合成，并取得相关专利[89]。

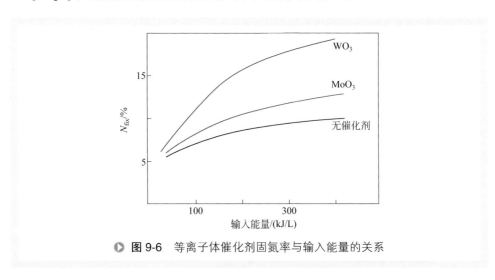

▶ **图 9-6** 等离子体催化剂固氮率与输入能量的关系

Amouroux 等还对等离子体及固体催化剂表面化学组分间的相互作用进行了研究，这些研究使用过渡金属氧化物 WO_3、MoO_3 等，并以 MgO、ZrO_2 及 Al_2O_3 等作为载体。催化剂表面的氧能更容易地与等离子体中振动激发的氮分子反应，从而生

成 NO$_x$[20,26,28,64]。Gicquel 等[27]也对与 WO$_3$ 和 MoO$_3$ 相关的催化反应机理进行了解释。Mutel 等[28]在使用相同金属氧化物作为催化剂的研究中取得的固氮能耗比单独使用等离子体的情况要低 35%，相比一些热等离子体固氮方法更为高效[90]。除了科研文献，在 O' Hare 的专利[91,92]中也有对等离子体催化合成氮氧化物技术的描述，氧化钨、氧化钼、二氧化硅、多种沸石等许多催化材料都有记载。除了催化效应，O' Hare 还发现这些材料能够屏蔽等离子体中的 UV，减少产物的分解。同时专利中描述了在催化床上产生整个电弧的固氮技术。Sun 等[87]利用催化剂颗粒填充的 DBD 反应器对从氮气和氧气中形成 NO$_x$ 进行了研究，其中使用了 Cu-ZSM-5 和 Na-ZSM-5 作为填充颗粒。结果显示在温度高于 350 ℃ 时，Cu-ZSM-5 催化作用下氮氧化物生成量远高于使用 Na-ZSM-5 时的情况，这恰好与其催化分解 NO 的能力相似。同时也说明了温度对于等离子体催化分解以及合成氮氧化物的重要性。

近来，Patil 等[88]对催化剂载体材料和活性金属氧化物对等离子体催化固氮的影响进行了研究。该研究中使用了填充床 DBD 反应器，测试了 γ-Al$_2$O$_3$、α-Al$_2$O$_3$、MgO、TiO$_2$、BaTiO$_3$ 以及石英棉作为载体材料下 NO$_x$ 的合成情况，其中石英棉和 γ-Al$_2$O$_3$ 的实验取得了较好效果。结合放电特征进行分析，认为等离子体中微放电的形成与 NO$_x$ 的产生有直接的关系，石英棉和 γ-Al$_2$O$_3$ 正是通过强化微放电的形成，从而提高了 NO$_x$ 的浓度。通过对比各种载体的物理特性和其固氮效果，对填充材料的选择提出了三点建议：①高比表面积材料，如 γ-Al$_2$O$_3$（约 100 m^2/g），较大比表面积有利于微放电的形成；②适当的介电常数（<10），可提高填充材料的电压，进而提高 NO$_x$ 产量；③有尖锐的棱角边缘，增加局部场强，利于强微放电形成。

较小尺寸的颗粒由于具有较小的曲率半径，也能促进 NO$_x$ 的产生。实验中发现当使用 0.2 mm 的 γ-Al$_2$O$_3$ 颗粒时，NO$_x$ 的形成比使用 1.3 mm 颗粒时增加了两倍。在其研究中，催化剂的使用使固氮效率提升了 60%。这主要由于催化剂的几何特性，如颗粒尺寸和形状，促进了微放电的形成，进而提高了固氮效率。在载体 γ-Al$_2$O$_3$ 上负载金属氧化物催化剂后，固氮效率比仅使用载体提升了 10%，而 WO$_3$ 在测试的几种金属氧化物中活性相对较高。通过对 NO$_x$ 浓度、NO 选择性的分析发现 N$_2$ 和 O$_2$ 主要在等离子体中被活化，而催化剂对产物选择性起重要作用，其表面吸附的 O 组分氧化产生的 NO 进一步形成 NO$_2$。

目前，关于等离子体催化合成 NO$_x$ 的研究报道较少，对于等离子体与催化剂的相互作用以及它们在合成 NO$_x$ 过程中的协同作用机理仍然不明确，未来还需要进一步探究。

三、等离子体合成 NO$_x$ 的能效

从早期的伯克兰 - 艾迪电弧工艺的发明开始，提高能效和产量一直是等离子体固氮技术研究中的首要任务。工业化的伯克兰 - 艾迪工艺生产 1% ～ 2% 的 NO，能

耗约为 2.4 MJ/mol，通过反应热与能耗所计算的能效相当于 4%。很多研究对热等离子体合成 NO_x 技术进行了优化，以便取得更高能效。在高温（3000～3500 K）、高气压（20～30 atm）的条件下，能耗能够降低至 0.87 MJ/mol，能效提高至 11%[23,93]。然而由于热等离子体中，能量分布到了各个自由度上，包括对 NO 合成作用不大的方向，因而热等离子体合成 NO_x 的理论能效较低。非热等离子体在机理上与热等离子体存在差异，合成 NO 过程的能耗也不相同。某些反应途径，例如通过离子态的或电子激发的反应，由于需要较高的能量而不易发生，通常占所有反应比不超过 3%[23]。通过振动激发态分子的反应被认为是非热等离子体中最为有效的也是最主要的途径。Patil 等[19] 总结了一些报道过的等离子体固氮能耗（见表 9-2），需要注意的是大多数能耗数据只考虑了固氮工艺中最主要的反应器能耗部分，其他部分能耗在此没有考虑。

表 9-2　报道过的几种等离子体固氮的能耗[19]

等离子体类型及反应器	产物及浓度	能耗 /(MJ/mol)	参考文献
伯克兰 - 艾迪工艺	1%～2% NO	2.4	[7]
热等离子体	NO	0.87	[93]
高度冷却	NO	1.93	
低度冷却			
热等离子体	NO_2	10.61	[9]
射频放电	HNO_3	19.3	[10]
镭射	NO_x	9.65	[11]
旋转碟型反应器	4.7%NO	3.5	[94, 95]
喷射电弧发生器	6.5%NO	4	[90]
等离子体束	NO	0.96	[96]
DC 等离子体发生器	NO	0.84	[97]
辉光放电	NO	0.67	[98]
脉冲微波放电	NO	0.6	[99]
电子回旋共振	NO	0.3	[100]
滑闪放电	NO 和 NO_2（0.1%）	15.4	[101]
滑动电弧放电	NO 和 NO_2（1%）	1.43	[102]

　　采用等离子体催化技术是进一步降低能耗的方法之一。Rapakoulias 等[20] 通过计算能量收益对比了等离子体产生 NO 的三种途径，即通过离子、分解生成的氮原子和催化条件下激发态氮分子合成 NO 的能量收益分别为 13%、20% 以及 31%，如

图 9-7 所示。由此看来，在未来对等离子体催化进行深入探究、利用等离子体与催化剂的协同作用将对降低能效和提高产量起重要作用。

虽然等离子体合成氮氧化物的理论能耗极限更低，但目前技术仍与哈伯-博施工艺［固氮能耗约为 $33 \sim 35$ GJ/t（标准状况）[103]］存在较大差距，需要进一步降低能耗同时大幅增加氮氧化物产量，才能与之竞争。

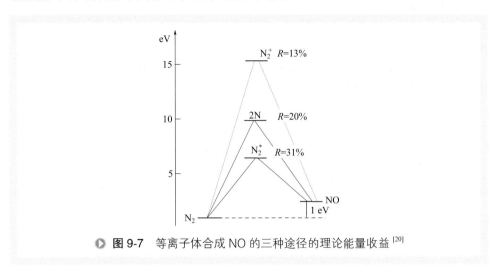

图 9-7 等离子体合成 NO 的三种途径的理论能量收益 [20]

第三节　等离子体合成氨技术

合成氨是工业固氮的重要途径，一直以来合成氨相关的技术和工艺都是化学工程研究的焦点。等离子体合成氨技术由于不需要高温高压，适合非集中化小规模生产，并且该技术易于与可再生能源匹配，绿色环保，具有很大的应用潜力。同时，通过对合成氨反应的研究，等离子体催化的机理和协同作用也能够被进一步揭示，因此具有重要科学价值。

等离子体合成氨的相关报道开始出现于 20 世纪 70 年代，Eremin 等 [104] 报道了对等离子体催化合成氨的研究成果。早期的研究还包括 Sugiyama 等利用高频放电合成氨 [105]，和 Uyama 等利用微波和射频放电合成氨 [36,106]，随后逐渐出现了许多利用非热等离子体合成氨的研究。Peng 等 [30] 对近年来等离子体合成氨技术的发展进行了综述，提出了等离子体合成氨工艺的流程设计，包括反应物进入等离子体反应器，在等离子体放电作用下分解并在催化剂作用下合成氨，然后尾气流出反应器，经过分离后得到产物氨，未反应的反应物又被回收并再次利用。Hong 等 [38] 对等离子体催化技术在合成氨方向的研究也做了总结，同时还通过模拟对反应机理进行了研究[37]。目前报道的等离子体合成氨的研究主要集中在等离子体和反应器设计以及等离子体催化两个方面。

一、非热等离子体类型及反应器

非热等离子体的类型和反应器的设计对于合成氨的产量和能效有着决定性的影响。至今已有多种等离子体及反应器被运用于合成氨的研究当中，例如介质阻挡放电、辉光放电、微波等离子体、射频等离子体、ECR 等离子体等，如表 9-3 所示。

表 9-3　不同种类等离子体和反应器用于合成氨的研究[3]

等离子体/反应器类型及工作条件	反应气体	催化剂/电极材料	研究结果	参考文献
辉光放电				
气压 13.33 mbar 电流 6 mA	N_2 与 H_2（体积比 1∶3）	碱性氧化物 酸性氧化物	碱性氧化物具有更高活性 氨合成反应发生在表面	[105]
60 kHz, 15 kV, 200 W	N_2（22.7 mL/s）与 H_2（24.6 mL/s）	Pt, SS（不锈钢）, Fe, Cu, Al, Zn	催化活性 Pt>SS>Ag>Fe>Cu>Al>Zn	[107]
微波等离子体				
2450 MHz, 1.2 kW 对比 13.56 MHz 射频放电，650 Pa，200 W	N_2 和 H_2（体积比 1∶4, 1.2 L/h）	—	微波放电比射频放电输入功率更高，产生更多 NH_x，因而氨产量更高	[36]
30～280 W 260～2600 Pa	N_2 和 H_2	—	氨产量随气压升高而下降	[108]
大气压，1.3 kW，频率 2.45 GHz	N_2, Ar, He 和 H_2 15 L/min	—	气体淬火对氨的合成有效	[109]
射频放电				
MHz 级，6.67 mbar	N_2 和 H_2（体积比 1∶4）	铁丝	产量随铁丝数量增加而增加 铁丝作用下氨浓度提高 2 倍，联氨浓度提高两个数量级	[106]
6.67 mbar，180 W 对比微波等离子体	N_2 和 H_2	铁丝，钼丝	微波等离子体有更高氨产量，而联氨产量降低	[110]
ECR 等离子体				
600 Pa，200 W	N_2 和 H_2	不锈钢丝	N_2 分解吸附在不锈钢表面，有催化作用	[111]
介质阻挡放电（DBD）				
放电间隙 0.47 mm，10 kHz，0.8 W/cm²	N_2 和 H_2	α-Al_2O_3 粉末	氨浓度 1.25%，产氨能效 1.53～1.83 g/(kW·h)	[32]

等离子体/反应器类型及工作条件	反应气体	催化剂/电极材料	研究结果	参考文献
介质阻挡放电（DBD）				
放电间隙 0.47 mm 及 0.64 mm	CH_4 和 H_2	α-Al_2O_3 粉末	在停留时间 1.6 s 条件下氨 8000（10^{-6} 体积分数），氢气 9.1%（体积分数）	[42]
膜型催化剂结合 DBD 反应，大气压，2.5 ~ 4.5 kV，21.5 Hz	N_2 和 H_2（体积比 1：3）	Al，Ru	膜结构催化剂对放电电流及能量消耗物有明显改变	[35]
延伸热等离子体				
电弧 40 kPa，延伸区域 20 Pa，2 ~ 80 kV	N_2，H_2 和 Ar	—	氨最大摩尔分数 30%	[112]
脉冲强电场放电				
140 kV/cm，0.12 ms，1.2 kV/ns，500 Hz	N_2（0.06 m^3/h）和 H_2（0.076 m^3/h）	MgO	大气压下合成氨氨浓度达到 5000（10^{-6} 体积分数）	[113]

早期很多关于等离子体合成氨的研究是在低于大气压的环境下进行的（通常从几至几百帕），高能电子和离子扮演着重要角色。Sugiyama 等[105]报道了利用低气压辉光放电合成氨的研究成果，作者指出氨的产生发生在反应器表面。Yin 和 Venugopalan 也尝试过类似的辉光放电合成氨，并且对电极材料的影响进行了研究[107]。Uyama 等[36,110]对在低于大气压条件下的微波放电和射频放电进行了研究，并得出了一系列结论，例如相同条件下微波放电产氨量是射频放电的两倍；氨分子的形成不仅仅是由于 NH 与氢原子的反应，还包括与氢分子的反应[108]。除低气压的情况外，Nakajima 等[109]对大气压下的微波等离子体合成氨进行了研究并发现，在等离子体中加入氢气会减少氨的产量，然而在余辉区域加入氢气能够使氨浓度升高 20 倍。该研究还指出，适当的氩气稀释有利于提高氨的产量，实验中 10 L/min 的氩气稀释下氨产量提高了 25% ~ 30%，而超过 10 L/min 时氨产量则下降。

从工业应用角度考虑，大气压条件下的等离子体明显比低压等离子体更具有吸引力，反应器在大气压条件下运行可以降低对设备和操作的要求，利于连续生产。对比低压等离子体，大气压等离子体中电子和离子能量相对较低，而高密度的电中性自由基、激发态的原子在化学反应中则扮演主要角色。

大气压等离子体反应器有很多种类，由于易于与催化剂结合、操作方便等特点，DBD 反应器受到了研究者的青睐。填充床 DBD 反应器是最典型的等离子体催化反应器，很多文献报道了这类反应器运用在合成氨方面的研究。Peng 等[34]运用填充床 DBD 反应器在不同催化剂、载体及工作参数下对合成氨进行了探索。实验结果表明当 $v(N_2):v(H_2)$ 为 3:1 时氨的产量最高，在 10 kHz 和 6 kV 的电压下所得最优能效为 2.3 g NH_3/(kW·h)。值得注意的是，该研究中还提出了把氨从尾气中分离并把未反应的 N_2 和 H_2 回收利用，节省材料成本，介于目前等离子体合成氨技术转化率较低的情况，该研究对提高工艺整体经济性有积极的意义。Akay 和 Zhang[114] 对不同电极配置的填充床 DBD 反应器合成氨效果进行了对比，其中单介质层（介质覆盖高压极）反应器在有催化剂和无催化剂条件下的特定能耗分别为 81 MJ/mol 和 112 MJ/mol，而双介质层（高压极和接地极均被介质层覆盖）反应器在无催化剂时的特定能耗为 143 MJ/mol 和 132 MJ/mol。

Mizushima 等 [35] 报道了使用管式装有膜状催化剂（氧化铝和钌）的 DBD 反应器对合成氨的研究，反应器如图 9-8 所示。N_2 与 H_2 混合后通入该反应器，工作电压和频率为 2.5～4.5 kV 和 21.5 kHz。由于这样的设计不改变等离子体的电流和能耗，因而钌和氧化铝只是作为催化剂促进氨形成，可能不会影响等离子体的状态。

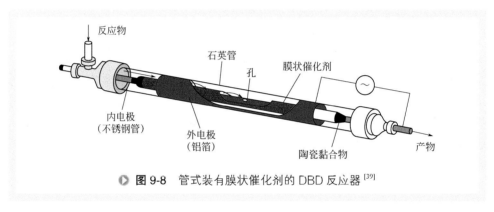

● 图 9-8　管式装有膜状催化剂的 DBD 反应器 [39]

Bai 等 [32] 报道了用微间隙 DBD 反应器在大气压下进行合成氨的反应。该研究将 0.25 mm 的 α-Al_2O_3 粉末层喷涂在两侧的电极上作为绝缘介质层，放电间隙为 0.47 mm。该实验反应物为 N_2 和 H_2，所得终产物氨 12500（10^{-6} 体积分数），能效约为 1.53～1.83 g/(kW·h)。以 CH_4 和 N_2 作为反应物在微间隙 DBD 反应器中进行合成氨研究，得到氨的最高浓度为 8000（10^{-6} 体积分数），同时该反应器中还有 9.1%（体积分数）氢气产生 [42]。

电极的形状和材料对 DBD 反应器合成氨的能力也有重要影响。不同于常见的实心电极设计，Aihara 等 [115] 采用了丝绒状铜材料作为高压电极（如图 9-9）所示，使用这样的 DBD 反应器在 $v(H_2):v(N_2)$ 为 3:1 的条件下取得了氨浓度为 3.5%（体积分数），能效为 3.30 g/(kW·h) 的结果。其中一个重要因素是铜电极材料的催化效果，该效果随实验次数增加（导致反应器内壁铜沉积量的增加）而改变。随后该研究组又对不同材料的丝绒状电极进行了实验，Au 电极在测试的 12 种电极材料中表现出了最佳的催化活性 [116]。

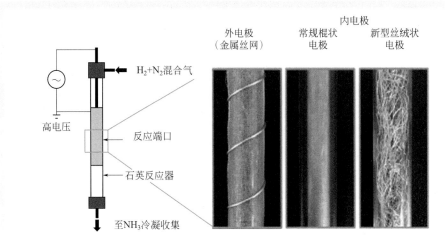

外电极
（金属丝网）

内电极
常规棍状电极　　新型丝绒状电极

H$_2$+N$_2$混合气

高电压

反应端口

石英反应器

至NH$_3$冷凝收集

▶ **图 9-9**　丝绒状电极 DBD 反应器[115]

其他类型的等离子体反应器合成氨的研究在文献中也有报道，例如 Bai 等[113] 运用平行板电极反应器产生脉冲流注放电，Kiyooka 等[111] 使用ECR 等离子体在 600 Pa 左右进行实验，以及 Helden 等[112] 使用扩展型热等离子体反应器进行反应。滑动电弧放电等一些在其他反应中有良好表现的等离子体反应器目前尚未在与合成氨相关的研究中报道过，但随着研究的深入，越来越多不同类型的等离子体及反应器的报道将会出现。各种不同类型的等离子体及反应器的设计为提高合成氨产量和能效提供了潜在可能性。

二、等离子体催化合成氨

等离子体催化技术在近年来受到了广泛的关注，在合成氨领域，很多研究通过在等离子体中引入催化剂提高了合成氨的产量，并且为等离子体催化反应机理的研究提供了重要信息。早在 1986 年，Sugiyama 等[105] 就对一些金属氧化物材料在 N$_2$-H$_2$ 等离子体中的催化效果进行了报道。通过实验观察到了氧化镁和氧化钙在等离子体合成氨的反应中具有催化效果，而在酸性氧化物（如 Al$_2$O$_3$、WO$_3$ 等）的实验中并未观察到氨的产生。同时该研究认为激发态的氮分子分解吸附到催化剂表面，随后通过与气态的氢结合形成 NH 和 NH$_2$，进而最终形成氨。此外，一些金属如 Cu 和 CuZn 展示出了更好的催化活性。Yin 和 Venugopalan[107] 对低气压下多种金属材料的催化活性进行了对比，依据实验结果对材料催化活性的排序为：Pt > SS > Ag > Fe > Cu > Al > Zn。另一些研究中，Uyama 等[106] 和 Tanaka 等[110] 通过实验发现反应器中铁丝具有催化效果，同时 Tanaka 还发现铁丝作用下氨的产量比钼丝作用下高。

Mizushima 等[39]在 DBD 反应器中加入膜状氧化铝管，并在上面负载了 Ru、Ni 及 Fe 等金属，然后通过实验研究他们的催化效果，结果证明产氨量有以下序列：Ru > Ni > Pt > Fe > 无负载的氧化铝膜。该研究提出，在无催化剂作用下氨的生成有两条途径，一是在气态环境中生成，二是在反应器表面生成，其中表面反应占主导地位。在有催化剂存在的情况下，含氮组分主要吸附在氧化铝表面，而活性金属促进了这些吸附在表面的氮原子加氢形成氨。其中限制合成氨反应速率的步骤是加氢，而并非氮的分解吸附，因此在不同的活性金属作用下氨的产量有所不同。

一些研究组在等离子体合成氨的研究中使用了负载型催化剂。Xie 等[117]以 Ru/Al$_2$O$_3$ 作为催化剂，在 DBD 反应器中对 N$_2$、H$_2$ 和 H$_2$O 体系进行了合成氨实验。结果表明在氢浓度较低时 H$_2$O 的存在增加了氨的产量。除了氨外，产物中还存在少量副产物如 N$_2$O 和 NO$_2$，这些产物随 H$_2$ 含量的升高而降低。Hong 等[118]在 α-Al$_2$O$_3$ 球体上涂覆金刚石和类金刚石层作为催化剂进行合成氨研究，实验表明碳基涂层对等离子体的催化有重要影响，而这可能是由于对等离子体参数的改变以及表面反应的改变两个方面。Peng 等[119]在等离子体合成氨的过程中使用了钌基多功能介孔催化剂，通过对运行参数的变换，在 5 kV 和 26 kHz 的条件下取得了合成氨最优效率，1.7 g/(kW·h)。对比金属氧化物载体，所使用的 Si-MCM-41 材料具有较大表面积、低电导率、固定结构且存在内部连通的孔，使其有更高的合成氨效率。在另一个研究中[34]，Peng 等使用了以碳纳米管为载体，Cs 为助剂的钌基催化剂，并在 13X 分子筛和 Amberlyst 15 等微孔吸收剂的作用下取得了合成氨的最优效率。当电压和频率为 6 kV、10 kHz，v(N$_2$)∶v(H$_2$) 为 3∶1 的情况下，合成氨最优效率为 2.3g NH$_3$/(kW·h)。

催化剂的结构、形状也是影响等离子体催化剂效果的一个重要因素，对气流情况、电参数、表面积等十分重要。在等离子体合成氨相关文献中出现过的催化剂有粉末状、丝状、颗粒状、膜状等，其中在填充床 DBD 反应器中最常见的是颗粒状催化剂。Kim 等[31]认为粉末状催化剂在等离子体中会因为带电荷和静电原因散布开来，不适合进行稳定的研究。他们在 DBD 反应器中使用了颗粒状催化剂 Ru(2)-Mg(5)/γ-Al$_2$O$_3$ 进行合成氨的研究，同时对催化剂助剂材料的效果进行了对比，发现了以下效果排序：Mg > K > Cs > 无助剂。也有一些使用其他形状催化剂进行研究的例子，前一节中提到的 Aihara 和 Iwamoto 的研究，就在实验中观测到了丝绒状金属的催化效果，其中丝绒状金属材料主要作为高压电极用来产生等离子体，而催化效果也与实验过程中金属材料在反应器内壁上的沉积情况有关。

除了催化的作用，催化剂材料也对等离子体特性存在影响，进而对氨的合成产生影响。Gómez-Ramírez 等[120]在 DBD 反应器中引入铁电材料 BaTiO$_3$ 和 PZT，取得了促进的效果，而这样积极的影响是由于铁电材料对放电的影响和铁电材料表面发生催化反应两方面的原因。使用 PZT 比 BaTiO$_3$ 取得的氨产量更高，在优化条件下氮转化率可达到 2.7%。在随后的研究中[121]，他们又通过进一步优化取得了高达

7% 的转化率。

三、等离子体合成氨技术的优化

等离子体合成氨技术目前仍处于探索研发阶段，尚且无法与现存的哈伯 - 博施工艺直接进行比较，特别是产氨能效需要大幅度提高。未来的研究需要更加深入了解等离子体与催化剂的协同作用，同时大幅提升产氨能效。从整体上考虑，一方面需要利用较高能量激活氮分子，扩大氨的产量，另一方面需要控制所产生氨在等离子体作用下的分解。Hong 等 [38] 总结了优化等离子体催化合成氨技术的 6 个可能的研究方向：

① 优化等离子体中的电子温度和密度；
② 控制气体温度以优化表面反应；
③ 催化剂的优化；
④ 利用脉冲激发等离子体以取得能效的提高；
⑤ 扩大放电体积；
⑥ 优化反应器设计。

除此之外，还可以与其他技术相结合，通过彼此间的协同作用达到优化的目的。例如 Sakakura 等 [122] 通过使用紫外光源与等离子体结合，在氮气与水的气液界面生成氨。UV 辐射液面有助于产生氢，从而促进氨的生成，增加产量。另一个研究中，Haruyama 等 [123] 通过类似的实验对反应机理进行了概括，并提出从液相水表面提取氢是决定合成氨反应速率的步骤。由于这样的反应中不需要氢气，不用考虑产氢的能耗及二氧化碳的排放等问题。值得注意的是在与其他技术结合时，需要考虑额外的能耗。此外，在反应器的研发中还可以考虑产物即时的分离、吸收 [30]，以减少产物的分解。

第四节　展望

等离子体固氮技术有着较悠久的历史，早在 1903 年，商业化的热等离子体固氮工艺就已经出现了。然而由于能效较低，最终被放弃。随着等离子体技术的发展，等离子体固氮技术的研究受到了越来越多的关注，特别是非热等离子体具有可观的前景。近年来出现的对等离子体固氮技术的研究主要包括等离子体类型、反应器设计以及与催化剂的结合，在探究反应机理的同时提高合成氮氧化物和氨的能效和产量。哈伯 - 博施工艺在过去 100 年间不断得到改进与优化，非常接近理论能效极限，而至今非热等离子体固氮技术仍处于研究阶段，因此目前不能将其与哈伯-博施工艺进行直接比较。此外等离子体与催化剂的协同效果、反应机理目前尚未被全面解析。因此，非热等离子体固氮技术存在较大的潜力和发展空间，未来还需要更多全面、深入的研究。

现阶段对等离子体固氮技术的研究主要集中在等离子体反应、反应器及催化剂这几个方面，未来对于整套工艺的研发还应考虑原料来源、产物的分离与吸收、未反应的原料回收等环节，以及这些环节中的能量消耗。此外，工业化的等离子体设备并不多见，在未来的研究中还需要注意工艺放大的问题。在这方面可以借鉴工业化的等离子体臭氧发生器和大型空气净化设备等领域的经验。等离子体对比传统哈伯-博施工艺具有一些明显的优点，例如等离子体合成氮氧化物不需要氢气作为原料，甚至可以直接利用空气作为原料，并且无需高温、高压的工作条件，有利于合成后续的分离回收等环节。随着可再生能源技术的日益成熟，对于风能、太阳能的开发利用越来越普遍。等离子体固氮技术由于其小型化、反应条件不苛刻等特点，非常适合与新能源相结合。另一方面，非集中化生产的概念在化工领域逐渐被接受，新能源驱动的等离子体固氮工艺显然非常适合进行此类非集中化生产，而且这一类新型的等离子体固氮工艺将更为绿色环保。可以预见的是，在未来可再生能源发电价格下降的趋势下，固氮生产成本将降低，使得等离子体固氮工艺变得更加经济。

对新型等离子体固氮工艺的开发研究还应结合对工艺可持续性及经济性的评估学习，全面分析其在不同环境下的适用性。Anastasopoulou 等对可再生能源驱动的等离子体固氮工艺进行了生命周期评估，结果表明在利用太阳能和尾气充分回收的情况下，等离子体工艺生产硝酸盐对比传统工艺的全球变暖潜能值改善了约19%[124]。在另一项研究中，作者还对可再生能源驱动的小型等离子体氮肥生产工艺在非洲的可行性进行了分析，其中模拟了肯尼亚和南非风能和太阳能混合驱动固氮工艺的情况，对工艺的经济性进行了评估[125]。该类研究对研发具有工业化应用前景的等离子体固氮工艺具有重要的指导意义。

近年来，不论是基础研究领域还是工业化研究领域，对等离子体固氮技术的重视程度越来越高。欧盟第七次框架内 MAPSYN 科研项目中[126]，埃因霍芬理工大学在等离子体固氮技术方面的研究取得了一定成果。由该研究组带头开展的 2018 年荷兰科研项目[127]将对等离子体固氮结合精密种植技术进行研究。此外包括美国、英国、比利时、爱尔兰在内的世界多个国家都有等离子体固氮相关的科研项目在开展。工业界，Evonik 公司已经对半工业化规模的等离子体固氮工艺进行了研发，所设计的 Eco-Trainer 集装箱化工厂以风能发电驱动等离子体进行固氮，实现就地利用可再生能源和原料生产肥料[128]。在如此良好的发展趋势下，未来将会出现更多等离子体固氮技术相关的研究，期待更多更好的成果能够不断涌现出来。

参考文献

[1] Canfield D E, Glazer A N, Falkowski P G. The evolution and future of earth's nitrogen cycle[J]. Science, 2010, 330: 192-196.

[2] Schrock R R. Reduction of dinitrogen[J]. Proc Natl Acad Sci, 2006, 103(46): 17087.

[3] Patil B S, Wang Q, Hessel V, et al. Plasma N_2-fixation: 1900-2014[J]. Catalysis Today, 2015, 256: 49-66.

[4] Liu Z. National carbon emissions from the industry process: Production of glass, soda ash, ammonia, calcium carbide and alumina[J]. Appl Energy, 2016, 166: 239-244.

[5] Nørskov J, Chen J. DOE roundtable report: Sustainable ammonia synthesis[R]. Dulles: DOE, 2016.

[6] Cherkasov N, Ibhadon A O, Fitzpatrick P. A review of the existing and alternative methods for greener nitrogen fixation[J]. Chem Eng Process Process Intensif, 2015, 90: 24-33.

[7] Birkeland K. On the oxidation of atmospheric nitrogen in electric arcs[J]. Transactions of the Faraday Society, 1906, 58: 98.

[8] Eyde S. Oxidation of atmospheric nitrogen and development of resulting industries in Norway[J]. Ind Eng Chem, 1912, 4(10): 771-774.

[9] McCollum E D, Daniels F. Experiments on the arc process for nitrogen fixation[J]. Ind Eng Chem, 1923, 15(11): 1173-1175.

[10] Partridge W S, Parlin R B, Zwolinski B J. Fixation of nitrogen in a crossed discharge[J]. Ind Eng Chem, 1954, 46(7): 1468-1471.

[11] Rahman M, Cooray V. NO_x generation in laser-produced plasma in air as a function of dissipated energy[J]. Opt Laser Technol, 2003, 35(7): 543-546.

[12] Namihira T, Tsukamoto S, Wang D, et al. Production of nitric monoxide in dry air using pulsed discharge[C]. 12th IEEE Int Pulsed Power Conf, 1999, 2: 1313-1316.

[13] Rusanov V D, Fridman A A, Sholin G V. The physics of a chemically active plasma with nonequilibrium vibrational excitation of molecules[J]. Sov Phys Uspekhi, 1981, 24: 447-474.

[14] Rusanov V D, Fridman A A, Sholin G V. Plasma Chemistry[M]. Moscow: Atomizdat, 1978.

[15] Fauchais P, Rakowitz J. Physics on plasma chemistry[J]. J Phys Colloq, 1979, 40: 289-312.

[16] Whitehead J C. The chemistry of cold plasma //Cold plasma in food and agriculture: Fundamentals and applications[M]. Elsevier Inc, 2016.

[17] Penetrante B M, Bardsley J N, Hsiao M C. Kinetic analysis of non-thermal plasma used for pollution control[J]. Japanese J apply Phys, 1997, 36: 5007-5017.

[18] Wang W, Patil B S, Heijkers S, et al. Nitrogen fixation by gliding arc plasma: Better insight

by chemical kinetics modeling[J]. ChemSusChem, 2017, 10(10): 2145-2157.

[19] Patil B S, Hessel V, Lang J, et al. Plasma-assisted nitrogen fixation reactions //Stefanidis G, Stankiewicz A. Alternative energy sources for green chemistry[M]. Cambridge: Royal Society of Chemistry, 2016: 296-338.

[20] Rapakoulias D, Cavadias S, Amouroux J, et al. Processus catalytiques dans un réacteur à plasma hors d' équilibre Ⅱ. Fixation de l' azote dans le système N_2-O_2[J]. Rev Phys Appl, 1980, 15(7): 1261-1265.

[21] Amouroux J, Cavadias S, Rapakoulias D. Réacteur de synthèse et de trempe dans un plasma hors d' équilibre: Application à la synthèse des oxydes d'azote[J]. Rev Phys Appl, 1979, 14(12): 969-976.

[22] Macheret S O, Rusanov V D, Fridman A A, et al. Synthesis of nitrogen oxides in a nonequilibrium plasma[J]. Pisma v Zhurnal Tekhnicheskoi Fiziki, 1978, 4: 346-351.

[23] Fridman A. Gas-phase inorganic synthesis in plasma // Plasma chemistry[M]. New York: Cambridge University Press, 2008: 355-416.

[24] Fitzsimmons C, Shawcross J T, Whitehead J C. Plasma-assisted synthesis of N_2O_5 from NO_2 in air at atmospheric pressure using a dielectric pellet bed reactor[J]. J Phys D Appl Phys, 1999, 32(10): 1136-1141.

[25] Malik M A. Nitric oxide production by high voltage electrical discharges for medical uses: A review[J]. Plasma Chem Plasma Process, 2016, 36(3): 737-766.

[26] Cavadias S, Amouroux J. Nitrogen-oxides synthesis in plasmas[J]. Bull la Soc Chim Fr z, 1986: 147-158.

[27] Gicquel A, Cavadias S, Amouroux J. Heterogeneous catalysis in low-pressure plasmas[J]. J Phys D Appl Phys Rev, 1986, 19: 2013-2042.

[28] Mutel B, Dessaux O, Goudmand P. Energy cost improvement of the nitrogen oxides synthesis in a low pressure plasma[J]. Rev Phys Appl, 1984, 19: 461-464.

[29] Neyts E C, Ostrikov K, Sunkara M K, et al. Plasma catalysis: Synergistic effects at the nanoscale[J]. Chem Rev, 2015, 115(24): 13408-13446.

[30] Peng P, Chen P, Schiappacasse C, et al. A review on the non-thermal plasma-assisted ammonia synthesis technologies[J]. J Clean Prod, 2018, 177: 597-609.

[31] Kim H H, Teramoto Y, Ogata A, et al. Atmospheric-pressure nonthermal plasma synthesis of ammonia over ruthenium catalysts[J]. Plasma Process Polym, 2017, 14(6): 1-9.

[32] Bai M, Zhang Z, Bai X, et al. Plasma synthesis of ammonia with a microgap dielectric barrier discharge at ambient pressure[J]. IEEE Trans Plasma Sci, 2003, 31(6): 1285-1291.

[33] Eliasson B, Kogelschatz U. Nonequilibrium volume plasma chemical processing[J]. IEEE Trans Plasma Sci, 1991, 19(6): 1063-1077.

[34] Peng P, Li Y, Cheng Y, et al. Atmospheric pressure ammonia synthesis using non-thermal

plasma assisted catalysis[J]. Plasma Chem Plasma Process, 2016, 36(5): 1201-1210.

[35] Mizushima T, Matsumoto K, Sugoh J I, et al. Tubular membrane-like catalyst for reactor with dielectric-barrier-discharge plasma and its performance in ammonia synthesis[J]. Appl Catal A Gen, 2004, 265(1): 53-59.

[36] Uyama H, Matsumoto O. Synthesis of ammonia in high-frequency discharges[J]. Plasma Chem Plasma Process, 1989, 9(1): 13-24.

[37] Hong J, Pancheshnyi S, Tam E, et al. Kinetic modelling of NH_3 production in N_2-H_2 non-equilibrium atmospheric-pressure plasma catalysis[J]. J Phys D Appl Phys, 2017, 50(15): 154005.

[38] Hong J, Prawer S, Murphy A B. Plasma catalysis as an alternative route for ammonia production: Status, mechanisms, and prospects for progress[J]. ACS Sustain Chem Eng, 2018, 6(1): 15-31.

[39] Mizushima T, Matsumoto K, Ohkita H, et al. Catalytic effects of metal-loaded membrane-like alumina tubes on ammonia synthesis in atmospheric pressure plasma by dielectric barrier discharge[J]. Plasma Chem Plasma Process, 2007, 27(1): 1-11.

[40] Mehta P, Barboun P, Herrera F, et al. Overcoming ammonia synthesis scaling relations with plasma-enabled catalysis[J]. Nature Catalysis, 2018, 1: 269-275.

[41] Rouwenhorst K, Kim H, Lefferts L. Vibrationally excited activation of N_2 in plasma-enhanced catalytic ammonia synthesis: A kinetic analysis[J]. ACS Sustainable Chemistry & Engineering, 2019, 7(20): 17515-17522.

[42] Bai M, Zhang Z, Bai M, et al. Synthesis of ammonia using CH_4/N_2 plasmas based on micro-gap discharge under environmentally friendly condition[J]. Plasma Chem Plasma Process, 2008, 28(4): 405-414.

[43] Horvath G, Mason N J, Polachova L, et al. Packed bed DBD discharge experiments in admixtures of N_2 and CH_4[J]. Plasma Chem Plasma Process, 2010, 30(5): 565-577.

[44] Pringle K J, Whitehead J C, Wilman J J, et al. The chemistry of methane remediation by a non-thermal atmospheric pressure plasma[J]. Plasma Chem Plasma Process, 2004, 24(3): 421-434.

[45] Fraser M E, Fee D A, Sheinson R S. Decomposition of methane in an AC discharge[J]. Plasma Chem Plasma Process, 1985, 5(2): 163-173.

[46] Rapakoulias D, Amouroux J. Réacteur de synthèse et de trempe dans un plasma hors d'équilibre : Application à la synthèse de C_2H_2 et HCN[J]. Rev Phys Appl, 1979, 14: 961-968.

[47] Rapakoulias D, Amouroux J, et al. Processus catalytiques dans un réacteur à plasma hors d'équilibre Ⅰ. Fixation de l'azote dans le système N_2-CH_4[J]. Rev Phys Appl, 1980, 15: 1251-1259.

[48] Freeman M P, Mentzer C C. Production of hydrogen cyanide from methane in a nitrogen plasma jet: Effect of argon dilution[J]. Ind Eng Chem Process Des Dev, 1970, 9(1): 39-42.

[49] Amouroux J, Rapakoulias D. Étude thermodynamique et expérimentale du système CH_4N_2 dans un réacteur à plasma[J]. Rev Phys Appl, 1977, 12: 1013-1021.

[50] Zen S, Abe T, Teramoto Y. Indirect synthesis system for ammonia from nitrogen and water using nonthermal plasma under ambient conditions[J]. Plasma Chem Plasma Process, 2018, 38(2): 347-354.

[51] Bequin C P, Ezell J B, Salvemini A, et al. The application of plasma to chemical synthesis[M]. Massachussetts: MIT Press, 1967.

[52] LaRoche M J. La chimie des hautes temperatures[M]. Paris: CNRS, 1955.

[53] Jackson K, Bloom M S. Method of conducting gaseous chemical reactions[P]. BP 915771A. 1963-01-16.

[54] Matsuuchi H, Hirose T, Ryuichi Iwasaki, et al. High concentration NO_2 generating system and method for generating high concentration NO_2 using the generating system[P]. US 8425852B2. 2013-04-23.

[55] Chen H L. Nitrogen fixation method and apparatus[P]. US 4399012. 1983-08-16.

[56] Kim T, Song S, Kim J, et al. Formation of NO_x from air and N_2/O_2 mixtures using a nonthermal microwave plasma system[J]. Jpn J Appl Phys, 2010, 49(12): 1-8.

[57] Grosse A, Stokes C, Cahill J A, et al. Final annual report[R]. 1961.

[58] Timmins R, Amman P. Plasma applications in chemical processes[M]. Moscow: Mir(world), 1970.

[59] Ingels R. Energy efficient process for producing nitrogen oxide[P]. WO 2012150865A1. 2012-11-08.

[60] Bo Z, Yan J, Li X, et al. Nitrogen dioxide formation in the gliding arc discharge-assisted decomposition of volatile organic compounds[J]. J Hazard Mater, 2009, 166(2-3): 1210-1216.

[61] Richard F, Cormier J, Pellerin S, et al. NO production in a gliding arc discharge[C]. Proceedings of the 4th International Thermal Plasma Process Conference, 1997: 343-351.

[62] Janda M, Martišovitš V, Hensel K, et al. Generation of antimicrobial NO_x by atmospheric air transient spark discharge[J]. Plasma Chem Plasma Process, 2016, 36(3): 767-781.

[63] Amouroux J, Rapakoulias D. Experimental study on nitrogen fixation in a high-frequency plasma reactor-case of the methane-nitrogen system[C]. 3rd Int Symposium on Plasma Chemistry, Limoge, 1977.

[64] Amouroux J, Rapakoulias D, Cavadias S. Method and device for preparation of nitric oxides[P]. CH 645321A5. 1984-09-28.

[65] Diaz L F A. Cold and hot plasma process from oxygen and nitrogen for the production of a

nitrogen containing fertiliser[P]. MX 2008013634A. 2010-04-23.

[66] Czernichowski A. Gliding arc: Applications to engineering and environment control[J]. Pure Appl Chem, 1994, 66(6): 1301-1310.

[67] Indarto A, Yang D R, Choi J W, et al. Gliding arc plasma processing of CO_2 conversion[J]. J Hazard Mater, 2007, 146: 309-315.

[68] Nunnally T, Gutsol K, Rabinovich A, et al. Dissociation of CO_2 in a low current gliding arc plasmatron[J]. J Phys D Appl Phys, 2011, 44: 274009.

[69] Tao X, Bai M, Li X, et al. CH_4-CO_2 reforming by plasma-challenges and opportunities[J]. Prog Energy Combust Sci, 2011, 37(2): 113-124.

[70] Petitpas G, Rollier J D, Darmon A, et al. A comparative study of non-thermal plasma assisted reforming technologies[J]. Int J Hydrogen Energy, 2007, 32(14): 2848-2867.

[71] Kalra C S, Gutsol A F, Fridman A A. Gliding arc discharges as a source of intermediate plasma for methane partial oxidation[J]. IEEE Trans Plasma Sci, 2005, 33(11): 32-41.

[72] Burlica R, Kirkpatrick M J, Locke B R. Formation of reactive species in gliding arc discharges with liquid water[J]. J Electrostat, 2006, 64(1): 35-43.

[73] Cormier J M, Aubry O, Khacef A. Degradation of organics compounds and production of activated species in dielectric barrier discharges and glidarc reactors// Gibson K, Güçeri S, Haas C, et al. Plasma assisted decontamination of biological and chemical agents[M]. Netherlands: Springer, 2011: 125-134.

[74] Czekalska Z. Gases conversion in low temperature plasma[J]. Arch Combust, 2010, 30(4): 337-346.

[75] Patil B S, Rovira P J, Hessel V, et al. Plasma nitrogen oxides synthesis in a milli-scale gliding arc reactor: Investigating the electrical and process parameters[J]. Plasma Chem Plasma Process, 2016, 36(1): 241-257.

[76] Pacheco J, García M, Pacheco M, et al. Degradation of tetrafluoroethane using three-phase gliding arc plasma[J]. J Phys Conf Ser, 2012, 370: 012014.

[77] Baba T, Takeuchi Y, Stryczewska, et al. Study of 6 electrodes gliding arc discharge configuration[J]. Przegląd Elektrotechniczny(Electrical Rev), 2012, 88(6): 86-88.

[78] Ramakers M, Medrano J A, Trenchev G, et al. Revealing the arc dynamics in a gliding arc plasmatron: A better insight to improve CO_2 conversion[J]. Plasma Sources Sci Technol, 2017, 26(12): 125002.

[79] Trenchev G, Kolev S, Wang W, et al. CO_2 conversion in a gliding arc plasmatron: multidimensional modeling for improved efficiency[J]. J Phys Chem C, 2017, 121(44): 24470-24479.

[80] Trenchev G, Kolev S, Bogaerts A. A 3D model of a reverse vortex flow gliding arc reactor[J]. Plasma Sources Sci Technol, 2016, 25(3): 035014.

[81] Kalra C S, Cho Y I, Gutsol A, et al. Gliding arc in tornado using a reverse vortex flow[J]. Rev Sci Instrum, 2005, 76(2): 025110.

[82] Yang J, Li T, Zhong C, et al. Nitrogen fixation in water using air phase gliding arc plasma[J]. J Electrochem Soc, 2016, 163(10): E288-E292.

[83] Ji S H, Kim T, Panngom K, et al. Assessment of the effects of nitrogen plasma and plasma-generated nitric oxide on early development of coriandum sativum[J]. Plasma Process Polym, 2015, 12(10): 1164-1173.

[84] Heuer K, Hoffmanns M A, Demir E, et al. The topical use of non-thermal dielectric barrier discharge(DBD): Nitric oxide related effects on human skin[J]. Nitric Oxide - Biol Chem, 2015, 44: 52-60.

[85] Elsaadany M, Subramanian G, Ayan H, et al. Exogenous nitric oxide(NO) generated by NO-plasma treatment modulates osteoprogenitor cells early differentiation[J]. J Phys D Appl Phys, 2015, 48(34): 345401.

[86] Pei X, Lu X, Liu J, et al. Inactivation of a 25.5μm enterococcus faecalis biofilm by a room-temperature, battery-operated, handheld air plasma jet[J]. J Phys D Appl Phys, 2012, 45(16): 165205.

[87] Sun Q, Zhu A, Yang X, et al. Formation of NO_x from N_2 and O_2 in catalyst-pellet filled dielectric barrier discharges at atmospheric pressure[J]. Chem Commun, 2003, 5(12): 1418.

[88] Patil B S, Cherkasov N, Lang J, et al. Low temperature plasma-catalytic NO_x synthesis in a packed DBD reactor: Effect of support materials and supported active metal oxides[J]. Appl Catal B Environ, 2016, 194(x): 123-133.

[89] Cavadias S, Amouroux J. Process and installation for heating a fluidized bed by plasma injection[P]. US 4469509. 1984-09-04.

[90] Coudert J F, Baronnet J M, Rakowitz J, et al. Synthesis of nitrogenoxides in a plasma produced by a jet arc generator[C]. 3rd Int Symposium on Plasma Chemistry, Limoge, 1977.

[91] O'Hare L R. Nitrogen fixation by plasma and catalyst[P]. US 4451436. 1984-05-29.

[92] O'Hare L R. Nitrogen fixation by electric arc and catalyst[P]. US 4877589. 1989-10-31.

[93] Polak L S, Shchipachev V S. Kinetics and thermodynamics of chemical reactions in low temperature plasma[M]. Moscow, 1965.

[94] Krop I, Pollo J. Chemical reactors for synthesis of nitrogen oxide in a stream of low-temperature plasma. Ⅲ. Reactor to freeze reaction products by injection of water[J]. Chemia, 1981, 678(97): 51-59.

[95] Krop I, Pollo J. Chemical reactors for synthesis of nitrogen oxide in low temperature of air plasma jet. Ⅱ. Efficiency of nitrogen oxide synthesis in reactors with rotating disk[J]. Chemia, 1980, 633(92): 25-33.

[96] Alekseev A M, Atamanov V M, Erastov E M, et al. Investigation of dissociation and

synthesis in plasma chemical reactors based on plasma-beam discharge[J]. Int Symp Plasma Chem, 1979, 2: 427-432.

[97] Baronnet J M, Coudert J F, Rakowitz J, et al. Nitrogen oxides synthesis in a DC plasma jet[C]. 4th Int Symposium on Plasma Chemistry, Zurich, 1979.

[98] Vakar A K, Denisenko V P, Rusanov V D. Experimental study of plasma-chemistry synthesis in N_2-H_2 systems under non-self-sustained atmospheric discharge simulated by high current electron beam[C]. 3rd Int Symposium on Plasma Chemistry, Limoge, 1977.

[99] Polak L S, Ovsiannikov A A, Slovetsky D I, et al. Theoretical and applied plasma chemistry[M]. Moscow, 1975.

[100] Asisov R I, Givotov V K, Rusanov V D, et al. High energy chemistry(khimia vysokikh energij)[J]. Sov Phys, 1980, 14: 366.

[101] Malik M A, Jiang C, Heller R, et al. Ozone-free nitric oxide production using an atmospheric pressure surface discharge—a way to minimize nitrogen dioxide co-production[J]. Chem Eng J, 2016, 283: 631-638.

[102] Patil B S, Peeters F J J, van Rooij G J, et al. Plasma assisted nitrogen oxide production from air: Using pulsed powered gliding arc reactor for a containerized plant[J]. AIChE J, 2018, 64(2): 526-537.

[103] Appl M. Ammonia. 2. production processes//Ullmann's encyclopedia of industrial chemistry[M]. 2012: 295-338.

[104] Eremin E N, Maltsev A N, Syaduk V L. Catalytic synthesis of ammonia in a barrier discharge[J]. Russ J Phys Ch USSR, 1971, 45(5): 635-636.

[105] Sugiyama K, Akazawa K, Oshima M, et al. Ammonia synthesis by means of plasma over MgO catalyst[J]. Plasma Chem Plasma Process, 1986, 6(2): 179-193.

[106] Uyama H, Nakamura T, Tanaka S, et al. Catalytic effect of iron wires on the synthesis of ammonia and hydrazine in a radio-frequency discharge[J]. Plasma Chem Plasma Process, 1993, 13(1): 117-131.

[107] Yin K S, Venugopalan M. Plasma chemical synthesis. Ⅰ. Effect of electrode material on the synthesis of ammonia[J]. Chem Plasma Process Plasma, 1983, 3(3): 343-350.

[108] Uyama H, Matsumoto O. Synthesis of ammonia in high-frequency discharges. Ⅱ. Synthesis of ammonia in a microwave discharge under various conditions[J]. Plasma Chem Plasma Process, 1989, 9(3): 12.

[109] Nakajima J, Sekiguchi H. Synthesis of ammonia using microwave discharge at atmospheric pressure[J]. Thin Solid Films, 2008, 516(13): 4446-4451.

[110] Tanaka S, Uyama H, Matsumoto O. Synergistic effects of catalysts and plasmas on the synthesis of ammonia and hydrazine[J]. Plasma Chem Plasma Process, 1994, 14(4): 491-504.

[111] Kiyooka H, Matsumoto O. Reaction scheme of ammonia synthesis in the ECR plasmas[J]. Plasma Chem Plasma Process, 1996, 16(4): 547-562.

[112] Van Helden J H, Wagemans W, Yagci G, et al. Detailed study of the plasma-activated catalytic generation of ammonia in N_2-H_2 plasmas[J]. J Appl Phys, 2007, 101(4): 1-12.

[113] Bai M D, Bai X Y, Zhang Z T. Synthesis of ammonia in a strong electric field discharge at ambient pressure[J]. Plasma Chem Plasma Process, 2000, 20(4): 511-520.

[114] Akay G, Zhang K. Process intensification in ammonia synthesis using novel coassembled supported microporous catalysts promoted by nonthermal plasma[J]. Ind Eng Chem Res, 2017, 56(2): 457-468.

[115] Aihara K, Akiyama M, Deguchi T, et al. Remarkable catalysis of a wool-like copper electrode for NH_3 synthesis from N_2 and H_2 in non-thermal atmospheric plasma[J]. Chem Commun, 2016, 52(93): 13560-13563.

[116] Iwamoto M, Akiyama M, Aihara K, et al. Ammonia synthesis on wool-like Au, Pt, Pd, Ag, or Cu electrode catalysts in nonthermal atmospheric-pressure plasma of N_2 and H_2[J]. ACS Catal, 2017, 7: 6924-6929.

[117] Xie D, Sun Y, Zhu T, et al. Ammonia synthesis and by-product formation from H_2O, H_2 and N_2 by dielectric barrier discharge combined with an Ru/Al_2O_3 catalyst[J]. RSC Adv, 2016, 6: 105338-105346.

[118] Hong J, Aramesh M, Shimoni O, et al. Plasma catalytic synthesis of ammonia using functionalized-carbon coatings in an atmospheric-pressure non-equilibrium discharge[J]. Plasma Chem Plasma Process, 2016, 36(4): 917-940.

[119] Peng P, Cheng Y, Hatzenbeller R, et al. Ru-based multifunctional mesoporous catalyst for low-pressure and non-thermal plasma synthesis of ammonia[J]. Int J Hydrogen Energy, 2017, 42(30): 19056-19066.

[120] Gómez-Ramírez A, Cotrino J, Lambert R M, et al. Efficient synthesis of ammonia from N_2 and H_2 alone in a ferroelectric packed-bed DBD reactor[J]. Plasma Sources Sci Technol, 2015, 24(6): 065011.

[121] Gómez-Ramírez A, Montoro-Damas A M, Cotrino J, et al. About the enhancement of chemical yield during the atmospheric plasma synthesis of ammonia in a ferroelectric packed bed reactor[J]. Plasma Process Polym, 2017, 14(6): 1-8.

[122] Sakakura T, Uemura S, Hino M, et al. Excitation of H_2O at the plasma/water interface by UV irradiation for the elevation of ammonia production[J]. Green Chem, 2018, 20(3): 627-633.

[123] Haruyama T, Namise T, Shimoshimizu N, et al. Non-catalyzed one-step synthesis of ammonia from atmospheric air and water[J]. Green Chem, 2016, 18(16): 4536-4541.

[124] Anastasopoulou A, Wang Q, Hessel V, et al. Energy considerations for plasma-assisted

N-fixation reactions[J]. Processes, 2014, 2(4): 694-710.

[125] Anastasopoulou A, Butala S, Patil B, et al. Techno-economic feasibility study of renewable power systems for a small-scale plasma-assisted nitric acid plant in africa[J]. Processes, 2016, 4(4): 54.

[126] http: //www. mapsyn. eu/

[127] http: //www. stw. nl/nl/content/plasmaponics-precision-horticulture-locally-plasma-produced-nitrogen-fertilizers

[128] http: //ecotrainer. evonik. com/

第十章

低温等离子体工业应用技术与装备

低温等离子体技术经历了一个由20世纪60年代初的空间等离子体研究向80年代和90年代以材料为导向的研究领域的转变，其间高速发展的微电子科学、环境科学、能源与材料科学等为低温等离子体科学发展带来了新的机遇和挑战。现在，低温等离子体因对高科技经济的发展及传统工业的改造产生了巨大的影响，从而成为一个具有全球影响力的重要科学与工程[1]。例如，1995年全球微电子工业的销售额达1400亿美元，而三分之一微电子器件设备采用等离子体技术；塑料包装材料90%都要经过低温等离子体的表面处理和改性。科学家预测21世纪低温等离子体科学与技术将会产生突破，比如用来制造特种性能优良的新材料，研究新的化学物质和化学过程，加工、改造和精制材料及其表面，薄膜沉积，等离子体聚合，微电路制造，焊接，工具硬化，超微粉的合成，等离子体喷涂，等离子体冶金，等离子体化工，等离子体三废处理，微波源等等，潜在市场巨大。

第一节　典型的等离子体放电现象和设备

一、辉光放电

辉光放电属于低气压放电，工作状态下压力一般都低于1000 Pa，其构造是在封闭的容器内放置两个平行的电极板，利用电子将中性原子和分子激发，当粒子由激发态降回至基态时会以光的形式释放出能量。电源可以是直流电源，也可以是交流电源。每种气体都有其典型的辉光放电颜色，荧光灯的发光即为辉光放电。因此，实验时若发现等离子体的颜色有误，通常代表气体的纯度有问题，一般是由漏气导致的。辉光放电是等离子体化学实验的重要工具，但因其受低气压的限制，在工业应用时存在不易连续化生产和应用成本高的问题，导致无法广泛应用于工业制造中。目前的应用范围仅局限于实验室、灯光照明产品和半导体工业等。

图 10-1 为真空低温等离子体，其压力一般低于 100 Pa，在腔室中用源激励产生等离子体放电。这种颜色是低气压下的空气放电，放电腔体可以做成各种形状，如圆形、方形、管式等，是一种经典的真空状态下的放电。

◉ **图 10-1** 低气压下电容耦合辉光等离子体

图 10-2 为管式低气压低温等离子体辉光放电的图片，该装置使用石英管作为腔体，以便观察放电形态。

◉ **图 10-2** 空气亚真空 DBD 同轴辉光放电产生的低温等离子体

图 10-3 是另外一种低气压下放电的等离子体，其等离子体中间区间接近于零电位，这在诊断中非常有用。由于测量电子温度时常用到探针，如果电位太高，

就很难进行诊断。该装置在高压电极上面加了电场屏蔽层，等离子体可以通过屏蔽网在空间运行到中间，中间的电位就会相对较低，可以用于电磁兼容的检测，也可以在中间放一些模型，检测对电磁波反射吸收的特性。所以，这种设备往往是窗口型的。

▶ 图 10-3　等离子体和无线电电磁兼容测试真空辉光放电产生的低温等离子体

二、介质阻挡放电

介质阻挡放电（DBD）是有绝缘介质插入放电空间的一种非平衡态气体放电[2]。介质阻挡放电能够在高气压和很宽的频率范围内工作，通常的工作气压为 $10^4 \sim 10^6$ Pa，电源频率在 50 Hz ～ 1 MHz 之间。在两个放电电极之间充满某种工作气体，并将其中一个或两个电极用绝缘介质覆盖，也可以将介质直接悬挂在放电空间或采用颗粒状的介质填充其中，当两电极间施加足够高的交流电压时，电极间的气体会被击穿而产生放电，即产生了介质阻挡放电。

电极结构的设计形式多种多样，如图 10-4 所示。目前常见的有管式和平板式。在实际应用中，管式的电极结构被广泛地应用于各种化学反应器中，而平板式电极结构则被应用于工业中的高分子和金属薄膜及板材的改性、接枝、表面张力的提高、清洗和亲水改性中。

介质阻挡放电通常由交变高压激励驱动，随着供给电压的升高，系统中反应气体的状态会经历三个阶段的变化，即会由绝缘状态逐渐至击穿最后发生放电。当供给的电压比较低时，虽然有些气体会有一些电离和游离扩散，但因含量太少、电流太小，不足以使反应区内的气体出现等离子体反应，此时的电流为零。随着供给电压的逐渐提高，反应区域中的电子也随之增加，但未达到反应气体的击穿电压

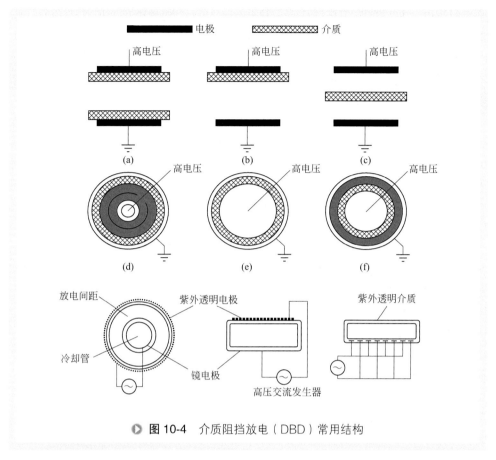

图 10-4   介质阻挡放电（DBD）常用结构

时，两电极间的电场比较低，无法提供足够的能量使气体分子进行非弹性碰撞，缺乏非弹性碰撞的结果是电子数不能大量增加，因此，反应气体仍然为绝缘状态，无法产生放电，此时的电流随着电极施加的电压提高而略有增加，但几乎为零。若继续提高供给电压，当两电极间的电场大到足够使气体分子进行非弹性碰撞时，气体将因为离子化的非弹性碰撞而大量增加，当空间中的电子密度高于临界值及帕邢（Paschen）击穿电压时，便产生许多微放电丝在两极之间导通，同时系统中可明显观察到发光的现象，此时，电流会随着施加的电压提高而迅速增加。

在介质阻挡放电中，当击穿电压超过帕邢击穿电压时，大量随机分布的微放电就会出现在间隙中，这种放电的外观特征远看貌似低气压下的辉光放电，发出接近蓝色的光，近看则由大量呈现细丝状的细微快脉冲放电构成。只要电极间的气隙均匀，则放电是均匀、漫散和稳定的。这些微放电由大量快脉冲电流细丝组成，而每个电流细丝在放电空间和时间上都是无规则分布的，放电信道基本为圆柱状，其半径约为 0.1 ～ 0.3 mm，放电持续时间极短，约为 10 ～ 100 ns，但电流密度却可高达 0.1 ～ 1 kA/cm^2。每个电流细丝就是一个微放电，在介质表面上扩散成表面放电，并呈现为明亮的斑点。这些宏观特征会随着电极间所加的功率、频率和介质的不同而有所改变。如用双介质并施加足够的功率时，电晕放电会表现出"无丝状"、均匀的蓝色放电，看上去像辉光放电但却不是辉光放电。这种宏观效应可通过透明电极或电极间的气隙直接在实验中观察到。当然，不同的气体环境其放电的颜色是不同的。

由于DBD在放电过程中会产生大量的自由基和准分子，它们的化学性质非常活跃，很容易和其他原子、分子或自由基发生反应而形成稳定的原子或分子，因而可利用这些自由基的特性来处理VOCs，在环保方面也有很重要的价值。另外，利用DBD可制成准分子辐射光源，它们能发射窄带辐射，其波长覆盖红外、紫外和可见光等光谱区，且不产生辐射的自吸收，是一种高效、高强度的单色光源。在DBD电极结构中，采用管线式的电极结构还可制成臭氧（O_3）发生器。

双介质阻挡放电产生的低温等离子体如图10-5所示。该装置的放电间距为20 mm，如此大的间距，用常规方法是很难实现的。空气的常规击穿电压是30 kV左右，当超过30 kV，激励源的高压部分就会和空气放电，这在工程应用中会带来很多困扰。特别是绝缘方面，可靠性不易提高。该装置使用差分技术，即在两个电极上分别使用两组电源，且电源的相位相反、幅度相同。当使用差分源激励时，上下电极都带高压，因此可以使放电间距提高一倍，得到大间距的DBD放电等离子体。当然，这种等离子体在工业上有很多用途，例如手机外壳、笔记本电脑外壳的厚度通常在10 mm以上，但形状不规则，可以利用该原理，通过传送带传送的方式，对手机外壳、笔记本电脑外壳进行处理，有效解决壳体的表面能不够或者表面张力较低等问题。

▶ **图 10-5** 差分激励双介质阻挡放电产生的
低温等离子体

三、滑动电弧放电

几十年来，等离子体炬的工业应用已经众所周知，例如，氩弧焊、空气等离子体切割机和等离子体喷涂等。这些设备中的核心部件通常称为等离子体炬，其等离子体中心温度达数千摄氏度，是"热"等离子体[3]。

近年来，人们为了进行有机材料（如橡胶）表面处理，以改善表面附着力，将等离子体炬的技术低温化和小型化，将"热弧"变为"冷弧"研制成射流低温等离子体表面处理设备，喷枪出口温度仅数百摄氏度，甚至更低。

滑动电弧放电等离子体通常应用于材料的表面处理和有毒废物的清除与裂解。图10-6中的滑动电弧由一对延伸弧形电极构成。电源在两电极上施加高压，引起电极间流动的气体在电极最窄部分击穿。一旦击穿，发生电源就以中等电压提供足以产生强力电弧的大电流，电弧在电极的半椭圆形表面上向右膨胀，不断伸长直到不能维持为止。电弧熄灭后重新起弧，周而复始。视觉上，滑动电弧放电等离子体就像火焰，但其平均温度比较低，即使将餐巾纸放在等离子体焰上也不会燃烧。它又被称为"索梯"（Jacog's ladder）。滑动电弧放电产生的低温等离子体为脉冲喷射，但可以得到比较宽的喷射式低温等离子体炬。

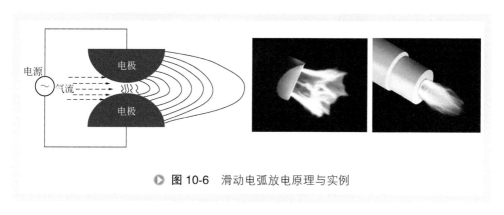

● **图** 10-6　滑动电弧放电原理与实例

目前，滑动电弧放电在工业领域有很多的应用，比如处理各种塑料零部件，改善塑料零部件的表面能或者表面张力，使其更容易粘接或喷涂。如图10-7所示，可以做成单元件处理装置处理单一器件，也可以做成等离子体炬阵列用来在线批量处理塑料零部件，增加生产效率。

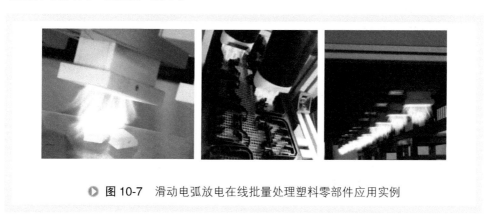

● **图** 10-7　滑动电弧放电在线批量处理塑料零部件应用实例

四、低温等离子体实验电源和放电实验装置

近十年来，在国内与低温等离子体相关的各种跨界应用科研中，大量用到南京苏曼公司研发生产的低温等离子体实验电源CTP系列。这种电源已经将介质阻挡放电的电极作为电源电路的一部分，因此，使用时不需要外加任何辅助元件。AC220V的电源能量能够通过 AC → DC → AC 高效地转换成高频能量。图 10-8 和图 10-9 为型号 CTP-2000K 的低温等离子体发生器的电源和介质阻挡放电实验装置及其工作状态。更多的低温等离子体设备和相关信息可以访问 http://www.coronalab.net 查阅。

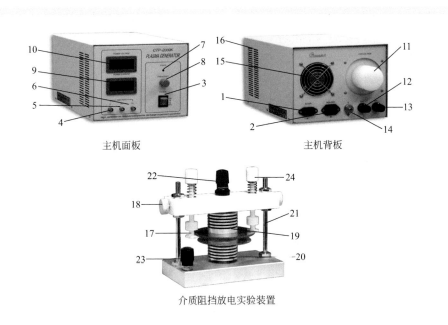

主机面板　　　　　　　　　　　　　　　主机背板

介质阻挡放电实验装置

▶ **图 10-8**　南京苏曼 CTP-2000K 低温等离子体发生器电源和介质阻挡放电实验装置

1—控制电源输入AC220 V；

2—功率电源输入AC 0～220 V；

3—控制电源开关；

4—高压输出电压检测接口；

5—高压输出电流检测接口（电阻取样）；

6—高压输出电流检测接口（电容取样）；

7—输出波形定性检测指示灯；

8—输出频率调节旋钮；

9—功率电源输入电流表；

10—功率电源输入电压表；

11—高压输出接线柱；

12—低压输出接线柱（电容取样）；

13—低压输出接线柱（电阻取样）；

14—地线接线螺栓；

15—散热风机；

16—散热孔；

17—上介质板安装槽；

18—介质阻挡放电气隙调节固定螺丝；

19—上电极；

20—下电极；

21—导杆；

22—上电极高压接线螺栓；

23—地线下电极接线螺栓；

24—上介质板安装按压手柄

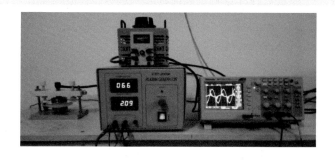

▶ 图 10-9　CTP-2000K 电源和介质阻挡放电实验装置工作状态示意图

低温等离子体材料表面处理

一、汽车制造业

在汽车制造流程中，各种材料的表面处理技术已成为确保产品外观和内在质量不可或缺的工序之一。随着以塑代钢趋势的不断深入，这一技术正引起汽车制造商的广泛关注和重视。来自国内外汽车制造和配件厂家的信息表明，采用低温等离子体技术对汽车制造中的各种配件进行表面处理是最为理想的处理工艺，其优点包括可在线处理、处理效果好、成本低、节能环保以及可监控性强。各种类型的低温等离子体处理设备目前已经广泛地应用于汽车车灯、各种橡胶封条、内饰、刹车片、雨刮器、油封、仪表盘、安全气囊、保险杠、天线、发动机密封、GPS、DVD、传感器等部件。

汽车制造业中的材料主要通过两种类型的等离子体进行处理。对于不规则形状材料，一般使用喷枪类的等离子体；对于规则、大面积且厚度控制在 5 mm 以内的材料，则可以根据使用要求选择常压类辉光低温等离子体进行处理。下面结合具体应用进行介绍。

1. 刹车片

对刹车片的钢背进行等离子体表面改性是一个综合作用：

① 分解材料表面上被吸收的原子和分子，对材料表面起到清洗作用；

② 低温等离子体中的粒子能量一般约为几至十几电子伏特，大于聚合物材料的结合能（几至十几电子伏特），光子能量也有几个电子伏特，可以打破许多有机大分子的化学键而形成新键，产生如 $=CO$、$—OH$、$HOO—$、$—CN$、$=CS$ 及

—COOH 等基团，容易与其他材料接枝或聚合，提高表面分子的化学反应活性；

③ 断键的表面分子与空气中的粒子反应，形成大量极性基团，材料表面由非极性变为极性，从而提高了材料表面的活性；

④ 重粒子的持续轰击，对材料表面进行（反应性）刻蚀，产生许多微孔，使材料表面粗糙度增大，表面能增强，增大了表面分子与其他材料的接触面，增强浸润；

⑤ 刚处理过的材料表面带有一定静电荷，具有一定静电吸引能力等等。

以上几个作用几乎同时进行，处理条件不同，作用程度不同，具有较强的可调节性。

图 10-10 所示为汽车的刹车块进行等离子体处理后的照片。之所以要处理刹车块是因为其粘接消音片的过程不易发生。由于刹车块是金属的，所以不能用介质阻挡放电法，可以使用射流等离子体喷枪进行处理。由于小型射流等离子体处理的范围是有限的，所以图中使用了六个喷枪一起排列处理，这样处理范围可以达到 60 mm，处理速度可以达到 30 m/min，快捷有效。

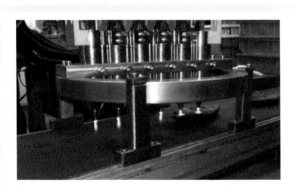 

▶ 图 10-10　某刹车块等离子体
表面处理

▶ 图 10-11　宽幅等离子体
射流处理刹车块表面

图 10-11 所示为采用宽幅等离子体射流处理刹车块表面，增加了处理面积，能量相对较分散，处理速度可以达到 10 m/min。

2. 密封胶条

衡量汽车质量的一个重要指标就是密封性。密封胶条在汽车上具有很重要的作用，它具有填补车体部件之间间隙和减震的作用，不但要防止外界的灰尘、潮气、水汽及烟雾入侵，还要阻隔噪声的侵入或外泄。

密封胶条按照结构不同可分为用单一橡胶做成的和由橡胶与发泡海绵胶结合构成的。用作密封胶条的橡胶材料有密实胶、海绵胶和硬质橡胶三种，硬质橡胶比较硬。密封条的胶料大部分使用耐老化、耐低温、耐水汽、耐化学腐蚀，特别是耐臭氧老化的三元乙丙橡胶（EPDM），这种 EPDM 还具有良好的加工性，可以与钢带、钢丝编织带、绒布、植绒、PU 涂层、有机硅涂层等复合，保证车厢与外界的防水、防尘、隔声、隔热、减震，还能起到装饰作用，一般情况下 EPDM 密封的使用寿命可达十几年。

由于这些汽车密封橡胶条材料的表面张力非常低，在采用绒布、植绒、PU 涂层、有机硅涂层工艺时，这些涂层工艺的材料难以附着。以往通常采用人工分段打磨的工艺，以增加胶条的表面粗糙度，并涂上底胶，但打磨工艺流程存在费时费力、产能低、不能配合挤出设备在线处理、容易造成二次污染、成本高、产品合格率低等诸多弊端。并且，随着产品要求的不断提高，打磨工艺已经不能达到汽车制造的部标和欧标。通过低温等离子体对各种汽车密封条进行表面处理，经过测定表面能都在 60 dyn/cm 以上，可以去除打磨或涂聚酯的工序，不用底涂，并可根据挤出或植绒机的速度做到在线处理，提高产能、降低成本、不损伤胶条表面，并满足涂覆水溶性胶的环保要求。射流低温等离子体已经使用在汽车车门框、车门头道、车窗导槽、车窗侧条、前后风挡和前后盖密封条等产品的处理中。

由于胶条的形状较为复杂，需要处理的地方在形状上都有一定差别，要求处理的部位也不尽相同，可以采用多台等离子体射流同时从不同的角度对胶条进行处理。同理，不同方向也可安装不同类型的等离子体射流设备，以满足更加复杂的胶条处理要求。

图 10-12 是南京苏曼的各种规格的等离子体射流喷枪，该类型的装置普遍应用

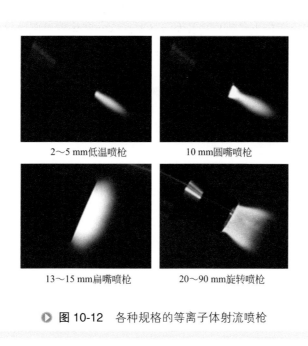

2～5 mm低温喷枪   10 mm圆嘴喷枪

13～15 mm扁嘴喷枪   20～90 mm旋转喷枪

▶ **图 10-12** 各种规格的等离子体射流喷枪

于各种形状、尺寸的汽车胶条的预处理。由于密封件中也会有金属骨架，填料为炭黑，所以很多密封件都是导电的，不能用一般的等离子体（带电）进行处理，可使用射流等离子体处理。

3. 车灯

目前市场上大部分汽车前照灯的灯座和灯罩都使用胶粘，来满足配光镜与壳体之间防漏的要求。胶粘分热熔胶及冷胶两种。热熔胶的特点是在一定熔解温度下处于流体状态，由自动涂胶机自动注入灯体上的胶槽，冷却速度快，适合批量生产。但随着汽车车灯功率的不断增加，车灯的温度也越来越高，热熔胶已经不能适应大功率车灯的高温需要。于是，出现了用冷胶进行粘接的需求。冷胶的特点是常温状态下处于流体状态，且会自然凝固，同时随着时间的推迟，连接力会越来越强，密封效果和耐温性远比热熔胶好，但在常温状态下需静置24 h后凝固，生产周期比热熔胶长，常需要手工涂胶，适用于小批量生产。用低温等离子体对胶结表面进行预处理，由于其在常压下工作，可以和现有的生产线很好地结合起来，实现连续化的生产。正是由于这些特点，用于车灯制造的射流低温等离子体处理设备已经被车灯制造公司广泛地用于生产中。

图10-13中，等离子体喷枪被安装于机器人手臂上，对车灯灯座进行处理。其手臂上装了两个枪，一个为等离子体枪，另一个为胶枪，先用等离子体对材料进行处理，再用胶枪打胶，将灯罩粘接在上面。这是一个很典型的工业应用案例。

以上三种应用都是使用射流低温等离子体进行材料的表面改性处理，材料的特点都是非规则曲面，而射流等离子体的特点在于虽然放电宽度并不宽，但是组合性强，等离子体部分不带电或带电电压低于5 V，这就意味着可以直接处理金属材料、高分子材料或两者的混合材料。射流等离子体具有一些特性，例如，利用该原理喷

▶ **图10-13** 机械手与等离子体喷枪结合处理灯座

射出来的等离子体接近电中性，可以用于处理各种导电材料、半导体材料、低阻材料。但是射流等离子体设备不能产生大范围的等离子体。等离子体的输出直径大约为 10 mm，长度大约为 30 mm。所以这种等离子体在实际应用中，都是和机器人结合使用。由于很难得到大尺寸的射流等离子体，因此在工业方面处理范围较大的材料时，需要在常规的等离子体设备上做一些改进。

4. 类似地毯、海绵的内饰材料

单电极辐射式射频（RF）低温等离子体，是通过量级为 10 万赫兹频率的高压激励，在大气压条件的空气中放射出的线状、柱形低温等离子体。等离子体在电极的 3～4 cm 区域呈辐射分布，其形状可为直线也可为各种曲线。该类型放电只有一个高压，无穷远处为低压，绝缘材料接近高压电极附近，表面会感应电荷，表面电导增大，与高压电极之间自动形成不均匀的随机丝状放电通道。这种等离子体的特点为：①设备只有一个线电极，另一个电极理论上为地球；②设备能产生长度较大的线状等离子体，其长度能从十几毫米到几米，可用于处理较厚或有孔隙的材料。

虽然这类等离子体不适合处理导电材料，但是可以处理面积较大、尺寸较厚、表面轮廓较为复杂的绝缘材料的表面，如聚丙烯（PP、OPP）、聚乙烯（PE）、聚氯乙烯（PVC）、PO、聚苯乙烯（PS、BOPS）、高抗冲聚苯乙烯（HIPS）、ABS、聚酯（PET、APET）、聚氨酯（PUL）、聚甲醛、聚四氟乙烯、聚酰胺、（硅）橡胶、有机玻璃等各种高分子材料。当采用气流输送的方式处理材料时，放电可以从表面延伸到材料的孔洞，对孔洞进行处理。材料不平整时，放电可以自动在材料表面延伸，增大处理面积，减小复杂轮廓材料处理难度。

单电极放电等离子体可沿着所处理材料的轮廓自动铺展，喷射式的单电极同时也会随着气流的流动铺展得更远，处理面积更大，最适合处理轮廓复杂、带有大面积凹槽的样品。如图 10-14 所示，为满足 PP 材质的物件表面的印刷要求，需要对整个外壳进行等离子体改性，但是各种形状的物体轮廓差别较大，需要处理的面积、位置不尽相同。对于不平整的塑料板材，凹槽较深、数量较多，凹槽的形状深度都不相同，还要求凹槽表面都要处理到，这就大大增加了表面处理的难度。而空气常压射频射流放电产生的低温等离子体射流解决了该问题。

空气常压射频单电极放电装置可以做成滑动平板式。固定等离子体部分不动，待处理材料均匀放在可往复运动的绝缘平板上，电极与需处理材料之间留有一定空气间隙，材料上表面距离电极约 1～8 mm。当产生等离子体时，电机带动平板缓慢在等离子体区域扫过，对平板上放置的材料进行表面改性。为适应工业大批量生产，通常可将其设计成传送带式，方便 24 h 批量处理，如图 10-15 所示。

▶ 图 10-14   PP 材质物体外表面处理（a）与不平整材料表面处理（b）

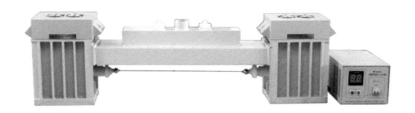

▶ 图 10-15   宽幅空气常压射频单电极等离子体设备

二、纺织行业

气体放电产生的低温等离子体中含有大量的、种类繁多的活性粒子，这些活性粒子与材料接触，能使其表面发生刻蚀、氧化、还原、交联、聚合、接枝，引起材料表面化学成分和物理化学性质的变化，如改变材料表面的亲水性、粘接性、可染性、防缩性、防污性及导电性等。这种表面处理方法具有工艺简单、操作简便、耗能低、对环境无污染等特点。在纺织行业中，这种方法用于刻蚀活化、接枝改性、聚合或沉积覆膜等，可以对织物表层进行清洁、活化、粗糙化，或通过在织物表面引进新的化学基团、等离子中的活性粒子与材料表面反应聚合沉积形成薄膜等过程来达到表面改性的目的。

对纺织品和无纺布等材料进行表面处理时，通常利用低气压辉光放电方式来获得大面积材料表面处理所需的低温等离子体。低气压辉光放电均匀性好、功率密度适中，适用于对纺织品、无纺布等材料进行表面处理。但对于大规模的工业生产，这种放电方式存在两个重要缺点：①放电和反应室处于低气压状态，真空系统必不可少，而工业化的真空系统所需的投资和运行费用较高；②工业化处理过程中需要不断地打开反应室取出成品，添加样品，然后重新抽真空，充入工作气体并放电，这种分批处理方式难以实现连续生产，效率不高。因此，等离子体表面处理欲实现大规模的工业生产必须在大气压下进行。

对于织物类材料的等离子体表面处理，电弧放电和电晕放电都不适用。DBD 等离子体已被用于表面处理，可是在大气压下空气中或其他一般气体中的 DBD 通常由细丝状的流注放电组成，这种流注放电由于其电流空间分布不均，能量集中于流注放电处，制约了用 DBD 处理织物或无纺布等材料时的大批量工业化生产。

目前国内外在改善大气压下的 DBD 的均匀性、实现辉光放电方面进行了多项理论和实验研究，其目的就是为了寻找一种能在大气压下产生均匀低温等离子体，实现纤维类材料表面处理的高效方法，使大面积、大批量的流水化作业成为可能。布类材料未处理时大多表面疏水，润湿性差，不利于以后的着色上浆等工艺，经过等离子体表面处理，会使材料浸润性明显提高。

图 10-16 设备中采用了类辉光放电的处理结构，在电极上做了特殊处理，例如在电极上涂了一些稀土材料，在放电过程中能够发射一些微量的电子，从而在放电气隙中产生残留电子效应，均化等离子体放电，使放电更加均匀。从放电形态来看，该方法非常接近辉光放电。例如，处理一些纺织品时，如果用丝状放电的方法进行处理很容易将纺织品打坏，而用这种放电原理就能够避免该问题产生，达到对纺织品的一些基本要求。

▶ **图 10-16**　残留电子效应空气常压类辉光放电低温等离子体

三、光伏行业

目前，太阳能电池（多晶硅）产业相对较热，多晶硅装在背板上，背板为高分子材料。常规材料在阳光下很容易降解，需要做一系列涂层和复合，处理过程使用的材料都是防降解的，不易粘接，所以在处理时需要使用等离子体。如上所述，空气状态下的介质阻挡放电都是丝状放电，如果用丝状放电处理材料会将材料打坏，另外其能量和温度较高，处理的表面呈点状分布，所以常规的丝状放电方法对张力要求较高的材料并不适合。采用大气压空气辉光放电技术、残留电子辉光放电技术，可获得在常压空气下的均匀辉光放电，进而适用于高分子背板材料的表面处理。相关内容可参考纺织行业的等离子体技术装备。

四、农业

大棚种植、地膜覆盖技术在我国农业中正在大规模推广，然而由于所采用的普通农膜都为疏水性材料，如聚乙烯表面张力小于 32 dyn/cm，远远低于水的表面张力 72 dyn/cm，因此水滴对农膜的润湿性及铺展性差。在使用时，由于农膜内外温差大，在农膜的内表面产生雾滴，降低农膜的透光性，降低植物的光合作用，从而降低了农产品的产量及质量。雾滴滴落到植物上，还会引起植物的病害，例如烂叶、谢花、僵果等。另外，在食品包装中由于塑料薄膜的防雾滴性差，使得食品保存困难。因此，国内外对塑料薄膜防雾性的研究非常重视。

防雾塑料薄膜无论在农业上，还是在食品包装上都起着重要的作用，应用范围广、用量多、经济效益和社会效益大，另外在其他透明材料（如飞机、汽车玻璃、光学材料等）方面也有应用，因此，对塑料防雾技术的研究具有重要意义。

防雾和防滴塑料薄膜制备前都需要对薄膜表面进行电晕处理，苏曼公司提供的各种规格的宽幅农膜电晕处理机已经广泛用于薄膜的制备前处理。图 10-17 是单介质阻挡产生丝状放电的低温等离子体在农用薄膜上的应用，主要应用于农膜的防雾、防滴等方面。现在的农膜多为高压聚乙烯材料，具有疏水性，土中的水蒸气蒸发后，会附着在薄膜上阻挡阳光，所以，可以利用等离子体将疏水材料改成亲水材

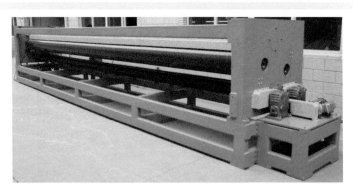

▶ 图 10-17 农用防雾和防滴塑料薄膜宽幅等离子体处理设备

料以实现防雾的效果。

五、消费电子行业

低温等离子体设备在数码行业中主要为粘接、涂装、溅镀等工艺提供前处理。低温等离子体在数码产品中应用最多的对象是手机外壳、手机按键、笔记本电脑外壳、笔记本键盘。而这些素材的形状、宽度、高度、材料类型、工艺类型、是否需要在线处理都直接影响和决定了整个表面处理设备的特性。

现在的手机大部分为触摸屏，它由玻璃盖板（保护）、触摸屏、液晶屏三层组成，在生产中每个部分都要经低温等离子体处理，如图 10-18 所示。

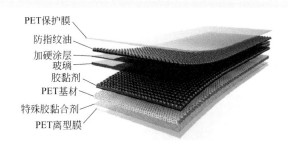

PET保护膜
防指纹油
加硬涂层
玻璃
胶黏剂
PET基材
特殊胶黏剂
PET离型膜

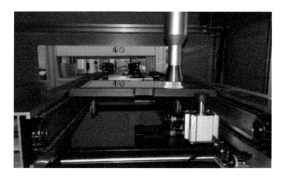

▶ **图 10-18** 手机钢化膜组成（a）和等离子体处理设备实例（b）

玻璃盖板需要做防指纹涂层，但是防指纹涂层与玻璃结合相对比较困难。可以通过低温等离子体处理进行改善，常用的方法有喷枪射流等离子体法和介质阻挡法等。玻璃盖板一旦印上金属标志就会带来一些问题，因为标志大都是用金属油墨印制的，而金属标志大多是导电的，必须用不带电的等离子体进行处理。另外玻璃盖板上还要印一个油墨框，油墨和玻璃也很难结合，也需要通过等离子体处理的方式进行改善，提高玻璃的表面能，减小表面的接触角。除此以外，触摸屏和液晶屏也要用等离子体处理后再做各种工艺。触摸屏和液晶屏对等离子体也有一定要求，例如要求等离子体不带电、不含氧（屏上有镀层，容易氧化损坏）等。

手机最上层玻璃用等离子体处理前后表面状态对比如图 10-19 所示。手机玻璃处理前超疏水，接触角大于 110°；经过等离子体处理后，水滴接触角极小，大大增加了表面能，有益于防指纹图层的附着。

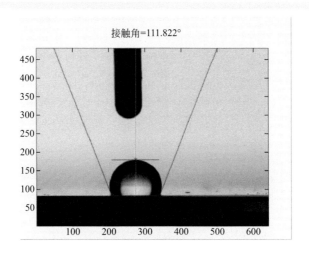

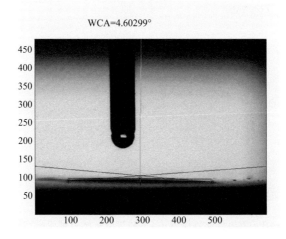

◉ **图 10-19**　手机最上层玻璃用等离子体处理前后表面状态对比

　　对于液晶电视或者大型触摸屏，除了用射流等离子体以外，还可以用介质阻挡的方式进行处理。也就是说，将双介质阻挡放电的等离子体电极结构放到辊式传送带中间，玻璃只要穿过中间的间隙就可以处理好，但这种方法是同时对双面进行处理的，对于只需单面处理的则不适合。

六、生物医疗业

1. 生物医药材料

所有等离子放电都存在一个问题：只要在电极上馈电，就会产生热能，且产生的热能随功率增加而增加。所以，在低温等离子体的使用过程中，要特别注意热能的处理问题，尤其是热敏感材料。例如，白内障摘除后植入人体内的人工晶体，是一个很薄的塑料片，对热比较敏感，用常规的处理方法就容易导致其变形或报废。另外，在生物处理上，如细菌孢子等，温度过高也会产生问题。所以在很多场合，在让其产生放电的同时又不产生过多的热量就显得非常重要。

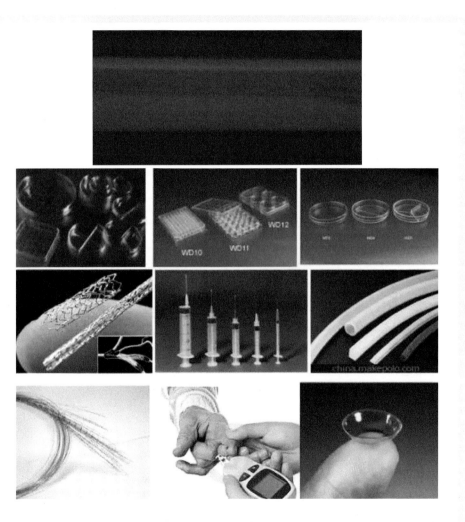

▶ 图10-20 次大气压下脉冲辉光放电与可处理的各种生物医疗材料

解决该问题的一种方法是利用次大气压下脉冲辉光放电，如图 10-20 所示。其视觉特征呈现均匀的雾状放电，放电的电流电学特征为单脉冲，放电温度为室温。次大气压辉光放电可以处理各种高分子材料、生物材料、金属材料、纺织材料、异型材料，设备成本低、处理时间短、可加入各种气氛且气氛含量高、功率密度大、处理效率高，可应用于表面聚合、表面接枝、金属渗氮、表面催化、化学合成及各种粉、粒、片材料的表面改性和表面处理。电子和离子的能量可达 10 eV 以上，材料批处理的效率是低气压辉光放电的 10 倍以上。

2. 医疗美容

等离子体在生物医学领域也有广泛的应用前景。等离子体含有多种不同的活性成分，如电子、正负离子、自由基、紫外线等。通过改变等离子体的一些参数，如能量输入、频率电压、工作气体及等离子体源结构，可改变其成分和含量。这些成分与周围空气中的氮气、氧气和水蒸气相互作用，在等离子体气相中产生很高的活性基团，这些活性成分又可以与其他分子发生次级反应，产生一些相对长寿命的粒子，如 H_2O_2、$ONOO^-$ 等。

等离子体中的紫外线波长范围为 180～400 nm，在 260 nm 左右的 UVC 可以使同一链上的 2 个邻接嘧啶核苷酸共价联结形成嘧啶二聚体，嘧啶二聚体可以影响 DNA 的复制和转录，使 DNA 的遗传特性发生改变和蛋白质变性，从而使生物体失活，高剂量的紫外线长时间辐射会导致细胞诱变和死亡。根据世界卫生组织的规定，紫外线辐射治疗受损皮肤和伤口的剂量通常不应超过 30 $\mu W/cm^2$。虽然非平衡大气压等离子体产生的 UV 剂量是很弱的，对组织和细胞的损伤是很小的，但仍然存在一定的风险，最好的方法是设计尽可能少的短波紫外线等离子体。大气压冷等离子体带电粒子以及活性物质主要是通过高压电极与工作气体，包括氧气、氮气等气体发生解离反应产生的，生成的化学成分涉及 200 多个反应。等离子体中的带电粒子包括电子和各种正负离子（Ar^+ 和 N_2^+），当工作气体为 He/N_2 时，产生的离子主要有 N_2^+、He^+ 和 He_2^+；当使用 He/O_2 作为工作气体时，除了产生 He^+、He_2^+ 和 O_2^+ 外，还有阴离子 O_2^-，且 O_2^- 在杀菌和肿瘤治疗中具有重要的作用。

等离子体产生的化学活性粒子主要包括活性氧粒子（ROS）和活性氮粒子（RNS）。ROS 主要有 O_2^-、OH、O_3、H_2O_2 等，RNS 主要包括 NO、NO_2、$ONOO^-$ 等。等离子体发生器及工作气体不同，产生的等离子体活性成分和浓度是不一样的，与生物体之间的作用效果也有很大的区别。其中，在等离子体灭菌过程中，ROS 起了非常重要的作用，当工作气体中加微量的 O_2 时，其灭菌效果会大大提高。

等离子体被广泛应用到皮肤病的治疗，尤其是被细菌、真菌、病毒等微生物感染的皮肤性疾病，如皮炎、毛囊炎、湿癣。如上所述，等离子体可以有效灭活微生物，使细菌的数量明显减少，显著改善过敏性皮炎和皮肤瘙痒等症状。在治疗自身免疫性皮肤病、银屑病时，不仅可以抑制银屑病细胞的过度增殖，也会抑制这些炎症性疾病的关键生长因子。

等离子体除了在临床医学治疗领域的应用外，在皮肤美容和化妆品领域也有新的突破，如利用等离子体射流进行牙齿美白、脸部皮肤重塑、去皱除疤以及皮肤再生等。等离子皮肤再生技术可促进皮肤再生、消除皱纹，已经得到美国食品药品监督管理局的批准。

图 10-21 为氦气常压介质阻挡放电产生的低温等离子体射流处理人体皮肤的照片。此外，苏曼公司还开发了浮动电极人体皮肤表面处理装置，该装置正在进行临床使用，并取得了较好的用户体验。

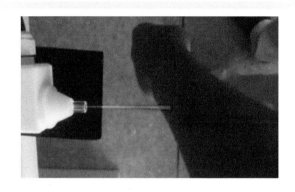

▶ **图 10-21** 氦气常压介质阻挡放电产生的低温等离子体射流放电形状
以及对人体皮肤的处理

第三节　低温等离子体工业废气处理

随着全球经济的发展，环境污染问题日益突出，各种类型的环境污染层出不穷，严重危及了人类的健康与生存。为了人类自身的安危，治理环境问题迫在眉睫。挥发性有机废气（VOCs）是指沸点在 50 ～ 260 ℃、室温下饱和蒸气压超过 133.3 Pa 的易挥发性有机化合物，其主要成分为烃类、硫化物、氨等。有机废气是危害人体健康的污染物质，往往伴随异味、恶臭散发到空气中，对人的眼、鼻和呼吸道有刺激作用，对心、肺、肝等内脏及神经系统产生有害影响，有些废气则是影响人体某些器官和机体的变态反应源，甚至可造成急性和慢性中毒，致癌、致突变。因此，VOCs 的处理越来越受到各国的重视，已成为大气污染控制中的一个热点 [4,5]，许多发达国家都颁布了相应的法令以限制 VOCs 的排放。

低温等离子体工业废气处理成套设备和技术作为一种新型的气态污染物治理技

术，是一种集物理学、化学、生物学和环境科学于一体的交叉综合性技术，由于能高效分解污染物分子且具有处理能耗低等特点，是目前国内外大气污染治理中最富有前景、最行之有效的技术之一，其使用和推广前景广阔，为工业领域 VOCs 类有机废气及恶臭气体的治理开辟了一条新的思路。

一、低温等离子体去除污染物的机理

等离子体促进的化学反应过程中，电子首先从电场获得能量，通过激发或电离将能量转移到分子或原子中去，获得能量的分子或原子被激发，同时有部分分子电离，从而成为活性基团。之后这些活性基团与分子或原子、活性基团与活性基团之间相互碰撞，生成稳定产物和热。另外，高能电子也能被卤素和氧气等电子亲和力较强的物质俘获，成为负离子。这类负离子具有很好的化学活性，在化学反应中起着重要的作用。

低温等离子体技术处理污染物的原理为在外加电场的作用下，介质放电产生的大量携能电子轰击污染物分子，使其电离、解离和激发，并发生一系列复杂的物理、化学反应，使复杂大分子污染物转变为简单小分子安全物质，或使有毒有害物质转变成无毒无害或低毒低害的物质，从而使污染物得以降解去除。因污染物电离后产生的电子平均能量在 10 eV，适当控制反应条件可以使一般情况下速度很慢的化学反应变得快速。作为环境污染治理领域中的一项具有极强潜在优势的高新技术，低温等离子体受到了国内外学者的高度关注。

二、低温等离子体废气处理技术适用对象和应用行业

1. 低温等离子体技术适用对象

低温等离子体的电子能量高、自由基密度大，因此绝大部分异味分子能被分解。低温等离子体处理各种成分废气的效果如图 10-22 所示。

2. 判断是否为真正意义上的低温等离子体技术的规则

可以用下面两个简单的规则来判断：

① 在废气处理的通道上必须充满低温等离子体。如果在废气处理的通道上只零星地分布若干的放电点，则处理的效果是非常有限的，因为，大部分的 VOCs 气体没有经过低温等离子体处理区域，是不能被处理的。

② 低温等离子体处理系统必须要有一定的放电处理功率。处理能量通常需要在 $2 \sim 5$ W·h/m³，即处理 1000 m³/h 的风量需要的电功率为 $2 \sim 5$ kW·h。如果 1000 m³/h 的风量只需要几十或几百瓦的电功率，最多只能进行静电（除尘）处理或局部处理，要想分解 VOCs 在理论上是不可信的。

硫化物	
硫化氢	+++++
二甲基二硫	+++++
二硫化碳	+++++
甲硫醇	+++++
硫酸二甲酯	+++
丁硫醇	+++++
异戊硫醇	+++++
异二丙硫醇	+++++
丁基己基硫醚	+++
异丁硫醚	+++

羰基化合物	
甲醛	+++++
乙醛	+++++
丙醛	+++++
丙烯醛	+++++
丁醛	++++
异丁醛	++++
戊醛	++++
异戊醛	++++
2-甲基丙醛	++++
3-甲基丁醛	++++
乙基甲基酮	++++
二乙基酮	+++++
丙酮	+++++

芳烃	
苯	+++
甲苯	++++
对二甲苯	++++
间二甲苯	++++
邻二甲苯	++++
乙苯	++++
丙苯	+++++
苯乙烯	

低级脂肪酸	
甲酸	+++++
乙酸	+++++
丙酸	++++
正丁酸	+++
异丁酸	+++
正戊酸	++
异戊酸	+++
2-甲基丙酸	++
3-甲基丁酸	++

醇类	
甲醇	+++++
乙醇	+++++
正丙醇	+++++
异丙醇	++++
正丁醇	++++
异丁醇	++++
正戊醇	++++
异戊醇	++++

吲哚	
吲哚	++++
1,2-二甲基吲哚	+++
2-甲基吲哚	+++
3-甲基吲哚	+++
5-甲基吲哚	+++
2,3-二甲基吲哚	+++
2,5-二甲基吲哚	+++

胺类	
甲胺	+++++
二甲胺	+++++
三甲胺	++++
乙胺	+++++
二乙胺	+++++
三乙胺	++++
丙胺	+++++
异丙胺	+++++
异二丙胺	+++++
正丁胺	+++++
异丁胺	+++++
正戊胺	+++++
异戊胺	+++++

酚类	
苯酚	+++++
邻甲酚	++++
对甲酚	+++
邻乙酚	++++
对乙酚	+++
2,6-二甲酚	+++++
2,5-二甲酚	+++++
2,3-二甲酚	+++++
3,5-二甲酚	+++++
3,4-二甲酚	

◉ **图 10-22　各种成分废气低温等离子体处理效果**

注：+越多表明处理效率越高。

3. 低温等离子体处理设备的特点

① 工艺简洁：低温等离子体设备操作简单、方便，无需专人看管，遇故障自动停机报警。

② 节能：低温等离子体处理烟气能耗低，运行费用低廉，$2 \sim 5 \, W \cdot h/m^3$。

③ 适应范围广：在 $-60 \sim +450 \, ℃$ 的环境内均可正常运转，特别是在含有灰尘、焦油、水汽、气溶胶和 PM 的环境下仍可正常运行。

④ 设备使用寿命长：设备由不锈钢、石英、钼、钛等材料组成，抗氧化性强，在酸性气体中耐腐蚀。

⑤ 组合性强：低温等离子体处理设备可以串并联混合应用。

⑥ $50 \sim 5000 \, m^3/h$ 为一个低温等离子体处理装置单元，一个单元用一个脉冲电源激励驱动，处理的气量不受限制。

⑦ 反应堆便于维护。

三、低温等离子体工业废气处理技术介绍

1. 各种低温等离子体废气处理技术

（1）DBD双介质阻挡放电废气处理技术

介质阻挡放电是一种在高气压下获得低温等离子体的放电方法，这种放电产生于两个电极之间。介质阻挡放电可以在 $(0.001 \sim 10) \times 10^5 \, Pa$ 的气压下进行，具有辉光放电的大空间均匀放电和电晕放电的高气压运行的特点。双介质阻挡放电具有放电温度低、不容易点燃易燃易爆的气体等优点。另外由于介质阻挡放电的电极不直接与放电气体接触，从而避免了电极的腐蚀问题。

为提高设备的安全可靠性和工艺性，在双介质阻挡放电的低温等离子体废气处理设备中，常规的电极结构采用同轴式蜂窝结构，每组同轴式结构如图10-23所示。但双介质阻挡放电的电极结构怕水、灰尘、气溶胶和焦油的污染。在被处理的废气中如果存在这些工况，则需要采取其他措施滤除这些颗粒物的污染。

图10-24所示为另外一种介质阻挡放电——单介质同轴 DBD 放电。这种放电并不是连续的，而是间断式分布的。从电极结构来讲，它属于典型的单介质阻挡放电。该装置的外部是石英管（也可以用陶瓷管），在石英管的外部添加金属网作为外电极，内部将金属棒作为内电极。需要注意的是，该装置并没有采用传统的光杆式的金属棒，而是在金属棒上加工出一些螺纹。在内电极上加工一些类似于螺纹的齿，人为地制造一些不均匀性。齿顶端部分的曲率半径相对较小，很容易起辉，就会产生同轴式的放电效果。单介质阻挡同轴式反应器也是一种经典设计，这样的管式同轴设计大大方便了更大气量的气相等离子体化学反应。此外，在用 DBD 放电进行气体处理方面，当处理 C/H 气体的时候，容易出现积炭现象。当炭沉积到石英

管上后，就会和外电极感应放电，形成电弧放电或微弧放电，很难形成均匀放电，从而造成效率降低，甚至产生很难放电的问题。采用图 10-24 所示的电极就可以很好地避免积炭问题。一旦石英管内产生积炭，就会产生微弧现象，将其清洗掉，从而形成一个动态的平衡，实现长期运行的可靠性。所以这种电极结构在处理一些气体时是特别有用的。

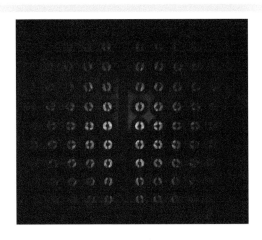

▶ **图 10-23** 空气常压蜂窝 DBD 放电产生的低温等离子体

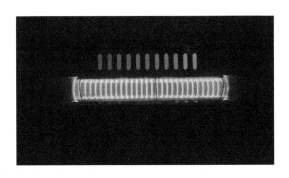

▶ **图 10-24** 同轴式单介质阻挡放电产生的低温等离子体

同轴式的反应器虽然处理时间长、处理效率高，但是需要定期清洗，清洗难度相对较大。为适应方便清洗的要求，对于低浓度较容易处理的小分子无机恶臭气体，可设计为空气常压栅式电极 DBD 放电结构，如图 10-25 所示。由于该类气体相对较容易处理，气体通过交错的栅形电极之间的空隙时被处理，处理时间较短，而且所有电极都裸露在外部，没有较深的通道，因此清洗也相对容易得多。

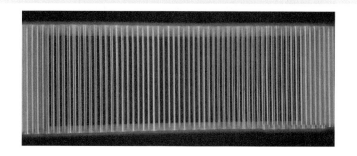

（2）PCD脉冲电晕放电等离子体废气处理技术

气体介质在不均匀电场中的局部自持放电是最常见的一种气体放电形式。在曲率半径很大的尖端电极附近，由于局部电场强度超过气体的电离场强，使气体发生电离和激励，因而出现电晕放电。发生电晕时在电极周围可以看到光亮，并伴有咝咝声。电晕放电可以是相对稳定的放电形式，也可以是不均匀电场间隙击穿过程中的早期发展阶段。

电晕放电的形成机制因尖端电极的极性不同而有区别，这主要是由电晕放电时空间电荷的积累和分布状况不同所造成的。在直流电压作用下，负极性电晕或正极性电晕均在尖端电极附近聚集空间电荷。在负极性电晕中，当电子引起碰撞电离后，电子被驱往远离尖端电极的空间，并形成负离子，在靠近电极表面则聚集起正离子。电场继续加强时，正离子被吸进电极，此时出现脉冲电晕电流，负离子则扩散到间隙空间。此后又重复下一个电离及带电粒子运动过程。如此循环，以致出现许多脉冲形式的电晕电流，电晕放电可以在大气压下工作，但需要足够高的电压以增加电晕部位的电场。一般在高压和强电场的工作条件下，不容易获得稳定的电晕放电，亦容易产生局部的电弧放电。为提高稳定性可将反应器做成非对称的电极形式。

电晕放电反应器的设计主要参考电源的性质，有直流电晕放电（DC corona）、交流电晕放电和脉冲式电晕放电（pulsed corona）几种形式。利用电晕放电可以进行静电除尘、污水处理、空气净化等。树木等尖端物体在大地电场作用下的电晕放电是参与大气电平衡的重要环节。海洋表面溅射水滴上出现的电晕放电可促进海洋中有机物的生成，还可能是地球远古大气中生物前合成氨基酸的有效放电形式之一。

脉冲电晕放电也是一种在高气压下获得低温等离子体的放电方法，这种放电产生于两个电极中曲率半径非常小的那个电极。脉冲电晕放电等离子体可以在 $(0.001 \sim 10) \times 10^5$ Pa 的气压下进行，具有等离子体放电的高气压运行的特点。整个放电分布在尖端或曲率半径非常小的（如针、线或刀形）电极周围，由许多在空间和时间上随机分布的微放电构成，这些微放电的持续时间很短，一般在 10 ns 量级。由于脉冲电晕放电等离子体的两个电极之间没有介质层，因而两电极之间的放电范围就受到空气击穿电压的限制，电晕放电的范围只局限在尖端或曲率半径非常小的线电极周围。因此，脉冲电晕放电等离子体适合处理流速比较慢的气体和燃爆气体浓度比较低的废气。

脉冲电晕放电等离子体的电极结构简单，运行可靠，风阻小，不怕水、灰尘和焦油污染。在处理低浓度、高湿度、有灰尘和含有焦油的工况时被广泛使用。为了弥补效率低的问题，通常增加设备的规模。为提高设备的安全可靠性和工艺性，在脉冲

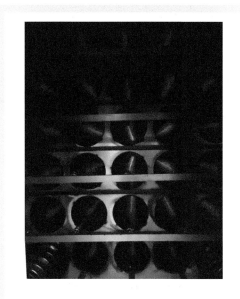

▶ **图 10-26** 空气常压脉冲电晕放电产生的低温等离子体

电晕放电等离子体的电极结构设备中常采用同轴式蜂窝结构，每组同轴式结构如图 10-26 所示。

（3）PAD脉冲荷电低温等离子体放电技术

废气中的水汽、灰尘、PM、气溶胶、碳等微粒有 70%～80% 呈带电状态，每个带电微粒约带 1～5 个基本正电荷或负电荷，微粒的电阻率一般在 $10^6～10^8\Omega\cdot cm$ 之间，符合静电捕集对电阻率的要求（$10^4～10^{11}\Omega\cdot cm$）。脉冲荷电低温等离子体物理净化方法，即通过脉冲荷电捕集的方法来达到去除微粒的目的。当含有微粒的气流经过脉冲荷电低温等离子体反应区时，其微粒就被荷电。在其后的流动过程中，这些被荷电的微粒就可能发生凝聚，使微粒直径增加，并按其电荷的性质向两个电极运动，最终被吸附在相应的电极上。为了提高微粒的捕集效率，目前是通过脉冲荷电低温等离子体放电增加微粒的荷电量，然后用电场偏移来促进微粒的捕集。

脉冲荷电低温等离子体中还含有一定量的高能电子、激发态粒子、原子等氧化性极强的自由基。这些活性粒子具有较高的能量，有的甚至还高于某些气体分子的键能。当废气经过等离子体反应区时，除了可以捕捉水汽、灰尘、PM、气溶胶、碳等微粒外，还能引发一系列的物理和化学反应，对有害排放物有一定的净化作用。

（4）低温等离子体催化技术

废气分子在等离子体中降解主要有 3 个途径：①电子碰撞电离；②自由基碰撞电离；③离子碰撞电离。低温等离子体中的这些活性粒子的平均能量高于有机物分子的键能，它们和有机物分子发生频繁的碰撞，打开气体分子的化学键，与有机物分子发生化学反应。当催化剂置入等离子体场中时，电子能量、电子密度及功率等物理参数受到催化剂的影响。粒子（电子、受激原子和离子）轰击催化剂表面，催化剂颗粒被极化，并形成二次电子发射，在表面形成电场加强区。另外，由于催化剂对有机物有一定的吸附能力，在表面形成有机物的富集区，这样就会在低温等离子体和催化作用下迅速发生各种化学反应，从而将有机物脱除。并且低温等离子体中的活性物种（特别是高能电子）含有巨大的能量，可以引发位于低温等离子体附近的催化剂，降低反应的活化能。同时，催化剂还可选择性地与低温等离子体产生的副产物反应，得到无污染的物质（如二氧化碳和水）。因此，低温等离子体与催化剂组合作用时，较直接催化剂法或单纯低温等离子体法具有更高的脱除效率，能更有效地减少副产物的产生，提高反应的选择性，进一步降低反应能耗。其中，等离子体后续催化处理利于工业实现，系统运行稳定，效果较好。

2. 苏曼公司的低温等离子体工业废气处理技术

在 DBD 低温等离子体放电系统中，一般一路电源只能驱动一个 DBD 电极。因为 DBD 放电特性是负阻抗特性，在多组 DBD 电极并联时，若用一路电源驱动多组 DBD 电极，则不能同时产生均匀放电，即在并联的多组电极中只有少量的电极能产生低温等离子体。因此，在目前已应用的低温等离子体工业废气处理系统中 DBD 电极的驱动方式都是一个电源驱动一个 DBD 电极。由于工业废气的处理量都很大，都在每小时几千立方米到十几万立方米。若采用一组电源驱动一组 DBD 电极，则处理系统非常复杂与庞大。例如，一组 DBD 电极的气体处理量一般为几立方米到十几立方米，如果要处理几万立方米的气体，则需要几百个至几千个电源，这在实际应用中实现起来非常困难，而在恶劣与复杂的工业环境中，庞大而复杂的系统的可靠性是难以保证的。因此，多 DBD 电极并联单电源驱动产生低温等离子体技术是目前制约低温等离子体大流量工业废气治理应用的技术瓶颈。

苏曼公司经过几年的探索和研究，用脉冲饱和驱动技术实现了低温等离子体多 DBD 电极并联单电源驱动并产生均匀放电，解决了制约低温等离子体在大流量工业废气治理技术中的技术瓶颈，为大流量宽谱型低温等离子体工业废气处理系统的大规模应用提供了理论依据和应用方案。

低温等离子体废气处理工艺流程如图 10-27 所示。废气先经过油污、水过滤预处理后，经过滤监控装置进入等离子体处理系统，再通过喷淋塔（吸收臭氧），接着由风机引入烟囱排出。废气净化降解系统前端管道上嵌入燃爆监控与温度监控装置，后面管道上嵌入风量监控装置。

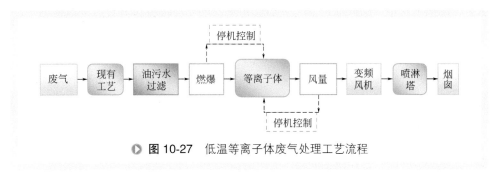

图 10-27 低温等离子体废气处理工艺流程

废气中如含有一定粉尘颗粒物，再加上系统长期通入废气，会在管道内壁形成污垢，容易堵塞废气处理系统，甚至提高燃爆隐患，大颗粒水珠的进入会影响等离子体放电效果。脉冲荷电等离子体净化系统能够有效地对废气中的粉尘、油污、水雾等颗粒进行过滤，为下级检测设备与等离子体废气降解系统提供清洁的工作环境，有利于设备的长周期运转与维护。

DBD 等离子体处理系统采用双介质阻挡放电方式，由 304 不锈钢、石英以及特氟龙等制成，处理 1000 m^3/h 的废气时 DBD 电极总数约为 150 组。

脉冲荷电等离子体净化系统采用同轴结构，由 304 不锈钢、陶瓷和钼丝组成，电极数约为 50 组。发生器由数码显示控制，将工业电（380 V/50 Hz 交流电）经振荡升压获得高频脉冲电场，产生高能电子，在剧烈弹性和非弹性碰撞中，直接轰击分解有害气体，使其迅速降解并生成 CO_2、CO、H_2O 等。

由于废气排放距离居民区较近，不仅要求处理后的气体达到国家排放标准，还要求不能有异味气体影响居民的日常生活。考虑到等离子体净化技术会产生一定量的 O_3、SO_2、CO、NO_x 等副产物（未完全降解），对环境造成二次污染，可在等离子体处理系统之后预留其他处理系统，如对副产物具有吸附作用的填料（光催化剂、化学填料等）或降解其他废气的反应堆，可以进一步减少污染的排放。

以 1000 m^3/h 为例的等离子体处理单元由低温等离子体分离器阀门以及低温等离子体反应堆（等离子体）组成。每个反应堆处理量为 1000 m^3/h，输入电压为三相 380 V/50 Hz 交流电，每个反应堆平均功率为 1～3 kW（可以按照处理量和处理的废气浓度自由调节）。反应堆为整体废气处理系统中最主要的核心设备。反应堆采用脉冲电晕与双介质阻挡放电方式，由不锈钢、钼、石英以及聚四氟乙烯等材料制成。

系统分 n 个独立的处理单元，每个单元处理量为 1000 m^3/h，n 个单元共 $n\times1000$ m^3/h 的处理量。每个单元完全独立，为以后的设备维护、连续生产、检测及改造升级提供了便利。每个单元的平均功率为 2～5 kW（可以按照处理量和处理的废气浓度自由调节），n 个单元的总功率为 $2n$～$5n$ kW。

低温等离子体废气处理系统一般用于现场属于甲级防爆的区域，属于绝对保险的安全措施。首先，对生产气体存在燃爆危险的因子浓度进行严格的理论推算，然后进行现场监测，必要时通过电极焚烧等方式进行检验。

低温等离子体设备现场使用如图 10-28 所示，该技术已广泛应用于各行各业的废气处理工段。图 10-29 为某香料厂生产工艺尾气与车间混合废气处理系统，该厂主要生产食用香精（包含冰品类、烘焙类、饮料类、乳品类、糖果类、肉制品）、日化香精以及天然与合成香料，生产中涉及糖内酯、大蒜油、草蒿脑、2- 松油醇、肉桂腈、天然丁酸乙酯、3- 甲基戊酸、菠萝酸乙酯、龙葵醛、硫醇、2,5- 二甲基吡嗪、异戊酸香叶酯、2,3- 戊二酮等。

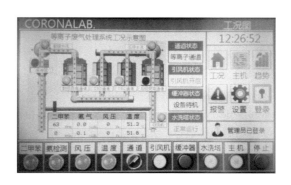

▶ 图 10-28 低温等离子体处理系统控制系统界面显示

▶ 图 10-29 某香料厂生产工艺尾气与车间混合废气处理系统

第四节　低温等离子体物理农业

物理农业是相对于化学农业而言的，为了区别于较早的物理农业，将现在的物理农业称为"现代物理农业"，它比之前的物理农业有很大的发展和提高。现代物理农业是以电、磁、声、光、热等物理学原理为基础，应用特定的物理技术处理农产品或改善农业生产环境，减少化肥、农药等化学品的投入，实现农产品增产、优质、抗病和高效生产的农业生产模式。从学科性质而言，它是一门涉及物理学、农学和环境科学等内容的新型交叉学科。

低温等离子体是现代前沿物理技术，具有电、磁、光、热、场、电子能量、离子活性等各种效应，在物理农业中主要有以下几方面应用：

① 等离子体育种：可以处理种子，使酶的活性提高而增产；

② 等离子体肥料：处理空气以使空气直接转换为氮肥而固氮；

③ 等离子体土壤修复：处理土壤以降解土壤中的有机污染物；

④ 等离子体保鲜：处理果蔬以使果蔬的保鲜期更长；

⑤ 等离子体养殖水处理：处理养殖水而不用抗生素等。

一、等离子体育种

随着人们物质需求的日益增长，对农业生产的要求与日俱增，能否使用有限的耕地生产足够的粮食来满足人类的物质和生活需求，是目前全世界面临的重要问题之一。我国是人口基数大但人均耕地面积少的国家，如何提高农作物产量已成为技术人员不断追求的目标。植物的生长是植物体内的各种生理活动协调一致、共同作用的结果，因此农业科技人员通常从培育新品种、环境控制与增加肥料等方式实现增产增收。

等离子体种子处理技术是促使农作物显著增产的现代生态农业高新技术。在农作物播种前用等离子体种子处理机对种子进行处理，不同于太空诱变育种或粒子束诱变育种，它属于非电离辐射，只是通过低强度的辐射激活种子的生命力，不会产生基因变异，不存在安全风险。等离子体处理技术提高了种子的通透性，增强了吸涨作用，使水分等生长必需的物质迅速进入种子，为种子萌发提供必要的物质基础。经过等离子体处理，提高了萌发中的种子及幼苗中 α-淀粉酶、琥珀酸脱氢酶、过氧化物酶和超氧化歧化酶等多种酶的活性，使种子呼吸作用增强，生命活力旺盛，生物氧化过程加快，物质的运输和合成能力增强，有效地促进了种子萌发和幼苗生长。同时能提高幼苗脱水忍耐能力和保水力，有助于幼苗抗旱性的改善，这就是处理过的种子发芽势、发芽率提高，幼苗生长快，抗旱力强的原因。该技术还有以下特点：①应用范围广，除各种农作物外，还可用于苗木、花卉、中药等种子；②成本低，根系发达，吸收水分、养分能力增强，减少化肥、农药施用，不会增加农民的生产成本；③容易操作，种子经处理后不增加后期管理手段；④纯物理方法，无化学污染，同时对种子起到灭菌消毒作用，减轻作物生长期间病害的发生。

图 10-30 所示为采用亚大气压脉冲辉光放电等离子体处理种子，可以通过调节气氛、功率、处理时间等参数，来适应各种种子的处理，实现不同的育种目标。

图 10-31 所示为等离子体处理前后小黄豆种子生长对比（处理后 10 日的长势对

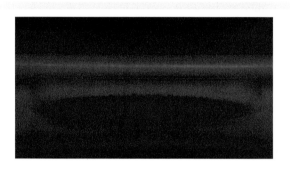

▶ **图 10-30** 亚大气压下脉冲辉光放电等离子体处理种子

▶ **图 10-31** 等离子体处理前后小黄豆种子生长对比

▶ **图 10-32** 等离子体处理前后水稻种子生长对比

比），可见未处理时种子生长相对较缓慢，经过处理的种子，生长茂盛，相比未处理提前生长约 3 天，效果显著。

图 10-32 所示为等离子体处理前后水稻种子生长对比（处理后 20 日的长势对比）。左侧未处理的种子在缺水的条件下叶子开始发黄，矮小，叶子相对较窄，而右侧处理后的种子在缺水条件下长势依然良好，叶子不发黄。

二、等离子体肥料

在我国很多地方，农业生产几乎全靠化肥"当家"，过量施用化肥给现代农业生产带来了巨大的灾难。化肥都是由各种不同的盐类组成，在土壤中长期和大量过量施用化肥，会增加土壤溶液的浓度，进而打破植物根系渗透压的平衡，作物根细胞不但不能从土壤溶液中吸水，反而将细胞质中的水分倒流入土壤中，从而导致作物受害。典型的例子就是作物"烧苗"。不仅如此，长期过量施用化肥，往往会促使土壤酸化，使土壤胶体分散、土壤结构破坏、土地板结，并直接影响农业生产成本与作物的产量和质量。因而，采用高能物理技术合成新型肥料的需求越来越大，以第四态能量源为代表生产肥料正是这场农业创新科技革命的开先河者。不同于传统化肥的生产制作工艺，该技术采取物理方法制备肥料，其作用过程中无二次代谢产物，因此，对环境无任何污染，对人体、动植物无任何伤害。其中人工等离子体的方式为生产氮肥的最有效途径。等离子体固氮技术是目前最先进的氮肥生产技术。此过程利用清洁的电能作为能源，以取之不尽的空气和水作为基本原料，原材料无需分离提纯，反应过程无需辅以高温、高压，直接在液相生成硝酸，是一种具有广大市场潜力的绿色固氮新方法[6,7]。

肥料生产，尤其是氮肥生产，常规的工业固氮即合成氨，工艺复杂、危险系数高、效率低，还会形成工业三废；利用微生物固氮需要特殊条件，速度太慢；而闪电固氮是通过将空气中的氮气与氧气电离，形成硝酸或亚硝酸根离子溶解在雨中，效率高而且环保，但是自然界闪电不经常发生。等离子体是物质的第四态，由大量电子、离子、激发态原子、分子以及各种自由基组成，含有大量的活性基团，更容易被吸收，空气产生等离子体的过程其实就是气体放电，将空气中的分子电离会产生大量的硝酸或亚硝酸根离子，为固氮提供了充分的可用资源。采用人工等离子体方式生产的氮肥富含多种活性离子，可以诱导、刺激植物组织，提升植物对低温、干旱等胁迫因素的抗性。同时，可氧化破坏细菌、真菌的细胞壁以及 DNA 和 RNA，使其无法行使正常的生理功能，最终灭亡。对病毒本体，可使病毒转录酶失活，阻断其转录与合成。对昆虫可氧化破坏其维持酶空间结构的官能团（二硫键、硫基），对呼吸与神经系统功能酶的作用明显。

图 10-33 是苏曼公司研发的空气常压旋转滑动放电产生的低温等离子体，为了进一步扩大电弧产生体积，也可以采用螺旋电极结构的方式来实现。气体入口采

用旋流孔，使气体进入管道后自动旋转，管道出口套上与气流旋转方向一致的螺旋电极，在气流的带动下电弧可从高压电极区域扩展到管道外部高压电极没有延伸到的螺旋电极区域，大大增加了旋转电弧的滑动范围，有效地提高了空气氮肥的产生量。

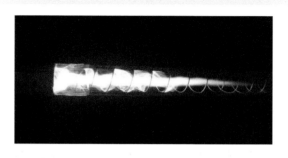

▶ **图 10-33**　模拟自然界闪电进行空气肥料制备的低温等离子体反应器

三、等离子体养殖水处理

低温等离子体放电，可对水中污染物形成综合的物理和化学效应。低温等离子体产生的紫外光、臭氧和高能电子协同的先进氧化处理作用，可直接产生活性极强的自由基，通过自由基与废水中有机化合物之间的聚合、取代、电子转移、断键等作用，使水体中的大分子、难降解有机物降解成低毒或无毒的小分子物质，或直接矿化成 CO_2 和 H_2O，接近完全矿化，达到氧化降解、脱色、杀菌的综合效果[8-10]。低温等离子体水处理后，有毒有害难降解的大分子污染物快速聚合沉淀，易于处理。由于低温等离子体的高级氧化技术是集高能电子辐射、臭氧氧化和紫外氧化三种作用于一体的全新概念，产生等离子体过程中物理效应形成紫外光和冲击波，化学效应主要产生自由基，因此兼具其他高级氧化技术的优点，处理效果远优于其他各方法单独使用的效果。该方法对处理对象无选择性，具备大规模链式反应能力，不存在二次污染，有机物去除率高，高效节能。既可以用来对难降解有机物进行预处理，也可以与其他方法联合，是一种具有广泛应用前景的高效水处理技术。

等离子体对水的处理主要作用在水表面，水处理过程中挥发湿气会影响电极放电，处理过程总电极的发热等限制了等离子体在水处理领域的应用。苏曼公司研发的瀑布式水处理反应器有效地解决了该问题。反应器由同心的电介质管和外管高压电极组成，水通过金属外壳与大地相连，作为低压电极，由内管的内部逐渐上升并由内管上部的均匀细孔溢出到内管外壁并缓慢流下，这样在内管外壁上就形成了水膜，外管内壁与水膜距离约 6 mm，外管外壁接高压电极，这样高压就不受水汽影响，打开电源后高压电极经过外管便可对内管外壁的水膜进行介质阻挡放电，同时水膜被处理。用水作为低压电极克服了电极发热问题。水不仅可以循环处理，也可以单次处理。大大提高了水处理量，为工业化处理提供了可靠手段。

对于较为清洁的水源，水体内部养殖水产品，当对水体进行在线处理时，也可以通过液体下放电产生低温等离子体的方式（如图10-34所示），高低压电极内置于水下，除了电极尖端放电区域裸露在外，其余部分都用绝缘材料包覆好，以防止水产品电击。高压尖端正对着低压电极尖端进行小面积的水下电弧放电，在线进行水处理杀菌消毒。所需处理电极数量有限，电极分散分布，产生的活性离子便利用水体自主扩散进行均匀分布，实现整体养殖水的处理。

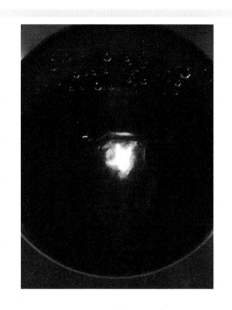

▶ **图 10-34** 液体下放电产生的低温等离子体

四、等离子体冷杀菌技术

近年来，低温等离子体技术作为一种新兴的冷杀菌技术应用于食品杀菌领域，受到国内外研究者的关注。低温等离子体能有效地杀死或钝化细菌、真菌、酵母及其他有害的微生物，甚至使孢子和生物菌膜失活。在高压电场条件下，介质气体处于高度电离状态，即等离子体，其中含有多种活性基团和粒子（臭氧、自由电子、自由基、活性氧、NO_x），能破坏细胞结构，破坏微生物的细胞膜和蛋白质，最终导致微生物死亡。与传统化学杀菌方法相比，低温等离子体杀菌时间短、杀菌效果好，且无化学试剂残留，在果蔬杀菌上有着广阔的应用前景，如利用氩气等离子体射流处理野苣、黄瓜、苹果、樱桃和番茄，发现等离子体处理30 s，能有效降低果蔬表面的大肠杆菌；60 kV下低温等离子体处理5 min能减少草莓上的微生物菌落。

═════ **参考文献** ═══════════════

[1] Hippler R, Pfau S, Schmidt M, et al. Low temperature plasma physics: Fundamental aspects

and application[M]. Berlin: Wiley-VCH, 2001.

[2] Kogelschatz U. Dielectric-barrier discharges: Their history, discharge physics, and industrial applications[J]. Plasma Chemistry and Plasma Processing, 2003, 23(1): 1-46.

[3] Zhukov M F, Zasypkin I M. Thermal plasmas torches: Design, characteristics, applications[M]. London: Cambridge International Science Publishing, 2007.

[4] Kamal M S, Razzak S A, Hossain M M. Catalytic oxidation of volatile organic compounds (VOCs) — a review[J]. Atmospheric Environment, 2016, 140: 117-134.

[5] 贺泓, 李俊华, 何洪, 等. 环境催化: 原理及应用[M]. 北京: 科学出版社, 2008.

[6] Nørskov J, Chen J. DOE roundtable report: Sustainable ammonia synthesis[R]. Dulles: DOE, 2016.

[7] Cherkasov N, Ibhadon A O, Fitzpatrick P. A review of the existing and alternative methods for greener nitrogen fixation[J]. Chem Eng Process Process Intensif, 2015, 90: 24-33.

[8] 冯雪兰, 程易. 气液等离子体过程强化技术及其在高级氧化过程的应用[J]. 化工进展, 2018, 37(4): 1247-1256.

[9] 张秀玲, 于淼, 翟林燕. 气液等离子体技术研究进展[J]. 化工进展, 2010, 29(11): 2034-2038.

[10] Jiang B, Zheng J T, Qiu S, et al. Review on electrical discharge plasma technology for wastewater remediation[J]. Chemical Engineering Journal, 2014, 236: 348-368.

第十一章

暖等离子体催化重整

　　暖等离子体（warm plasma）由美国 Drexel 大学的 Fridman 团队提出，特指参数介于冷等离子体和热等离子体之间的一种非热等离子体。暖等离子体和冷等离子体都是非热等离子体，但其等离子体参数具有显著的差异。暖等离子体中气体温度、电子温度和密度分别处于 $1000 \sim 4000$ K、$1 \sim 3$ eV 和 $10^{12} \sim 10^{14}$ cm^{-3}。相比于其他的等离子体形式，暖等离子体对于气体分子的转化具有显著的优势。首先，相对高的电子密度和气体温度有利于等离子体中的自由基生成并显著加快反应速率；其次，暖等离子体中电子温度处于振动激发有利的能量区间，可实现气体分子（尤其是 CO_2 分子）选择性地高效振动激发，从而使分子通过振动激发解离[1]。

　　因具有优良的气体转化能力，暖等离子体已成为近年来大气压等离子体的研究热点[2,3]。暖等离子体主要通过滑动电弧放电产生[4,5]。利用高速气流推动电弧在电极间快速滑动，形成大体积的等离子体反应区，适用于大流量的气体处理，因而颇具应用前景。滑动电弧放电的发展已有百年历史，最早因其和雅各布天梯形似而被知晓。法国研究者 Czernichowski 于 1988 年开始将滑动电弧放电用于气相化学反应，发现滑动电弧中燃料重整效率显著优于其他放电形式，随后滑动电弧等离子体重整开始引起广泛关注[6]。如图 11-1 所示，传统的滑动电弧反应器由两个刀片式电极构成。当电极上施加高电压后，电极最小间隙处气体被击穿形成弧通道；弧通道受到快速气流推动沿电极滑动并被拉长；当弧通道长度达到一定值后，注入能量不足以维持放电，弧通道熄灭。然后，电极最小间隙处气体再次击穿，如此循环往复。这种刀片结构反应器已被多个研究团队应用于 CH_4 和 CO_2 重整以及污染物控制等研究 [3,7]，但是这种结构的反应器需要快速气流推动电弧滑动，导致反应气体停留时间非常短，反应物转化率不高 [8,9]，因此近年来研究者致力于研发三维（3D）结构的涡流滑动电弧反应器。

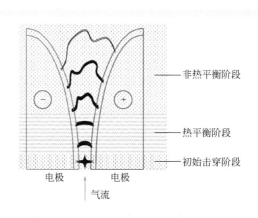

非热平衡阶段

热平衡阶段

初始击穿阶段

电极　　　　电极

气流

图 11-1　刀片式电极结构滑动电弧放电

　　当前 3D 涡流滑动电弧反应器，按气流方向分为正向和逆向涡流两种。正向涡流反应器可采用拉瓦尔喷口 [10] 和纺锤形 [11] 电极结构。最早的拉瓦尔滑动电弧反应器由 Czernichowski 等报道 [10]，结构如图 11-2（a）所示。采用两路进气的方式形成涡流，推动反应器器壁上的电弧弧根快速向下游运动至喷嘴边缘位置，从而在反应器中心区域形成大体积的等离子体反应区。纺锤形电极滑动电弧反应器由韩国 Lee 等报道 [11]，其结构如图 11-2（b）所示。反应器由同轴的圆筒形地电极和纺锤形高压电极组成。反应气体经底部小孔切向进入反应器形成涡流，放电首先在两电极最小间隙（A-B）处产生，而后弧通道在气流推动下旋转滑动，最终电弧稳定在两电极顶端（C-D）旋转，从而产生等离子体放电区。逆向涡流滑动电弧反应器，采用较多的是环形 [12] 和管式 [13] 电极结构。这两种反应器结构都由 Drexel 大学的 Fridman 团队 [14] 报道，具有类似的放电过程。其结构如图 11-3 所示，气体通过反应器的切向入口进入反应器，形成逆向涡流推动电弧沿器壁滑动，直至电弧被推至反应器轴心区域，之后电弧被逆向涡流约束，在反应器中心区域形成稳定放电。除了推动电弧滑动，切向入口的进气还会起到冷却和隔热的作用，从而提高滑动电弧等离子体的能量利用效率，促进反应物的高效转化。

　　因 3D 涡流滑动电弧等离子体的卓越气体转化能力，目前已有多个团队报道其在燃料氧化重整 [15]、干重整 [16] 和气相污染物脱除 [17] 等领域的应用研究。美国 MIT 的 Cohn 团队将其应用于车用燃料在线重整制富氢气体，可作为脱除尾气中 NO_x 的还原剂。此技术现已转让给 ArvinMeritor 公司，目前正在进行商业化研发。该技术采用的滑动电弧反应器和装载该反应器的汽车如图 11-4 所示，反应器可直接由车内 12 V 或 24 V 电压供电，产生氢气浓度为 22% 的富氢气体。采用该富氢气体脱除 NO_x，脱除效率达到 90%[18]。

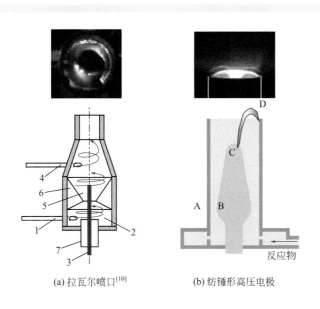

(a) 拉瓦尔喷口[10]　　　　　(b) 纺锤形高压电极

▶ 图 11-2　正向涡流滑动电弧反应器

1,4—进气口；2—气体涡流；3—高压电极；5—放电区；6—接地电极；7—绝缘介质

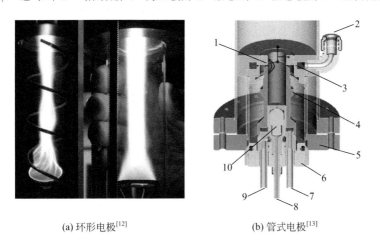

(a) 环形电极[12]　　　　　(b) 管式电极[13]

▶ 图 11-3　逆向涡流滑动电弧反应器

1—高压电极；2—进气口；3—涡流环；4—高压电极；5—不锈钢法兰；
6—绝缘介质；7,9—喷嘴混气口；8—燃料入口；10—燃料喷嘴

(a) 滑动电弧反应器　　　　　　　(b) 装载该反应器的测试汽车

▶ **图 11-4**　ArvinMeritor 公司开发的滑动电弧重整系统[19]

　　Fridman 团队[13,19] 对逆向旋风滑动电弧反应器进行改进，以柴油和航空燃油 JP-8 为燃料，将等离子体重整和燃料电池技术相结合，设计了一套 10 kW 量级的等离子体重整发电机，如图 11-5 所示。该反应器采用直流高压驱动，用于燃料的重整，其能量效率高达 80%。等离子体重整发电机由两个滑动电弧反应器和一套 10 kW 的固体氧化物燃料电池构成，由于滑动电弧等离子体重整器结构紧凑，整个系统体积小，是一种非常有前景的便携发电机。

(a) 滑动电弧反应器　　　　　　　(b) 等离子体重整器

▶ **图 11-5**　Ceramatec 公司开发的等离子体重整系统[13,19]

　　除了滑动电弧放电，火花放电也可以产生暖等离子体。大连理工大学朱爱民团队（LPPC）设计了千赫兹级火花放电的反应器[20,21]，其结构如图 11-6 所示。该反应器采用管状高压电极和旋转的地电极，可有效避免放电中产生的积炭对放电稳定性的影响，故可用于低氧碳比的燃料重整。反应物为纯 CH_4 时，该反应器可高效转

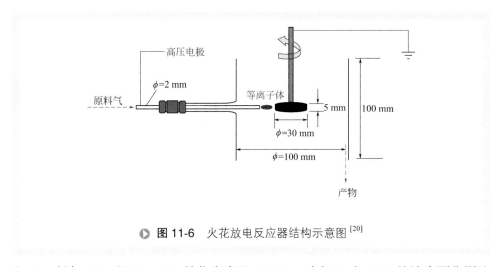

图 11-6　火花放电反应器结构示意图[20]

化 CH₄ 制备 C₂H₂ 和 H₂，CH₄ 转化率高达 81.5%，对应 H₂ 和 C₂H₂ 的浓度可分别达到 72.1% 和 18.4%[22]。反应气体组成为 CH₄ 和 CO₂ 时，该反应器中反应物可在低能耗下，获得高转化率。相同的能量密度条件下，气压从 1 bar（1 bar=10⁵ Pa）升至 2 bar，反应物的转化率和能量效率还可进一步提高。尤其是反应物中 CO₂ 的转化率，随气压升高而显著升高[20]。

第二节　暖等离子体放电特性及其光电诊断

　　因滑动电弧等离子体诱人的应用前景，目前的暖等离子体放电特性诊断主要针对滑动电弧放电，主要关注弧通道的动态演化和滑动电弧的等离子体特性。对于滑动电弧的动态演化，电弧的"击穿-滑动-熄灭"是关键过程。Fridman 团队研究了传统的刀片结构滑动电弧放电的动态演化[14]，分析了电弧演化过程从击穿的热弧到非热弧的过渡。放电击穿最先在最小间隙处发生，形成热弧放电，随后弧通道在高速垂直气流推动下逐渐拉长。随着弧通道长度逐渐增加，弧通道温度也逐渐下降，当弧通道长度增长到临界长度时，此时电源耦合到放电区的能量不足以补偿从通道耗散到周围气体的能量，放电通道熄灭。与此同时，电极最小间隙处产生再击穿，开始新的放电循环[14]。与传统的刀片结构滑动电弧放电过程类似，涡流滑动电弧放电也重复经历"击穿-滑动-熄灭"过程。LPPC 团队采用图 11-7 所示的反应器[23]，在环形模式下研究了涡流结构反应器中工频和千赫兹交流驱动滑动电弧的"击穿-滑动-熄灭"过程，并对该过程的光电特性进行时间分辨诊断。研究发现工频放电每半个周期，电弧都经历"击穿-滑动-熄灭"过程，而且需历经数个击穿脉冲后

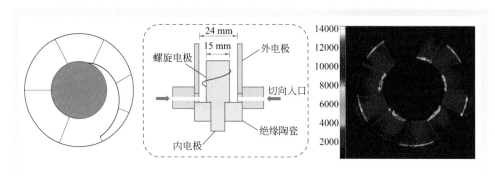

才能进入弧滑动阶段。在电弧击穿阶段，外加电压逐渐增加直到第一个击穿脉冲发生，出现一个脉宽较窄（约 100 ns）的强电流脉冲，然后电压骤然下降到接近零，击穿脉冲熄灭，随后下一个击穿脉冲很快出现。经过数个击穿脉冲之后，具有低放电电压和放电电流的滑动电弧形成，此时放电进入弧滑动阶段。在此过程中，放电电压和电流呈现相反的变化趋势（见图 11-8），即放电电压先下降而后上升，而放电电流则相反，弧通道呈现负阻抗特性。随后，弧阻抗逐渐增加，放电电流逐渐减小。当放电电流降低到一个较低值后，此时弧通道获得的能量无法补偿通道能量的耗散而熄灭，即弧熄灭阶段。

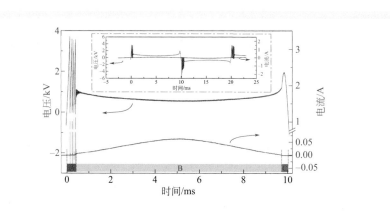

● **图 11-8**　工频放电正半周期的放电电压和电流波形图

注：插图为单个周期的放电电压和电流，A、B和C分别为
"弧击穿""弧滑动""弧熄灭"阶段。

等离子体参数中电子温度、电子密度和气体温度是影响等离子体化学过程的关键内部因素。针对暖等离子体参数，Czernichowski 等基于电子温度与折合电场的关系和电流密度与电子迁移率的关系以及发射光谱诊断，分析了低电流滑动电

弧放电的电子温度和电子密度[24]。在热平衡阶段，电子温度约为 0.4 ～ 0.6 eV，电子密度约为 10^{13} cm⁻³；而在非热平衡阶段，电子温度约为 1 eV，电子密度约为 10^{12} cm⁻³。Kalra 等采用微波测量技术给出了刀片结构滑动电弧放电的电子密度，其值在 $(1 \sim 3) \times 10^{12}$ cm⁻³，该值与根据电流密度估算的结果一致[2]。Gangoli 等[25] 基于 BOLSIG+ 软件对磁驱动滑动电弧放电中的电子能量进行计算，在工作电流 30 ～ 200 mA 范围内，弧通道正柱区的电子能量为 0.8 ～ 1.2 eV。此外，根据正柱区的电流密度和电子迁移率，可计算得到平均电子密度为 $(0.1 \sim 3) \times 10^{14}$ cm⁻³。通过发射光谱诊断，可得出等离子体中 N_2 和 OH 的转动温度，其值分别为 (2500 ± 300) K 和 (2360 ± 400) K[26,27]。LPPC 团队采用图 11-7 所示的反应器结构，开展了工频和 30 kHz 交流高压的滑动电弧等离子体诊断。通过放电伏安特性、放电通道的快速拍照和 Boltzman 方程，分析电子温度[23]。通过发射光谱中氢原子谱线的 Stark 展宽和双原子分子的转动温度，估算电子密度和气体温度。气体流量为 2 L/min、水汽含量为 0.63%(体积分数) 和放电功率为 25.1 W 条件下，滑动电弧放电电压和电流波形如图 11-8 所示，放电击穿阶段气体击穿电压约为 (3.7 ± 0.1) kV，电弧滑动阶段的平均电压约为 0.75 kV。计入拍照测量的放电通道长度和通道气体温度，击穿和滑动阶段的折合电场分别为 122 Td 和 32 Td，电子温度分别为 3.4 eV 和 1.2 eV。相应地，通过时间分辨发射光谱测量的 H_α 谱线在击穿阶段的强度较弱，然而其谱线半高宽却远大于弧滑动阶段。通过 Stark 展宽计算得到击穿阶段的电子密度较高，约 1×10^{14} cm⁻³。而在滑动阶段，电子密度较低，低于 1×10^{13} cm⁻³。另外，图 11-9 给出了不同放电功率下 N_2 的时间分辨振动和转动温度。考虑到分子的转动弛豫非常快，可以通过 N_2 的转动温度估算等离子体中气体温度。如图 11-9 所示，弧击穿阶段的转动温度高于弧滑动阶段。在弧击穿阶段，气体被强电流脉冲快

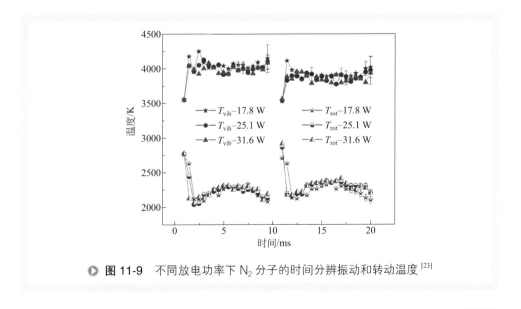

▶ **图 11-9** 不同放电功率下 N_2 分子的时间分辨振动和转动温度[23]

速加热。而振动温度与转动温度在一个周期内呈现相反的变化趋势，这主要归因于高的转动温度产生更快的振动 - 转动弛豫，从而导致高的转动温度下，振动温度偏低[28]。在所考察的功率范围内，振动和转动温度几乎不随功率变化。在一个放电周期内，振动温度在 3500 ~ 4500 K 之间，而转动温度在 1900 ~ 2400 K 之间，两者之间较大的差别表明滑动电弧放电具有高度的非平衡特性。除了工频高压，LPPC 团队还考察了千赫兹的交流高压驱动的滑动电弧等离子体。在不同湿度条件下，放电功率为 39 W 时，采用 30 kHz 交流电源驱动的空气放电滑动电弧等离子体中 N_2 振动温度维持在 4000 K 左右，而转动温度在 1800 ~ 2200 K 左右。另外，不同氧气含量下，等离子体中 N_2 振动和转动温度处于接近的温度范围内。

第三节 暖等离子体重整过程及其影响因素

一、实验定量方法

干重整（CO_2 重整）、水蒸气重整和氧化重整（部分氧化）反应属于非等容反应，其反应前后气体流量发生变化。因此，色谱定量分析采用外标法测量浓度时，如果没有反应后气体总流量的数据，则不能得出反应物的转化率和产物的选择性。为此，对于重整过程的定量分析需采用内标法。为避免内标气对等离子体反应产生影响，内标气一般在等离子体反应器出口加入。对于热导检测器（TCD），由于 H_2 与其他气体的热导率差异较大，因此需要用与其热导率相近的 He 作为内标气，N_2 或 Ar 作为色谱载气；而其他气体组分的定量分析可以用 N_2 作为内标气，H_2 或 He 作为色谱载气。产物中的烃类可采用火焰离子化检测器（FID），选取 CH_4 作为关联 TCD 与 FID 测定结果的桥梁。基于内标定量分析方法，反应物和产物的出口流量可计算为

$$F_i^{\text{out}} = F_{\text{IS}} \frac{C_i^{\text{out}}}{C_{\text{IS}}^{\text{out}}} \tag{11-1}$$

式中 F_i^{out}、F_{IS}、C_i^{out}、$C_{\text{IS}}^{\text{out}}$——气体组分 i（CH_4、CO_2、O_2、CO 或 C2 烃类）和内标气（如 N_2 或 He）的出口流量和浓度。

由反应物入口流量，可得反应物转化率（X_i）为

$$X_i = \left(\frac{F_i^{\text{in}} - F_i^{\text{out}}}{F_i^{\text{in}}} \right) \times 100\% \tag{11-2}$$

式中 F_i^{in}——反应物 i 的入口流量。

通过产物的出口流量，CO、C2烃（$C_2H_2+C_2H_4+C_2H_6$）的碳基选择性（S_{C2}、S_{CO}）和碳平衡（B_C）可计算为

$$S_{CO} = \left(\frac{F_{CO}^{out}}{F_{CH_4}^{in} X_{CH_4} + F_{CO_2}^{in} X_{CO_2}} \right) \times 100\% \tag{11-3}$$

$$S_{C2} = \left(\frac{2F_{C2}^{out}}{F_{CH_4}^{in} X_{CH_4} + F_{CO_2}^{in} X_{CO_2}} \right) \times 100\% \tag{11-4}$$

$$B_C = S_{CO} + S_{C2} \tag{11-5}$$

H_2、H_2O、C2烃的氢基选择性和氢平衡定义如下

$$S_{H_2} = \frac{0.5F_{H_2}}{F_{CH_4}^{in} X_{CH_4}} \times 100\% \tag{11-6}$$

$$S_{H_2O}^H = \frac{0.5F_{H_2O}^{out}}{F_{CH_4}^{in} X_{CH_4}} \times 100\% \tag{11-7}$$

$$S_{C2}^H = \left(\frac{2F_{C_2H_2}^{out} + 4F_{C_2H_4}^{out} + 6F_{C_2H_6}^{out}}{4F_{CH_4}^{in} X_{CH_4}} \right) \times 100\% \tag{11-8}$$

$$B_H = S_{H_2} + S_{H_2O}^H + S_{C2}^H \tag{11-9}$$

式中　$F_{H_2O}^{out}$——反应器出口 H_2O 的气体流量，该流量难以通过色谱直接测量。

假设氧平衡为100%，则可由下式计算得 $F_{H_2O}^{out}$

$$F_{H_2O}^{out} = 2(F_{CO_2}^{in} X_{CO_2} + F_{O_2}^{in} X_{O_2}) - F_{CO}^{out} \tag{11-10}$$

另外，能量密度（SEI）、合成气浓度（C_{H_2+CO}）、能耗（EC_{H_2+CO}）、能量效率（η）可分别计算为

$$SEI = P/(F_{CH_4}^{in} + F_{CO_2}^{in} + F_{O_2}^{in}) \tag{11-11}$$

$$C_{H_2+CO} = \frac{F_{CO}^{out} + F_{H_2}^{out}}{F_{CH_4}^{out} + F_{CO_2}^{out} + F_{O_2}^{out} + F_{CO}^{out} + F_{C2}^{out} + F_{H_2}^{out} + F_{H_2O}^{out}} \times 100\% \tag{11-12}$$

$$EC_{H_2+CO} = \frac{P}{F_{H_2}^{out} + F_{CO}^{out}} \tag{11-13}$$

$$\eta = \frac{F_{H_2}^{out} LHV_{H_2} + F_{CO}^{out} HV_{CO}}{P + F_{CH_4}^{in} X_{CH_4} LHV_{CH_4}} \times 100\% \tag{11-14}$$

式中　P——等离子体功率；

LHV_{H_2}——H_2 的低热值；

LHV_{CH_4}——CH_4 的低热值；

HV_{CO}——CO 的热值。

二、等离子体重整反应的引发

非热等离子体中电子在电场中被优先加速，得到几乎所有的等离子体能量，因此等离子体中的化学过程通常由电子碰撞过程引发。对于等离子体中燃料重整过程，在电场中被加速的电子可通过碰撞激发、解离和电离产生活性物种，并进一步引发链式反应得到目标产物。其中，电子碰撞过程的能量损失和自由基产生速率的决定性因素是电子温度和电子密度；活性物种引发链式反应的决定性因素是气体温度，因为反应速率常数在阿伦尼乌斯方程中，随温度呈指数变化。以等离子体干重整为例，通过电子碰撞截面和电子温度可分析该气体组成对应的电子碰撞过程，通过热力学平衡计算可分析该气体的热力学平衡组成。图 11-10 为气体组成 $CH_4 : CO_2 = 1:1$ 条件下，等离子体能量通过振动激发、电子态激发和电离过程的损失比例。如前所述，暖等离子体中电子温度约为 1～3 eV。显然，暖等离子体的能量几乎完全用于分子的振动激发。通常分子振动激发的弛豫过程较长，尤其是 CO_2 分子，而暖等离子体具有较高的电子密度，数值模拟结果表明暖等离子体可以通过累积的分子振动激发高效解离分子产生自由基活性物种，从而进一步引发链式反应[5]。暖等离子体中电子直接碰撞解离和电离的速率极低，很难通过电子直接碰撞高效获得活性物种。另外，暖等离子体中气体温度约为 1000～4000 K，较高的气体温度可显著加速等离子体中的化学反应，实现暖等离子体中快速高效的燃料重整。决定等离子体中燃料重整过程的等离子体参数是电子温度、电子密度和气体温度。对于等离子体放电，这三个内部参数通常相互关联并受外部实验参数调控，但对于

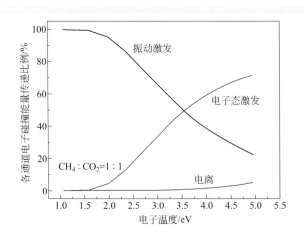

▶ 图 11-10 CH_4-CO_2 气氛中电子碰撞过程振动激发、
电子态激发和电离过程的能量传递比例

燃料重整这样的复杂反应体系，目前难以系统诊断这些等离子体参数。因此当前的研究工作主要是考察反应器结构、电学特性和气体组成等外部参数对暖等离子体重整过程宏观指标的影响。

三、等离子体重整反应的影响因素

1. 能量密度对重整反应的影响

能量密度表示单位放电气体注入的等离子体能量，通常以 kJ/mol 或 eV/molecule 为单位，可通过式（11-11）计算。等离子体重整过程中功率和流量的改变，都会引起能量密度的变化，并且对反应物转化率的影响一般互为相反。为此，等离子体中燃料重整通常将功率和流量相关联，采用能量密度作为评价等离子体燃料重整的外部参数之一。火花和滑动电弧放电等离子体中甲烷重整结果表明：对于干重整这样的强吸热反应，反应吸收的能量都来自等离子体。因此，在给定的气压、流量和气体组成条件下，能量密度的升高必然促进反应物的转化，并且这种促进作用往往是线性的[20,29]。对于氧化重整这样的温和放热反应，重整反应所需的能量由等离子体和反应释放的化学能共同提供，所以反应过程还受到 O_2 浓度的影响[30]。在给定的气压、流量和气体组成条件下，等离子体中氧气耗尽之前，反应物转化率随能量密度升高而快速升高，氧气耗尽之后，反应物转化率随能量密度升高而缓慢升高。但是，对于干重整和氧化重整，能量密度的升高对产物的选择性影响均不大。这主要是因为暖等离子体重整过程中反应物转化与电子行为和等离子体中气体温度密切相关，其反应路径主要由等离子体内部参数决定。滑动电弧等离子体的诊断表明，对于给定的气体流量和组成，能量密度的升高会引起放电通道体积的扩张，但是对于等离子体的特征参数影响不大[23]。这就意味着能量密度的升高对反应过程的影响主要体现为反应物在等离子体反应区停留时间的延长，进而提高反应物的转化率，但是对重整过程的反应路径影响不大。

2. 气压对重整反应的影响

等离子体中气相反应速率 R 可表示为

$$R = k n_A n_B \tag{11-15}$$

式中　k——反应速率常数；

n_A、n_B——反应物种 A 和 B 的数密度。

对于电子引发的反应，反应速率常数与电子温度有关，反应物之一为电子。对于活性物种引发的链式反应，反应速率与气体温度有关，反应物种之一为自由基等活性物种。但是，无论何种反应，反应速率都与反应物的数密度也就是气压有关。另外，对于重整反应，常用的干重整和氧化重整都是体积增加的反应，这也就意味着该反应的热力学平衡受到气压影响。LPPC 团队报道了火花放电等离子体中 1～2 bar 范围内气压对干重整的影响。结果表明，气压升高可提高反应物的转化率和能量效率并降低合成气能耗[20]。放电频率为 5 kHz 和能量密度为 610 kJ/mol，放电气压从 1 bar 升高至 2 bar 时，CH_4、CO_2 与总碳的转化率分别由 70%、61% 与 66% 增大至 75%、70% 及 73%，而 CH_4 与 CO_2 的转化能耗则分别从 12.6 eV/molecule 与 21.9 eV/molecule 降低至 11.7 eV/molecule 与 19.0 eV/molecule。值得一提的是，与 CH_4 的转化率和转化能耗相比，升高气压对 CO_2 转化率和能耗的影响更为显著，这可归因于气压升高对 CO_2 分子振动激发的增强作用。就 CO_2 分子在非热等离子体中的解离机制而言，振动激发是最有效的途径。在非热等离子体典型电子温度 $T_e \approx 1～2$ eV 下，CO_2 分子的电子碰撞振动激发速率常数远高于其振动 - 平动弛豫的速率常数，而对于 CH_4 分子的振动激发，较快的振动 - 平动弛豫速率致使振动能量损失较多。故气压的升高在提高转化率和降低能耗方面对 CO_2 产生的正效应比 CH_4 更大。

3. 原料气组成对重整反应的影响

原料气组成是影响等离子体中燃料重整的重要因素之一。原料气组成的改变可同时影响等离子体参数和重整反应路径，从而改变反应物的转化率和产物的选择性。例如，火花放电等离子体干重整反应，在能量密度 448 kJ/mol 和放电频率 5 kHz 条件下，随着 CO_2：CH_4 由 0.5 增加至 4，CH_4 的转化率从 62% 单调增大到 83%，CO_2 转化率却在上升至最大值 58%（CO_2：CH_4=1.5）后逐渐下降。对于等离子体反应，原料气中反应物的浓度越高，则其转化率就越低，如 CH_4 转化率随 CO_2：CH_4 的变化规律。然而，CO_2 的转化率在 CO_2：CH_4 < 1.5 范围内未遵循上述规律。这是由于 CO_2 与 CH_4 重整反应路径随原料气组成变化而改变。在等离子体中 CH_4 和 CO_2 重整的引发物种主要来自电子碰撞反应物分子的解离过程，即等离子体中产生·O、·H 和·CH_3 等活性物种。而原料气组成的变化会改变等离子体中活性物种的分布，从而进一步影响重整反应的路径。在 CO_2：CH_4 < 1.5 时，等离子体中产生的·CH_3 占比大，其引发的 CH_4 偶联反应会与干重整反应竞争；当 CO_2：CH_4 > 1.5 时，随着 CO_2：CH_4 的增大，总包反应中干重整反应所占比例逐渐增加，而甲烷偶联反应所占比例越来越少，这必然导致 CO_2 的转化率随 CO_2：CH_4 的升高逐渐增大。同时，C_2H_2 的选择性反映了干重整和 CH_4 偶联在总包反应中的此消彼长。如随 CO_2：CH_4 由 0.5 增加至 1.5，C_2H_2 的选择性从 45% 下降至 1%，这表明当 CO_2：CH_4>1.5 时，CH_4 偶联在总包反应中所占比例很小，可以忽略。

另外，对于复合重整和氧化重整这些反应气氛中有 O_2 参与的重整过程，因氧化过程放热加速重整反应，反应过程还受 O_2 浓度的影响。图 11-11 为原料气中 CH_4 与 CO_2 的总流量为 0.15 L/min、输入功率为 56 W 时，O_2：（CH_4-CO_2）比值 r 对火花放电等离子体复合重整生物气（60%CH_4+40%CO_2）反应的反应物转化率、产物的碳基选择性与碳平衡、产物的氢基选择性与氢平衡的影响[21]。由图 11-11 可知，在相同的生物气流量和输入功率下，O_2：（CH_4-CO_2）的增加可以显著提高 CH_4 和 O_2 的转化率。在输入功率为 56 W 时，随着 r 由 0 增加至 1，CH_4 转化率从 72% 增至 79%；随 r 由 0.5 增加至 1，O_2 的转化率从 85% 升至 89%。CO_2 的转化率随 r 增加变化不大，这表明了 O_2 的加入可通过氧化重整路径促进 CH_4 的转化。图 11-11 也清楚地表明，相同生物气流量与输入功率下，CO 的碳基选择性与 H_2O 的氢基选择性随着 r 的增大而增大，而 H_2 的选择性与 C_2H_2 的碳基选择性则随 r 的增大而逐渐减小。

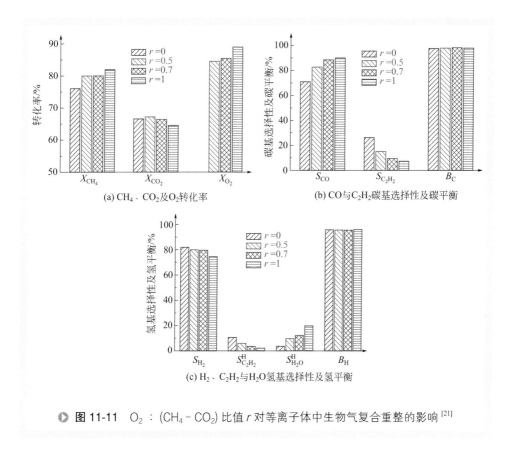

(a) CH_4、CO_2 及 O_2 转化率

(b) CO 与 C_2H_2 碳基选择性及碳平衡

(c) H_2、C_2H_2 与 H_2O 氢基选择性及氢平衡

▶ 图 11-11　O_2：（CH_4 - CO_2）比值 r 对等离子体中生物气复合重整的影响[21]

4. 等离子体重整的表观动力学

在等离子体中，CH_4 与 CO_2 转化生成产物的总包反应可写为

$$CH_4 + CO_2 \xrightarrow{\text{等离子体}} 产物 \tag{11-16}$$

若该转化反应速率以总碳转化速率 $-\dfrac{dn_{TC}}{dt}$ 表示，基于①假设该转化反应速率与总碳的物质的量（n_{TC}，CH_4 与 CO_2 物质的量之和）的二次方成正比；②实验结果表

明反应物转化速率与放电功率成正比，则

$$-\frac{\mathrm{d}n_{TC}}{\mathrm{d}t} = kP_{in}n_{TC}^2 \qquad (11\text{-}17)$$

式中　k——常数。

变换式（11-17）并积分得

$$\frac{1}{n_{TC}^t} - \frac{1}{n_{TC}^0} = kP_{in}t \qquad (11\text{-}18)$$

式中　n_{TC}^0、n_{TC}^t——初始和 t 时刻的总碳的物质的量。

变换式（11-18）可得

$$\frac{X_{TC}}{1-X_{TC}} = kn_{TC}^0 P_{in}t = k'P_{in}t \qquad (11\text{-}19)$$

其中

$$k' = kn_{TC}^0$$

又因反应物在等离子区的停留时间 τ 可表示为

$$\tau = \frac{V}{Q} = \frac{Ad}{Q} \qquad (11\text{-}20)$$

式中　V、A——等离子体区体积和截面积；

　　　　d——电极间距；

　　　　Q——气体体积流量。

气体体积流量与摩尔流量 F 的关系为

$$Q = F\frac{RT}{p} \qquad (11\text{-}21)$$

式中　R——气体常数；

　　　　T、p——等离子体区的气体温度和气压。

故 $t = \tau$ 时，将式（11-20）和式（11-21）代入式（11-19）可得

$$\frac{X_{TC}}{1-X_{TC}} = k'\frac{Adp}{RT}\frac{P_{in}}{F} \qquad (11\text{-}22)$$

因为本实验条件下，能量密度对放电区气体温度的影响基本可忽略，故上式可简化为

$$\frac{X_{TC}}{1-X_{TC}} = k''(pd)\mathrm{SEI} \qquad (11\text{-}23)$$

式中，$k'' = k'\dfrac{A}{RT}$，本实验条件下可认为是常数。

由式（11-23）可知，当 pd 值（气压与电极间距乘积）保持不变时，$X_{TC}/(1-X_{TC})$ 与能量密度呈线性关系，即

$$\frac{X_{TC}}{1-X_{TC}} = k'''\text{SEI} \qquad (11-24)$$

式中，$k''' = k''(pd)$。在气体放电中，pd 值是一个重要影响因素。

图 11-12 分别示出了不同电极间距 d（p 不变）与不同气压 p（d 不变）下 $X_{TC}/(1-X_{TC})$ 随能量密度的变化[31]。由图可见，在 $p = 0.1$ MPa 条件下，各个电极间距的 $X_{TC}/(1-X_{TC})$ 均随能量密度线性增加，其斜率 k''' 随电极间距的增大而增加。如电极间距 $d = 3$ mm 时，$k'''_{0.1\times3} = 3.02 \times 10^{-3}$ mol/kJ；电极间距 $d = 9$ mm 时，$k'''_{0.1\times9} = 6.53 \times 10^{-3}$ mol/kJ。由图 11-12（b）可见，在 $d = 5$ mm 条件下，各个气压的 $X_{TC}/(1-X_{TC})$ 均随能量密度线性增加，其斜率 k''' 随气压的增大而增加。如气压 $p = 0.1$ MPa 时，$k'''_{0.1\times5} = 3.57 \times 10^{-3}$ mol/kJ；气压 $p = 0.2$ MPa 时，$k'''_{0.2\times5} = 7.49 \times 10^{-3}$ mol/kJ。这说明，无论是改变 p 还是改变 d，恒定的 pd 值下 $X_{TC}/(1-X_{TC})$ 均为能量密度的一次函数。因此验证了上述假设与反应动力学方程推导是合理的。

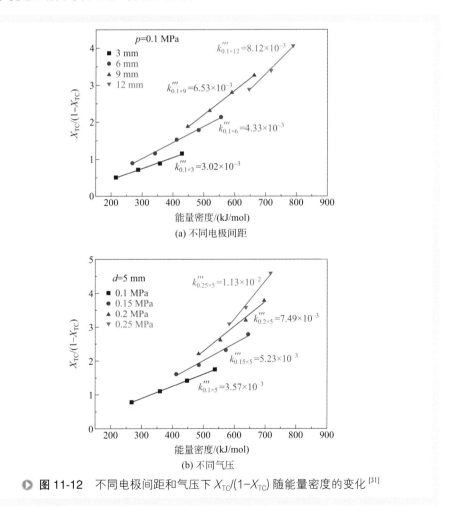

图 11-12 不同电极间距和气压下 $X_{TC}/(1-X_{TC})$ 随能量密度的变化[31]

对于等离子体重整，因等离子体需要电能驱动，除了反应物转化率和产物的选择性，能量效率和合成气的能耗也是等离子体重整技术实用化的关键指标。对于暖等离子体，其反应器出口温度可高达 1000 K 以上，这样的高温可以和催化剂联用，进一步转化反应物，提高重整效率。研究表明：氧化重整中催化剂的加入可使氧气完全转化，并大幅提高甲烷转化率。因此，LPPC 团队采用滑动电弧放电，设计了图 11-13 所示的暖等离子体催化一体化反应器[4]，催化剂位于等离子体下游，催化剂床层温度由热电偶测量。反应器外部可保温也可加热。采用该反应器，LPPC 团队研究了暖等离子体催化生物气重整、电能存储新方法和甲醇高效制氢应用。

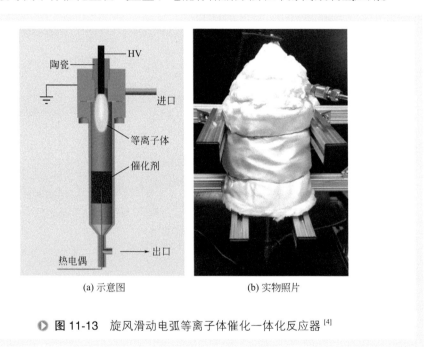

(a) 示意图　　　　　　　(b) 实物照片

▶ 图 11-13　旋风滑动电弧等离子体催化一体化反应器[4]

该等离子体反应器在不同能量密度下的放电照片如图 11-14 所示，能量密度较低时，弧通道在接地电极内部滑动，气流方向几乎与弧通道垂直，弧通道中心受到垂直方向的力较大，形状发生扭曲。能量密度足够大时，弧通道滑出接地电极，弧通道中心受到垂直方向的力较小，形状不发生扭曲。由放电侧视图可以看出，随着能量密度的升高，等离子体区的体积逐渐增大。

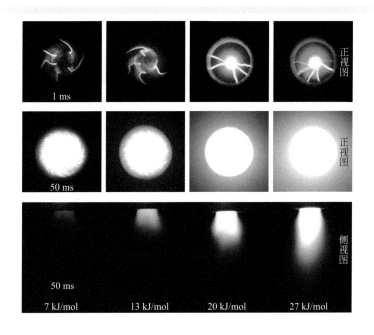

正视图

正视图

侧视图

1 ms

50 ms

50 ms

7 kJ/mol   13 kJ/mol   20 kJ/mol   27 kJ/mol

▶ **图 11-14** 流量为 4 L/min 的条件时不同能量密度的放电照片

一、生物气重整

生物气是一种由有机废弃物厌氧分解产生的、非常有应用前景的可再生洁净能源。生物气的典型组成为 CH_4（55% ～ 65%）和 CO_2（35% ～ 45%）。大量有机废弃物产生的生物气如果得到利用，将大大减少化石能源的需求，同时降低温室气体的排放（CH_4 也是主要的温室气体，对温室效应的贡献占 12%）。生物气为富 CH_4 气体，一般直接燃烧用来加热或发电。但是，生物气中大量的 CO_2 降低了生物气的热值（18 ～ 26 MJ/m³）和燃烧效率，同时产生高的 CO_2 排放量。为了更高效地利用生物气，可以将生物气重整制备成高附加值的合成气，用于合成甲醇和化学品。LPPC团队采用上述的等离子体催化一体化反应器开展了生物气的等离子体催化氧化重整研究 [4]。在能量密度为 40 kJ/mol、原料气总流量为 2 L/min、$n(CH_4):n(CO_2):n$ (O_2) =1.5:1:1 和交流频率为 92 kHz 的条件下，研究反应器保温与否对旋风滑动电弧等离子体甲烷氧化干重整转化率和选择性的影响。结果表明：反应器未保温时，其 O_2、CH_4 和 CO_2 转化率分别为 66%、60% 和 38%。反应器保温后反应区温度升高，甲烷氧化反应速率加快，导致氧气完全转化，CH_4 转化率大幅升高至 83%，CO_2 转化率降至 30%。显然，保温后反应器中气体温度的升高，可显著提高暖等离子体中生物气重整效果。

另外，保温的等离子体反应器和催化剂结合可进一步提高重整效果。在总流量为 4 L/min、$n(CH_4):n(CO_2):n(O_2)=1.5:1:0.9$、能量密度为 27 kJ/mol 条件下，填充 Ni/CeO_2/Al_2O_3 催化剂后，生物气等离子体催化氧化干重整中，CH_4 转化率由 55% 升高至 92%，CO_2 转化率由 –1% 升高至 20%。相应的 H_2 和 CO 选择性分别从 37% 升高至 82% 和 94% 升高至 100%。等离子体催化重整中合成气浓度、能量效率和合成气能耗可分别达到 72%、84% 和 0.3 kW·h/m³。

除了重整过程的效率高，等离子体催化过程与传统催化过程相比，还可以简化反应操作流程。如镍基催化剂通常需要在反应前进行预还原处理，将氧化镍还原为具有催化活性的零价镍。滑动电弧等离子体重整气中含有大量具有还原性的 H_2 和 CO，并且气体温度很高（670～956 ℃），能实现催化剂的原位自还原。在总流量为 4 L/min、$n(CH_4):n(CO_2):n(O_2)=1.5:1:0.9$、能量密度为 27 kJ/mol 条件下，Ni/CeO_2/Al_2O_3 催化剂预还原和自还原得到的反应物转化率和产物选择性基本相同。这表明 Ni/CeO_2/Al_2O_3 催化剂在等离子体催化一体化反应器中可实现原位自还原。对催化剂进行比表面积、XRD、TEM 等表征，结果表明，等离子体自还原和等离子体催化过程对于 Ni/CeO_2/Al_2O_3 催化剂的结构和特征没有明显影响。另外，对旋风滑动电弧等离子体催化一体化耦合的甲烷氧化干重整进行稳定性测试，结果表明，在总流量为 4 L/min、$n(CH_4):n(CO_2):n(O_2)=1.5:1:0.9$、能量密度为 27 kJ/mol 条件下，在 13.5 h 的测试中，CH_4 和 CO_2 转化率分别维持在 92% 和 23%，CO 和 H_2 选择性分别维持在 100% 和 80%。这表明等离子体催化反应器具有良好的稳定性。

二、电能存储新方法

合成气计量数，$SN=(H_2-CO_2):(CO+CO_2)$，是衡量合成气质量的一个重要指标。理想的高质量合成气要求 $SN=2$，可以联合水蒸气重整和干重整，通过双重整反应式（11-25）直接制得

$$3CH_4 + 2H_2O(g) + CO_2 \longrightarrow 4CO + 8H_2 \qquad (11-25)$$

但是双重整反应由两个强吸热反应组成，其重整过程需要高温和高能耗，并且高的 CH_4 转化率往往需要添加过量的 CO_2 和 H_2O 抑制催化剂积炭，这就必然导致过多的 CO_2 和 H_2O 残留在合成气中，降低合成气的质量。为解决此问题，LPPC 团队提出了联合电解水和氧化干重整 CH_4 的高质量合成气制备新路线[32]，通过联合等离子体催化和电解水技术，将式（11-25）的反应拆分为如下两个反应

$$2H_2O \longrightarrow O_2 + 2H_2 \qquad (11-26)$$

$$3CH_4 + O_2 + CO_2 \longrightarrow 4CO + 6H_2 \qquad (11-27)$$

对于式（11-27）所示的反应，等离子体催化氧化重整可快速高效地重整 CH_4 为合成气，但是重整气氛需要加入 O_2，同时产物合成气中 H_2 与 CO 的化学计量比小于 2。这就意味着 CH_4 氧化重整需要额外的 O_2 源和 H_2 源。电解水是一种成熟的制氢技术，虽能将可再生电能高效率、大规模地转化为氢能，但由于氢气储存与运输的安

全问题，其应用受到限制。若将等离子体催化氧化干重整（PCR）与电解水（WE）结合（如图 11-15 所示），不仅电解水产生的纯氧可被干重整直接利用，免去后者所需的制氧装置与运行成本，而且利用电解水产生的 H_2 可使产物气的 $n(H_2):n(CO)$ 比达到合成气所需的理想 SN 值，从而直接用于合成液体燃料甲醇。另外，等离子体和电解水都是靠电能驱动并且具有快速启动和响应的优点，与可再生电能结合，通过"电变油"实现可再生电能的大规模储存，为可再生电能面临的储存难题提供新的高效可行的解决方案。LPPC 团队对等离子体催化反应器进行进一步优化，调整反应工艺条件，基于等离子体催化重整过程对该方法进行实验验证，进一步评估了等离子体催化电能存储新方法的可行性。实验中采用一体化等离子体催化反应器，滑动电弧由 5 kHz 交流高压驱动。图 11-16 为能量密度 27 kJ/mol、原料气组成 $n(CH_4):n(CO_2):n(O_2)=3:2:2$ 和总流量 3 L/min 条件下，单纯等离子体中反应物转化率、产物选择性、$n(H_2):n(CO)$ 和放电照片。如图所示，O_2 在等离子体中几乎完全消耗，这可有效避免 O_2 在催化剂上反应放热引起催化剂的烧结失活。CH_4 转化率达到 68%，CO_2 转化率为 -3.9%。CO_2 转化率的负值表明反应中 CO_2 生成量高于消耗量，这主要是因为 CH_4 在等离子体中完全氧化。产物分析表明，转化的 CH_4 中 42.6% 的氢原子转化至 H_2，2.9% 至 C2 烃类，55.0% 至水。产物中合成气浓度达到 38.7%（体积分数），合成气中 $n(H_2):n(CO)$ 接近 1.0。滑动电弧等离子体中的高效重整主要归因于该等离子体的特征参数，发射光谱诊断表明滑动电弧通道中 CO 转动温度和电子密度高达 2500 K 和 2.7×10^{14} cm^{-3}。

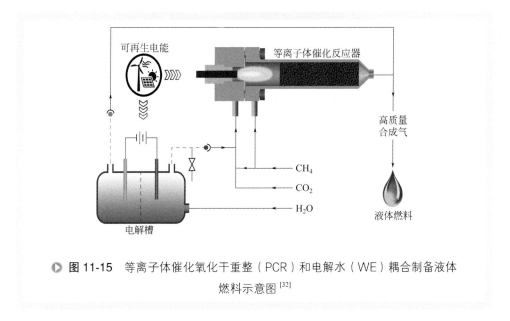

▶ **图 11-15** 等离子体催化氧化干重整（PCR）和电解水（WE）耦合制备液体燃料示意图[32]

为进一步转化反应物，调节产物分布，将 11%Ni/8%Ce/Al_2O_3 催化剂填充于等离子体下游的不锈钢管中，补充的甲烷在等离子体和催化剂床层之间加入，达

到总的 $n(CH_4):n(CO_2):n(O_2)$ 为 3:1:1 或 2.5:1:1。另外，考虑到现有等离子体反应器能量注入达不到重整所需全部能量，催化床同时采用管式炉辅助加热补充供能。由于 O_2 转化率在所考察条件下接近 100%，为此只给出了等离子体催化重整中 CH_4 和 CO_2 的转化率。在能量密度为 27 kJ/mol，管式炉温度为 1126 K 和 $n(CH_4):n(CO_2):n(O_2)$ 为 3:1:1 条件下，CH_4 和 CO_2 转化率分别达到 92.1% 和 85.1%。氢气选择性达到 95.1%，CO 选择性接近 100%，$n(H_2):n(CO)$ 接近 1.5。甲烷比例稍微降低使 $n(CH_4):n(CO_2):n(O_2)$ 为 2.5:1:1，CH_4 和 CO_2 转化率可达到 99.2% 和 79.4%。并且等离子体催化氧化重整具有优良的稳定性，运行 5 h，未见重整效果下降。

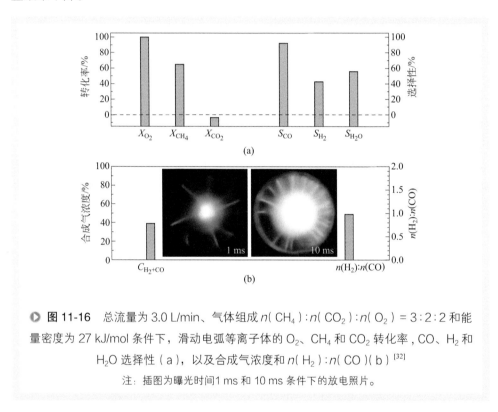

● **图 11-16** 总流量为 3.0 L/min、气体组成 $n(CH_4):n(CO_2):n(O_2)$ = 3:2:2 和能量密度为 27 kJ/mol 条件下，滑动电弧等离子体的 O_2、CH_4 和 CO_2 转化率，CO、H_2 和 H_2O 选择性（a），以及合成气浓度和 $n(H_2):n(CO)$（b）[32]

注：插图为曝光时间 1 ms 和 10 ms 条件下的放电照片。

三、液体燃料重整在线制氢

随着环境和能源问题的日益突出，近年来新能源汽车成为研究热点。燃料电池汽车具有高效率和零排放，因而引起广泛的关注。目前的燃料电池汽车主要使用氢气作为燃料，所用的氢气补给依然采用加氢站模式。但是按照现有技术，建立一个加氢站非常昂贵并且存在安全隐患，这极大地限制了燃料电池汽车的普及应用。考虑到等离子体重整启动和响应快的优点，LPPC 团队采用暖等离子体重整，研发了液体燃料重整在线制氢技术[33]。反应器依然采用保温的一体式等离子体催化重整反应器，以甲醇、水和空气为原料气，采用 90 kHz 交流高压电源驱动等离子体，结合 NiCu/γ-Al$_2$O$_3$+FeCu/γ-Al$_2$O$_3$ 催化剂。结果表明，催化剂的使用可显著提高甲醇的转化率和 H$_2$ 的选择性，从而提高能量效率。在总流量为 4.8 L/min、$n(CH_3OH):n($空气$):n(H_2O)$=1.9：1.5：1.4 和放电功率 60 W 条件下，CH$_3$OH 转化率和能量效率从单纯等离子体的 37% 和 65% 分别提高至 92% 和 91%。催化剂对甲醇重整效果的提高，应主要归因于催化剂对等离子体能量的充分利用，使等离子体中未转化的甲醇在催化剂上继续转化，并发生水蒸气变换反应，提高产物中 H$_2$ 的选择性。等离子体催化重整可将氢气选择性由单纯等离子体的 62% 提高至 89%。

参考文献

[1] Fridman A. Plasma chemistry[M]. New York: Cambridge University Press, 2008: 263-264.

[2] Chiranjeev S, Kalra A F G, Fridman A. Gliding arc discharges as a source of intermediate plasma for methane partial oxidation[J]. IEEE Transactions on Plasma Science, 2005, 33: 32-41.

[3] Allah Z A, Whitehead J C. Plasma-catalytic dry reforming of methane in an atmospheric pressure AC gliding arc discharge[J]. Catalysis Today, 2015, 256: 76-79.

[4] Li K, Liu J L, Li X S, et al. Warm plasma catalytic reforming of biogas in a heat-insulated reactor: Dramatic energy efficiency and catalyst auto-reduction[J]. Chemical Engineering Journal, 2016, 288: 671-679.

[5] Snoeckx R, Bogaerts A. Plasma technology — a novel solution for CO$_2$ conversion[J]. Chemical Society Review, 2017, 46: 5805-5863.

[6] Herve L, Albin C, Joseph C. Device for generating low-temperature plasmas by formation of sliding electric discharges[P]. FR 19880014932. 1988-11-17.

[7] Meguernes K, Czernichowski A, Chapelle J. Oxidization of CH$_4$ by H$_2$O in a gliding electric arc[C]. 3rd European Congress on Thermal Plasma Processes, Aachen, 1994: 495-500.

[8] Sun S R, Wang H X, Mei D H, et al. CO$_2$ conversion in a gliding arc plasma: Performance improvement based on chemical reaction modeling[J]. Journal of CO$_2$ Utilization, 2017, 17: 220-234.

[9] Kolev S, Bogaerts A. A 2D model for a gliding arc discharge[J]. Plasma Sources Science and Technology, 2015, 24: 015025.

[10] Czernichowski A, Czernichowski M. Further development of plasma sources: The GlidArc-Ⅲ[C]. 17th International Symposium on Plasma Chemistry, Toronto, 2005: 1-4.

[11] Lee D H, Kim K T, Cha M S, et al. Optimization scheme of a rotating gliding arc reactor for partial oxidation of methane[J]. Proceedings of the Combustion Institute, 2007, 31: 3343-

3351.

[12] Kalra C S, Cho Y I, Gutsol A, et al. Gliding arc in tornado using a reverse vortex flow[J]. Review of Scientific Instruments, 2005, 76: 025110.

[13] Gallagher M J, Geiger R, Polevich A, et al. On-board plasma-assisted conversion of heavy hydrocarbons into synthesis gas[J]. Fuel, 2010, 89: 1187-1192.

[14] Fridman A, Nester S, Kennedy L A, et al. Gliding arc gas discharge[J]. Progress in Energy and Combustion Science, 1999, 25: 211-231.

[15] Liu J L, Park H W, Chung W J, et al. Simulated biogas oxidative reforming in AC-pulsed gliding arc discharge[J]. Chemical Engineering Journal, 2016, 285: 243-251.

[16] Liu J L, Park H W, Chung W J, et al. High-efficient conversion of CO_2 in AC-pulsed tornado gliding arc plasma[J]. Plasma Chemistry and Plasma Processing, 2016, 36: 437-449.

[17] Lee D H, Kim K T, Kang H S, et al. Optimization of NH_3 decomposition by control of discharge mode in a rotating arc[J]. Plasma Chemistry and Plasma Processing, 2013, 34: 111-124.

[18] Bromberg L. Onboard plasmatron hydrogen production for improved vehicles[D]. Cambridge: MIT Plasma Science and Fusion Center, 2006.

[19] Shekhawat D, Spivey J, Berry D A. Fuel cells: Technologies for fuel processing[M]. Oxford: Elsevier, 2011: 238.

[20] Zhu B, Li X S, Shi C, et al. Pressurization effect on dry reforming of biogas in kilohertz spark-discharge plasma[J]. International Journal of Hydrogen Energy, 2012, 37: 4945-4954.

[21] Zhu B, Li X S, Liu J L, et al. Optimized mixed reforming of biogas with O_2 addition in spark-discharge plasma[J]. International Journal of Hydrogen Energy, 2012, 37: 6916-6924.

[22] Li X S, Lin C K, Shi C, et al. Stable kilohertz spark discharges for high-efficiency conversion of methane to hydrogen and acetylene[J]. Journal of Physics D: Applied Physics, 2008, 41: 175203.

[23] Zhao T L, Liu J L, Li X S, et al. Temporal evolution characteristics of an annular-mode gliding arc discharge in a vortex flow[J]. Physics of Plasmas, 2014, 21: 053507.

[24] Czernichowski A, Nassar H, Ranaivosoloarimanana A, et al. Spectral and electrical diagnostics of gliding arc[J]. Acta Physica Polonica A, 1996, 89: 595-603.

[25] Gangoli S P, Gutsol A F, Fridman A. A non-equilibrium plasma source: Magnetically stabilized gliding arc discharge: II. Electrical characterization[J]. Plasma Sources Science & Technology, 2010, 19: 065004.

[26] Fridman A, Gutsol A, Gangoli S, et al. Characteristics of gliding arc and its application in combustion enhancement[J]. Journal of Propulsion and Power, 2008, 24: 1216-1228.

[27] Gangoli S P, Gutsol A F, Fridman A. A non-equilibrium plasma source: Magnetically stabilized gliding arc discharge: I. Design and diagnostics[J]. Plasma Sources Science &

Technology, 2010, 19: 065003.

[28] Lifshitz. A correlation of vibrational deexcitation rate constants of diatomic-molecules[J]. Journal of Chemical Physics, 1974, 61: 2478-2479.

[29] Li X S, Zhu B, Shi C, et al. Carbon dioxide reforming of methane in kilohertz spark-discharge plasma at atmospheric pressure[J]. AIChE Journal, 2011, 57: 2854-2860.

[30] Liu J L, Li X S, Zhu X, et al. Renewable and high-concentration syngas production from oxidative reforming of simulated biogas with low energy cost in a plasma shade[J]. Chemical Engineering Journal, 2013, 234: 240-246.

[31] Zhu B, Li X S, Liu J L, et al. Kinetics study on carbon dioxide reforming of methane in kilohertz spark-discharge plasma[J]. Chemical Engineering Journal, 2015, 264: 445-452.

[32] Li K, Liu J L, Li X S, et al. Novel power-to-syngas concept for plasma catalytic reforming coupled with water electrolysis[J]. Chemical Engineering Journal, 2018, 353: 297-304.

[33] Lian H Y, Liu J L, Li X S, et al. Plasma chain catalytic reforming of methanol for on-board hydrogen production[J]. Chemical Engineering Journal, 2019, 369: 245-252.

第十二章

热等离子体煤制乙炔过程的基础研究和工业发展

第一节 热等离子体法制乙炔概述

一、乙炔生产技术

乙炔的生产方法主要有三种：烃类裂解法、天然气部分氧化法和电石法[1]。烃类裂解法通过加热烃类物质使其裂解得到乙炔；天然气部分氧化法利用燃烧所释放的热量进行裂解；电石法利用电石与水反应制备乙炔。目前国外已基本淘汰电石法，主要采用天然气部分氧化法或石油裂解烯烃副产生产乙炔。由于我国油气资源对外依赖度高，目前 90% 以上的乙炔生产仍然采用电石法。电石法乙炔工艺和热等离子体法乙炔工艺的生产流程如图 12-1 所示。电石法依托于煤炭和石灰石资源：首先，煤炭通过焦化工艺制得焦炭，石灰石通过高温煅烧获得生石灰；然后，焦炭与生石灰在约 2300 K 的电石炉内反应生成电石，同时产生副产品一氧化碳；最后，电石与水在乙炔发生器中反应生成乙炔。电石行业是一个高耗能、高污染的行业，该工艺尽管在电炉设计和环境保护等方面做了许多改进，但仍然存在生产流程长、资源消耗量大、环境污染严重、综合处理成本相对较高和二氧化碳排放量大等亟待解决的问题。根据新疆天业集团的实际生产经验，电石法工艺生产 1 t 乙炔需消耗 1 t 标准煤、2 t 焦炭、3 t 水，耗电 12000 kW·h，排放 27 t 二氧化碳、3.5 t 电石渣以及 14 ~ 18 t 废水和废气（ H_2S 和 SO_2 ）。

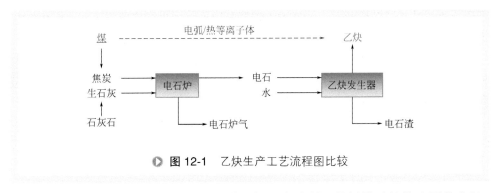

图 12-1　乙炔生产工艺流程图比较

不同于电石法工艺，热等离子体煤裂解一步法制乙炔是借助热等离子体高温、高焓和高反应活性的特点，在 10 ms 内高效率地实现煤中挥发分（甚至固定碳）向乙炔的转化。裂解气相产物中乙炔占 8% ～ 12%，氢气占 70% ～ 80%，一氧化碳占 7% ～ 10%，其余为少量乙烯、甲烷及其他小分子碳氢化合物。裂解后的煤粉仍含有 10% ～ 20% 的挥发分，可直接燃烧发电或作为原料进入气化炉。该工艺具有低碳、低资源消耗、低污染、流程短等优点。值得重点指出的是，该过程中水作为反应器冷却和淬冷介质而非反应原料，可以循环使用，不存在过度依赖水资源的问题，反应过程没有直接的二氧化碳排放，系统启动后，氢气可循环使用并产生过量氢气作为副产品。因此，热等离子体煤裂解制乙炔过程可以从根本上解决电石法乙炔生产工艺"三废"污染尤其是水资源过度依赖的问题，在生产成本方面与传统工艺相比具有竞争潜力，是一种基于煤炭资源的乙炔清洁生产技术，对推动我国煤化工产业的绿色可持续发展具有重要意义。

二、热等离子体超高温热转化过程特点

热等离子体作为一种特殊的热流体，可以提供传统方法无法达到的超高温反应条件，实现诸如乙炔一步法生产、特种金属熔炼等过程。另外，由于热等离子体含有大量易于发生化学反应的活性基团，具有独特的化学反应性质，因此可以实现特殊物质处理和高附加值材料制备，如危废处理、高纯纳米材料制备等。热等离子体典型的特点包括以下方面：

① 高效的电热转化效率　通过放电的方式，直接、高效率产生热等离子体射流。

② 超高温反应条件　可达到比传统燃烧过程更高的温度条件，温度范围在 10^3 ～ 10^4 K。

③ 能量密度高度集中　热等离子体产生的温度场能量密度高度集中，温度梯度大，从而可在小型化反应装置上实现快速、高通量的转化过程。

④ 可调控的气氛环境　常规高温加热过程往往通过燃烧的氧化反应实现，热

等离子体高温通过电离产生，不依赖于燃烧反应，因而可以实现氧化、还原和惰性等不同氛围，这给化学反应的产品选择性调控提供了重要的前提。

综上所述，热等离子体可提供常规过程所无法达到的极端反应条件，有望产生独特的新型化工转化过程。但是，热等离子体化学转化过程反应条件苛刻，是传递和反应强耦合的复杂过程，如何将热等离子体独特的反应性质与物质转化需求合理结合，实现过程的清洁、高效、可控，并保证过程的经济性，是科研探索和工业实践中必须面对的问题。

三、热等离子体法制乙炔的过程原理和研究进展

1. 热等离子体法制乙炔的过程原理

热等离子体煤裂解制乙炔的实现基础在于高温下乙炔的热力学稳定性优于其他小分子烃类[2,3]。由图 12-2 可以看出，不同于其他小分子烃类，乙炔生成自由能随体系温度的升高而降低。当温度高于 1500 K 时，乙炔生成自由能低于其余小分子烃类，进一步提高体系温度，乙炔将成为气相 C-H 平衡体系中的主要组分。清华大学的研究工作[4]表明，对于不考虑固相碳的 C-H 平衡体系，在 1800～3000 K 的温度范围内，乙炔浓度维持在较为可观的水平并且随碳氢质量比增大而增大。乙炔分解为炭黑和氢气表现为乙炔的表观二级不可逆反应，当温度低于 1800 K 时，体系中乙炔含量迅速下降。因此，为了保证较高的乙炔收率，一方面需要强化煤中碳氢组分向乙炔的转化过程，另一方面需要减少冷却过程中的乙炔损失。

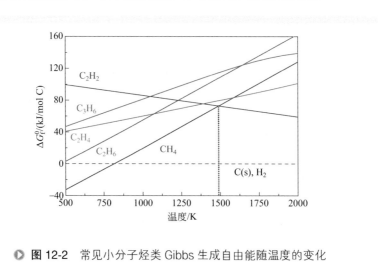

● **图 12-2** 常见小分子烃类 Gibbs 生成自由能随温度的变化

2. 热等离子体法制乙炔的研究进展

与电石乙炔法相比，热等离子体法具有流程短、资源消耗低、污染小、水耗低

等优点[5]。图 12-3 给出了文献中有关该过程的核心反应装备的示意图。煤粉与热等离子体射流首先进行毫秒级混合，快速升温并脱出挥发分，气相组分在高温环境中瞬间达到热力学平衡，形成富含乙炔的裂解气。高温裂解气经毫秒级淬冷、分离和提纯后，获得乙炔、氢气、一氧化碳、乙烯和甲烷等气相产品。产物氢气一部分作为炬用气循环使用，另一部分则可作为副产品。未裂解完全的固相产物可直接燃烧供电或与其他煤种混配作为煤气化原料。表 12-1 给出了采用不同碳氢原料通过等离子体法制备乙炔的能耗等数据。

表 12-1　不同碳氢原料热等离子体法制乙炔能耗

研究机构	原料	淬冷方式	工作气体	输出功率 /kW	能耗 /(kW·h/kg C_2H_2)
英国煤炭利用研究协会	煤	水冷套管	H_2(<10%)+Ar	4.2	4851
英国 Sheffield 大学	煤	水冷套管	H_2(10%)+Ar	8.1～13.6	约 2410
美国 AVCO 公司	煤	喷淋水	H_2	807	10.52
		丙烷	H_2	689.85	10.43
		煤	H_2	478.16	7.29
新疆天业	煤	喷淋水	H_2	1800	12.23
德国 Hüels 公司	甲烷	喷淋水	CH_4	8000	12.1
美国 DuPont 公司	甲烷	喷淋水	H_2	9000	8.8
美国爱达荷工程环境实验室	甲烷	壁冷	Ar	60	16

由于我国的资源特点，以煤为原料的热等离子体一步转化最受关注。早在 20 世纪中期，英国煤炭利用研究协会的 Bond 等[6]与 Sheffield 大学的 Nicholson 和 Littlewood[7]进行了等离子体裂解煤的实验研究，证明了在电弧热等离子体气氛中，煤中的挥发分甚至固定碳可一步转化为乙炔。此后，美国、德国、日本和波兰等国家的研究组均对这一过程进行了大量实验研究[8,9]。大规模试验进展方面，美国 AVCO 公司[10]于 1980 年前后完成了最高操作功率约为 1 MW 的中试试验，使用水作淬冷介质时单位生产能耗为 10.5 kW·h/kg C_2H_2。相关的研究结果表明等离子体煤裂解过程的技术经济指标优于烃类热裂解法，具有良好的经济可行性。20 世纪 90 年代后期，国内太原理工大学、山西煤炭化学研究所、清华大学、复旦大学、四川大学等对煤裂解制乙炔技术作了不同程度的小试研究。1996 年山西三维集团与俄方专家合作开发了 0.75 MW 热等离子体煤裂解制乙炔的中试试验，得到乙炔含量达 7.24% 的裂解气，但由于反应器严重结焦而终止了该项工作的进一步研究。2006 年，新疆天业（集团）有限公司和清华大学等单位[11,12]成功解决了限

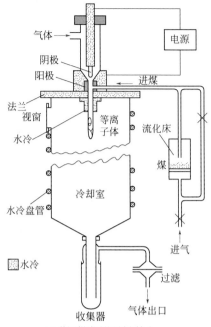

(a) 英国煤炭利用研究协会

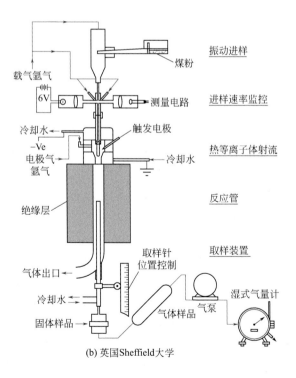

(b) 英国Sheffield大学

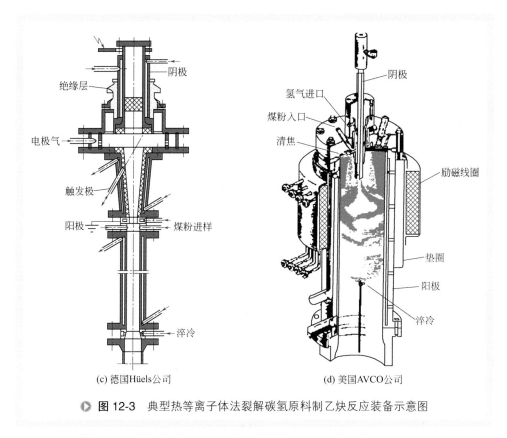

| (c) 德国Hüels公司 | (d) 美国AVCO公司 |

图 12-3 典型热等离子体法裂解碳氢原料制乙炔反应装备示意图

制设备长周期运行的关键问题，建成了目前国际上规模最大的 2 MW 和 5 MW 工业中试装置。2014 年，中国成达工程有限公司与清华大学和新疆天业合作，对此技术进行了万吨级工业装置的经济评估。评估报告称"按 2014 年的价格水平，建设规模为年产 4 万吨乙炔的热等离子体煤裂解项目的年均总投资收益率为 17.48%，项目全投资所得税前内部收益率为 21.65%，静态投资回收期为 5.94 年（含建设期 2 年），每吨乙炔实际生产成本为 6960 元"，该指标低于电石法工艺近 1000 元 / 吨、低于天然气部分氧化法 3000 元 / 吨。

热等离子体煤制乙炔过程中乙炔的收率受煤质（原料）特性、裂解氛围和温度、多相传递和淬冷过程等多方面因素影响。该过程具有强烈的煤质依赖性，一般情况下，乙炔收率正比于煤中挥发分含量[13]，反比于氧含量[14]。石墨粉、无烟煤及炭黑的等离子体裂解实验[15,16]几乎没有乙炔生成。针对新疆和内蒙古典型煤种的实验研究表明[17]，挥发分含量高于 37%、氧含量低于 13%、灰含量低的煤粉更适合用于等离子体裂解。同时，Yan 等[18]修正了考虑煤粉分子结构特征的化学渗透脱挥发分（chemical percolation devolatilization，CPD）模型，实现了对十余种煤种从分子结构特征到宏观裂解特性的关联，建立了不同煤种基于工业分析和元素分析的热等离子体裂解效果数值预测方法，从而基于该理论模型建立了过程原料筛选机制。

热等离子体裂解氛围的组成和温度同样影响乙炔收率。热力学分析[19]表明，气相组分有效碳氢质量比越高，氧含量越低，气相平衡时乙炔的体积分数越大。乙炔的热力学稳定温度区间为 1800 ~ 3500 K[20]，过高的能量输入将降低体系的能量效率。分析表明，从乙炔收率和能量效率的综合角度考虑，1700 ~ 2000 K 是最优的裂解后温度[4]。

煤的热等离子体裂解过程是毫秒级的传递 - 反应强烈耦合的过程，针对热等离子体煤制乙炔过程的直接检测较难实现。通过微观 - 介观 - 宏观尺度的数值模拟，可以揭示毫秒级裂解过程中的详细信息，对于深化过程认识、指导反应器优化控制和放大设计具有重要意义（见图 12-4）。微观尺度上，通过耦合煤质结构的脱挥发分模型，实现了煤种结构参数对裂解效果的数值预测[18]；介观尺度上，通过建立颗粒煤粉传热反应模型[21]，量化了毫秒级过程煤粉升温速率和停留时间的关系，进一步实现颗粒流和热等离子体射流传热模型的耦合[22]，有力验证了氢等离子体射流在毫秒级反应过程中对于颗粒和流体传热的强化；宏观尺度上，通过集成上述多尺度模型，针对兆瓦级反应器建立了三维复杂热态模拟[23]，准确地揭示了反应器的放大效应。上述基础研究为热等离子体煤制乙炔过程的工业放大和过程调控提供了扎实的理论支撑。

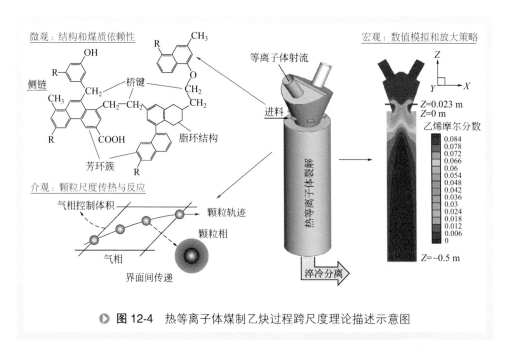

▶ **图 12-4**　热等离子体煤制乙炔过程跨尺度理论描述示意图

上述等离子体煤制乙炔过程的研发，为储量大且廉价的煤资源的清洁转化提供了新的技术路线，同时也为现代化工所面对的难利用原料的转化带来了新的契机。

煤焦油是煤在热解过程中副产的一种密度大、杂质含量高的黏稠液体产品，炼焦过程副产大量的煤焦油，但目前国内煤焦油深加工技术存在规模偏小、能耗高、环境污染严重、产品品种少、生产成本高等问题。因此，开发新的煤焦油精加工制取高附加值产品的技术具有重大的经济效益、社会效益和环保效益。针对煤焦油为原料的等离子体裂解实验研究[24]和理论分析[25]表明，煤焦油具有良好的热等离子体裂解制乙炔收率，兆瓦级装置中，乙炔质量收率预计达到60%，该结果大大优于以煤为原料的乙炔生产。

同时，随着石油资源的重质化和劣质化趋势，针对其深度加工和高效利用的技术需求日益增长。一方面，使用常规技术难以炼制的劣质原油比例越来越高，如包括加拿大油砂和委内瑞拉超重油在内的非常规石油资源的利用面临重要瓶颈；另一方面，在现有的石油炼制工艺中，产生了大量难以转化利用的劣质残渣油，如溶剂脱沥青技术产生的大量脱油沥青、悬浮床加氢技术产生的残渣油等。上述劣质残渣油一般具有非常复杂的组分，被认为是"不可转化"的重油分子。但是值得注意的是，这些劣质原料中含有丰富的碳氢元素，是比煤炭更好的原料资源。因此，利用煤炭转化的特殊技术，实现石油化工中难以利用的劣质残渣油的热化学转化越来越受到石化行业的重视，也是突破制约现有石油化工工艺经济效益、环境效益重要瓶颈的出路之一。近期研究表明，利用热等离子体技术裂解重油轻质化过程产生的重

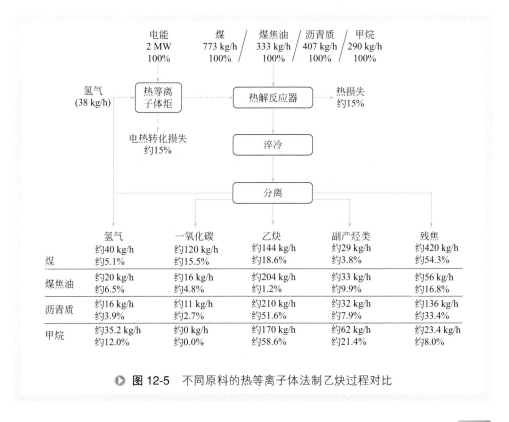

图 12-5 不同原料的热等离子体法制乙炔过程对比

质组分沥青质[25,26]，乙炔的质量收率达到50%，气体质量收率高于65%，可有效实现沥青质的轻质化利用。图12-5给出针对不同原料等离子体裂解过程优化后的结果。可以看到，热等离子体裂解具有适用性，可以实现不同煤化工过程之间以及煤化工与石油化工过程之间的相互补充，是新颖、高效的转化路线。

四、热等离子体煤制乙炔过程的关键科学技术问题

等离子体煤裂解制乙炔过程是超高温条件下的毫秒级气固反应过程，目前国际上尚无工业化先例。清华大学与新疆天业集团于2006年初开始该过程的中试试验，2007年在2 MW中试平台上取得了关键进展，2009年建立了国际上规模最大的5 MW工业中试规模等离子体试验装置并实现了连续稳定运行。目前的工业运行数据显示从2 MW到5 MW装置的放大过程，放大效应明显。现有的等离子体煤裂解技术并不成熟，在实现其工业化进程中，仍需要解决如下的关键技术。

（1）等离子体煤裂解热化学转化规律和中试装置煤种筛选原则

通过比较国内外相关研究组的工作，可以总结出等离子体煤裂解制乙炔过程的部分定性规律。但这部分工作比较零散，仍需要建立等离子体反应测试评价装置，更加定量地揭示裂解过程的机理及煤的热化学转化规律。不同煤种的元素组成、化学结构（官能团）和反应性质差异较大，导致不同的等离子体裂解行为，直接影响了体系中C_2H_2的最终收率和过程经济性。因此，等离子体裂解过程的原料（煤质）依赖性及中试装置的煤种快速筛选十分重要，但目前相关研究十分匮乏。

（2）反应器结焦控制和在线清焦技术

反应器壁面的结焦行为是影响等离子体煤裂解制乙炔反应器长周期、稳定操作的一个瓶颈问题。对于此类反应过程，结焦不可避免，严重的结焦现象将导致反应通道面积减小直至堵塞，迫使装置无法正常运行。基于在5 MW工业反应器上的尝试，采用在线蒸汽清焦的方式可以有效地清除混合段壁上的结焦物，实现长周期稳定操作。然而，蒸汽引入会损失一部分系统能量，同时也会改变产品气的组成。因此，在线蒸汽清焦所带来的稳定性与经济性之间的平衡是等离子体煤裂解制乙炔技术开发需要重点考虑的问题。并且，反应器的放大过程也需要选择合适的在线蒸汽清焦放大设计。

（3）反应器诊断、过程调控及操作条件优化

等离子体煤裂解过程反应条件极端苛刻，常规测量手段难以直接获得反应器内部详细信息，给反应器诊断、过程调控及操作条件优化等工作制造了障碍。目前对反应体系影响因素的研究不够深入，许多问题诸如颗粒停留时间控制、辅助原料（气态/液态烃类）及清焦蒸汽的影响、淬冷介质及淬冷方式的选取等均没有形成系统化的理论。现有的反应器诊断大多通过经验猜测，而过程调控和操作条件优化更多停留在工业实验的尝试阶段，缺乏理论层面的指导。工业实验的优势在于能够获

得宝贵的实验数据用以优化操作条件，但实验成本高、反应器操作参数和结构参数可调范围有限，在过程机理并不清晰的情况下很难有效利用这些数据。因此，反应器诊断、过程调控和操作条件优化的实现必须同时借助实验和理论手段，一方面，理论模拟结果可用于诊断实际过程遇到的各种问题并给出解决办法（如优化思路及放大策略）；另一方面，试验研究结果可直接检验理论模型的可信度和准确度，并促进模型的改进。

（4）反应器设计和放大原理

等离子体煤裂解过程由于需要同时满足时空动力学的苛刻要求，即毫秒级实现热流体和煤粉颗粒的空间高效率接触，反应器设计和放大具有其特殊的原理和挑战性。反应器对气固混合结构（混合段）设计十分敏感，高效率的气固混合能够大幅度提高裂解过程的煤粉转化率、乙炔收率和能量利用效率。尽管中试装置的操作经验表明这类极端气固混合问题的设计原则比较明确，但随着反应器尺寸的放大，已有的气固混合模式很难达到理想的气固混合效率，气固混合和反应将远离毫秒级要求。因此，传统反应器的几何尺寸放大方式无法简单地应用于毫秒级过程。针对特殊的毫秒级过程要求，如何选择合适的放大方式将直接影响该过程工业化的进程。

除上述技术外，大功率氢等离子体炬设计、反应器材质选择、淬冷介质优选、淬冷结构设计和过程能量综合利用等工程问题，也是等离子体煤裂解技术工业化过程中需要解决的关键问题。

第二节　热等离子体煤制乙炔过程研究

一、热力学分析

热等离子体煤裂解制乙炔过程经历了初始挥发分析出和挥发分气相反应两步过程。挥发分的析出量受煤粉性质和气固两相之间的传热控制，乙炔的最终收率由挥发分气相反应决定。对 C-H 反应体系的热力学研究，可以更好地理解裂解过程气相反应的调控机制，有利于选择合适的反应条件和控制淬冷前温度，从而获得较高的 C_2H_2 收率。

对于 C-H 反应体系，是否考虑固态碳对气相平衡体系的组成影响极大，如图 12-6 所示。但是，不同的研究者有不同的看法。戴波[27] 和太原理工大学的研究者[28,29]认为考虑固态碳的多相体系更符合实际，他们通过较为全面的热力学计算给出了体系的最佳反应温度范围在 3200 ～ 4100 K，此时平衡体系中 C_2H_2 和 $\cdot C_2H$ 体积分数之和最大。Plooster 等 [30] 以及 Baddour 等 [31,32] 通过实验发现，考虑固态碳的热力学平衡计算预测的 C_2H_2 体积分数与实验结果十分吻合。Plooster 等 [30] 采用的是在氢气氛围中加热石墨管的实验体系，而 Baddour 等 [31,32] 的实验结果则是利用石墨阳极在氢气或甲烷气氛中放电获得。他们的研究均发现，对于高温 C-H 体系，在石墨升华即温度为 3300 K 时，C_2H_2 体积分数达到最大。

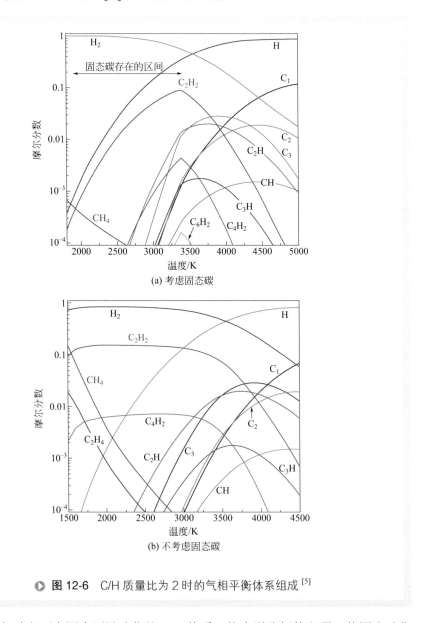

● 图 12-6　C/H 质量比为 2 时的气相平衡体系组成 [5]

对于气相碳主要来源为石墨升华的 C-H 体系，热力学分析势必需要将固态碳作为组分之一纳入考虑。而对于等离子体煤裂解涉及的实际体系，如何看待体系中的固态碳，需要对煤粉的真实反应过程有更深入的认识。如果气相化学反应中的碳元素主要来自于挥发分，热力学计算只需考虑气相化学平衡；而如果煤中固定碳转化为气相产物的量比较可观，并且考虑气相中炭黑的生成，则热力学平衡计算需要考虑固态碳存在的影响。

C_2H_2 收率不仅与挥发分含量相关，也与煤的化学组成有关[14,33]。Nicholson 等[7]以及 Chakravartty 等[34]的实验说明了只要温度足够高、停留时间足够长，不但煤中构成挥发分的脂肪碳和脂环碳，甚至是芳香环上的碳均能转化为 C_2H_2。实际上，绝大多数等离子体实验尤其是工业装置中毫秒级的停留时间不足以保证煤粉充分受热、完全释放挥发分[35]，参与气相化学反应的碳元素绝大部分来自于挥发分。另外，Beiers 等[36]发现了煤中挥发分完全释放的时间大约是 4 ms，而挥发分逸出后的气相反应约 0.4 ms 就能完成。这说明了气相在较短时间内达到热力学平衡，而煤粉的传热、传质过程则是等离子体煤裂解的决速步。从这个角度看，煤粉与等离子体接触的混合段结构设计将直接影响过程效率和最终的 C_2H_2 收率。李明东[15] 和 Wang 等[37]对仅考虑挥发分的气相体系进行了热力学平衡计算，发现 C_2H_2+ · C_2H 体积分数最大时的温度范围较宽（1800 ～ 3000 K），且气相中的 C/H 质量比对结果有影响。此外，由于 CO 是 C-H-O 平衡体系中最稳定的组成，高温条件下体系中的 O 元素主要以 CO 的形式存在，因此 O 元素的加入会降低平衡体系的 C_2H_2 体积分数。在这个问题上，众多研究者[27,37,38]的结论一致。

陈家琦的研究工作[5] 表明，考虑固态碳的平衡体系，在 1800 ～ 5000 K 的温度范围内，气相中 CH_4 与 C_2H_4 的摩尔分数都十分低甚至可忽略不计，而纯气相体系中 C_2H_2 成为体系中相当大温度范围内最稳定的物质之一，并且在 1500 ～ 1800 K 的温度范围内，CH_4 与 C_2H_4 的摩尔分数比较可观。工业中试反应体系的裂解气中出现大量的 CH_4 和 C_2H_4，并且实验结果与 1600 K 附近的 C-H-O 气相平衡组成十分接近，这个温度与实验测得的反应器低温段内壁温度也很接近。因此，可以认为，对于工业等离子体煤裂解制乙炔体系，很难达到真正意义上的气固热力学平衡，但当没有大量炭黑生成时，气相体系可以单独作为平衡体系来考虑。在此基础上，Wu 等[20]考察了实际工业反应体系引入水和甲烷对气相平衡组成的影响，认为 C_2H_2 的最高浓度随 C/H 质量比增大而增大，并在 1800 ～ 3000 K 维持较为稳定的水平。当进入体系的水蒸气量较小时，能够起到抑制结焦的作用，但当进入体系的水蒸气量过大时，不利于目标产物乙炔的获得。甲烷的引入对产物组成的影响较小，但可以提高体系能量利用效率。

对于煤裂解或烃类裂解过程，无论反应体系引入何种化学物质，决定最终气相产物乙炔浓度的关键因素有两个[19]：气相有效碳氢质量比（定义为气相中碳元素质量减去等物质的量的氧元素质量后与氢元素质量的比值）和淬冷前温度。如图 12-7 所示，对于任意的 C-H-O 体系，一旦知道这两个值，则可确定体系最终气相产物中的乙炔浓度。无论是煤裂解过程还是烃类裂解过程的热力学平衡分析数据都符合图

12-7 体现出的规律。从图上可知，体系的乙炔浓度随气相有效碳氢质量比的增大呈现接近线性的增加趋势。淬冷前温度在 1500～1800 K 范围内起主要作用，但温度超过 2000 K 时，其对最终的乙炔浓度几乎没有影响。

等离子体煤裂解过程反应温度高、颗粒停留时间短，反应器内部信息的直接测量极为困难。若能找到描述反应器内实际反应情况的指标，对于过程的理解和调控

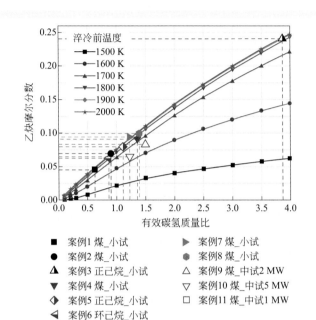

▶ **图 12-7** 任意 C-H-O 体系中的乙炔浓度随有效碳氢质量比和淬冷前温度的变化

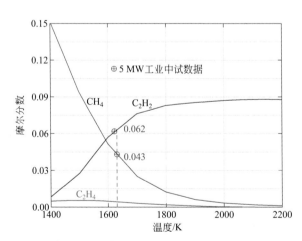

▶ **图 12-8** 5 MW 中试装置典型操作条件下 C-H-O 平衡体系中 C_2H_2、CH_4 与 C_2H_4 的摩尔分数

十分有意义。如图 12-8 所示，温度在 1400～2200 K 范围内，乙炔浓度随温度的增加而单调上升，甲烷浓度随之单调下降，乙烯浓度的变化不具有单调性。因此，在这个温度区间内（实际上所有裂解过程的淬冷前温度均处于这个范围），实验结果中的 C_2H_2/CH_4 体积比成为体系温度（淬冷前气体温度）的一个指标。

二、煤裂解过程实验研究

基于等离子体煤裂解制乙炔过程的基本原理，典型的实验装置主要包括：等离子体发生器、反应器（包括混合段和反应段）、淬冷单元和后续的产物分离提纯装置。实验室研究大多采用直流电弧等离子体发生器，操作功率为 1～100 kW。等离子体发生器的工作气体通常采用 Ar、H_2、He、N_2 或 Ar/H_2 及 Ar/N_2 混合气体[39]。氢等离子体具有启弧容易、操作稳定等特性，因而被广泛采用。氢等离子体具有最高的焓值和热传导性[40,41]，有利于煤粉的快速升温和反应；其化学活性高，可在一定程度上促进煤中 C 元素的转化；同时过量氢气的存在可以抑制乙炔的分解，因此，绝大多数的工业装置均采用纯氢作为等离子体发生器的工作气体[42]。

反应器形式根据原料混合方式的不同分成两类：等离子体发生前混合和等离子体发生后混合，前者如 AVCO 公司的旋转电弧装置[43]、Nicholson 等的空心阴极进料装置[7] 以及部分阳极钻孔进料装置[6]。大部分气态/液态烃的裂解实验也采用这类反应器。等离子体发生前的混合方式能够强制反应物料进入等离子体高温区（即电弧区），有利于强化原料与等离子体之间的混合与传热，从而获得较高的原料转化率和乙炔收率。但绝大多数原料的组成比较复杂，一方面在高温条件下容易造成电极损伤，另一方面含碳组分容易在电极上造成严重的结焦，影响装置的长周期运行。同时，前一类反应器的等离子体发生装置结构复杂，规模容易受限，难以放大。大多数的实验装置均采用后者，既能保证等离子体发生器的长周期稳定运行，也易于放大，但这类反应器中混合段和煤粉喷嘴分布的设计至关重要，煤粉与等离子体射流的混合效果直接决定过程效率。

稳定的小流量干粉给煤技术也是过程的难点之一，文献中的煤粉输送系统主要有振动给料系统[7]、螺杆给料系统[44] 以及流化床给料系统[6,13]。其中，螺杆给料系统由于给煤稳定、固气比高等特点，尤其适合于实验室小试规模的装置给煤；流化床给料系统的稳定性较好，但传统设计输送固气比较低，不利于煤粉的快速升温；而内置搅拌的改进流化床给煤系统能够显著地提高输送固气比，适合于中试或更大规模的等离子体煤裂解装置。

对于淬冷过程，实验室装置多采用喷射雾化水、冷气射流、探针取样、水冷套管等方式对产品气进行物理淬冷[45]。对于实验室小试设备，由于操作功率小，反应器热损失严重，即便采用突然扩大的简单冷却方式，也能达到较好的效果。而对于工业装置，尺度放大给淬冷深度和淬冷效率带来了较高的挑战，一般只有喷射雾化水这种物理淬冷方式才能满足过程所需的降温速率。

综上所述，相比于常规、传统的化学反应系统，等离子体煤裂解过程的基础研究更为复杂：一方面，等离子体实验装置的搭建和优化改动周期长，并且其稳定运行对等离子体电源、放电电极、给料系统、气固混合设计、淬冷系统、反应器壁面材料、结焦抑制及清除、气固分离及气体取样分析设备都有较高的要求；另一方面，除结构参数外，原料性质（煤粉粒度、煤中挥发分、灰分及氧含量等）、操作参数（输入功率、气氛、反应压力等）、淬冷介质及淬冷方式等均会对煤粉转化率、乙炔收率和过程能耗产生影响。

美国 AVCO 公司的 Gannon 等 [44] 采用环隙煤粉给料实验装置详细研究了气体焓值与给料速率对乙炔收率、产品气中乙炔浓度和生产能耗（specific energy requirement，SER）的影响。实验结果表明：固定进煤速率时，提高氢气焓值能提高乙炔收率和乙炔浓度，而 SER 存在最优值；固定氢气焓值时，提高进煤速率，乙炔收率随之单调下降，乙炔浓度及 SER 趋向稳定。他们采用比简单直管射流更有效的环隙煤粉分布器进行研究，因此体系的 SER 值比其他研究者的实验结果低。由此可知，煤粉与等离子体射流的良好混合十分重要，提高混合效率是提高乙炔收率最有效的方式。由此，他们给出了提高混合效率的三种方式：煤粉从空心阴极进料，煤粉逆等离子体方向射流，煤粉从电极之间进料并立即用煤和氢气进行冷却。第三种方式为 AVCO 公司的 1 MW 中试反应器提供了设计理念和指导思想，该工业原型反应器将煤粉射入旋转电弧 [43]，从而得到了较高的乙炔收率。

热等离子体裂解过程对于原料性质有显著的依赖性，以国内九种代表性煤种开展了大量的热等离子体裂解实验研究。研究表明，煤粉的升温和反应历程直接决定过程效率，而煤粉比焓、气体比焓、等离子体气氛以及停留时间等操作参数直接影响煤粉与热流体之间的传热效率，重点考察了这些操作参数以及煤粉性质对煤粉转化率，煤中 C、H、O、N 等元素的转化率以及 C_2H_2、CO 和轻质气体收率的影响，如图 12-9 和图 12-10 所示。从元素分析的角度，裂解过程中煤中氢、氧和氮元素的转化率远大于碳的转化率，说明煤中挥发分相对于固定碳更容易进入气相体系。此外，裂解后残焦的氢含量同样可以作为判断反应效果的一个指标。同时，等离子体裂解条件可以提高颗粒的升温速率和最终温度，有效提高煤粉转化率和气相产物收率。对于等离子体裂解过程，理论上煤中的挥发分含量越高越好，氧含量越低越好。但实际的煤种筛选中需要确切的煤质分析数据。通常情况下，挥发分高于 37% 的煤中 C 元素含量一般在 75% 以上。假设能够被接受的情况是裂解气中的乙炔浓度和一氧化碳浓度相当，则此时煤中的氧含量最高不能超过 13%。因此，挥发分含量高于 37%、氧含量低于 13%、灰含量低的煤粉更适合用于等离子体裂解。

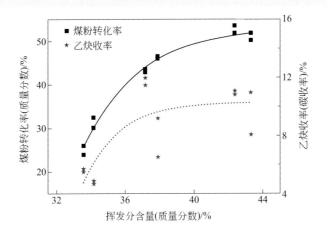

图 12-9 煤粉转化率和乙炔收率随挥发分含量的变化

注：实验条件为空心阴极，Ar/H₂气体总流量11.6 L/min，H₂浓度10%，淬冷Ar流量5.2 L/min。

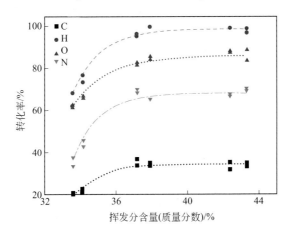

图 12-10 煤中 C、H、O、N 元素的转化率随挥发分含量的变化

注：实验条件为空心阴极，Ar/H₂气体总流量11.6 L/min，H₂浓度10%，淬冷Ar流量5.2 L/min。

三、煤粉热解动力学

由于煤热解过程十分复杂，为了揭示煤热解的物理、化学过程，研究者在提出描述煤脱挥发分过程的热解模型时不得不做出简化和假设，主要包括忽略反应细节、只考虑宏观的唯象数学模型[46-50]和依赖于煤的化学结构特征建立的机理模型[51-58]两类。

唯象数学模型通常将煤粉失重率（或挥发分收率）随时间的变化关系表示为一个或多个一级反应动力学表达式，速率常数采用 Arrhenius 形式。最简单的唯象模型是 Badzioch 和 Hawksley[49] 提出的单方程模型，这一模型的最大优点是简单，但缺点是只适用于等温过程，动力学参数因煤种而异，不具备通用性。煤燃烧过程数值模拟中较为常用的是双竞争反应模型（亦称 Kobayashi 模型），它是 Kobayashi 等[47]提出的用两个平行竞争的一级反应描述脱挥发分过程的模型。双玥等[59,60]建立了描述单颗粒煤粉高温快速裂解过程的机理的模型，该模型采用了双竞争方程作为煤粉脱挥发分的动力学模型，同时耦合了气固传热方程，综合考察了颗粒内部导热阻力及挥发分逸出伴生的热阻效应对颗粒升温及脱挥发分过程的影响。首先，通过对比模拟结果与文献中的实验数据，论证了该机理模型在高温条件的适用性，进而使用该机理模型讨论了颗粒内部导热、颗粒粒径和供热流体温度对颗粒升温历程及脱挥发分过程的影响。模拟结果表明，颗粒内部传递行为对颗粒升温及反应行为的阻碍作用随颗粒粒径增大而显著增强，颗粒自身导热阻力在颗粒粒径大于 80 μm 后才对整个颗粒的升温及脱挥发分过程有较强的阻碍作用，而挥发分逸出的热阻效应的影响在颗粒粒径大于 40 μm 时就比较显著。因此，在煤脱挥发分过程的模拟工作中必须同时考虑这两种颗粒内部传热阻力。针对毫秒级等离子体煤裂解过程，粒径大于 100 μm 的煤粉或者温度低于 2000 K 的热流体均难以实现理想的脱挥发分行为，并且过大的煤/氢进料比不利于颗粒升温及脱挥发分过程，会降低最终挥发分产量。模拟结果为反应器的设计和操作提供了重要的指导，但该机理模型受双竞争方程的限制，并不具备煤种通用性。

煤热解的机理模型从煤的结构出发，更多地考虑煤在脱挥发分过程中的化学因素，更具有科学性和通用性。Solomon 等[57,58]提出的官能团模型是基于大量煤种红外光谱特性的相似性提出的脱挥发分模型。该模型认为：

① 煤由大量的官能团组成；

② 不同官能团热解产生不同产物，热解反应符合单方程模型的表达式；

③ 官能团热解动力学参数与煤种无关，但各个官能团含量随煤种变化。

官能团的热解反应动力学参数的通用性是 Solomon 模型的最大优点，从而使该模型可以应用于任何煤种热解规律的预测。但使用该模型需要输入的结构参数，即煤中的各个官能团含量，多达 19 个，且需要用傅氏转换红外线光谱分析仪（FT-IR）测定，因此在实际应用上受到了比较大的限制。

与官能团模型相比，化学渗透脱挥发分（chemical percolation devolatilization，CPD）模型[51,55,56]需要输入的参数较少，仅是煤的 5 个结构参数。并且大多数情况下，这 5 个煤粉结构参数既可以通过固态核磁共振（nuclear magnetic resonance，NMR）数据获得[51]，也可以通过煤的工业和元素分析数据进行关联[61]。CPD 模型采用 Bethe 伪格子网络描述煤结构，将煤的结构看作以芳环簇为网格节点、连接芳环簇的脂肪链为桥键的网络结构。其特点在于，将煤的脱挥发分分解成不同种类化学键的断裂，这些反应彼此延续或竞争。反应从桥键受热开始，首先形成活性的不稳定桥。不稳定桥或重新连接到芳环簇上形成半焦化的稳定桥，同时释放轻质气体，或断裂形成两个侧链并最终脱离网格结构形成气体。模型采用闪蒸过程描述塑性体

（metaplast）生成焦油的过程，用交联机理解释塑性体重新连到半焦基体上的过程，而通过将网格统计模型与煤的网格结构参数相关联，可以确定煤脱挥发分过程中产生的气体质量、焦油（即含有不同节点数的碎片）质量和半焦质量。CPD 模型采用一级反应动力学描述解聚、交联和轻质气体释放，表 12-2 给出了 CPD 模型的 9 个动力学参数值及物理意义。尽管煤种不同，但同一类反应的动力学参数相同，而参与不同类反应的键的多寡则由煤的结构参数确定。也就是说，动力学参数对各种煤通用，而化学结构参数则因煤种而异。

表 12-2　CPD 模型中动力学参数[56]

参数	单位	文献值	物理意义
E_b	cal/mol	5.540×10^4	桥键断裂活化能
A_b	s^{-1}	2.602×10^{15}	桥键断裂指前因子
σ_b	cal/mol	1.800×10^3	与 E_b 标准偏差值
E_g	cal/mol	6.90×10^4	气体释放活化能
A_g	s^{-1}	3.0×10^{15}	气体释放指前因子
σ_g	cal/mol	8.10×10^3	与 E_g 标准偏差值
ρ	—	0.9	复合速率常数
E_{cross}	cal/mol	6.50×10^4	交联键活化能
A_{cross}	s^{-1}	3.0×10^{15}	交联键指前因子

注：1 cal=4.186 J。

　　等离子体煤裂解过程的颗粒终温一般在 1800 K 以上，加热速率约为 10^5 K/s。因此，在选取应用于等离子体裂解条件下的煤的化学反应模型时，不仅要考虑模型的通用性和易用性，还要考虑模型的准确性及适用的温度范围和升温速率范围。另外，如此高的升温速率下，颗粒尺度的传热和传质行为势必对颗粒的升温过程造成影响，从而影响煤粉的脱挥发分过程。

　　一般情况下，颗粒内部导热阻力主要影响颗粒内部的能量传递速率，而挥发分逸出伴生的热阻效应则主要影响颗粒外部热能传递至颗粒。Peters 和 Bertling[62] 于 1965 年发现，煤粉脱挥发分过程的主要控制步骤是外部能量向颗粒表面的传递过程。双玥等 [60] 测量了颗粒表面及中心温度随时间的变化，推断出颗粒内部导热和传质行为是颗粒升温及脱挥发分过程的主要阻力。Suuberg[63] 指出，对于直径为 50 ～ 100 μm 的煤粉颗粒，颗粒内部传热阻力只有在加热速率超过 10^5 K/s 时才会显著影响颗粒的升温过程。Wutti 等 [64] 通过建立一维数学模型考察了不同环境气体温度、速度以及煤粉粒径对煤粉内部传热阻力的影响，认为在模拟过程中，对于粒径为 100 μm 的煤粉颗粒，可以忽略其内部的传质阻力，但必须考虑导热阻力。

为了检验 CPD 模型中动力学参数对国内煤种的适用性，Yan 等 [18] 将 8 种煤样（1# 煤～ 8# 煤，其中下文中的 1# 煤是新疆黑山煤）的热重分析（thermogravimetric analysis，TGA）曲线与 CPD 模型的计算结果进行直接对比，证明该模型尚无法直接用于预测煤粉的快速热解或等离子体裂解行为，需要根据一定的理论依据对半经验性的模型参数进行修改与调整，提高模型预测的精度。

提高模型对热解最终挥发分收率的预测精度需要从煤粉结构参数入手。CPD 模型采用闪蒸过程描述塑性体（metaplast）生成焦油，用交联机理解释塑性体重新连到半焦基体上的过程。煤粉结构参数中的芳核平均质量 $M_{cluster}$ 和桥质量 M_{del} 对闪蒸平衡计算影响较大，二者决定了由塑性中间体形成最终半焦与焦油的比例。根据焦油和轻质气体质量百分数的统计表达式，二者均随 $M_{cluster}/M_{del}$ 的增大而降低。因此，$M_{cluster}/M_{del}$ 的大小直接影响热解过程挥发分的最终收率。实际上，CPD 模型引入了另一个参数，即桥质量修正值 M_{sub}，对桥质量 M_{del} 进行修正。在原始模型中，M_{sub} 的值为 7 且不随煤种变化而变。Yan 等 [18] 认为 M_{sub} 是 CPD 模型的第 6 个结构参数，并且，其数值可根据煤粉的工业分析或热解实验结果进行拟合，确保 CPD 模型的煤种适用性。改进的 CPD 模型的计算结果与热重曲线十分符合，在预测精度和煤种适应性上均有了较大的提高。

该机理模型可用于预测不同升温速率下的煤粉热解行为。以新疆黑山煤为例，终温为 1473 K 时，CPD 模型对其在快速热解和慢速热解条件下煤粉转化率和轻质气体收率的预测值及相应的实验结果如图 12-11 所示。从图中可以看出，无论是快速裂解过程还是慢速裂解过程，煤粉转化率的预测值与实验结果吻合良好，而轻质气体的预测值高于实验值。尽管对轻质气体最终收率的预测在数值上有一定的偏

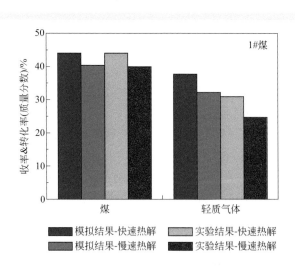

图 12-11 不同煤种的 CPD 模型计算与慢速热解实验结果对比

注：实验/模拟条件为1#煤即黑山煤，Ar气氛，颗粒终温1473 K。

差，但该模型还是较好地捕捉到不同升温速率下轻质气体收率的定性变化趋势。通过该机理模型还可以对快速热解实验的煤粉升温速率进行估算，图 12-11 所示的快速热解过程颗粒升温速率为 3.71×10^4 K/s。对于快速热解过程中的煤粉升温速率，本章数值模拟方法的估算结果在数量级上与 Hayashi 等 [65] 的计算结果一致，从侧面验证了该单颗粒煤粉传热与反应模型的准确性。因此，改进的 CPD 模型可用于考察不同温度、不同升温速率条件下不同煤种的脱挥发分反应行为。

四、单颗粒煤粉热解过程的传递和反应分析

不同于常规热化学过程，热等离子体裂解过程温度高（约 2000 K）、停留时间短（10 ms 以内），对于原料的传热和反应控制提出了更高要求。相比于常规的慢速热解（通常低于 10^2 K/s）和快速热解（$10^2 \sim 10^5$ K/s），热等离子体裂解的升温速率可以达到 $10^5 \sim 10^6$ K/s。在该升温速率下，原料颗粒内部存在显著的温度梯度 [66]，而颗粒内部传热将进一步对裂解过程产生显著影响。因此，理解和预测颗粒内部的传热反应行为对于调控热等离子体裂解过程具有重要意义。

基于单颗粒传热与反应机理模型，颜彬航 [4] 考察了环境流体温度、环境流体组成和颗粒粒径等因素对颗粒升温历程及脱挥发分过程的影响，研究了给定升温速率条件下的不同煤种的脱挥发分行为，探讨了煤粉脱挥发分时间与颗粒升温速率的对应关系，分析了不同传热强化方式的区别。以新疆黑山煤为例，在 Ar 气氛中考察了环境流体温度对颗粒升温历程及煤粉脱挥发分过程的影响，结果如图 12-12 和图 12-13 所示。可以看出，不同温度下的煤粉升温历程及脱挥发分过程随停留时间的变化规律一致，颗粒升温速率随环境流体温度的升高而增大，煤粉脱挥发分时间则体现出相反的趋势。

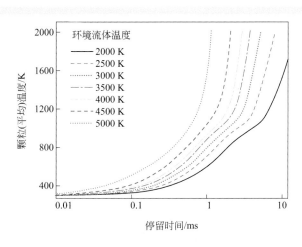

▶ 图 12-12 不同环境流体温度条件下颗粒温度随停留时间的变化规律

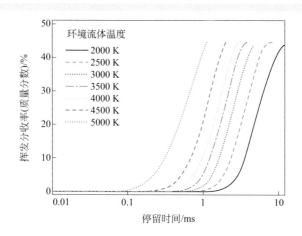

图 12-13 不同环境流体温度条件下挥发分收率随停留时间的变化规律

由于气固两相的对流传热系数反比于颗粒直径，增大颗粒粒径将降低环境流体与颗粒之间的传热速率，从而导致颗粒升温速率的减小。如图 12-14 和图 12-15 所示，在 2000 K 的氩气气氛中，直径为 70 μm 的颗粒在 4.5 ms 内完成反应，与 Beiers 等 [36] 的实验结果一致，进一步说明该机理模型的可靠性。根据模型的计算结果，若实际裂解过程中煤粉颗粒在高温区（>2000 K）的停留时间为 2.5 ms，则 Ar 气氛中的最优煤粉粒径为 20 μm，而 H₂ 气氛中的最优粒径为 50 μm。也就是说，相比于氩等离子体，相同温度下的氢等离子体适合裂解的煤粉粒径范围更广。

相同颗粒终温（2000 K）下，煤粉脱挥发分时间与颗粒升温速率在双对数坐标

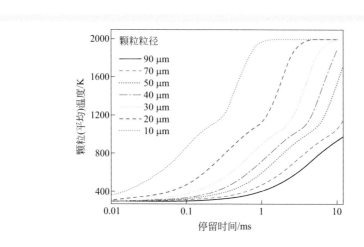

图 12-14 不同颗粒粒径条件下颗粒温度随停留时间的变化规律

注：模拟条件为新疆黑山煤，氩气氛，环境流体温度2000 K。

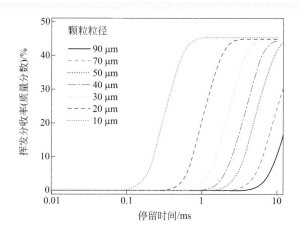

图 12-15　不同颗粒粒径条件下挥发分收率随停留时间的变化规律

注：模拟条件为新疆黑山煤，氩气氛，环境流体温度2000 K。

系下的线性关系良好。这一关系不依赖于过程条件（如环境流体温度、环境流体组成及颗粒粒径等），且不随煤种的变化而变，如图 12-16 所示。在确定过程的颗粒升温速率后，便可估计相应的反应时间，为反应器设计及过程优化提供指导。而对于已知脱挥发分时间但难以直接测量煤粉升温速率的煤转化过程，如快速热解及等离子体裂解过程，则可根据上图估算颗粒的升温速率。

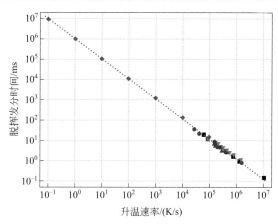

- ■ 1#煤/H_2气氛/环境流体2000 K/粒径10～150 μm
- ● 1#煤/Ar气氛/环境流体2000 K/粒径10～90 μm
- ▲ 1#煤/粒径50 μm/环境流体2000 K/不同加热气氛
- ▼ 1#煤/Ar气氛/粒径50 μm/环境流体2000～5000 K
- ◆ Ar气氛/粒径50 μm/环境流体2000 K/1#～8#煤

图 12-16　煤粉脱挥发分时间与颗粒升温速率的关系

五、等离子体煤裂解过程的跨尺度多相计算流体力学模型和模拟

热等离子体裂解反应器需要满足过程超高温和毫秒级反应的需求，其设计和放大具有极高的挑战。据文献报道，目前使用兆瓦级和近似兆瓦级反应器的主要包括美国 AVCO 公司[10]、德国 Hüels[67] 和美国 DuPont[68]，他们均采用直流电弧等离子体。这是由于直流电弧等离子体热效率高，且旋转弧系统可以减少电子轰击对于阳极的损耗，有效延长阳极使用寿命，从而为反应器的长周期运行提供保障。

清华大学和新疆天业合作开发的 2 MW 和 5 MW 反应器在热等离子体电弧上采

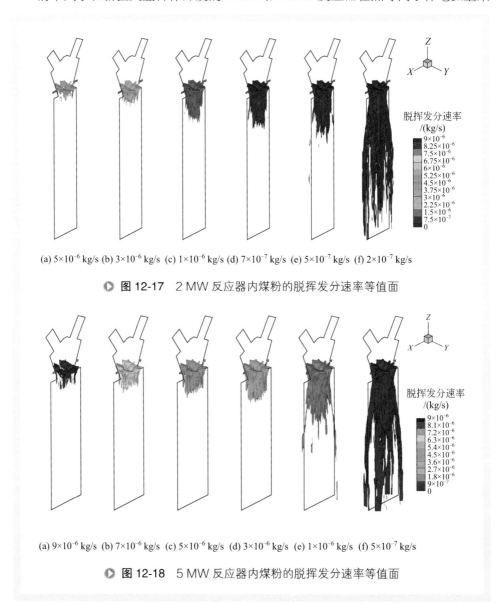

(a) $5×10^{-6}$ kg/s (b) $3×10^{-6}$ kg/s (c) $1×10^{-6}$ kg/s (d) $7×10^{-7}$ kg/s (e) $5×10^{-7}$ kg/s (f) $2×10^{-7}$ kg/s

▶ **图 12-17　2 MW 反应器内煤粉的脱挥发分速率等值面**

(a) $9×10^{-6}$ kg/s (b) $7×10^{-6}$ kg/s (c) $5×10^{-6}$ kg/s (d) $3×10^{-6}$ kg/s (e) $1×10^{-6}$ kg/s (f) $5×10^{-7}$ kg/s

▶ **图 12-18　5 MW 反应器内煤粉的脱挥发分速率等值面**

用 V 形炬设计[69]，图 12-17 和图 12-18 分别给出了 2 MW 和 5 MW 反应器内煤粉颗粒脱挥发分速率的分布。

两个反应器内颗粒脱挥发分速率的分布类似：煤粉入口下方横截面上脱挥发分速率的分布形成四个大致对称的区域，最大脱挥发分速率出现在温度较高、气速较低且煤粉颗粒富集的区域。

2 MW 和 5 MW 反应器煤粉入口下方不同 Z 横截面上的温度分布和颗粒分布分别如图 12-19 和图 12-20 所示（仅考虑粒径小于 65 μm 的颗粒，这部分颗粒质量占全部颗粒质量的 82.8%）。图中颗粒颜色表示颗粒温度，而颗粒大小仅作为示意，不对应于实际的颗粒尺寸。从图中可以明显看出，两个中试反应器内煤粉入口下方横截面上的温度分布并不均匀：V 形炬结构导致截面中心存在狭长的高温区，而煤粉颗粒的分布则使喷嘴下方靠近壁面的区域形成低温区。随着流动的发展和反应的进行，高温区和低温区都逐渐消失。消失速率越大，表明相对应的气固混合效率越高。

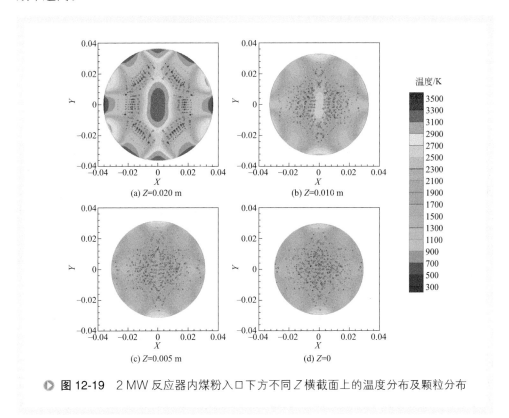

图 12-19 2 MW 反应器内煤粉入口下方不同 Z 横截面上的温度分布及颗粒分布

如图 12-19（d）所示，2 MW 反应器内 $Z = 0$ 横截面（煤粉入口下方 20 mm）上的颗粒分布和温度分布都比较均匀，表明反应器内煤粉与热流体混合较好；而 5 MW 反应器由于受混合段几何尺寸和气体速度限制，混合段内 $Z = 0.010$ m 的横截

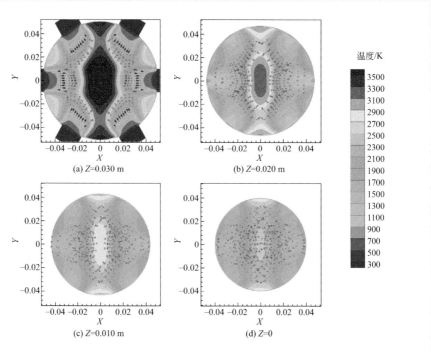

（a）Z=0.030 m （b）Z=0.020 m

（c）Z=0.010 m （d）Z=0

温度/K

3500
3300
3100
2900
2700
2500
2300
2100
1900
1700
1500
1300
1100
900
700
500
300

▶ 图 12-20　5 MW 反应器内煤粉入口下方不同 Z 横截面上的温度分布及颗粒分布

面（同样处于煤粉入口下方 20 mm）上仍然存在细长的高温区，如图 12-20（c）所示，说明粒径小于 65 μm 的煤粉颗粒较难进入反应器高温区。上述模拟结果表明造成 5 MW 反应器性能不佳的一个重要原因是气固混合效率低。因此，可以通过混合段结构及煤粉喷嘴分布设计，增强煤粉颗粒与高温热流体的相互作用、提高气固混合效率，进而改善 5 MW 反应器的反应结果。

　　上述 CFD 数值模拟结果以及实际的中试反应器操作经验表明，反应器内的气固混合结构设计对于实现煤粉颗粒与等离子体射流的毫秒级高效率接触至关重要。煤粉与高温热流体的初始混合效果直接影响煤粉的升温历程和脱挥发分过程，高效率的气固混合结构有利于提高煤粉转化率和气相乙炔浓度。解决此类极端条件下的气固混合问题通常通过设计混合段结构和煤粉喷嘴分布，尽可能减小煤粉与等离子体的接触距离、提高气固接触面积以及增加煤粉在高温区的停留时间。基于上述分析，程易等提出采用顺应流场发展规律的非圆截面混合段代替常规圆形混合段的新型设计，如图 12-21（a）所示，并结合中试现场的热态试验结果和进一步的跨尺度 CFD-DPM 气固两相流动模拟，形成优化的双层煤粉喷嘴设计方案，如图 12-21（b）所示。

　　新型混合段设计中上层喷嘴置于混合段中心，可以使更多的煤粉直接接触高温

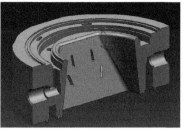

(a) 非圆截面混合段实物图　　　　(b) 混合段煤粉喷嘴分布设计图

▶ **图 12-21**　CFD 辅助 5 MW 反应器混合段结构改进及煤粉喷嘴分布设计

等离子体射流；下层喷嘴置于两侧，通入少量的煤粉以减缓壁面结焦，同时利用混合段两侧的高位热能，提高过程的能量利用效率。5 MW 中试装置的热态实验结果表明，扁平截面的混合段设计可以有效提高煤粉与高温热流体的混合效率，增加煤粉在高温区的停留时间，最终产物中的乙炔浓度由改进前的 6.2% 提高到改进后的 8.0%。除了乙炔浓度外，煤粉转化率、轻质气体收率等指标也均有所提高。

等离子体煤裂解过程反应条件苛刻，反应器的放大具有特殊的原理和挑战性。由于气固混合和反应将随反应器尺寸的放大远离毫秒级要求，传统反应器的几何尺寸放大方式不能简单地应用于该毫秒级过程。而 5 MW 反应器混合段结构设计原则的成功应用为过程放大提供了一条简单而行之有效的途径，即选择适合生产能力的高效率反应器单元，以数量放大的方式实现生产能力的规模化。

在此基础上，新疆天业集团于 2011 年建立并实现了能够连续稳定运行的 4×1.5 MW 反应装置（如图 12-22 所示），在工程应用和经济效益方面具有可行性，有望进一步放大以实现单套万吨级甚至更大规模的乙炔生产新技术。

(a) 4×1.5 MW反应器设计图　　　　(b) 4×1.5 MW反应器实物图

▶ **图 12-22**　工业等离子体煤裂解反应器并行放大设计

一、裂解气烃类循环过程分析

在等离子体裂解反应器中，原料煤粉可在毫秒级时间内，经历挥发分脱出、挥发分气相反应和产物淬冷等过程，实现煤粉向高附加值产品的高效转化。煤粉通过载气输送，在混合段与热等离子体混合，煤粉颗粒温度极速上升，迅速脱出大量的挥发分以及部分固定碳，这些脱出的气相组分受热力学控制，定向转化为乙炔。此后对高温的多相体系进行淬冷，防止得到的产物乙炔分解。裂解后煤粉进行分离处理，获得水煤浆（CWS）。以新疆天业 2 MW 试验平台装置为例，典型等离子体煤裂解过程的技术指标和产品气组分如表12-3所示。由表可见，裂解气中乙炔的体积分数为9.2%，同时，裂解气中也含有体积分数较高的其他小分子烃类组分，如甲烷体积分数达到7.5%，乙烯达到1.2%。研究表明 [70-74]，甲烷等小分子烃类在等离子体中同样可以实现向乙炔的定向转化。对于等离子体煤裂解制乙炔过程，充分利用这些烃类组分，将能进一步提升效率。基于以上研究，清华大学提出将裂解气烃类（除乙炔）从产品气中分离出来，然后作为原料重新输入到反应器中的新流程。借助热力学分析手段，分析裂解气烃类循环对于产品气乙炔产量和乙炔电耗等方面的影响，从而实现了对于该循环烃引入体系后的分析和考察。

表 12-3 天业2 MW试验平台装置技术参数

技术参数		单位	2 MW 装置
功率		kW	1700
进煤量		kg/h	1300
产品气浓度（体积分数）	H_2	%	65.9
	C_2H_2		9.2
	CO		9.0
	CH_4		7.5
	C_2H_4		1.2
能量消耗		kW·h/kg C_2H_2	12.2

将裂解气中的烃类分离，重新作为原料通入等离子体反应器，理论上可以提高乙炔的收率。为了验证这一观点的可行性，这里借助热力学分析的手段，从理论上分析产品气中烃类的循环利用对于裂解过程的影响。计算过程做出如下假设：

① 假设煤粉及煤中各元素的转化率不变；

② 仅考虑气相平衡，即以气相产品气元素组成作为分析初始条件；

③ 后续分析中以 1600 K 时气相热力学平衡结果作为对照基准；

④ 由于产品气的体积发生改变，采用产品质量流率作为比较基准；

⑤ 忽略流程改变对于反应器性能的影响，即忽略对煤粉转化产生的影响；

⑥ 不考虑清焦蒸汽的影响。

基于以上假设，设定以下计算案例展开讨论：

案例0：对照组，即淬冷前温度为 1600 K，气相达到热力学平衡时的组成分布；

案例1：裂解气中部分氢气循环作为等离子体炬工作气体，烃类循环进入反应器。

定义循环分离比 X

$$循环分离比 \quad X = \frac{循环裂解气烃类总量(kg/h)}{单程裂解气烃类总量(kg/h)}$$

对于案例1，分别计算 X=25%、50%、75%、100% 的情况。其中 X=100% 即表示裂解气中所有烃类全部重新循环进入等离子体反应器。根据以上的假设，对于不同的循环方式，通过迭代计算，获得体系稳定后的裂解气组成的结果。图 12-23（a）给出了不同循环分离比 X 下，裂解气中乙炔的体积分数和质量流率随 X 的变化曲线。随着循环比的增加，乙炔在裂解气中的体积分数逐渐增加，并且产品气中乙炔的质量收率也显著增加，从 155.5 kg/h 增加至 210.8 kg/h。图 12-23（b）给出了不同循环分离比 X 下，裂解气的体积流率和循环气的体积流率。随着 X 的增加，两者均显著增加，其中裂解气量由 1347.32 m³/h 增加至 1540.48 m³/h（体积为标准状态下的数值，下同）。

根据以上分析，将裂解气中的烃类物质进行分离利用，循环进入等离子体反应

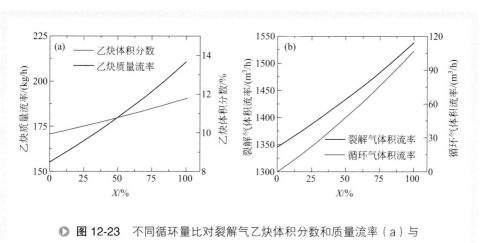

图 12-23 不同循环量比对裂解气乙炔体积分数和质量流率（a）与裂解气体积流率和循环气体积流率（b）的影响

器，会显著增加裂解气中乙炔的体积分数和质量流率，从而提高等离子体煤裂解制乙炔过程的效率。

裂解反应产生的烃类也可以有效替代反应器工作气体（如炬保护气、煤粉输送气等），达到综合利用，进而降低部分气体消耗，进一步优化等离子体裂解流程。

在上述假设和讨论的基础上，对裂解气中的烃类全部循环（即 $X=100\%$）时分别展开讨论：

案例 1*：烃类全部循环进入反应器；

案例 2：烃类全部循环，并且替代煤粉输送气及加速气，剩余部分进入反应器；

案例 3：烃类全部循环，并且替代煤粉输送气，剩余部分替代等离子体天然气。

对于不同的循环方式，通过迭代计算获得体系稳定后的裂解气组分的结果，如表 12-4 所示。表中给出的结果为等离子体反应器出口裂解气的理论物流信息，后续进入分离单元，实现产品气、杂质的分离和烃类的循环。

表 12-4　裂解气热力学分析案例结果　　　　单位：kg/h

物种	新疆天业	案例 0	案例 1*	案例 2	案例 3
甲烷	69.83	52.72	64.83	62.85	55.28
乙烷	2.62	0.04	0.06	0.05	0.05
丙烷	0.56	0.00	0.00	0.00	0.00
乙烯	20.03	13.59	18.27	17.63	14.89
丙烯	1.95	0.10	0.14	0.14	0.11
丁烯	0.98	0.00	0.00	0.00	0.00
1,3-丁二烯	1.82	0.07	0.11	0.11	0.09
乙炔	139.02	155.53	210.83	199.87	168.45
炔丙基	2.33	1.80	2.64	2.54	2.06
丁炔	5.02	0.00	0.00	0.00	0.00
乙烯基乙炔	0.39	0.64	1.02	0.98	0.76
氮气	81.29	67.06	64.18	33.65	34.76
一氧化碳	146.3	156.05	156.05	156.05	156.05
二氧化碳	7.66	0.00	0.00	0.00	0.00
氢气	77.13	81.87	92.84	88.79	81.26
氩气	8.01	8.01	8.01	8.01	8.01
氰化氢	12.55	40.00	45.56	32.12	29.97

物种	新疆天业	案例 0	案例 1*	案例 2	案例 3
硫化氢	0.99	0.99	0.99	0.99	0.99
磷化氢	0.61	0.61	0.61	0.61	0.61

对比案例 1* 和案例 0 可以看到，在反应体系总输入不变的情况下，裂解气烃类循环重新裂解使乙炔质量流率（即最终产品乙炔的收率）大幅提升，从 155.53 kg/h 增加到 210.83 kg/h，提升了 35.6%。同时，主要副产品氢气的质量流率也得到了相应的提高，从 81.87 kg/h 到 92.84 kg/h，提升了 13.4%。两者的提高主要是由于裂解气循环烃类转化为乙炔和氢气，是热力学平衡控制过程的必然结果。案例 0 和案例 1* 中的一氧化碳和无机氢化物的含量相等，这是因为 O、S、P、N 等元素在反应尾气中分离及时，不会在过程中累积，并且这些元素受热力学控制，在 1600 K 的温度下，最终以一氧化碳和无机氢化物这些最稳定的形式存在。案例 1* 存在的问题是，由于直接将裂解气中的烃类重新输入到反应器中，实际上输入到反应器内的总气量较原有的总气量增加较多，因此，可能增加体系能量消耗，需要额外输入能量。

案例 2 中用部分裂解气中的烃类代替煤粉的输送气和加速气，其余部分循环输入到反应器，输入物流总量与初始情况更为接近，因此相较于案例 1*，结果应该更接近实际过程。同时，在初始迭代开始步和循环系统稳定后，均进行了烃类总量的验证，表明裂解气中的烃类足以代替全部的煤粉的输送气和加速气，并且仍有富余，富余的部分烃类作为原料，输入到超高温混合段，与煤粉共裂解。对比案例 1* 和案例 2，由于输入物料的减少带来的乙炔和氢气的减少是符合过程衡算的。对比案例 2 和案例 0 的结果，可以看到，在输入物流有所减少的情况下，通过裂解气烃类循环，不仅节省了煤粉输送气和加速气部分的物流成本，还能提高乙炔和氢气的产量。其中乙炔由 155.53 kg/h 增加到 199.87 kg/h，提升了 28.5%，氢气产量的绝对提升则较少，从 81.87 kg/h 到 88.79 kg/h。富余烃类可进一步用于代替等离子体炬电极保护气。

在案例 3 中，将裂解气中的烃类循环输入到反应器，同时代替煤粉的输送气和加速气，富余的部分作为等离子体炬的电极保护气输入。结果表明，虽然裂解气中富余的烃类能替代部分炬的电极保护气（28.02 kg/h、39.13 m³/h），但仍然需要额外补充一些天然气（11.98 kg/h、16.72 m³/h）。实际上，通过等离子体炬设计和加工工艺的改进，可以降低电极保护气量的需求。因此，本算例中假设不再额外添加天然气。经过以上的计算和简化，本例中的整体物料输入与 2 MW 工业中试装置的物料输入相当，甚至减少。因此，理论上案例 3 的计算结果与实际情况最为接近。对于以上案例，由于输入物料的减少带来的乙炔和氢气的减少是符合过程衡算的。对比案例 3 和案例 0 的结果，可以看到，在输入物流继续减少的情况下，通过裂解气烃类循环，进一步降低了输入气体的成本，同时仍能够使乙炔的产量提高。其中乙炔由 155.53 kg/h 增加到 168.45 kg/h，提升了 8.3%，氢气产量的绝对值则发生了减少。副产的氢气，一部分作为产品气输出，一部分需要作为电极气循环利用。案例 3 中的氢气总量为 81.26 kg/h，达到了炬用气（422.22 m³/h，即 37.70 kg/h）的要求，并且富余氢气也可以作为副产品产出。

如表 12-5 所示，从输入、输出物流的角度，可以看到上述的变化趋势。案例 1* 和案例 2 的实际总输入大于初始的物流输入，案例 3 的物流输入则略小于初始的物流输入。因此，反应器内部的能量利用更接近实际情况。此外，案例 3 与案例 0 相比，裂解气总量分别为 1321.47 m³/h 和 1300.00 m³/h，与实际情况相比也较为接近。裂解气的实际输出量方面，由于将烃类重新循环，因此实际输出的气体量减少。

表 12-5　裂解气物流信息实验结果和热力学计算结果对照

实验结果			热力学分析结果			
组分	单位	新疆天业	案例 0	案例 1*	案例 2	案例 3
天然气 （煤粉输送气）	m³/h	30	30	30	0	0
	kg/h	21.49	21.49	21.49	0	0
氮气 （煤粉输送气）	m³/h	30	30	30	0	0
	kg/h	37.52	37.52	37.52	0	0
天然气 （等离子体气）	m³/h	55.85	55.85	55.85	55.85	0
	kg/h	40	40	40	40	0
氢气 （等离子体气）	m³/h	422.22	422.22	422.22	422.22	422.22
	kg/h	38	38	38	38	38
氩气 （等离子体气）	m³/h	4.49	4.49	4.49	4.49	4.49
	kg/h	8.01	8.01	8.01	8.01	8.01
裂解气	m³/h	1300.00	1347.32	1539.69	1446.30	1321.47
	kg	579.09	579.09	666.18	604.40	553.33
循环烃类	m³/h	0.00	0.00	107.20	103.85	90.68
	kg	0.00	0.00	87.09	84.31	73.23
实际输出气体	m³/h	877.80	925.10	1010.24	920.21	808.55
	kg	541.09	541.09	541.09	482.09	442.10

综上所述，从裂解气中乙炔和氢气的产量来看，裂解气烃类循环可以增加乙炔的质量流率，并且保证副产氢气，获得更加合理的产品气。同时，裂解气中的烃类满足代替系统的煤粉输送气、加速气和炬的电极保护气的需求，从而可以在一定程

度上优化流程。如图 12-24 所示，通过裂解气烃类循环的工艺，过程整体单位质量乙炔耗煤量均较无循环的情况下有了显著的减少，即单位质量的煤能够转化获得更多的乙炔。另外，从单位质量乙炔的电耗角度，基于整个体系可以稳定在固定输入功率这一合理假设下，单位乙炔的电耗也得到了降低。

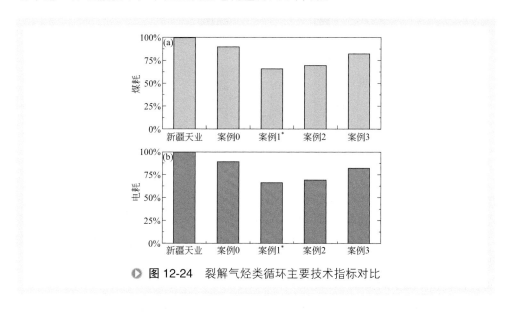

● 图 12-24 裂解气烃类循环主要技术指标对比

表 12-6 给出了不同情况下，裂解气烃类循环带来的其他技术指标的变化。对于过程单位质量煤产氢量，从案例 1* 到案例 3，单位质量煤的副产氢气量减少，但均高于工业无烃类循环工艺的结果。从单位质量乙炔的天然气耗量角度，由于裂解气烃类的循环，减少了体系对于天然气（煤粉输送气、等离子体炬保护气）的消耗，因此从案例 1* 到案例 3，天然气耗量逐渐减少。因此，从技术指标的角度，在假设体系能量输入和煤粉反应过程保持稳定的情况下，将裂解气烃类循环加入体系，可以使技术指标获得显著提升，减少单位乙炔煤耗和电耗。

表 12-6　裂解气烃类循环热力学分析理论技术指标

试验结果			热力学分析结果			
技术指标	单位	新疆天业	案例 0	案例 1*	案例 2	案例 3
产氢量	m^3/t 煤	339.72	380.57	475.08	440.21	375.26
天然气消耗	$m^3/t\ C_2H_2$	617.53	554.87	409.34	280.88	0.00

二、高温乙炔产品气淬冷优化和能量利用

通过对热等离子体裂解过程的能量分布分析，如图 12-25 所示，以兆瓦级等离

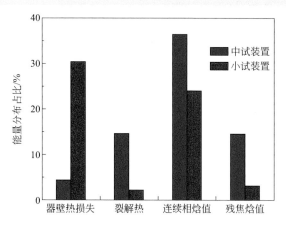

　● 图 12-25　中试和小试装置反应过程中的能量分布

子体裂解过程为例，发现裂解过程仅消耗输入总能量的 15%。裂解后富含乙炔的高温产物仍然含有 61% 的总能量，其中气相中含有 51% 的总能量。富含乙炔的高温裂解气，通常通过淬冷的方式来避免乙炔的分解，如通过冷却水喷淋的方式，将高温裂解气降温至室温。然而，采用这种方式进行淬冷，会导致淬冷过程中能量的浪费。程易等提出了两段淬冷的能量利用方式：

　① 第一段极速淬冷，将 1800 K 的高温裂解气体极速淬冷至一定温度，防止后续回收过程中的乙炔分解；

　② 第二阶段热量回收，对仍然含有一定热量的裂解气进行热量回收，以达到能量利用效率的最大化。

　　基于两步淬冷方案，系统考察了防止乙炔分解的科学原理。

　　针对乙炔的分解过程，主要包括 C1 和 C2 的小分子烃类的化学反应以及烃类缩聚，生成稠环芳烃成为煤灰的前驱体，前驱体进一步生长，产生煤灰的过程。其中气相烃类反应过程通过 ABF（Appel-Bockhorn-Frenklach）模型[75]进行描述，ABF模型用于描述 C1 和 C2 烃类燃烧过程的详细动力学，考虑的元素包括碳、氢、氧、氮和氩，101 种组分和 544 个基元反应。其中涉及乙炔的包括：乙炔生成基元反应 30 个，乙炔氧化基元反应 7 个，乙炔重聚反应 40 个。因此，可以对乙炔的生成和分解进行较好的描述。有研究者注意到，乙炔的分解过程中产生大量炭黑。因此，在气相反应的基础上，应该引入煤灰的成核和生长机理，以描述炭黑的生成。Sánchez 等[76]和 Ruiz 等[77]报道的结果验证了该详细动力学模型，进而通过上述 ABF 机理和炭黑生成动力学模型的耦合，可以实现对裂解气中乙炔的分解和炭黑的生成的数值模拟，指导热等离子体裂解制乙炔过程的淬冷设计和能量回收。

　　如前文所述，针对富含乙炔的裂解气的淬冷过程分为两个步骤。首先通过模拟计算，优化得到第一阶段的温度。优化目标为在该温度下进行热量回收，不会再产生大量的乙炔损失。

因此，以理想平推流（PFR）反应器为模型，考察不同温度、不同停留时间下，乙炔的损失率，结果如图 12-26 所示。初始的裂解气组成为氢气（77%，体积分数，下同）、乙炔（10%）、一氧化碳（8%）、甲烷（4%）和乙烯（1%）。在 850 K 下，该组成的裂解气停留 10 s，将损失 1% 的乙炔。若以 1‰ 的乙炔损失率为标准，则所选取的操作温度须低于 800 K。

因此，通过以上优化，可以得到第一阶段的极速淬冷，其淬冷终温应该低于 800 K。第二阶段的热量回收，从 800 K 开始。对第一步淬冷过程中不同的淬冷速率对乙炔损失率的影响进行考察，结果如图 12-27 所示，同时也给出了不同

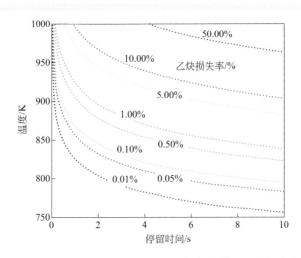

● 图 12-26　温度和停留时间对于典型裂解气组成下乙炔损失率的影响

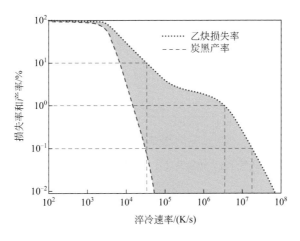

● 图 12-27　不同淬冷速率对于乙炔损失率的影响（从 1800 K 至 800 K）

淬冷速率下损失的乙炔中生成炭黑的比例。初始裂解气组成同上。当淬冷速率低于 3.5×10^4 K/s 时，乙炔明显分解，并且有大量的炭黑生成。当淬冷速率高于 1.9×10^7 K/s 时，乙炔分解量较少，仅为1‰。但是，考虑到实际淬冷效率和淬冷结构导致的淬冷空间分布，该淬冷速率的实现较为困难。因此，考虑到淬冷过程的实际操作，较优的淬冷速率为 $3.5 \times 10^4 \sim 3.6 \times 10^6$ K/s。

氢气热等离子体环境对于反应过程的传热和反应有促进作用。同时，氢气的裂解氛围对于防止产品气中乙炔的分解也有积极的作用。图 12-28 所示为氢气和氩气环境下乙炔的分解。

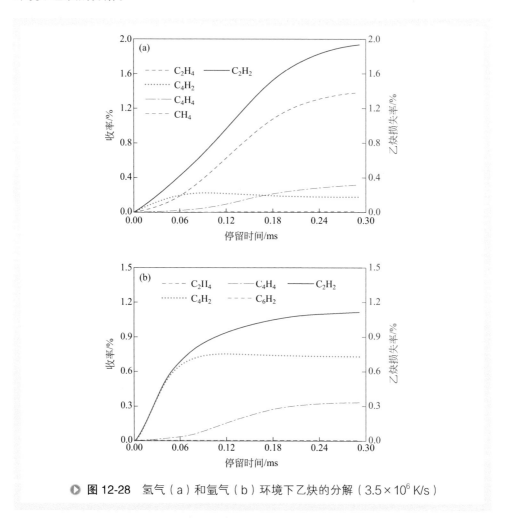

▶ 图 12-28　氢气（a）和氩气（b）环境下乙炔的分解（ 3.5×10^6 K/s）

三、化学淬冷过程联产乙炔、乙烯

进一步对第一段极速淬冷过程提出化学淬冷的详细方案，采用丙烷作为淬冷剂，可以实现产品气的淬冷要求，同时利用气体的热量，裂解丙烷联产乙烯。烷烃裂解是吸热过程，冷烷烃的注入不仅可以使高温产品气迅速冷却，也能够通过化学反应吸热，起到联产其他物质的作用。进一步引入 USC 气相动力学模型进行研究，该模型的组分包含 C1 ～ C3 的烷烃，因此可以系统考察小分子烷烃作为化学淬冷剂的影响。

以天业 2 MW 热等离子体反应器为例，图 12-29 ～图 12-31 分别给出了使用甲烷、乙烷、丙烷作为淬冷剂对于富含乙炔的裂解气的影响。可以看到，使用甲烷作为淬冷剂，甲烷几乎不发生转化，因此，甲烷无法通过化学反应使体系得到冷却。

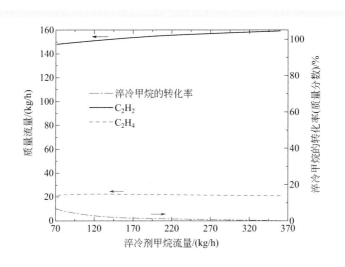

● 图 12-29　甲烷作为淬冷剂时气体流量随淬冷剂流量的变化

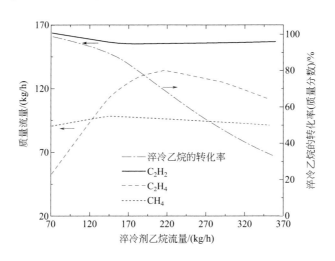

● 图 12-30　乙烷作为淬冷剂时气体流量随淬冷剂流量的变化

与此相对，乙烷和丙烷在注入体系后，会迅速发生分解，转化率接近 100%。同时，气体体系中，乙烯的流量迅速上升，表明烷烃可以有效地分解为乙烯，从而实现烯烃的联产。同时注意到，乙烯的质量流量存在最高值，而在对应的淬冷剂的转化率上，丙烷转化率仍然较高，乙烷的转化率则下降明显。

图 12-32 给出了分别以乙炔和乙炔 - 乙烯产量为基准的能量消耗。可以看到，由于乙烯的联产，乙炔 - 乙烯的整体能量消耗会显著降低，最优的能耗为 6.43 kW·h/kg。

图 12-33 给出了以丙烷作为淬冷剂进行淬冷过程的热等离子体裂解过程的能量分析。AVCO 的数据来自文献 [10]，天业兆瓦级反应器的数据来自清华大学的研究

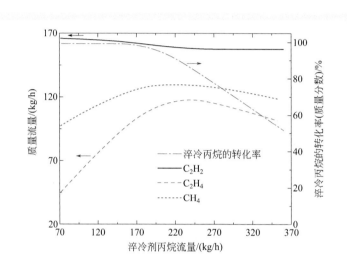

图 12-31 丙烷作为淬冷剂时气体流量随淬冷剂流量的变化

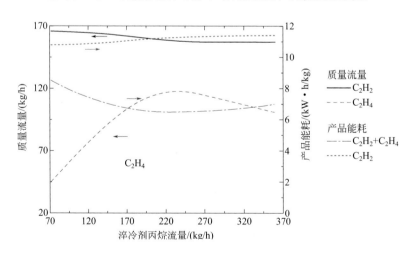

图 12-32 丙烷淬冷过程体系产物的能量消耗

工作。可以看到通过化学淬冷过程，12.86% 的能量得到利用，使丙烷分解为乙烯。同时 800 K 下第一步淬冷后的产物仍然含有 27.84% 的能量。由于该温度下，乙炔的分解速率已经相当缓慢，故可以通过换热等方式进行进一步的利用。

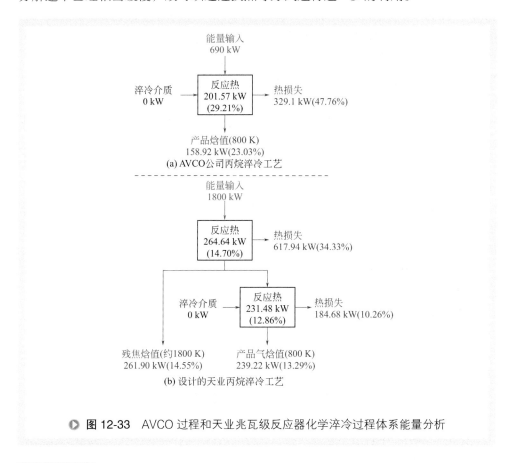

图 12-33　AVCO 过程和天业兆瓦级反应器化学淬冷过程体系能量分析

第四节　展望

实验室基础研究工作推动了不同规模工业试验的发展。美国 AVCO 公司[8,10,43]于 1980 年完成了最高操作功率约为 1 MW 的中试试验，过程使用水作为淬冷介质时生产能耗为 10.5 kW·h/kg C_2H_2。之后，德国 Hüels 公司与德国采矿研究公司[78]合作建成并试验了操作功率为 1.25 MW 的中试装置，装置的生产能耗为 14～16 kW·h/kg C_2H_2。相关的研究结果表明等离子体煤裂解过程的技术经济指标优于烃类热裂解法，具有良好的经济可行性。但由于当时煤化工产品市场不景气，没有进一步实现工业化。

新疆天业（集团）有限公司、清华大学、复旦大学和中科院合肥等离子体所于2007年在2 MW氢等离子体煤裂解试验平台[12,69]上取得了关键性进展，成功解决了煤粉与氢等离子体高效混合设计以及影响装置长周期稳定运行的反应器结焦问题。2007～2008年，新疆天业（集团）有限公司、清华大学和复旦大学在新疆石河子进一步建成了国际上规模最大、能够连续稳定运行的5 MW工业中试装置。2009年项目组成功地研发了5 MW等离子体煤裂解制乙炔装置，突破了若干关键技术，实现了整套反应装置无障碍运行累计300 h，单次连续运行8 h以上，从已经取得的试验数据来看，该技术在原理、经济性和工程应用上具有可行性。新疆天业2 MW中试装置的最好指标与电石法乙炔生产工艺相比，总能耗节省30%。基于2012年新疆的原材料及产品价格计算，新疆天业2 MW和5 MW等离子体装置的乙炔生产综合成本分别为7000～8000元/吨和8000～9000元/吨。AVCO技术的乙炔生产成本分别为6000～7000元/吨（水淬冷）和5000～6000元/吨（丙烷淬冷），低于电石法的8500～9500元/吨，表明等离子体法具有良好的经济性。另一方面，随着煤裂解制乙炔工艺流程的进一步完善以及过程物料、能量综合利用的实现，过程的经济性将大幅度提高。

　　目前，2 MW/5 MW整套装置在正常开停车情况下，单次操作实现了连续稳定运行75 h以上，裂解气流量和乙炔含量达到经济性要求，具备进一步更大规模工程化发展的基础。这一技术在国际上尚无成功的工业先例，技术的实施将突破超高温多相超短接触反应器设计的瓶颈，开拓出一项新的清洁煤利用技术，为乙炔化工的发展奠定新的基础。然而等离子体煤裂解过程不同于常规、传统的化学反应过程，体系初始平均温度超过3500 K，整个反应器内的气固接触时间在毫秒级量级，目前的基础研究水平和工程经验尚不能准确揭示过程机理，亦无法真正理解如此极端苛刻条件下的三传一反行为。因此，现有的等离子体煤裂解制乙炔技术并不成熟，其工业化进程中仍存在着诸多瓶颈问题。该极端条件下的反应器设计、优化乃至放大有其特殊的原理和挑战性，需要更为深入的基础研究指导工业试验并提炼过程放大准则，推进这一新技术的工业化进程。

　　我国富煤、贫油、少气的一次能源结构以及日益严峻的能源供给需求决定了煤炭在能源格局中的主导作用短期内不会改变，煤炭资源的清洁、高效转化和利用是缓解石油资源短缺、保障我国能源安全的关键。热等离子体煤裂解工艺可以一步实现煤中挥发分（甚至固定碳）向乙炔的转化，与传统电石水解乙炔生产工艺相比具有流程短、水耗少、碳排放低等特点，是一条高效的煤炭直接转化路线，有望成为替代石油和电石获取乙炔等化工基础原料的重要途径，对于我国（尤其是缺水地区）新型煤化工的发展具有重要的现实意义和深远的战略意义。

参考文献

[1] 高建兵. 乙炔生产方法及技术进展 [J]. 天然气化工, 2005, (01): 63-66.

[2] 赵生斌, 于琳, 陈海滨, 等. 天然气部分氧化制乙炔影响因素分析 [J]. 天然气化工 (C1 化学与化工), 2013, 38(04): 69-73.

[3] 周泽乾, 李莹珂. 天然气部分氧化制乙炔技术的比较 [J]. 天然气化工 (C1 化学与化工), 2011, 36(02): 39-41.

[4] 颜彬航. 热等离子体煤裂解一步法制乙炔过程原理与放大研究 [D]. 北京: 清华大学, 2013.

[5] 陈家琦. 氢等离子体裂解煤制乙炔过程研究 [D]. 北京: 清华大学, 2008.

[6] Bond R L, Ladner W R, Mcconnell G I T. Production of acetylene from coal, using a plasma jet[J]. Nature, 1963, 200(491): 1313-1314.

[7] Nicholson R, Littlewood K. Plasma pyrolysis of coal[J]. Nature, 1972, 236: 397-400.

[8] Schobert H. Production of acetylene and acetylene-based chemicals from coal[J]. Chemical Reviews, 2013, 114(3): 1743-1760.

[9] 祝媛, 张济宇, 谢克昌. 热等离子体裂解煤制乙炔下行反应器的研究进展 [J]. 化学工业与工程技术, 2004, (01): 30-36.

[10] Patrick A, Gannon R. 1 MW prototype arc reactor for processing coal to chemicals// Cheremisinoff P N, Farah O G, Ouellette R P. Radio frequency/radiation and plasma processing: Industrial applications & advances[C]. Lancaster: Technomic, 1985.

[11] 陈家琦, 程易, 熊新阳, 等. 热等离子体裂解煤制乙炔的研究进展 [J]. 化工进展, 2009, 28(03): 361-367.

[12] Chen J Q, Cheng Y. Process development and reactor analysis of coal pyrolysis to acetylene in hydrogen plasma reactor[J]. Journal of Chemical Engineering of Japan, 2009, 42(Supplement 1): 103-110.

[13] Bond R L, Ladner W R, Mcconnel G I T. Reactions of coal in a plasma jet[J]. Fuel, 1966, 45(5): 381-395.

[14] Bittner D, Baumann H, Klein J. Relation between coal properties and acetylene yield in plasma pyrolysis[J]. Fuel, 1985, 64(10): 1370-1374.

[15] 李明东. 以煤层气为冷却剂的等离子体裂解煤制乙炔方案研究 [D]. 北京: 清华大学, 2004.

[16] Chakravartty S C, Dutta D, Lahiri A. Reaction of coals under plasma conditions: Direct production of acetylene from coal[J]. Fuel, 1976, 55(1): 43-46.

[17] Yan B, Xu P, Guo C Y, et al. Experimental study on coal pyrolysis to acetylene in thermal plasma reactors[J]. Chemical Engineering Journal, 2012, 207-208: 109-116.

[18] Yan B, Cheng Y, Xu P, et al. Generalized model of heat transfer and volatiles evolution inside particles for coal devolatilization[J]. AIChE Journal, 2014, 60(8): 2893-2906.

[19] Yan B, Xu P, Jin Y, et al. Understanding coal/hydrocarbons pyrolysis in thermal plasma reactors by thermodynamic analysis[J]. Chemical Engineering Science, 2012, 84: 31-39.

[20] Wu C, Chen J, Cheng Y. Thermodynamic analysis of coal pyrolysis to acetylene in hydrogen plasma reactor[J]. Fuel Processing Technology, 2010, 91(8): 823-830.

[21] Yan B, Cheng Y, Jin Y, et al. Analysis of particle heating and devolatilization during rapid coal pyrolysis in a thermal plasma reactor[J]. Fuel Processing Technology, 2012, 100: 1-10.

[22] Yan B, Cheng Y, Cheng Y. Particle-scale modeling of coal devolatilization behaviors for coal pyrolysis in thermal plasma reactors[J]. AIChE Journal, 2015, 61(3): 913-921.

[23] Yan B, Cheng Y, Jin Y. Cross-scale modeling and simulation of coal pyrolysis to acetylene in hydrogen plasma reactors[J]. AIChE Journal, 2013, 59(6): 2119-2133.

[24] Cheng Y, Yan B, Li T, et al. Experimental study on coal tar pyrolysis in thermal plasma[J]. Plasma Chemistry and Plasma Processing, 2015, 35(2): 401-413.

[25] 程炎, 颜彬航, 李天阳, 等. 煤/煤焦油/沥青质的热等离子体裂解特性比较分析 [J]. 化工学报, 2015, 66(08): 3210-3217.

[26] 程炎, 李天阳, 颜彬航, 等. 沥青质热等离子体裂解热力学的分析 [J]. 石油化工, 2015, 44(10): 1168-1176.

[27] 戴波. 氢等离子体裂解煤制取乙炔的研究 [D]. 北京: 清华大学, 2000.

[28] 鲍卫仁. 煤基原料等离子体转化合成的基础研究 [D]. 太原: 太原理工大学, 2010.

[29] 吕永康. 等离子体热解煤制乙炔及热力学和动力学分析 [D]. 太原: 太原理工大学, 2003.

[30] Plooster M N, Reed T B. Carbon‑hydrogen‑acetylene equilibrium at high temperatures[J]. The Journal of Chemical Physics, 1959, 31(1): 66-72.

[31] Baddour R F, Blanchet J L. Reactions of carbon vapor with hydrogen and with methane in a high intensity arc[J]. Industrial & Engineering Chemistry Process Design and Development, 1964, 3(3): 258-266.

[32] Baddour R F, Iwasyk J M. Reactions between elemental carbon and hydrogen at temperatures above 2800 K[J]. Industrial & Engineering Chemistry Process Design and Development, 1962, 1(3): 169-176.

[33] Bittner D, Wanzl W. The significance of coal properties for acetylene formation in a hydrogen plasma[J]. Fuel Processing Technology, 1990, 24: 311-316.

[34] Chakravartty S C, Dixit L P, Srivastava S K. Hydrogen enriched plasma for direct production of acetylene from coal[J]. Indian Journal of Technology, 1984, 22(4): 146-150.

[35] Graves R D, Kawa W, Hiteshue R W. Reactions of coal in a plasma jet[J]. Industrial & Engineering Chemistry Process Design and Development, 1966, 5(1): 59-62.

[36] Beiers H, Baumann H, Bittner D, et al. Pyrolysis of some gaseous and liquid hydrocarbons

in hydrogen plasma[J]. Fuel, 1988, 67(7): 1012-1016.

[37] Wang F, Guo W K, Yuan X Q, et al. Thermodynamical study on production of acetylene from coal pyrolysis in hydrogen plasma[J]. Plasma Science and Technology, 2006, 8(3): 307-310.

[38] Bao W, Li F, Cai G, et al. Thermodynamic study on the formation of acetylene during coal pyrolysis in the arc plasma jet[J]. Energy Sources, Part A: Recovery, Utilization, and Environmental Effects, 2009, 31(3): 244-254.

[39] 过增元, 赵文华. 电弧和热等离子体 [M]. 北京 : 科学出版社 , 1986.

[40] Boulos M I, Fauchais P, Pfender E. Thermal plasmas: Fundamentals and applications[M]. Volume 1. New York: Plenum Press, 1994.

[41] Fauchais P, Bourdin E, Aubreton J, et al. Plasma chemistry and its applications to the synthesis of acetylene from hydrocarbons and coal[J]. International Chemical Engineering, 1980, 20(2): 289-305.

[42] Solonenko O P. Thermal plasma torches and technologies[M]. London: Cambridge International Science Publishing, 2003.

[43] Kushner L M. Plasma technology in acetylene production in the US //Cheremisinoff P N, Farah O G, Ouellette R P. Radio frequency/radiation and plasma processing: Industrial applications & advances[C]. Lancaster: Technomic, 1985.

[44] Gannon R E, Krukonis V J, Schoenbe T. Conversion of coal to acetylene in arc-heated hydrogen[J]. Industrial & Engineering Chemistry Product Research and Development, 1970, 9(3): 343-347.

[45] Sundstrom D W, Demichiell R L. Quenching processes for high temperature chemical reactions[J]. Industrial & Engineering Chemistry Process Design and Development, 1971, 10(1): 114-122.

[46] 傅维镳. 煤燃烧理论及其宏观通用规律 [M]. 北京 : 清华大学出版社 , 2003.

[47] Kobayashi H, Howard J, Sarofim A. Coal devolatilization at high temperatures[C]. 16th International Symposium on Combustion, 1977, 16: 411-425.

[48] Anthony D B, Howard J B, Hottel H C, et al. Rapid devolatilization and hydrogasification of bituminous coal[J]. Fuel, 1976, 55(2): 121-128.

[49] Badzioch S, Hawksley P G W. Kinetics of thermal decomposition of pulverized coal particles[J]. Industrial & Engineering Chemistry Process Design and Development, 1970, 9(4): 521-530.

[50] Fu W B, Zhang Y P, Han H Q, et al. A general model of pulverized coal devolatilization[J]. Fuel, 1989, 55(2): 121-128.

[51] Fletcher T H, Kerstein A R, Pugmire R J, et al. Chemical percolation model for devolatilization. 3. Direct use of ^{13}C NMR data to predict effects of coal type[J]. Energy &

Fuels, 1992, 6(4): 414-431.

[52] Niksa S, Kerstein A R. Flashchain theory for rapid coal devolatilization kinetics. 1. Formulation[J]. Energy & Fuels, 1991, 5(5): 647-665.

[53] Niksa S. Flashchain theory for rapid coal devolatilization kinetics. 2. Impact of operating conditions[J]. Energy & Fuels, 1991, 5(5): 665-673.

[54] Niksa S. Flashchain theory for rapid coal devolatilization kinetics. 3. Modeling the behavior of various coals[J]. Energy & Fuels, 1991, 5(5): 673-683.

[55] Fletcher T H, Kerstein A R, Pugmire R J, et al. Chemical percolation model for devolatilization. 2. Temperature and heating rate effects on product yields[J]. Energy&Fuels, 1990, 4(1): 54-60.

[56] Grant D M, Pugmire R J, Fletcher T H, et al. Chemical model of coal devolatilization using percolation lattice statistics[J]. Energy & Fuels, 1989, 3(2): 175-186.

[57] Solomon P R, Hamblen D G, Carangelo R M, et al. General model of coal devolatilizationt[J]. Energy & Fuels, 1988, 2(4): 405-422.

[58] Solomon P R, Hamblen D G. Finding order in coal pyrolysis kinetics[J]. Progress in Energy and Combustion Science, 1983, 9(4): 323-361.

[59] 双玥 . 煤裂解制乙炔过程颗粒尺度传递和反应行为研究 [D]. 北京 : 清华大学 , 2011.

[60] Shuang Y, Wu C, Yan B, et al. Heat transfer inside particles and devolatilization for coal pyrolysis to acetylene at ultrahigh temperatures[J]. Energy & Fuels, 2010, 24(5): 2991-2998.

[61] Genetti D, Fletcher T H, Pugmire R J. Development and application of a correlation of ^{13}C NMR chemical structural analyses of coal based on elemental composition and volatile matter content[J]. Energy & Fuels, 1999, 13(1): 60-68.

[62] Peters W, Bertling H. Kinetics of rapid degasification of coals[J]. Fuel, 1965, 44(5): 317-331.

[63] Suuberg E M. Significance of heat-transport effects in determining coal pyrolysis rates[J]. Energy & Fuels, 1988, 2(4): 593-595.

[64] Wutti R, Petek J, Staudinger G. Transport limitations in pyrolysing coal particles[J]. Fuel, 1996, 75(7): 843-850.

[65] Hayashi J I, Takahashi H, Iwatsuki M, et al. Rapid conversion of tar and char from pyrolysis of a brown coal by reactions with steam in a drop-tube reactor[J]. Fuel, 2000, 79(3-4): 439-447.

[66] Cheng Y, Li T, Yan B, et al. Particle-scale modeling of asphaltene pyrolysis in thermal plasma[J]. Fuel, 2016, 175: 294-301.

[67] Gladisch H. How Huels makes acetylene by DC arc[J]. Hydrocarbon Processing and Petroleum Refining, 1962, 41(6): 159-164.

[68] Ibberson V J. Chemical engineering in a plasma[J]. New Scientist, 1972, 56: 446-449.

[69] 黄峥嵘, 徐勇, 熊新阳, 等. 大功率 V 型等离子炬 [P]. CN 101742808A. 2015-06-10.

[70] Fincke J R, Anderson R P, Hyde T A, et al. Plasma pyrolysis of methane to hydrogen and carbon black[J]. Industrial & Engineering Chemistry Research, 2002, 41(6): 1425-1435.

[71] Laflamme C B, Jurewicz J W, Gravelle D V, et al. Thermal plasma reactor for the processing of gaseous hydrocarbons[J]. Chemical Engineering Science, 1990, 45(8): 2483-2487.

[72] Ibberson V J, Sen M. Plasma jet reactor design for hydrocarbon processing[J]. Chemical Engineering Research & Design, 1976, 54(4): 265-275.

[73] Anderson J E, Case L K. An analytical approach to plasma torch chemistry[J]. Industrial & Engineering Chemistry Process Design and Development, 1962, 1(3): 161-165.

[74] Leutner H, Stokes C. Producing acetylene in a plasma jet[J]. Industrial & Engineering Chemistry, 1961, 53(5): 341-342.

[75] Appel J, Bockhorn H, Frenklach M. Kinetic modeling of soot formation with detailed chemistry and physics: Laminar premixed flames of C2 hydrocarbons[J]. Combustion and Flame, 2000, 121(1-2): 122-136.

[76] Sánchez N E, Millera Á, Bilbao R, et al. Polycyclic aromatic hydrocarbons(PAH), soot and light gases formed in the pyrolysis of acetylene at different temperatures: Effect of fuel concentration[J]. Journal of Analytical and Applied Pyrolysis, 2013, 103: 126-133.

[77] Ruiz M P, Guzmán de Villoria R, Millera Á, et al. Influence of different operation conditions on soot formation from C_2H_2 pyrolysis[J]. Industrial & Engineering Chemistry Research, 2007, 46(23): 7550-7560.

[78] 沈本贤, 吴幼青, 高晋生. 煤等离子体裂解制乙炔的研究 [J]. 煤炭转化, 1994, (04): 67-72.

第十三章

热等离子体化学气相沉积法制备纳米材料

热等离子体是其内部重粒子温度与电子温度（通常在 10000 ～ 25000 K 范围内）相近的等离子体，一般为常压或接近常压，其内部电离度高，电子密度可达 10^{23} m^{-3}。热等离子体的发生方式包括直流（direct current，DC）或交流（alternating current，AC）电场（或电弧）、电感耦合的射频（radio frequency，RF）放电、微波和激光等。热等离子体工业应用的最主要特征包括：①高热流密度，可熔化金属和气化陶瓷颗粒；②高反应活性物种浓度，可实现颗粒的高速制备和表面沉积；③高辐射发射量，可用于弧光照明或矿物加工过程[1]。

热等离子体的这些特点使得它可以用于纳米材料的制备。热等离子体可以被描述为一个具有极高温度场（温度范围通常可达 1000 ～ 20000 K）的高焓火焰，同时具有一个从几米每秒到超音速范围的速度场。由于热等离子体可由多种气体产生并可通过电流进行控制，因此可以强化纳米材料制备过程中的快速传热，进而也实现了快速化学反应过程。诸如氮气和氧气等气体可在热等离子体中被化学活化，形成多种解离的或电离的活性粒子，此类活性粒子可直接用于极小尺寸氮化物和氧化物的制备。此外，许多微米级的固态前驱体可在进入热等离子体后被瞬间加热到气化点以上，从而形成等离子体态，在这种情况下，可通过对所得蒸气进行淬冷获得纳米颗粒[2,3]。

第一节　热等离子体在纳米材料制备领域的应用概述

采用热等离子体技术制备薄膜、纳米纹理表面、纳米颗粒和其他有机及无机纳米材料在过去的几十年中取得了长足的进展。如图13-1所示，在纳米材料制备中主要应用的是等离子体气氛中显著的化学非平衡状态，等离子体所产生的前驱体中包含大量的反应活性粒子，如自由基和离子等，通过与等离子体中的离子、电子和其他激发态粒子进行反应可强化能量向纳米材料表面的传递。热等离子体方法不仅仅是溶液法、气相或气凝胶法的补充，对于一些特定材料的制备，热等离子体方法成为了唯一可行的方法[4]。

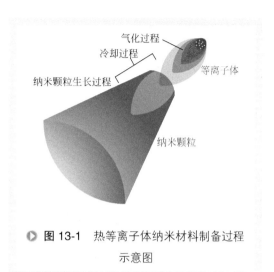

图 13-1　热等离子体纳米材料制备过程示意图

无机纳米材料由于其电子的、激子的和等离激元的特性而备受关注，可应用于电子器件、能量转换技术（如光伏技术和热电技术）、催化、生物科技和制药等多个领域。一般而言，无机纳米材料可分为0维、1维和2维材料。热等离子体方法已在量子点或纳米晶等0维材料制备中被广泛认可，由于热等离子体的特性使得其适用于常规方法难以实现的制备过程。相关研究起初集中于具有较强共价键的材料，如第四主族的硅、锗和碳，以及最近出现的第四主族合金材料[5-7]。近期关于热等离子体纳米材料制备的工作已扩展至掺杂纳米晶、金属氧化物、金属氮化物和金属硫化物的制备[8]。在1维纳米材料中，热等离子体方法主要被应用于单壁、多壁碳纳米管和碳纤维的制备，该生长过程通常伴有催化剂的辅助，可实现相应材料的高定向性和阵列式生长。此外，也有少量工作研究了热等离子体强化的硅、氧化锌等半导体材料纳米线的制备过程。近年来，以石墨烯为代表的2维材料展现出了诸多有趣的性能，吸引了学术界与工业界的广泛关注。与0维和1维纳米材料制备过程相比，热等离子体方法在2维材料制备中的应用研究尚处于起步阶段，且多围绕于石墨烯材料的制备[9,10]。

热等离子体用于纳米材料制备的研究可追溯至20世纪80年代日本东京大学Yoshida课题组[11]的工作。他们采用射频热等离子体方法，利用化学反应或共冷凝过程实现了多种纳米材料的制备，使用的装置如图13-2所示。他们还开发了一种

由射频等离子体和直流电弧等离子
体共同组成的混合等离子体炬，并
运用该系统实现了 0 维氮化物[12]
和富勒烯[13]等的制备。随后，科
学家与工程师们对热等离子体纳米
材料制备过程的研究投入了大量精
力，使得运用热等离子体进行纳米
材料的商业化生产变为现实。美国
Tioxide 公司运用直流电弧等离子
体进行粒径范围为 200～400 nm
TiO_2 颜料的生产，1999 年的产量
已达 6×10^5 t[14]；英国 Tetronics 有
限公司采用直流电弧等离子体进行
铝等纳米颗粒的生产，铝颗粒的
平均粒径为 25～75 nm，并且带
有一层 3～5 nm 的氧钝化层；日
本日清工程公司采用射频热等离
子体反应器进行多种高纯纳米颗
粒，如金属、陶瓷和合金等的生
产；加拿大的泰克纳先进材料公
司运用热等离子体进行粒径范围
为 20～100 nm 的纳米颗粒的生产，
用于手机等电子设备的制造过程。

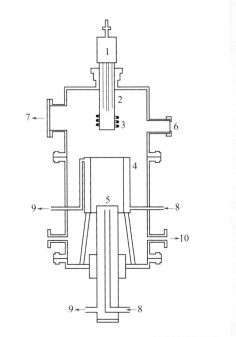

▶ **图 13-2** Yoshida 等所采用的射频热等离
子体纳米材料制备装置

1—等离子体炬炬头；2—三根同轴石英管；3—射
频线圈；4—带水冷的派热克斯玻璃管；5—带水冷
的铜制淬冷平台；6—视窗；7—射频发生装置接
口；8—水冷入口；9—水冷出口；10—尾气出口

第二节 ## 热等离子体化学气相沉积纳米材料制备过程的关键问题

如图 13-3 所示，热等离子体化学气相沉积纳米材料制备过程是一个复杂的传热、传质过程，在毫秒级的停留时间内包含了相变、热流场相互作用、感应电磁场和物种浓度场的变化，每个过程都需要多个变量进行描述。对于如此复杂的过程，实验中很难对其进行全方位的监测，在多数情况下研究工作仅仅对最终产品的性质进行表征。同时，学术界与工业界对热等离子体纳米材料制备过程机理的了解仍比较有限，目前对于制备过程中纳米材料粒径及组成的控制还主要依靠经验，实际过

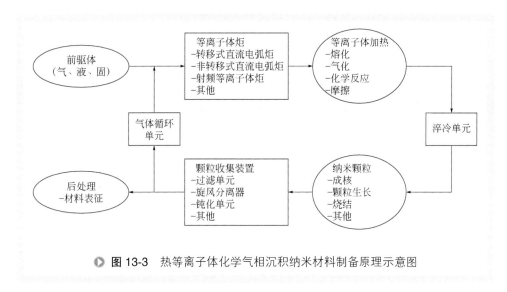

● **图 13-3** 热等离子体化学气相沉积纳米材料制备原理示意图

程中需要开展大量的实验对制备的条件进行优化。

虽然已有研究组开展了大量的工作来考察热等离子体纳米材料制备过程中的等离子体操作参数与气相化学反应动力学，但人们对于该过程的理解仍然有限。热等离子体过程往往是物理与化学强耦合的过程，反应的温度场及浓度场均存在较大梯度，且反应时间通常为毫秒级，使得常规研究手段与分析方法很难运用于对该过程的研究。为了实现热等离子体下纳米材料的高速可控制备，还需要对该过程的各关键问题进行更加深入的研究。

热等离子体强化的纳米材料制备过程强烈依赖于所使用的等离子体反应器。例如，包含热阴极的非转移式直流炬通常可在其出口处产生温度范围为 8000 ～ 16000 K 的热离子焰，该离子焰的速度可达数百米 / 秒或数千米 / 秒，由等离子体炬的喷嘴结构及进气流量共同决定。而射频等离子体炬通常可产生温度范围为 5000 ～ 10000 K 的体积相对更大的等离子体火焰，该等离子体火焰的速度相对和缓，一般为数十米 / 秒，同时射频等离子体炬无电极的结构特征使得其更适合于产生反应性的热等离子体。因此，实际应用过程中需将等离子体炬的各项特征，诸如流场、火焰尺寸和炬自身结构等，最大化地与目标纳米材料制备过程相匹配。本章主要关注热等离子体对化学气相沉积过程的强化作用，因此不对等离子体炬的设计展开讨论，将主要围绕超高温化学气相沉积反应过程在线监测和材料微观结构性能调控机制的建立等关键问题进行探讨。

一、超高温化学气相沉积反应过程在线监测

热等离子体化学气相沉积过程中反应气氛处于等离子体的超高温温度场中，常规测试方法无法在该超高温化学气相沉积反应过程中进行应用，需采用针对该系统

的诊断与分析方法来对该过程中的气相反应等进行监测。

　　发射光谱（optical emission spectroscopy，OES）诊断作为一种非侵入式的诊断技术，已被广泛应用于等离子体的在线诊断过程来研究等离子体反应过程中反应物种浓度的变化，并可通过对等离子体发生光谱的分析获得等离子体的大量信息，如电子密度及温度等。Kampas[15] 利用 OES 诊断研究了射频等离子体无定形硅薄膜沉积过程，测量了沉积过程中 Si、Ar 和 H_2 的发射谱线强度随进料组成及射频电压的变化，并根据等离子体反应中活性物种的产生机理推导了活性物种发射谱线强度与气相物种浓度之间的关联关系，研究了操作条件对反应气相组成的影响。Bourg 等[16] 利用 OES 诊断考察了射频热等离子体硅喷涂过程，其实验所用装置如图 13-4 所示，可通过调整光纤位置来对射频热等离子体炬不同部位的反应情况进行监测。Bourg 等在沉积过程中观察到了大量高活性物种 H 及激发态 H_2 的存在，证实了射频热等离子体可以高效分解 H_2 产生 H 的特性，并分别利用 H 的发射谱线和 Ar I 的发射谱线计算了热等离子体的轴向电子密度及电子温度。

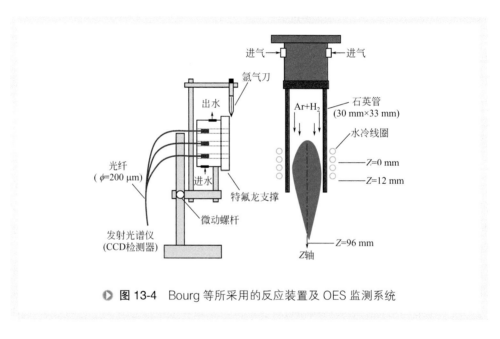

● **图 13-4** Bourg 等所采用的反应装置及 OES 监测系统

　　针对热等离子体纳米材料制备过程的考察，人们更希望能够通过对反应系统的监测与分析建立起操作参数与产品性质之间的关联。Yokoyama 等[17] 在以 SiH_4、NH_3 和 H_2 为原料沉积氮化硅（Si_3N_4）薄膜的过程中采用 OES 诊断的方法建立了活性物种发射谱线强度与所得薄膜的沉积速率及薄膜组成之间的关联关系，过程中所用的等离子体为功率 10 W 的射频冷等离子体。Fukuda 等[18] 在硅纳米晶薄膜的沉积过程中建立了活性物种发射谱线强度与沉积速率的关联关系，并以此作为监测方法对过程的沉积速率进行优化，最终获得了 5 Å/s 的沉积速率。

二、材料微观结构性能调控机制

与液相制备过程相比，热等离子体制备过程的优势是所得纳米材料通常具备裸露的表面，然而这也是热等离子体方法所面临的问题之一，即纳米材料的表面缺陷态将给材料的性质带来严重的负面影响。开发原位的表面钝化和功能化的技术，如形成核壳结构，是热等离子体方法面临的重要挑战。此外，热等离子体方法有时展现出了独特的对特定纳米材料进行电学掺杂的能力，掺杂物的活化效率高度可变，从 10^{-4} 到接近 1，需要对控制等离子体纳米材料掺杂的物理机理进行更深入的理解。

纳米材料的形貌控制是热等离子体方法所面临的另一个重要挑战。在液相制备过程中，可以利用不同晶面表面能的差异制备非球形形貌的纳米材料，但热等离子体方法所制备的 0 维材料更倾向于球形或近似球形的形貌。从 1 维材料制备中获得的控制方法出发，开发纳米棒或纳米片的制备工艺，如利用热等离子体方法制备等离激元和光学纳米材料，将更有利于热等离子体方法的应用与推广。此外，2 维材料制备领域正面临着难以制备高纯度、高结晶性、大晶片尺寸的 2 维材料的挑战，这可能是热等离子体研究的一个重要的机遇，不再仅限于石墨烯的制备，而是着眼于其他具有潜力的 2 维材料，如过渡金属二硫化物等。

目前对于热等离子体方法制备纳米材料的应用，其基础研究还远不能解释等离子体与纳米材料之间的相互作用。纳米材料在等离子体中经历了强烈的自由基流和带电粒子流，与等离子体气氛发生了强烈的能量交换，导致其生长过程处于极度非平衡条件下，如图13-5所示。同时，纳米材料的注入及其与等离子体的接触对热等离子体本身的影响也需要深入的理解。对于无机纳米材料的制备过程，提升对于纳米材料在热等离子体中的生长过程及其与等离子体活性物种的作用如何帮助或抑制掺杂过程的理解也非常重要。

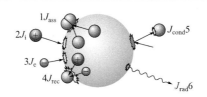

图 13-5　纳米颗粒与热等离子体的能量传递示意图
1—缔合反应；2—离子轰击；3—电子轰击；4—重组反应；5—热传导；6—热辐射

对于热等离子体 CVD（化学气相沉积）纳米材料制备过程，建立材料结构及性能与过程参数的对应关系、研究纳米材料结构及性能调控机制是亟待解决的关键科学问题。

对于热等离子体化学气相沉积过程的研究已有数十年之久，该方法被公认为是一种高效的制备具有特定物理和化学性质纳米颗粒的方法，尤其是对于需要较高反应温度的合成工艺，如含有共价键的半导体材料和陶瓷材料纳米颗粒，热等离子体化学气相沉积几乎是唯一可行的方法。

一、热等离子体强化化学气相沉积原理分析

热等离子体强化的化学气相沉积过程的原理如下：

① 等离子体中的纳米颗粒粒径一旦达到几纳米级别，颗粒将带上单极的负电荷，这将抑制纳米颗粒的团聚，保证纳米颗粒具有高度单分散的粒径分布，同时也可以减少或消除由于扩散至反应器壁面而造成的颗粒损失；

② 热等离子体，尤其是低压热等离子体中，高能的表面反应与相对缓慢的颗粒冷却过程会导致强烈的非平衡态，使得颗粒温度可以超过气体温度几百度，对于高熔点原料和高结晶度产品的制备非常有利；

③ 热等离子体中的高反应活性物种浓度非常利于成核过程的发生，同时相较中性粒子间的聚集，离子与中性粒子间更快的聚集速率也可以强化成核过程；

④ 采用混合气体作为前驱体通常可以实现复合材料的制备，纳米颗粒形成和生长过程中的非平衡态甚至可以形成热力学不稳定的化合物。

二、典型热等离子体强化化学气相沉积反应器设计

用于纳米材料制备的典型等离子体炬结构如图13-6所示。近几十年来，转移型直流等离子体炬被广泛用作粒径50 nm左右金属纳米颗粒制备的有效热源。在此类等离子体炬中，目标金属作为等离子体电极并在转移型等离子体弧中被直接气化。因此，多种金属材料的纳米颗粒均可采用转移型等离子体炬进行制备。但与此同时，纳米颗粒的产生速率也直接依赖于用作电极的金属材料的物理性质，从金属前驱体制备颗粒的驱动力主要与金属的蒸发热和熔点等物理性质相关。但无论材料的熔点如何，氮气和氢气还原气氛的加入均有助于提高颗粒的产生速率。此外，采用球形的靶材料作为负极可以使材料更容易气化、熔渣的产生量尽可能少，并加快氢在靶材料中的渗透过程。

由于制备过程中负极为不断消耗的靶材料，因此每批次纳米颗粒制备后均需对负极进行更换，也就导致了采用转移型等离子体炬的制备过程通常都是非连续过程。作为该间歇操作的替代方法，非转移型直流或射频等离子体炬通常可实现纳米

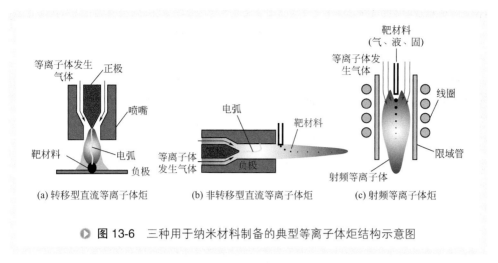

图 13-6 三种用于纳米材料制备的典型等离子体炬结构示意图

颗粒的连续制备过程。图 13-6（b）给出了用于纳米颗粒连续生产的典型的非转移型直流等离子体炬的结构示意图。在此种反应器中，靶材料作为前驱体直接注入热等离子体火焰中，等离子体炬的电极仅用来维持电弧等离子体的产生。为了有效地加热前驱体，前驱体的注入口可以设在圆柱形阴极喷嘴的内表面。如将前驱体注入口设置在等离子体炬的出口处，则对于大多数前驱体而言，其在等离子体火焰中的飞行时间段内均较难实现有效气化。

　　射频等离子体炬是一种可以射入使前驱体加热更加充分的热源，近年来受到了越来越多的关注。由于这种等离子体炬不需要电极来维持等离子体，因此前驱体可沿着射频等离子体炬的中心线轴向进料，如图 13-6（c）所示，射频等离子体的高温区可以有效地加热固态前驱体。此外，电极的消失对于高纯材料的制备同样是一个优势。由于射频等离子体炬在对固体前驱体飞行过程中的处理方面拥有诸多优势，该类等离子体炬已被广泛应用于多种小尺寸金属颗粒的制备。与非转移型直流等离子体炬相比，射频等离子体炬的优势不仅来源于其中线方向上的高焓值，还来源于轴向射入的前驱体在等离子体中较长的停留时间。以粒径 20 ～ 60 μm 的金属或陶瓷颗粒（铁、镍、铜、钨和氧化铝等）为例，他们在射频等离子体炬的中线上完成气化所需的时间为 4.5 ～ 8.5 ms。换言之，如果固体前驱体以 20 m/s 的速度射入等离子体中，4.5 ～ 8.5 ms 的气化时间需要90 ～ 170 mm 长的等离子体炬，这个长度很容易通过射频等离子体炬加柱状反应器的形式实现。通常来说，高功率的射频等离子体炬更适用于大规模前驱体的处理过程。目前，功率达 200 ～ 300 kW 并配有高性能细粉进料器的射频等离子体炬系统已经实现了商业化。

　　清华大学化工系采用自主搭建的具有中试能力的常压热等离子体强化的化学气相沉积装置开展纳米材料的制备工作，所用射频等离子体电源的频率为

$10\sim13\text{ MHz}$，最大功率可达 10 kW。该装置主要包括以下几个部分：等离子体电源控制系统、等离子体发生器、加料系统、反应器、冷却系统、沉积系统、发射光谱诊断系统以及供水、供电、供气系统，如图 13-7 所示。电源通过 4 匝外径为 6 mm 的铜管制成的感应线圈产生等离子体，铜管外部带有水冷。等离子体反应器为外径 30 mm、壁厚 2 mm 的石英管，石英管管长 200 mm。区别于直流电弧等离子体，射频等离子体采用无电极电感耦合的方式来产生等离子体，避免了电极污染，使得该过程可以用于高纯材料的制备。通过在常压热等离子体强化的化学气相沉积装置上增加 OES 诊断装置，对热等离子体化学气相沉积过程进行在线检测，可以获得热等离子体中的反应物种浓度信息，加深对热等离子体沉积过程的理解。

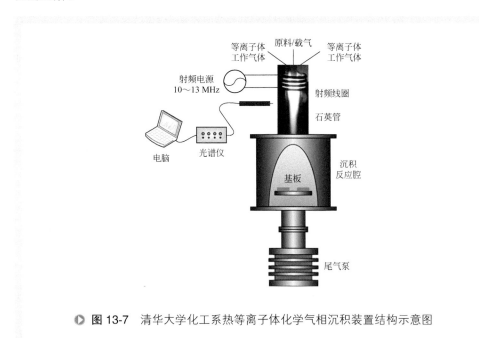

▶ 图 13-7　清华大学化工系热等离子体化学气相沉积装置结构示意图

第四节　应用实例

一、少层石墨烯纳米片制备过程研究

1. 应用背景

碳单质及其化合物是世界上组成最丰富多样的物种，因而一直是材料、物理和

化学领域的研究重点之一。特别是近三十年来，随着 C_{60}、碳纳米管（CNTs）、石墨烯（graphene）等明星材料的相继发现，碳材料的研究更加引起了全世界科学家的密切关注。自 20 世纪 80 年代开始，随着等离子体技术的发展，人们逐渐将等离子体技术与碳材料的研究结合起来，由于等离子体的超高温特性，其温度场能赋予碳材料特殊的物理结构和化学性能。如 1991 年，日本的 Sumio Iijima 教授就在直流电弧等离子体蒸发石墨电极得到的烟灰中观察到了碳纳米管。同时，由于等离子体具有独特的高温反应活性，能极大地强化反应过程，近 20 年已经有大量的研究采用等离子体技术制备高性能碳材料。如中科院金属所成会明院士组采用等离子体氢电弧法半连续制备出了大量平均直径为 1.85 nm 的单壁碳纳米管；北京大学顾振南教授和施祖进教授组从 20 世纪 90 年代开始采用直流电弧等离子体分别制备了单壁、双壁碳纳米管以及碳纳米角和石墨烯等多种特殊形貌碳材料；法国巴黎高科国立高等矿业学校（Mines ParisTech）的 Fabry 等采用三相交流电弧等离子体，以炭黑为原料纯化后制备得到含量在 92% 以上的富勒烯。但与电弧等离子体相比，射频热等离子体技术发展缓慢，在碳材料制备中相关研究较少。清华大学研究组[10,19]将射频热等离子体技术应用于 CH_4 裂解过程强化，研究等离子体过程参数对 CH_4 裂解的决定作用，重点考察了等离子体气氛和 CH_4 流量对裂解产生的固相产品碳的影响规律。

2. 热等离子体热解甲烷过程 OES 诊断

由于本实验所采用的等离子体为高频热等离子体，与非热等离子体相比，其产生的激发谱线强度更强，更容易捕捉。图 13-8（a）给出的是放电功率为 10 kW、系统工作气压为大气压、等离子体工作气体为氩气（Ar）条件下测得的 Ar 等离子体在 $300 \sim 900$ nm 波长范围内的发射光谱。图 13-8（b）为以氩气为工作气体、氢气（从加料器直接进入等离子体弧中）流量为 0.1 m^3/h 的条件下测得的 Ar/H_2 等离子体发射光谱图。与纯 Ar 等离子体发射光谱类似，Ar/H_2 等离子体中激发态 Ar 原子或 Ar^+ 产生的发射波谱主要集中在 $696.53 \sim 852.14$ nm 的范围内。同时，几条最强的 Ar 谱线几乎达到同样的强度，说明在 10 kW Ar/H_2 等离子体中，该部分谱线已经达到激发饱和。同时，谱图中还检测到了 H 的 Balmer 线系中的两条谱线：H_α（656.24 nm）和 H_β（486.37 nm）。H_α、H_β 谱线的存在说明在 Ar/H_2 等离子体中产生了较高浓度的高活性·H，而·H 的存在预示着 Ar/H_2 等离子体可以作为一种具有极高活性的还原介质应用于化学反应中。

图 13-8（c）和图 13-8（d）所示为在 Ar 等离子体和 Ar/H_2 等离子体中裂解 CH_4 的光谱图。Ar 谱线的强度变化不大，表明没有因为 H_2 和 CH_4 的加入导致电离减弱或温度降低。但是 CH_4 裂解相关基团谱线强度变化明显，如在纯 Ar 等离子体中，可于 388.4 nm 处捕捉到高强度的 CH 基团谱线，但在加入 H_2 后该谱线强度大幅减弱，表明 H_2 的加入对 CH_4 裂解可能存在抑制作用。

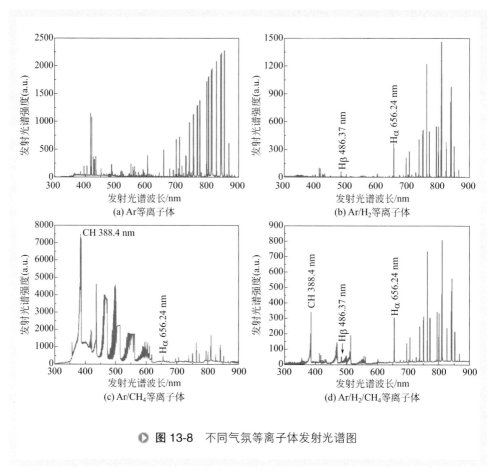

图 13-8　不同气氛等离子体发射光谱图

3. 产品相成分

反应气氛中不加 H_2 时，仅在冷却室内壁上收集到少许黑色粉末，说明在该情况下沉积现象不明显，沉积效率低；而加入 H_2 后沉积明显，说明 H_2 有利于沉积过程的发生。X 射线衍射（X-ray diffraction，XRD）是表征石墨烯晶体结构非常有效的方法。成会明等[20] 对比了剥离的石墨烯（EG）、天然石墨片（NFG）、氧化石墨烯（GO）的 XRD 谱图，发现大多数石墨会在 26° 附近出现特征峰，对应于碳的（002）晶面取向。图 13-9（a）和图 13-9（b）为反应器内壁上收集到的产品的典型 XRD 谱图。从谱图中可以看到，样品全部为（002）晶面取向占主导。随着 CH_4 流量的增加，XRD 谱图中（002）晶面的峰型变得尖锐，说明随着 CH_4 流量的增加样品结晶度逐渐提高。谱图中无其他杂峰，表明产品具有较高的纯度。

拉曼光谱可以快速有效地分析石墨烯的结构和质量。通常，石墨烯的拉曼谱图会在 1350 cm^{-1}（D 峰）、1580 cm^{-1}（G 峰）和 2700 cm^{-1}（2D 峰）出现比较明显的峰。D 峰一般认为是由石墨烯的缺陷引起的，D 峰较小，说明石墨烯的质量好。

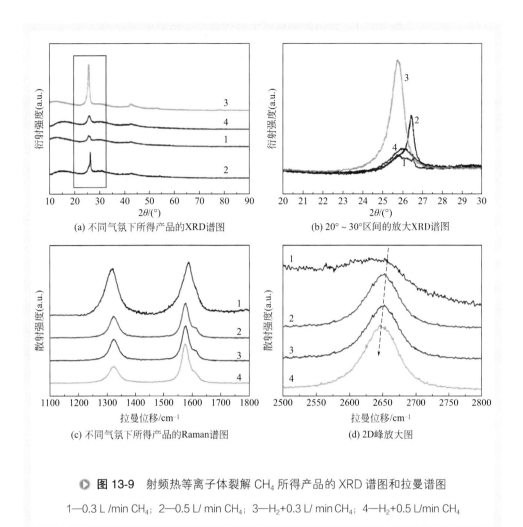

(a) 不同气氛下所得产品的XRD谱图

(b) 20° ~ 30°区间的放大XRD谱图

(c) 不同气氛下所得产品的Raman谱图

(d) 2D峰放大图

▶ **图 13-9**　射频热等离子体裂解 CH_4 所得产品的 XRD 谱图和拉曼谱图

1—0.3 L /min CH_4；2—0.5 L/ min CH_4；3—H_2+0.3 L/ min CH_4；4—H_2+0.5 L/min CH_4

G 峰是石墨的 E_{2g} 模式，是由石墨层二维平面碳原子 sp^2 键的振动引起的。2D 峰是二维共振的过程，由石墨烯带有相反动量的两个声子散射引起。通过拉曼光谱也可以估计出石墨烯的层数，可以很容易地区分单层和多层的石墨烯。拉曼光谱中，D 带与 G 带的强度比 R（I_D/I_G）可作为碳素材料石墨化程度的一种评价参数 [21]。

　　CH_4 分解后所得产品的拉曼光谱如图 13-9（c）和图 13-9（d）所示，不同实验条件下所得产品的拉曼光谱均出现了比较明显的 D 峰和 G 峰，说明 CH_4 经等离子体分解可以得到石墨化的碳材料。随着 CH_4 流量的增加以及等离子体气氛中 H_2 的加入，R 值从 1.68 减小到 0.68，如表 13-1 所示，说明沉积所得碳材料的石墨化程度逐渐提高。图 13-9（d）的拉曼光谱 2D 峰放大图中可以发现，随着 CH_4 流量的增加以及 H_2 的加入，沉积所得碳材料的 2D 峰逐渐增强并同时有向低波数方向移动的趋势，说明所得碳材料中石墨烯的层数逐渐减少。

表 13-1   不同实验条件下所得产品的拉曼光谱 R 值

实验条件	0.3 L/min CH$_4$	0.5 L/min CH$_4$	H$_2$+0.3 L/min CH$_4$	H$_2$+0.5 L/min CH$_4$
$R(I_D/I_G)$	1.68	1.18	0.83	0.68

4. 产品形貌表征

CH$_4$ 经等离子体分解所得产物呈轻质棉絮状，不同实验条件所得产品的宏观形貌几乎没有区别。图 13-10 所示为等离子体中加入 H$_2$ 和不加入 H$_2$ 时所得沉积产物的 SEM 照片。在低倍率下，二者均表现为疏松的细小的颗粒，如图 13-10（a）和图 13-10（c）所示；在高倍率下，等离子体中不加 H$_2$ 时，产品为球形颗粒，如图 13-10（b）所示，等离子体中加 H$_2$ 时，产品为卷曲的二维层状结构，如图 13-10（d）所示。说明等离子体中加入 H$_2$ 会促进 CH$_4$ 分解产生的碳材料从球形向二维层状结构转变。

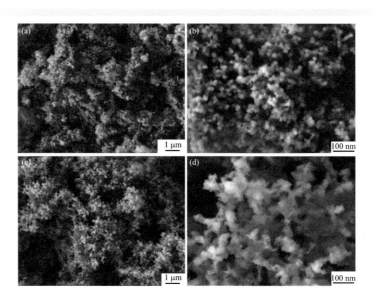

▶ 图 13-10   等离子体中不加 H$_2$（a）、（b）和
加 H$_2$（c）、（d）所得沉积产物的 SEM 照片

进一步，对沉积产物的形貌进行了透射电子显微镜（transmission electron microscope，TEM）分析，如图 13-11 所示。在 H$_2$ 气氛等离子体条件下，沉积得到的碳材料为均匀的二维层状结构，整体形状宽度在 0.2 ～ 0.5 μm 之间，如图 13-11（a）所示。层状结构边缘有卷曲，而中间近似透明，如图 13-11（b）所示，说明沉

积所得到的二维层状碳材料为薄层的石墨烯。由于层数较少，所得到的石墨烯较易弯曲，如图 13-11（c）所示。同时在高倍电镜下，可以清晰地看到石墨烯的边缘结构［见图 13-11（d）］，石墨烯层数约为 5 层［见图 13-11（e）和图 13-11（f）］。表征结果说明，H_2 气氛等离子体中 CH_4 分解所得的沉积产物石墨烯具有良好的二维晶体结构。

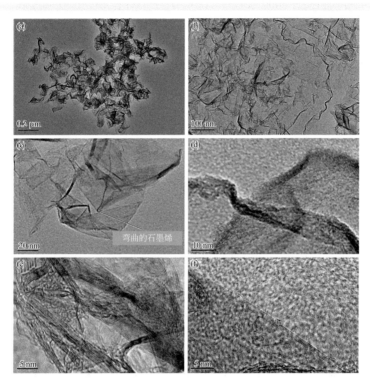

▶ **图 13-11** 射频热等离子体裂解 CH_4 所得产品的 TEM 照片

在等离子体气氛中添加 H_2 可以促进石墨烯的形成，这可能是因为 H_2 在热等离子体中解离为 H，可以饱和碳结构边界的碳原子，从而抑制这些碳原子封闭形成球形结构，从而促进了碳材料的二维生长。

二、硅/碳化硅纳米晶制备过程研究

1. 应用背景

四氯化硅（$SiCl_4$）是晶体硅生产过程中的主要中间产物，按照现有西门子工艺的转化效率和反应选择性进行分析，每生产 1 t 多晶硅产品会副产 10 ～ 15 t $SiCl_4$。

若按照年产 10^5 t 的规模估计我国的多晶硅产量，则副产物 SiCl₄ 的产量将超过 10^6 t。如此大量的副产物如不能进行合理的利用不仅会造成原料的浪费，同时还会造成极大的环境隐患。SiCl₄ 的综合利用成为提高多晶硅生产经济性及实现多晶硅生产绿色化的重要课题。SiCl₄ 在常温常压下为液态，常压下的沸点为 57.6 ℃，极易在热等离子体环境中实现气化。从图 13-12 中给出的不同温度及 H₂/SiCl₄ 摩尔比下气相平衡中 Si 的含量可以看出，2000 K 以下气相中几乎不存在 Si，而在高温和高原料摩尔比（H₂/SiCl₄）条件下，气相平衡组成中 Si 的含量较高。该结果表明，在热等离子体的温度场中，通过加入 H₂ 可在气相中获得较高浓度的 Si，并在淬冷过程中形成高的过饱和度，从而实现硅基纳米材料的高速制备。

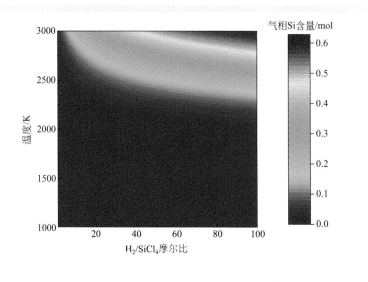

▶ **图 13-12**　不同温度及 H₂/SiCl₄ 摩尔比下气相平衡中 Si 的含量

（原料 SiCl₄ 含量为 1 mol）

2. 以 SiCl₄ 为硅源的硅纳米晶薄膜高速沉积过程

硅纳米晶（nc-Si：H）薄膜由于其优异的性质及相对低廉的制造成本而被认为是传统晶体硅材料的一种有力替代品。目前制备硅纳米晶薄膜主要采用低压冷等离子体 PECVD 方法，冷等离子体功率密度较低，使得该方法的生产能力较低，无法满足硅纳米晶薄膜材料工业化应用的需求。清华大学研究组[5,22] 在传统冷等离子体 PECVD 技术的基础上，发展出了热等离子体强化的 CVD 过程，用于硅纳米晶薄膜的制备，克服了冷等离子体过程生产能力较低的问题。沉积过程中采用多晶硅生产过程大量副产的 SiCl₄ 为硅源，降低了生产过程中购买原料的成本，提高了过程经济性。同时，沉积装置在常压下操作，避免了真空设备的使用，进一步降低了生产过程的成本。

实验中采用图13-7所示的常压热等离子体强化的化学气相沉积装置进行硅纳米晶薄膜的沉积。由于反应原料$SiCl_4$在常温下为液态，实验中采用注射泵进样，并用H_2作为载气通过带有水冷的加料管进入等离子体区。H_2的加入可以为$SiCl_4$分解提供还原性环境，有利于硅纳米晶薄膜沉积速度的提高。沉积平台位于等离子体炬出口的下方，并垂直于等离子体炬方向放置。

实验中采用XRD和拉曼光谱表征产品的结晶性质。以$SiCl_4$为原料，在常压热等离子体强化下沉积所得产品的XRD表征结果如图13-13所示。在图13-13给出的不同$SiCl_4$加料速率下的产品XRD谱图中可以观察到不同条件下获得的产品均表现出了位于28.2°的晶体硅（111）晶面衍射峰，同时在$SiCl_4$加料速率为0.08 mol/h、0.11 mol/h和0.13 mol/h产品的衍射峰中观察到了微弱的位于47.2°的晶体硅（220）晶面衍射峰和位于56.1°的晶体硅（311）晶面衍射峰。

从图13-13的XRD表征结果中还可以看出，产品（111）晶面衍射峰存在明显的展宽现象，该展宽现象是由产品较小的晶粒粒径所致，可以利用Scherrer公式结

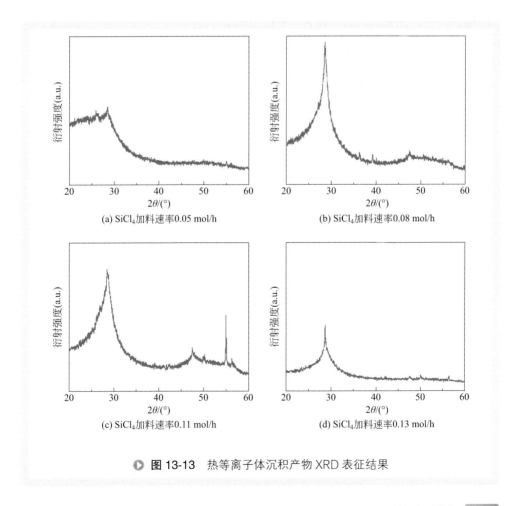

(a) $SiCl_4$加料速率0.05 mol/h

(b) $SiCl_4$加料速率0.08 mol/h

(c) $SiCl_4$加料速率0.11 mol/h

(d) $SiCl_4$加料速率0.13 mol/h

▶ **图 13-13** 热等离子体沉积产物 XRD 表征结果

合 XRD 分析结果对产品的平均晶粒尺寸进行计算

$$d_{XRD}=0.9\lambda/(\beta\cos2\theta)$$

式中　λ——X 射线波长，本章中 $\lambda=1.54056$ Å；

　　　β——X 射线衍射峰以弧度为单位表达的展宽情况。

计算结果如表13-2所示。产品的平均晶粒粒径在 10 nm 以下，分布在 2.7～6.7 nm 的区间之内，表明热等离子体产品中形成了硅纳米晶，所得产品为硅纳米晶薄膜。

表 13-2　热等离子体硅纳米晶薄膜产品平均晶粒粒径 XRD 表征结果

SiCl$_4$ 加料速率 /(mol/h)	平均晶粒粒径 /nm
0.05	2.7
0.08	3.5
0.11	6.7

沉积产品的拉曼光谱表征结果如图 13-14（a）所示。产品拉曼峰包含一个位于约 520 cm^{-1} 处的晶相组分散射峰和一个位于约 480 cm^{-1} 处的无定形组分散射峰，其中位于约 520 cm^{-1} 处的晶相组分峰峰形较尖锐而位于约 480 cm^{-1} 处的无定形组分峰展宽较严重，并且位于约 520 cm^{-1} 处的晶相组分峰随加料速率的增加变得越来越显著，且其对应的拉曼位移移向更高波数。

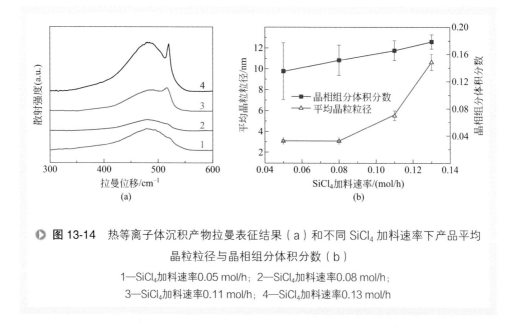

图 13-14　热等离子体沉积产物拉曼表征结果（a）和不同 SiCl$_4$ 加料速率下产品平均晶粒粒径与晶相组分体积分数（b）

1—SiCl$_4$加料速率0.05 mol/h；2—SiCl$_4$加料速率0.08 mol/h；
3—SiCl$_4$加料速率0.11 mol/h；4—SiCl$_4$加料速率0.13 mol/h

基于拉曼光谱表征结果，可以对产品的晶相组分体积分数以及平均晶粒粒径进行计算，计算结果如图 13-14（b）所示。由拉曼光谱分析得到的产品平均晶粒粒径分布在 3.1 ～ 11.5 nm 之间，并且该平均晶粒粒径随 SiCl$_4$ 加料速率的增加而增加，与 XRD 的分析结果趋势一致，两种方法对于平均晶粒粒径计算的差别主要源于不同的检测灵敏度。产品晶相组分体积分数随 SiCl$_4$ 加料速率的增加而增加。在以 SiCl$_4$ 和 H$_2$ 为原料的沉积过程中，随着原料 SiCl$_4$ 加料速率的增加气相中 Si 浓度不断增加，在淬冷过程中 Si 的过饱和度也相应增加，从而强化了气相成核过程，导致晶粒数量和晶粒粒径的增加。晶粒数量的增加最终表现为产品中晶相组分体积分数的增加。

硅纳米晶薄膜产品扫描电子显微镜（scanning electron microscope，SEM）表征结果如图 13-15 所示。从俯视图中可以看出，热等离子体硅纳米晶薄膜产品具有相似的微观形貌，产品由大量具有纳米结构的团聚体堆积而成。低 SiCl$_4$ 加料速率下的硅纳米晶薄膜产品中所包含的纳米结构团聚体尺寸较小，所形成的薄膜更加平整、致密；随着 SiCl$_4$ 加料速率的增加，纳米结构团聚体的尺寸逐渐增加，同时表观堆积密度不断下降。图 13-15 中还给出了热等离子体硅纳米晶薄膜产品的侧视图，薄膜具有相对致密的结构，且厚度较均匀。高 SiCl$_4$ 加料速率下所得硅纳米晶薄膜产品的厚度可达 10 μm 以上。根据 SEM 表征所得膜厚数据及实验中所记录的沉积时间，可以计算出热等离子体作用下硅纳米晶薄膜的沉积速率，不同 SiCl$_4$ 加料速率下的膜厚测量结果及沉积速率计算结果如表 13-3 所示。从表 13-3 中可以看到，热等离子体强化下硅纳米晶薄膜的沉积速率变化范围为 2.11 ～ 9.78 nm/s，而文献中报道的以 SiH$_4$/H$_2$ 为原料及以 SiCl$_4$/H$_2$ 为原料所得的最高沉积速率分别为 1.57 nm/s 和 0.17 nm/s，由此可见，通过采用热等离子体强化，可以获得远高于传统低压冷等离子体 PECVD 过程的沉积速率。热等离子体作用下较高的沉积速率主要来自于热等离子体较高的功率密度以及热等离子体过程中相对文献更高的前驱体加料速率。

表 13-3　热等离子体硅纳米晶薄膜厚度及沉积速率

SiCl$_4$ 加料速率 /(mol/h)	膜厚 /μm	沉积时间 /min	沉积速率 /(nm/s)
0.05	3.79	30	2.11
0.08	6.84	30	3.80
0.11	12.2	30	6.77
0.13	17.6	30	9.78

热等离子体作用下，硅纳米晶薄膜的沉积速率随 SiCl$_4$ 加料速率的增加呈几乎线性的增长趋势。在以 SiCl$_4$ 和 H$_2$ 为原料的沉积系统中，气相中含 Cl 自由基 SiCl$_x$（x=1,2,3）的形成是该过程的重要特征。通过提高等离子体功率，可以强化电子和离子的产生过程，同时也可以提高所产生电子与离子的能级，从而强化了等离子体分解前驱体的能力。等离子体中反应物种如自由基、离子和声子的浓度随之增加。较高的射频等离子体功率可以促进 SiCl$_4$ 等离子体中的次级反应，从而强化 SiCl$_x$ 自

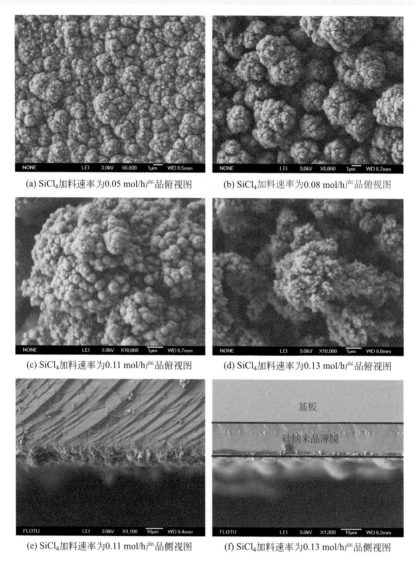

(a) SiCl₄加料速率为0.05 mol/h产品俯视图　　(b) SiCl₄加料速率为0.08 mol/h产品俯视图

(c) SiCl₄加料速率为0.11 mol/h产品俯视图　　(d) SiCl₄加料速率为0.13 mol/h产品俯视图

(e) SiCl₄加料速率为0.11 mol/h产品侧视图　　(f) SiCl₄加料速率为0.13 mol/h产品侧视图

▶ 图 13-15　热等离子体硅纳米晶薄膜产品 SEM 表征结果

由基的生成并提高沉积速率。此外，实验过程中 SiCl₄ 加料速率的增加也会导致气相中 SiClₓ 自由基浓度的提高，进而获得更高的沉积速率，导致实验过程中观察到沉积速率随 SiCl₄ 加料速率增加的现象。

3. 以 SiCl₄ 为硅源、CH₄ 为碳源的 SiC 纳米晶高速制备过程

SiC 纳米晶具有优异的物理及化学性质，如高热导率、高击穿电压和化学惰性等，同时 SiC 纳米晶还具有较好的生物相容性，可以应用于生物活体体系。传统的

SiC 纳米晶制备方法主要有湿化学刻蚀法及低压冷等离子体 PECVD 法等。湿化学刻蚀法制备工艺复杂，同时过程中产生大量强腐蚀性废液，较难实现 SiC 纳米晶的大规模生产；低压冷等离子体 PECVD 法虽然制备工艺简单，但由于冷等离子体本身能量密度低、原料处理量少，导致该方法的生产能力低。在热等离子体法高速制备硅纳米晶薄膜工作的基础上，曹腾飞等[6]以 $SiCl_4$ 作为硅源、CH_4 作为碳源，通过常压热等离子体 PECVD 过程实现了含有 SiC 纳米晶薄膜材料的高速制备。

不同 $SiCl_4$ 加料速率下所得到的热等离子体沉积产品的 XRD 表征结果如图 13-16（a）所示。从图中可以观察到，不同 $SiCl_4$ 加料速率下所得产品均表现出了位于 35.414° 的立方型 SiC 晶体（111）晶面峰、位于 41.231° 的（200）晶面峰、位于 59.879° 的（220）晶面峰和位于 71.610° 的（311）晶面峰，证明产品中存在 SiC 晶体，同时（111）晶面峰强度最高，表明热等离子体中的 SiC 晶体以（111）晶面取向为主。（111）晶面峰存在一定程度的展宽，这主要是由于热等离子体中 SiC 晶体纳米级的晶粒粒径所致。此外，在 XRD 表征结果中还观察到了位于 25.782° 的石墨（002）晶面衍射峰以及位于 68.545° 的晶体硅（400）晶面衍射峰，这两个衍射峰均出现了较大程度的展宽。石墨（002）晶面峰展宽的原因是产品中石墨组分粒径较小，结构中存在较多缺陷；硅（400）峰出现展宽的主要原因是产品中的硅为无定形组分。综合 XRD 的表征结果可以判断常压热等离子体 PECVD 所制备的薄膜产品的结构为 SiC 纳米晶镶嵌在由无定形硅及石墨组成的混合物之中。在 $SiCl_4$ 加料速率较低时，如 0.11 mol/h 时，所得产品的 XRD 谱图中还可以观察到位于 29.396° 的晶体硅（111）晶面峰，同时该产品的 SiC 组分衍射峰强度相对较低，表明在较低的 $SiCl_4$ 加料速率下热等离子体薄膜产品中主要以无定形硅组分为主。随着 $SiCl_4$ 加料速率的不断增加，SiC 晶体的（111）晶面峰、（220）晶面峰及（311）晶面峰衍射强度不断增加，当 $SiCl_4$ 加料速率高于 0.32 mol/h 后，可以在产品的 XRD 谱图中观察到 SiC 晶体的（200）晶面峰。根据 Scherrer 公式对产品中的 SiC 晶粒粒径进行计算，计算结果如表 13-4 所示，从表中计算结果可以看出 SiC 晶粒的平均粒径变化范围为 21～33 nm。

表 13-4　SiC纳米晶薄膜产品平均晶粒粒径XRD表征结果

$SiCl_4$ 加料速率 /(mol/h)	平均晶粒粒径 /nm
0.11	33
0.21	24
0.32	24
0.42	29
0.53	32
0.63	21

拉曼光谱的表征结果与 XRD 的表征结果具有较好的一致性。图 13-16（b）给出了 SiCl₄ 加料速率为 0.53 mol/h 时沉积产品的典型拉曼光谱表征结果。从图中可以观察到位于约 480 cm⁻¹ 的无定形硅组分散射峰，以及位于约 1350 cm⁻¹、约 1580 cm⁻¹ 和 2690 cm⁻¹ 的石墨组分 D 带、G 带和 2D 带散射峰。图中 D 带和 2D 带的散射峰强度相对较高，表明石墨组分中存在大量缺陷结构。

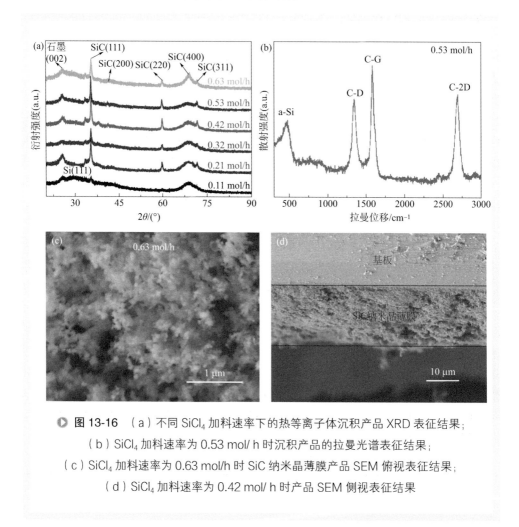

▶ **图 13-16**　（a）不同 SiCl₄ 加料速率下的热等离子体沉积产品 XRD 表征结果；
（b）SiCl₄ 加料速率为 0.53 mol/h 时沉积产品的拉曼光谱表征结果；
（c）SiCl₄ 加料速率为 0.63 mol/h 时 SiC 纳米晶薄膜产品 SEM 俯视表征结果；
（d）SiCl₄ 加料速率为 0.42 mol/h 时产品 SEM 侧视表征结果

　　图 13-16（c）和图 13-16（d）给出了产品的 SEM 表征结果。从 13-16（c）的俯视图中可以看出，SiC 纳米晶薄膜产品具有疏松、多孔的结构，该结构由具有纳米级粒径的球形颗粒以及枝状网络构成。不同 SiCl₄ 加料速率下的产品表现出了类似的枝状结构，但球形纳米颗粒的粒径随 SiCl₄ 加料速率的不同而发生变化。从图 13-16（d）给出的侧视 SEM 表征结果中可以看出，产品厚度相对均匀，膜厚可达数十微米。根据膜厚数据及沉积时间，计算出的热等离子体作用下 SiC 纳米晶薄膜的

沉积速率如表 13-5 所示。SiC 纳米晶薄膜的沉积速率随 SiCl₄ 加料速率的增加而增加，最高沉积速率可达 69.3 nm/s。

表 13-5　热等离子体SiC纳米晶薄膜厚度及沉积速率

SiCl₄ 加料速率 /(mol/h)	膜厚 /μm	沉积时间 /min	沉积速率 /(nm/s)
0.11	32.26	28	19.2
0.21	59.88	29	34.4
0.42	92.19	28	54.9
0.53	108.3	28	64.5
0.63	119.2	29	69.3

为了更好地理解 SiC 纳米晶薄膜的沉积过程，研究人员对该热等离子体沉积过程开展了 OES 诊断实验。图 13-17（a）和图 13-17（b）给出了 SiCl₄ 加料速率为 0.42 mol/h 时沉积实验的典型 OES 诊断结果，从图中可以观察到活性组分 Si^*、C^*、H^* 及 Ar^* 等的发射谱线，证明了射频热等离子体分解 SiCl₄、CH₄ 和 H₂ 前驱体产生自由基的能力。

实验中研究了 SiCl₄ 加料速率对位于 288.17 nm、247.83 nm 和 656.24 nm 的 Si^*、C^* 和 H^* 发射谱线强度的影响，结果如图 13-17（c）所示。从图中可以看出，Si 谱线发射强度起初随 SiCl₄ 加料速率的增加而增加，当 SiCl₄ 加料速率达到 0.42 mol/h 后，Si 谱线发射强度随 SiCl₄ 加料速率的增加基本保持不变。前驱体的进料对该过程电子密度的影响几乎可以忽略，由此可以推出 Si^* 和 C^* 谱线的发射强度与气相中 Si 和 C 的浓度成正比。因此可以推断，随着 SiCl₄ 加料速率的增加，热等离子体反应体系中气相 Si 浓度不断增加，而气相 C 的浓度则先升高后降低。

基于 OES 诊断对热等离子体 SiC 纳米晶薄膜沉积过程气相反应信息的检测结果，可以对热等离子体作用下的沉积机理进行推断，由此获得简单的以 SiCl₄、CH₄ 和 H₂ 为原料的热等离子体 SiC 纳米晶薄膜沉积机理，如图 13-17(d) 所示。在该机理中，硅源 SiCl₄、碳源 CH₄ 和 H₂ 一起通过加料器进入热等离子体中，然后原料在热等离子体中发生分解并产生 Si、C、H 和 Cl 等活性物种。当以上活性物种进入温度较低的区域后，活性物种之间开始发生重组反应，并导致 HCl、氯硅烷等小分子及晶粒的形成。随着小分子与晶粒向低温区不断运动，晶粒通过相互间的碰撞不断长大。当碳源 CH₄ 的加料量大于硅源 SiCl₄ 的加料量时，等离子体中形成的含 C 物种量会高于含 Si 物种量。此时，C 不仅参与 SiC 的形成，还通过自身的组合形成石墨。小分子及聚团倾向于吸附在等离子体内部形成的 SiC 纳米晶等颗粒表面，这导致了包裹 SiC 晶粒的碳膜的形成。最终，气相中的颗粒随着气流离开等离子体区并在基板表面发生沉积形成薄膜产品。

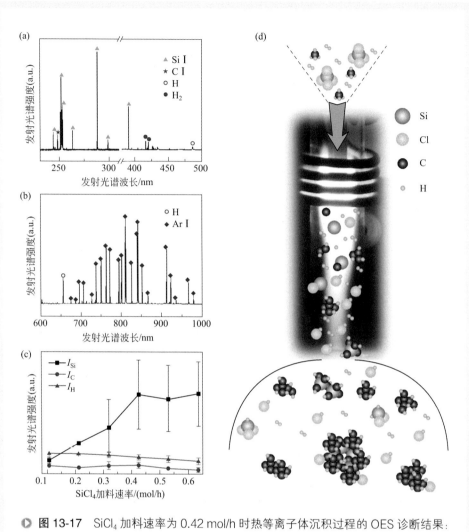

▶️ **图 13-17** SiCl₄ 加料速率为 0.42 mol/h 时热等离子体沉积过程的 OES 诊断结果:
(a) 波长 200 ~ 500 nm 段;(b) 波长 600 ~ 1000 nm 段;(c) SiCl₄ 加料速率对 Si
(288.17 nm)、C(247.83 nm)和 H(656.24 nm)谱线发射强度的影响;(d) 以
SiCl₄、CH₄ 和 H₂ 为原料的热等离子体 SiC 纳米晶薄膜沉积机理示意图

三、以盐湖资源为原料的高纯氧化镁制备过程研究

1. 应用背景

我国是一个多盐湖国家,盐湖资源丰富,其中位于青海的察尔汗盐湖是我国最大的钾肥生产基地。然而,察尔汗盐湖属于典型的高氯镁型盐湖,镁元素与钾元素

含量比例高达30，在钾肥生产过程中会副产大量的高镁卤水。据估计每年大约产生3000万吨的水氯镁石，由于得不到有效利用而又重新排回盐湖，这样处理既浪费资源，又污染盐湖环境；既制约了钾肥生产，又形成了严重的"镁害"[23,24]。盐湖卤水所含杂质较少，产品容易达到高纯要求，以盐湖卤水等液体矿为原料生产的高端镁系产品已被世界各国广泛采用。以盐湖卤水为原料生产高纯氧化镁的方法可分为两大类：液相合成法和高温热解法。传统的液相合成方法通常涉及多步反应，使得反应收率较低，能耗大，不易于进行连续化和大规模生产。而传统高温热解法需要将低浓度的水氯镁石加热到 1000 ℃ 以上并热解，从而造成了氧化镁生产的高能耗。如能实现水氯镁石热解过程的易升温、高效率，将大幅度降低生产的能耗，提高企业的经济效益。程易等[19] 采用射频热等离子体作为超高温热源来强化水氯镁石高温热解过程，通过优化等离子体热解过程参数来研究水氯镁石的热解特性，同时将水氯镁石转化为高附加值的高纯纳米 MgO 粉末和薄膜。

2. 水氯镁石热解沉积纳米氧化镁薄膜

实验过程中所用原料为浓度 740 g/L 的 $MgCl_2$ 饱和溶液，以 O_2 为载气，将 $MgCl_2$ 溶液以轴向进液的方式直接喷入等离子体弧的高温区。实验中具体考察了 $MgCl_2$ 溶液进料速率为 0.3 ～ 1.5 mL/min 时的沉积产物。从图 13-18 所示的 XRD 谱图中可以看出，沉积所得薄膜产物主要是由（200）晶面取向的立方相 MgO 组成。在进料速率为 0.3 mL/min 和 1.5 mL/min 时，沉积薄膜的 XRD 谱图中除了出现 MgO 和 Si 衬底的相关衍射峰以外，同时还有 $MgSiO_3$ 的衍射峰出现，说明在热等离子体高温热解水氯镁石的过程中，受高温氧化环境的作用，硅基板表面可以同时发生活化作用并与热解后的高温物料发生反应，这有利于提高 MgO 薄膜与 Si 衬底之间的

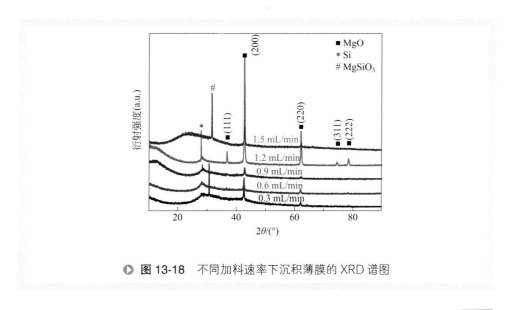

▶ 图 13-18　不同加料速率下沉积薄膜的 XRD 谱图

结合力。另外，从 XRD 谱图中未发现 MgCl$_2$·6H$_2$O 或其他杂质的衍射峰，表明所制备的 MgO 薄膜具有较高的纯度。

液相原料在载气的作用下形成均匀细小的反应液滴，在等离子体弧中经气化、脱水、热解过程后形成纳米颗粒，随后在沉积室内急冷，在 Si 衬底上沉积得到 MgO 薄膜。经等离子体热解水氯镁石沉积得到的 MgO 薄膜呈雪花状聚集。MgO 薄膜的沉积厚度与沉积时间相关，实验中沉积得到的 MgO 薄膜厚度均匀，并相对致密，无明显裂痕。在实验考察的加料速率范围内，MgO 薄膜的沉积速率可达到 3.2 μm/min, MgO 颗粒粒径处于 10～60 nm 之间。随着加料速率的增加，薄膜的沉积速率降低，而 MgO 颗粒的粒径呈递增趋势。

MgO 薄膜具有良好的抗溅射能力和较高的二次电子发射系数，是一种性能优良的介电防护材料，目前已被广泛应用于等离子体显示器（PDP）中。对其光学性质的研究有助于理解其微观结构，并进一步开发其在光学电子器件方面的应用。研究人员在室温下采用激发波长为 325 nm 的 He-Ne 激光激发 MgO 薄膜，研究了其光致发光性能，如图 13-19 所示。采用 Gaussian 曲线将发射光谱去卷积分峰，拟合结果显示，MgO 薄膜发射光谱峰值位于 346 nm（3.58 eV）、381 nm（3.25 eV）和 529 nm（2.35 eV）。因此，MgO 薄膜的光致发光光谱主要由 3 条谱带组成：2 条峰值分别位于 346 nm 和 381 nm 的紫外谱和 1 条峰值位于 529 nm 的绿光谱。与 MgO 粉末类似，MgO 薄膜的光致发光性能来源于 F 中心和 / 或者低配位数位点之间电荷的迁移。350 nm 和 380 nm 左右的发射谱带分别来源于台阶位置（O$_{5C}^{2-}$）和边缘位置（O$_{4C}^{2-}$）上低配位氧离子，而峰值为 529 nm 的较宽的绿光谱带来源于氧离子缺失所引起的缺陷（F 中心）。

热等离子体热解水氯镁石的工艺与以色列"Aman"法类似，热解过程无需加入

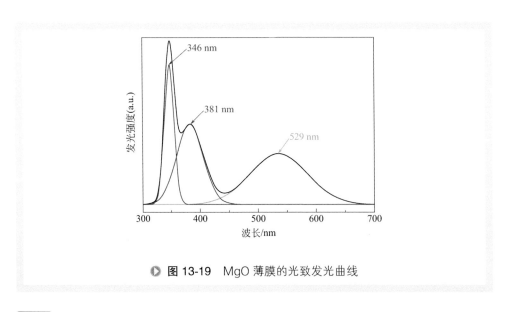

▶ 图 13-19 MgO 薄膜的光致发光曲线

其他试剂，热解后经简单后处理即可得到高纯的 MgO 产品。与传统的需要加入石灰或氨水作为沉淀剂的湿法工艺相比，等离子体热解工艺避免了其他杂质的引入，有利于得到高纯产品。然而，等离子体高温热解工艺和"Aman"法热解工艺相比在热源本质上明显不同。Aman 热解炉采用经燃料加热的热蒸汽为高温热源，通常 Aman 热解炉内的温度需要达到 1000 K 左右，并维持较长时间来热解 MgCl$_2$ 溶液。射频热等离子体的能量来自于电磁感应放电产生的高能热等离子体，等离子体的核心温度可达 3000 ~ 10000 K，反应物料在等离子体弧中的停留时间仅仅为几毫秒。与"Aman"法热解工艺相比，超高温、毫秒级的射频热等离子体工艺效率更高。由于水氯镁石的高温热解会产生腐蚀性的 HCl 气体，在高温下 Aman 热解炉容易受到腐蚀，维护费用较高。等离子体具有淬冷速度快的特点（10^5 ~ 10^6 K/s），经毫秒级快速反应和急冷过程，反应热解产生的 HCl 气体能实现快速降温并排出系统，可有效避免高温 HCl 气体对设备的腐蚀。

原料在等离子体高温弧区发生热解以后，高温物料随着气流流动到冷却系统，快速的冷却过程使得高温物料迅速冷却并形成过饱和状态，然后经物理气相沉积过程瞬间均匀成核。等离子体系统内的温度梯度以及气体流场对成核过程至关重要，决定着最终产物的颗粒形貌、粒径以及分布。图 13-20（a）和图 13-20（b）给出的

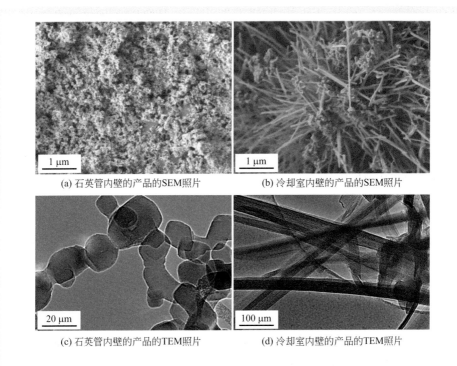

(a) 石英管内壁的产品的SEM照片　　(b) 冷却室内壁的产品的SEM照片

(c) 石英管内壁的产品的TEM照片　　(d) 冷却室内壁的产品的TEM照片

▶ 图 13-20 等离子体系统不同部位收集到的产品的典型 SEM 照片和 TEM 照片

是从等离子体系统不同位置收集到的产品的典型 SEM 照片，图 13-20（c）和 13-20（d）是对应的 TEM 照片。由图 13-20（c）可以看出，从等离子体反应区石英管内壁上收集到的产品为粒径为 20 ～ 40 nm 的近球形纳米颗粒；从等离子体冷却室收集到的产品为宽度在 100 nm 左右的纳米带，如图 13-20（b）和图 13-20（d）所示。在等离子体系统的不同部位经由不同的生长机理得到了不同形貌的纳米 MgO 产品，可以通过控制等离子体系统的温度梯度和流场来达到调控纳米 MgO 形貌的目的。

参考文献

[1] Samukawa S, Hori M, Rauf S, et al. The 2012 plasma roadmap[J]. Journal of Physics D: Applied Physics, 2012, 45: 253001.

[2] Seo J, Hong B. Thermal plasma synthesis of nano-sized powders[J]. Nuclear Engineering and Technology, 2012, 44(1): 9-20.

[3] Boulos M I, Fauchais P, Pfender E. Thermal plasmas: fundamentals and applications[M]. Volume 1. New York: Springer, 1994.

[4] Adamovich I, Baalrud S D, Bogaerts A, et al. The 2017 plasma roadmap: Low temperature plasma science and technology[J]. Journal of Physics D: Applied Physics, 2017, 50: 323001.

[5] Cao T, Zhang H, Yan B, et al. High rate deposition of nanocrystalline silicon by thermal plasma enhanced CVD[J]. RSC Advances, 2013, 3(43): 20157-20162.

[6] Cao T, Zhang H, Yan B, et al. SiC nanocrystals: High-rate deposition and nano-scale control by thermal plasma[J]. RSC Advances, 2014, 4(90): 49228-49235.

[7] Cao T, Cheng Y, Zhang H, et al. High rate fabrication of room temperature red photoluminescent SiC nanocrystals[J]. Journal of Materials Chemistry C, 2015, 3(19): 4876-4882.

[8] Kortshagen U R, Sankaran R M, Pereira R N, et al. Nonthermal plasma synthesis of nanocrystals: Fundamental principles, materials, and applications[J]. Chemical Reviews, 2016, 116(18SI): 11061-11127.

[9] Dato A, Radmilovic V, Lee Z, et al. Substrate-free gas-phase synthesis of graphene sheets[J]. Nano Letters, 2008, 8(7): 2012-2016.

[10] Zhang H, Cao T, Cheng Y. Preparation of few-layer graphene nanosheets by radio-frequency induction thermal plasma[J]. Carbon, 2015, 86: 38-45.

[11] Yoshida T, Kawasaki A, Nakagawa K, et al. Synthesis of ultrafine titanium nitride in an RF plasma[J]. Journal of Materials Science, 1979, 14(7): 1624-1630.

[12] Lee H J, Eguchi K, Yoshida T. Preparation of ultrafine silicon-nitride, and silicon-nitride and silicon-carbide mixed powders in a hybrid plasma[J]. Journal of the American Ceramic Society, 1990, 73(11): 3356-3362.

[13] Yoshie K, Kasuya S, Eguchi K, et al. Novel method for C60 synthesis: A thermal plasma at

atmospheric pressure[J]. Applied Physics Letters, 1992, 61(23): 2782.

[14] Kogelschatz U. Atmospheric-pressure plasma technology[J]. Plasma Physics and Controlled Fusion, 2004, 4612B(SI): B63-B75.

[15] Kampas F J. An optical-emission study of the glow-discharge deposition of hydrogenated amorphous-silicon from argon-silane mixtures[J]. Journal of Applied Physics, 1983, 54(5): 2276-2280.

[16] Bourg F, Pellerin S, Morvan D, et al. Study of an argon-hydrogen RF inductive thermal plasma torch used for silicon deposition by optical emission spectroscopy[J]. Solar Energy Materials and Solar Cells, 2002, 72(1-4): 361-371.

[17] Yokoyama S, Hirose M, Osaka Y. Optical-emission spectroscopy of the SIH-4-NH-3-H-2 plasma during the growth of silicon-nitride[J]. Japanese Journal of Applied Physics, 1981, 20(2): L117-L120.

[18] Fukuda Y, Sakuma Y, Fukai C, et al. Optical emission spectroscopy study toward high rate growth of microcrystalline silicon[J]. Thin Solid Films, 2001, 386(2): 256-260.

[19] Zhang H, Cao T, Cheng Y. Synthesis of nanostructured MgO powders with photoluminescence by plasma-intensified pyrohydrolysis process of bischofite from brine[J]. Green Processing and Synthesis, 2014, 3(3): 215-222.

[20] Wu Z S, Ren W C, Gao L B, et al. Synthesis of graphene sheets with high electrical conductivity and good thermal stability by hydrogen arc discharge exfoliation[J]. ACS Nano, 2009, 3(2): 411-417.

[21] 董良旭. DBD 等离子体制备石墨烯薄膜结构和性能研究 [D]. 北京: 北京印刷学院, 2010.

[22] Cao T, Zhang H, Yan B, et al. Optical emission spectroscopy diagnostic and thermodynamic analysis of thermal plasma enhanced nanocrystalline silicon CVD process[J]. RSC Advances, 2014, 4(29): 15131-15137.

[23] 周园, 李丽娟, 吴志坚, 等. 青海盐湖资源开发及综合利用 [J]. 化学进展, 2013, 25(10): 1613-1624.

[24] 程芳琴, 成怀刚, 崔香梅. 中国盐湖资源的开发历程及现状 [J]. 无机盐工业, 2011, 43(07): 1-4, 12.

第十四章

热等离子体强化反应及其在制备超细粉体中的应用

第一节 热等离子体强化反应基本过程

一、热等离子体的定义和特点

如前述章节所述，等离子体是由大量正负带电粒子和中性粒子组成、并表现出集体行为的一种准中性气体。组成等离子体的电离气体主要包括六种典型的粒子，分别是电子、正离子、负离子、激发态的原子或分子、基态的原子或分子以及光子。热等离子体一般是在接近大气压的条件下存在的，气体中的原子几乎全都被电离，因此又称为完全电离等离子体，而数百帕以下的低气压等离子体常常处于非热平衡状态[1,2]。

等离子体内部电子和气体分子间相互碰撞，使等离子体有许多独特的物理、化学性质[3]：①温度高，粒子动能大；②作为带电粒子的集合体，具有类似金属的导电性能；③化学性质活泼，容易发生化学反应；④发光特性，可以作为光源。表14-1 总结了等离子体中存在的碰撞过程反应式及相应的性质和应用。其中等离子体化学合成是基于等离子体的高温、高化学活性特征发展起来的新型合成方法，等离子体的独特物理化学特征对合成反应具有强化促进作用，在特殊材料合成领域具有重要应用。

表 14-1　等离子体中的相互作用

等离子体中的相互作用	等离子体的性质和应用
激发：$XY+e^- \longrightarrow XY^*+e^-$	发光特性（光学应用）
退激：$XY+e^- \longrightarrow XY+h\lambda$（光子）	发光特性（光学应用）
离解：$XY+e^- \longrightarrow X+Y+e^-$	化学活性（化学应用）
电离：$XY+e^- \longrightarrow XY^++2e^-$ $XY+e^- \longrightarrow X^++Y+2e^-$	导电性能（电气应用）
电子离子在电场中被加速	高速离子（力学应用）
离子间碰撞产生热效应	高温性能（加热应用）
粒子和固体间的碰撞	高温性能（加热应用）

二、热等离子体强化反应基本过程

热等离子体强化化学反应主要体现在两方面：等离子体弧高温特性和等离子体内粒子的高化学活性。以燃烧反应为例，根据 Arrhenius 公式

$$k = Ae^{-\frac{E_a}{RT}} \tag{14-1}$$

式中　k——速率常数；

R——摩尔气体常量；

T——热力学温度；

E_a——表观活化能；

A——指前因子。

增加燃烧反应速率的方法包括提高反应温度 T 和降低活化能 E_a，即动力学强化。热等离子体能够快速加热，提高燃烧反应速率。同时，等离子体中含有大量活性粒子，可以从动力学角度强化燃烧，利用等离子体中的活性原子、基团，破坏燃烧系统的平衡，诱发氧化连锁反应，加速燃烧过程，从而发挥强化反应的作用，这就是热等离子体强化反应的基本过程[2]。下面分别列举利用热等离子体高温特点和高活性特点强化反应的应用实例。

德国 Hüels 公司研究出电弧放电甲烷热等离子体裂解制乙炔的方法，并随之开发了用于天然气转化的 Hüels 工艺。其基本原理是等离子体作为热源引发热反应，反应物分解成自由基，自由基反应后骤冷至最终产物的稳定温度。该法的关键在于利用了等离子体温度高和冷却速率快的特点，乙炔在极短的时间内形成并骤冷到乙炔的稳定温度[4]。

等离子体对气体具有很强的电离作用，极难电离的氮气在微波等离子体中都能够检测出氮谱线，说明氮气在等离子体作用下发生了离解现象[5]。根据热力学分

析，传统加热条件下氯化锆与氮气直接合成氮化物是比较困难的，通常在反应体系中加入氢和氨驱使反应向生成氮化物的方向进行。在等离子体气氛中则可以直接反应，由于反应物经过电离和离解，能够克服反应的动力学阻力，降低反应温度，使得氯化物与氮气直接合成氮化物的反应能够顺利进行。实验表明，通过微波等离子体，以氯化锆、氮气和氨气作为反应物，可以合成颗粒尺寸为 4～8 nm 的 ZrN，而且反应温度从 900 ℃ 以上降低至 750 ℃。在氧化物粉体合成过程中，为了通过改善动力学过程进一步强化等离子体中的化学反应，等离子体气体中加入了水蒸气，水蒸气在等离子体中的离解反应为

$$H_2O \longrightarrow H^+ + OH^- \tag{14-2}$$

水蒸气的存在增加了等离子体气体的离解程度。在微波等离子体中，没有加水蒸气时，用挥发状态的氯化物合成纳米级氧化物陶瓷的反应为

$$MeCl_n + \frac{m}{2}O_2 \longrightarrow MeO_m + \frac{n}{2}Cl_2 \tag{14-3}$$

式中，$MeCl_n$ 代表 $AlCl_3$、$TiCl_4$、$ZrCl_4$ 等。

加入水蒸气后的反应可能为

$$MeCl_n + \frac{m}{2}O_2 + \frac{n}{2}H_2 \longrightarrow MeO_m + nHCl \tag{14-4}$$

$$MeCl_n + (m+x)OH^- + (m+x)H^+ \longrightarrow MeO_m + xHClO + (n-x)HCl + (m+x-\frac{n}{2})H_2$$

$$\tag{14-5}$$

水蒸气的加入起到了如下作用：产生了 HCl 和 HClO，增加了化学反应焓并在增大离解程度方面起到了催化剂的作用。

中国专利文献公开了氢等离子体转化四氯化硅制备三氯氢硅和多晶硅的方法。与西门子法相比较，氢化过程中等离子体产生大量的高活性粒子，使四氯化硅氢化反应迅速且转化率高。后期公布的用微波等离子体氢化四氯化硅制三氯氢硅和二氯氢硅的方法中，提出了活化氢有助于进一步突破热力学平衡体系，获得极高的转化率 [6,7]。

三、热等离子体强化过程在微细粉体合成中的应用

热等离子体具有能量密度大、温度高和冷却速率快等特点，而且等离子体反应体系气氛可控，因此在制备和处理高纯度粉体材料方面具有明显的优势和潜力。采用热等离子体制备微细粉体材料主要有两种途径：一种是高频热等离子体用作高温热源，利用等离子体弧的高温进行加工处理，如粉体表面熔化球化、蒸发气化等；另一种途径是高频热等离子体同时提供能够促进化学反应的活性粒子，反应物在等

离子体区以及高温区进行化学反应，然后经淬冷得到微细粉体材料[8]。

利用等离子体作为热源合成超细粉体的方法称为等离子体物理气相沉积（plasma-assisted physical vapor deposition，PEPVD），原料被输送至等离子体弧，在高温环境下完成气化过程，然后出弧骤冷，在较大的温度梯度下形成超细颗粒。通过对加料量、载气、冷却速率等参数的调控可以获得不同颗粒尺寸的超细粉体。中科院过程工程研究所以微米级硅粉为原料，采用高频感应热等离子体制备了超细球形硅粉。图14-1为超细硅粉的电镜照片表征结果。经热等离子体处理后的硅粉为球形结构，粒径为50～100 nm，且表面光滑、结构致密、分散性良好，没有出现团聚和粘连现象。HRTEM和元素面分布扫描结果表明，晶格条纹一直延伸至纳米硅球的边缘，周围的无定型相态层不足1 nm，球体中间的组成元素为Si，周围的绿色圆环薄层为O元素。这一结果有力地证明了纳米硅球表面吸附有很薄的二氧化硅层，厚度小于1 nm[9]。

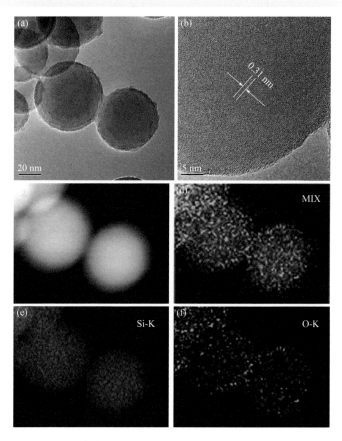

● **图14-1** 硅纳米球的 TEM 照片和 HRTEM 照片（a）、（b）；选中纳米硅球的高角度暗场（c）；硅氧元素面扫总图（d）；硅氧元素分布图（e）、（f）

在上述等离子体物理气相沉积制备超细粉体工艺中，原料和加料量的选择不仅影响产品质量，同时也直接关系到后续的生产成本等问题。在实验的基础上，结合Fluent模拟考察了硅粉在反应器中的运动和传热过程，通过对比停留时间和气化时间考察粒径对颗粒气化过程的影响，从而对制备纳米粉体的原料颗粒尺寸进行有效选择。通过计算反应器内热流密度分布和颗粒分布，考察原料加料量对气化过程的影响，分析反应器加料量的主要影响因素，从而确认制备纳米粉体的合适加料量。图14-2和图14-3是基于上述思路获得的计算结果，计算结果与实验结果具有较好的一致性[10]。

等离子体化学气相沉积（plasma-assisted chemical vapor deposition，PECVD），指反应物在等离子体区以及高温区进行化学反应，然后经淬冷得到固相产物的过程，PECVD除了用于粉体合成还用于薄膜的制备。一般情况下，这类工艺利用等

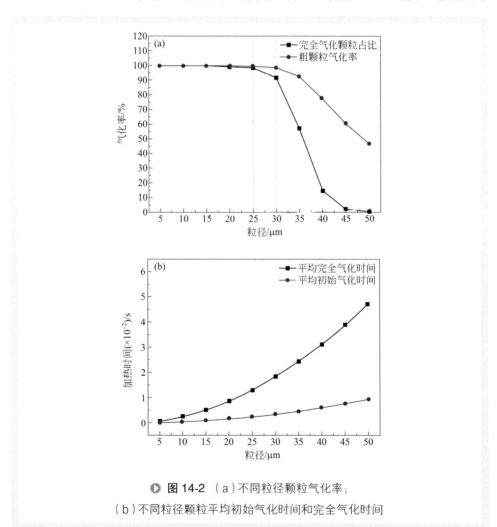

▶ 图14-2　（a）不同粒径颗粒气化率；
（b）不同粒径颗粒平均初始气化时间和完全气化时间

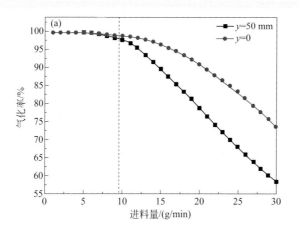

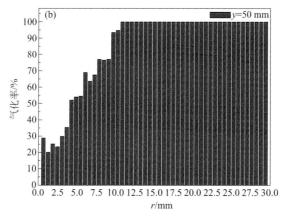

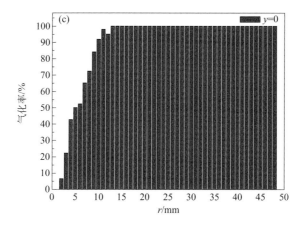

▶ **图 14-3** （a）不同进料量的总气化率；（b）y=50 mm 处径向气化率（15.0 g/min）；
（c）y=0 处径向气化率（15.0 g/min）

离子体同时提供热源和高反应活性粒子。

洪若瑜等[11]以 SiCl$_4$ 和 NH$_3$ 为原料合成了纳米氮化硅,研究发现,Si$_3$N$_4$ 的转化率和产量与等离子体的温度有关。此外,NH$_3$ 的通入量越高,Si$_3$N$_4$ 的产率越高,但 NH$_3$ 超过一定比例后产率反而降低。NH$_3$ 与 Si$_3$N$_4$ 的最佳摩尔比为 6:1。该方法属于气气合成反应,反应速率快,制备的粉末粒度较细。但该工艺在反应中产生污染环境的 HCl 气体,故工业化生产受到限制。Mohai 等[12]以乙醇溶解的 Fe(NO$_3$)$_3$·9H$_2$O 和 Zn(NO$_3$)$_2$·6H$_2$O 溶液为前驱体,用载气携带雾化的前驱体液滴进入射频等离子体中合成纳米级的反尖晶石结构的锌铁氧体。研究发现,合成工艺条件对粉末的形貌具有重大的影响,而粉末的粒度则取决于进入等离子体的雾化液滴的粒度。该工艺充分利用了等离子体的高温环境,使反应原料的雾化液滴在等离子体中经历了有机溶剂裂解挥发和气相等离子合成反应。

Lgyi 等[13]采用射频等离子体分别用不同方法合成纳米 SiO$_2$ 和 LaB$_6$ 粉末。其中,采用酒精溶解的四乙氧基硅烷溶液为前驱体原料,经等离子体氧化合成制备出粒度为 12 ~ 42 nm 的 SiO$_2$ 粉体。研究发现,改变前驱体原料的加料速率、雾化气的流量和前驱体的浓度,可以控制粉体的粒度。较低的前驱体原料加料速率、较大的雾化气流量和较小的前驱体浓度可以降低生成粉体的粒度。采用机械混合的 La$_2$O$_3$ 和硼粉为原料,经过射频等离子体处理可合成出平均粒径为 10 ~ 50 nm 的 LaB$_6$,粉体表面存在部分氧化现象。上述两种纳米粉体的合成采用了不同的工艺路线,说明射频等离子体可以广泛应用于气气甚至固固的合成反应[14]。Leparoux 等[15]采用射频等离子体合成了纳米 TiCN 粉体,平均粒径小于 30 nm,其中前驱体在高于其沸点的等离子体区域的停留时间和等离子体的化学成分决定最终粉体的相组成。

因此,利用高温和反应气氛可控的特性,射频等离子体可广泛应用于不同纳米粉体的合成反应,是纳米粉体合成的良好途径。通过调控工艺参数,如反应温度、加料速率和反应气体的种类和浓度,可制备出多种组分的金属或陶瓷纳米粉体。

第二节　热等离子体强化反应典型应用

一、氩-氢等离子体制备超细钨粉[16,17]

以氩气为工作气体,用氢气作载气将原料仲钨酸铵(ammonium paratungstate,APT)或者蓝色氧化钨(bluetungstenoxide,BTO)喷入等离子体弧中心进行反应。原料在等离子体弧的高温及高反应活性氢粒子作用下,经气相反应瞬间还原得到金属钨，气相中的金属钨蒸气在冷却室被快速冷却，抑制了晶粒的团聚和长大，同时颗粒的形貌得以保持，从而获得纳米球形钨粉。

图 14-4 为高频等离子体制备超细钨粉产品的典型 X 射线衍射（XRD）谱图，样品主要由 β-W（体心立方，Im3m，a=3.16524）和少量的非平衡相的 α-W（立方晶体，Pm3n，a=5.046）组成。峰型尖锐，说明样品结晶度高，且图中无其他杂峰，说明产品纯度较高。

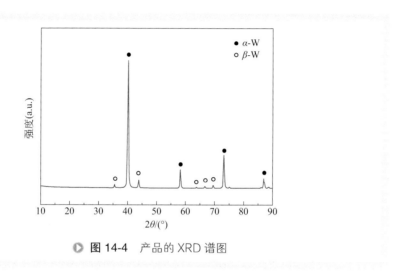

◉ 图 14-4 产品的 XRD 谱图

图 14-5 为产品在不同放大倍率下的 SEM 照片。APT 原料粒径在 20 μm 以上，反应后产品转变为疏松的烟灰状，如图 14-5（a）所示。从反应前后物料的形貌推断，反应经历的是气态反应。图 14-5（b）为高倍率下产品的微观形貌，可以看出产品为近球形颗粒，颗粒尺寸均匀，粒径为 50 nm 左右。

图 14-6（a）是产物的 TEM 照片，可以看出，颗粒尺寸主要分布在 20 ~ 50 nm

(a) 3000倍　　　　　　　　　　(b) 120000倍

◉ 图 14-5 产品的 SEM 照片

之间，分散较好，呈准球形。根据 TEM 照片中显示的颗粒大小，采用软件 Nano measure 对产品粒度分布进行统计，随机选取 100 个边界清楚、分散均匀的颗粒为对象，以它们的粒度分布统计结果来评价全部颗粒的粒度分布情况，结果如图 14-6（b）所示。可以看出，颗粒尺寸分布在 6～58 nm 之间，粒度分布较窄，颗粒的平均粒径仅为 24.5 nm。采用比表面积法（BET）对产品粒度进行表征，产品比表面积为 9.30 m²/g，计算得到产品的平均粒径为 33.4 nm，与电镜照片下观察到的结果接近。

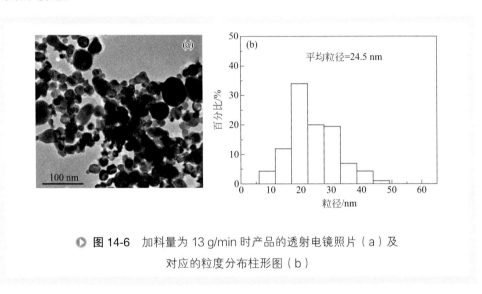

● 图 14-6　加料量为 13 g/min 时产品的透射电镜照片（a）及
对应的粒度分布柱形图（b）

在高频氢等离子体还原 APT 的过程中，反应的程度与加料量以及氢气流量直接相关。APT 加料量降低，相当于参加反应的氢气量增加。为了使反应进行彻底，需要使氢气在一定程度上过量。不同加料量下产品的 XRD 谱图如图 14-7 所示，当 APT 加料量为 26 g/min 时，氢气过量达到理论值的 3.48 倍，产物为纯净的钨，没有发现残留的氧化物，可以认为反应完全。进一步降低加料量相当于氢气过量系数继续增加，XRD 谱图表明产品相成分没有明显的变化。

在高频等离子体的高温条件下生成的气态颗粒会经历一个成核、结晶和长大的过程，这个过程与冷却室中的温度梯度密切相关。冷却室中的温度梯度高，可以增强过饱和程度，有利于瞬间生成大量的晶核并抑制晶核的长大，获得细颗粒粉体。冷却室中温度梯度小，细小的晶核在相对较高的温度下可进一步相互碰撞并长大。为了研究不同的冷却室中，冷却速率对合成粉体颗粒大小的影响，在保持其他条件不变的情况下，在冷却室内沿不锈钢内壁切向吹入不同流量的冷却气，达到强化冷却室内壁冷却的效果。同时，不锈钢双层套管内通入冷却水冷却。冷却气采用惰性气体氩气，设置三个级别的气体流量：0 m³/h、4 m³/h 和 8 m³/h。随着冷却气流量的增加，冷却室内的低温气体密度增加，与高能量物料碰撞的机会增加，这样物料在

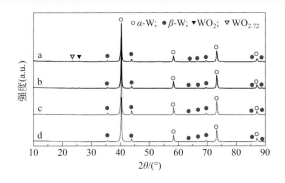

○ α-W; ● β-W; ▼WO₂; ▽WO₂.₇₂

图 14-7　不同加料量下产品的 XRD 谱图

a—32 g/min；b—26 g/min；c—19 g/min；d—13 g/min

冷却室内的冷却速率加快。

图 14-8 是吹入不同流量的冷却气进行冷却后，纳米钨粉产品的 TEM 照片。可以明显看出，随着冷却室内冷却速率的增加，合成纳米粉体的粒径逐渐减小。BET 法测定平均粒径表明，只有冷却水冷却时，产品的平均粒径为 30 nm，而当增加冷却气流量为 8 m³/h 时，获得产品的平均粒径仅为 15 nm。

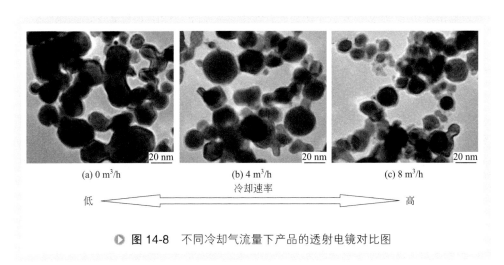

(a) 0 m³/h　　　　　　(b) 4 m³/h　　　　　　(c) 8 m³/h

冷却速率

低 ◁─────────────────────────▷ 高

图 14-8　不同冷却气流量下产品的透射电镜对比图

以 BTO 为原料，通过高频感应氢等离子体还原的途径制备纳米球形钨粉，反应产物中无水蒸气，有利于实现产品纯度的控制和绿色生产。同时，采用氢气为载气时，等离子体弧中电离的活性氢参与反应，可强化还原能力，降低了氢气的使用量，是一条简单易行、安全可靠的制备纳米球形钨粉的理想工艺路线。

图 14-9（a）所示为以 BTO 为原料制备的纳米球形钨粉的 TEM 照片。产品球

形度很高，颗粒大多分布在20～50 nm之间，且分散好，无黏结交联现象存在。图14-9（b）是采用Nano measure获得的产品颗粒粒径分布的统计结果。颗粒分布在6～48 nm之间，粒径分布较窄，并且不同大小的颗粒所占体积分数相近，颗粒的平均粒径仅为21.38 nm。BET比表面积表征得到的产品比表面积为8.96 g/m²，经计算得到对应的平均粒径为34.7 nm。

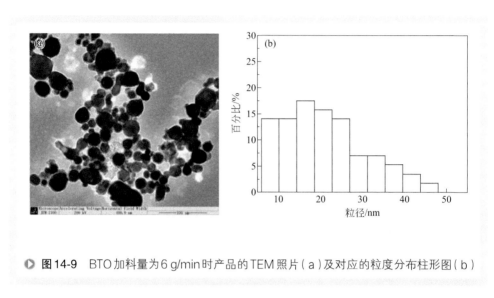

○ **图14-9** BTO加料量为6 g/min时产品的TEM照片（a）及对应的粒度分布柱形图（b）

二、氩-氢等离子体制备微细镍粉[18,19]

高频等离子体法是一种有效的制备纳米球形镍粉的途径。但是选用金属镍粉作为原料成本较高。如果用含镍化合物代替镍粉作为原料，在等离子体中一步还原制备纳米球形镍粉，既能够简化生产工艺，也可以相应地降低成本。此工艺的特点在于反应生成物为无污染的水和无毒的二氧化碳气体，有利于实现产品纯度的控制和绿色化生产，是微细球形镍粉制备的短流程新工艺。

根据相关物质的标准生成吉布斯自由能，氢还原过程涉及的化学反应如下

$$NiO\ (g) + H_2\ (g) \longrightarrow Ni\ (g) + H_2O\ (g) \tag{14-6}$$

$$NiO\ (s) + H_2\ (g) \longrightarrow Ni\ (g) + H_2O\ (g) \tag{14-7}$$

$$Ni(OH)_2\ (g) + H_2\ (g) \longrightarrow Ni\ (g) + 2H_2O\ (g) \tag{14-8}$$

上述反应标准吉布斯自由能变化随温度的变化关系 ΔG_0-T 如图14-10所示，依次对应于曲线a、b、c。可以看出，各反应的标准自由能变化都随温度的升高而降低。氢气还原固态氧化镍和气态氧化镍的反应，标准自由能变化在温度高于250 K时是小于零的，因此这两个反应为可自发进行的反应。而氢气还原气态氢氧化镍的反应在1560 K以上时标准自由能才小于零，但是，等离子体区域的温度在10⁴ K左

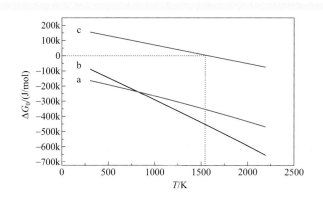

▶ 图 14-10　标准吉布斯自由能变化随温度的变化关系

右，这个反应也能发生。因此，在等离子体中以上反应都能自发进行。

图 14-11 是分别采用自制氢氧化镍和工业碱式碳酸镍，用等离子体法制备镍粉的 XRD 谱图。两个样品在 10°～110° 区间内都出现 5 个特征衍射峰（111）、（200）、（220）、（311）和（222），与面心立方（fcc）镍（JCPDS NO. 04-0850）完全符合，且没有出现氧化镍的特征峰。实验结果与热力学计算的反应一致，采用镍的氢氧化物和碳酸盐为原料，通过高频等离子体加氢还原的途径可以得到纳米金属镍粉。

图 14-12 为采用自制氢氧化镍为前驱体制备镍粉的不同放大倍数的电镜照片。可以看出，产品镍粉颗粒分散较好，少有粘连现象。颗粒形貌为球形，表面很光滑。颗粒大小为 100 nm 左右，仅有个别较大颗粒。

在高频等离子体物理气相沉积中，熔化 - 凝固和气化 - 沉积是两个并存的过程。同样，在有还原化学反应存在时，也可能通过气液反应和气气反应两个途径进行。在高频等离子体还原中，可以忽略气固反应。气固反应过程中的扩散过程很慢，而

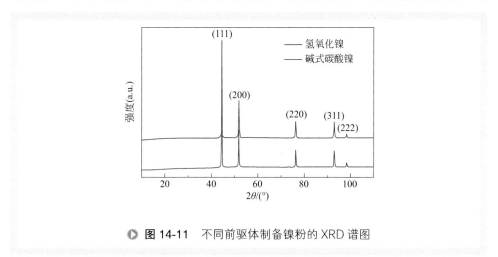

▶ 图 14-11　不同前驱体制备镍粉的 XRD 谱图

▶ 图 14-12　用氢氧化镍为前驱体制备镍粉的扫描电镜照片

物料在等离子体弧中停留时间很短，因此固相反应在等离子体中很难实现。另外，产品镍粉和原料的形貌、粒径差别很大。因此，气固反应不是主要的还原过程。为了验证等离子体还原过程的主要途径，尝试采用工业球形氢氧化镍作为原料制备镍粉。图 14-13（a）为原料氢氧化镍的扫描电镜照片，粒径为 2 ～ 10 μm。收集到的布袋部分样品为 100 nm 左右的纳米球形颗粒，如图 14-13（b）所示，XRD 显示其成分为纯镍。而在反应器底部收集到的样品主要为微米级球形颗粒，如图 14-13（c）所示，尺寸和外形与原料氢氧化镍基本接近，XRD 显示其主要成分为氢氧化镍。在等离子体球化过程中，粉体颗粒经过熔化和固化过程后形貌变为球形，表面变得光滑，而尺寸基本保持不变。如果氢还原制备金属镍粉的过程为液相还原过程，则所得金属颗粒应为微米级颗粒，而不会有与微米级颗粒分离的纳米颗粒。实际结果是，较大的颗粒表面并没有变得光滑而是维持与前驱物相同的形貌，同时又生成了与原料形貌和尺寸毫无关联的纳米球形颗粒。因此可以认为还原过程主要是通过气化 - 还原的过程完成的。经还原得到的气态金属镍在较大的温度梯度下冷凝得到纳米金属颗粒。除去粘在反应器壁上的样品外，颗粒都是在流动的气流中生成的，各个颗粒的生长环境类似，因此能够得到粒度分布较窄的纳米镍粉。

镍粉颗粒由气相经冷凝得到固体颗粒，因此冷却条件对镍粉的形貌和粒径有很大影响。等离子体反应系统本身具有很大的温度梯度，此温度梯度已经能够满足形成球形颗粒的条件。因此，无论是否引入冷却气体，都能得到球形镍粉颗粒。但是，进一步引入冷却气体会影响镍粉颗粒大小。图 14-14 是没有冷却气体引入（a）和冷却气体引入（b）后用氢氧化镍作为前驱体制备镍粉的扫描电镜照片。可以看出，两个样品都由纳米球形颗粒组成。但当冷却气体氮气的量为 5 m³/h 时，镍粉颗粒的尺寸由不加冷却气体时的 100 nm 减小为 60 nm。

除采用固相前驱体为原料外，液相前驱体也可以用来制备微细球形镍粉。通过喷雾工艺使含有可溶性镍盐的溶液雾化，雾化后液滴中的溶剂在高温区挥发，同时可溶性镍与还原组分发生反应，每一个液滴形成一个镍粉颗粒。镍粉颗粒的大小可

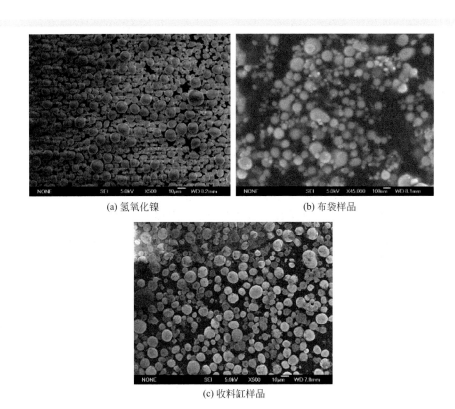

(a) 氢氧化镍

(b) 布袋样品

(c) 收料缸样品

● 图 14-13 商品氢氧化镍原料和等离子体处理后样品的扫描电镜照片

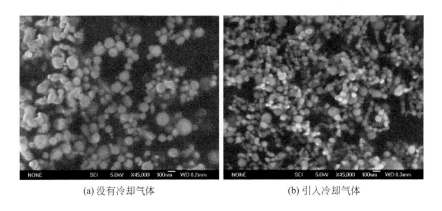

(a) 没有冷却气体

(b) 引入冷却气体

● 图 14-14 产品镍粉的扫描电镜照片

以通过喷雾工艺控制，调节液滴尺寸以及溶液的浓度来实现。但是，在等离子体中，由于加料枪在等离子体弧内，喷嘴结构设计会受到很多限制。

乙醇虽然具有较小的比热容，但有机溶剂在等离子体弧中将会出现裂解反应，尤其是在还原性气氛下会有碳生成。另外，镍盐在有机溶剂中的溶解度很有限。因此，采用氯化镍为镍源，蒸馏水为溶剂。采用氯化镍为原料时产物为氯化氢，较采用硫酸镍等为原料时更容易实现产物分离。将等离子体反应系统抽风出口与氢氧化钠溶液连通，吸收尾气中的氯化氢气体后再排入大气以减少污染。利用蠕动泵控制液体流量，通过气体喷吹的方式使液体雾化。

图14-15为采用不同液相前驱体时产品的 XRD 谱图。两个样品在 10º ~ 110º 区间内都出现了面心立方（fcc）镍（JCPDS NO. 04-0850）的 5 个特征衍射峰（111）、（200）、（220）、（311）和（222）。然而，用氯化镍溶液喷雾产品的 XRD 谱图中还出现了氧化镍的衍射峰，说明氯化镍溶液喷雾未能实现彻底还原。两个结果相比较可以得出采用镍氨络合物代替纯镍盐溶液有利于实现镍还原的结论。

图14-16为用镍氨络合物溶液进行喷雾等离子氢还原制备镍粉的 SEM 照片。可以看出，颗粒形貌为球形，颗粒大小在 50 nm 左右。值得指出的是，产品镍粉颗粒分散非常好，基本上没有固相还原时出现的粘连问题。因此，液相加料有利于得到无粘连的微细球形镍粉。这是因为，液相的引入使得溶剂蒸发时产生大量的惰性粒子，阻碍了镍粒子的相互碰撞进而阻碍了镍颗粒的长大和粘连，因此可以得到较细

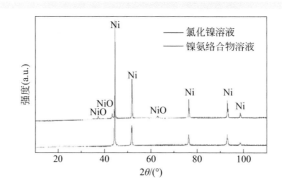

图 14-15 不同液相前驱体得到镍粉的 XRD 谱图

图 14-16 镍氨络合物溶液喷雾等离子氢还原制备镍粉的 SEM 照片

且无粘连的镍粉。

液相加料工艺与固体加料相比较，引入了水作为溶剂。水的比热容较大，损耗了大量的等离子体的热量，影响了热利用效率。另外，在既定的等离子体功率条件下，金属镍粉的产量受到很大限制。因此，液相加料的研究只是一种尝试，为以后等离子体的应用提供一些新的思路。

三、氩－氧等离子体制备超细氧化物粉体[20]

利用氧等离子体强化氧化反应，结合高温和快速冷却的特点，通过金属粉的氧化能够调控氧化物的形貌。以铝粉为原料在等离子体中氧化能够获得球形氧化铝，以硅粉为原料在等离子体中氧化能够获得球形氧化硅，采用锌粉的氧化能够获得一维纳米氧化锌。

图 14-17 是热等离子体制备的超细球形氧化铝粉体的形貌和粒度。可以看出，等离子体制备的氧化铝为致密规则的球形颗粒，表面光滑。利用该超细氧化铝能够在 1550 ℃ 较低温度烧结获得约 1.1 μm 的细晶氧化铝陶瓷，还可以制备纳微多孔陶

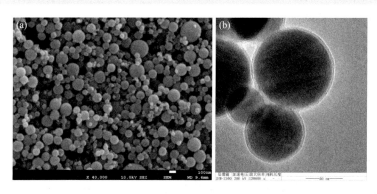

▶ **图 14-17** 热等离子体制备的超细球形氧化铝的 SEM（a）和 TEM（b）照片

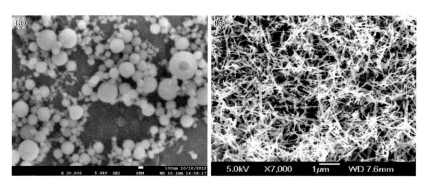

▶ **图 14-18** 热等离子体制备的超细球形氧化硅（a）和氧化锌（b）

瓷膜，获得孔均匀的多孔结构。

图 14-18（a）是热等离子体制备的超细球形氧化硅粉体，和氧化铝粉体一样，等离子体制备的氧化硅为致密规则的球形颗粒，表面光滑致密。图 14-18（b）为采用金属锌粉为原料获得的一维纳米氧化锌，直径为 50 ～ 100 nm，长度在 1 ～ 2 μm 之间。上述工艺都可以进行氧化物粉体的宏量制备。

四、等离子体强化还原过程机制[16,17]

高频热等离子体虽然具有极高的反应温度（约 $10^4\,℃$），但反应物在等离子体中滞留时间非常短，因此，等离子体反应是个瞬态过程。从热力学上讲，高温可能有助于反应进行，但是，瞬态过程对于动力学来说实现起来比较困难。因此，为了促进动力学反应，必须强化等离子体中的活性粒子。在还原反应中，氢等离子体能够提供高活性氢，促进还原反应进行。为了理解氢等离子体的还原行为，采用发射光谱诊断的方法，研究了等离子体发射光谱，通过光谱诊断等方式，研究了氢等离子体的状态、成分以及温度，明晰了氢等离子体具有超强还原能力的本质原因。

光谱诊断实验在 10 kW 高频热等离子体中进行，发射光谱仪采用 AvaSpec-2048 光谱仪，实验装置简图如图 14-19 所示。

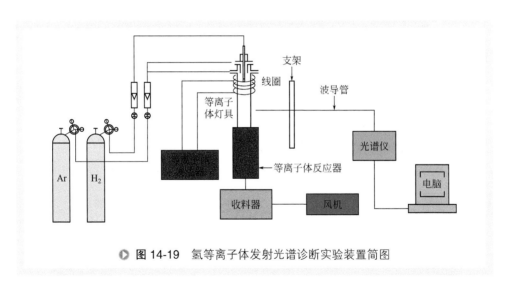

▶ 图 14-19　氢等离子体发射光谱诊断实验装置简图

图 14-20 为等离子体功率为 8 kW，系统工作气压为接近大气压，中气 0.5 m³/h，边气 4.5 m³/h 条件下，测得的 Ar 电离后 650 ～ 800 nm 范围内的谱线。可以看出，共有 9 条原子谱线，对应的波长分别为 696.53 nm、706.7 nm、727.32 nm、738.47 nm、750.41 nm、751.51 nm、763.52 nm、772.45 nm 和 794.84 nm，具体参数如表 14-2 所示。

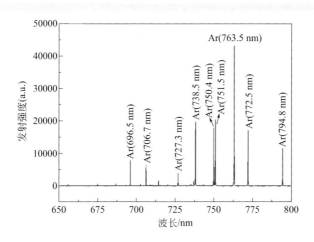

● **图 14-20** Ar 等离子体电离的发射光谱

表 14-2　Ar电离后光谱部分谱线的参数

波长 λ/nm	跃迁概率 A_k/10^6 s^{-1}	激发电位 E/eV
696.53	6.39 ± 0.05	13.328
706.70	3.80 ± 0.08	13.302
727.32	1.83 ± 0.05	13.328
738.47	8.47 ± 0.08	13.302
750.41	44.5 ± 0.08	13.48
751.51	40.2 ± 0.08	13.273
763.52	24.5 ± 0.05	13.172
772.45	11.7 ± 0.05	13.328
794.84	18.6 ± 0.08	13.283

　　氩等离子体的实验结果表明，氩等离子体发射谱线强度随等离子体输入功率的增加而增强，随等离子体系统内工作气压的增加而降低。由于高频等离子体的高温高能特征，激发谱线更强，发光现象更加明显，谱线更容易捕捉。采取同样的方式在低温、低压的 Ar-H$_2$ 等离子体中捕捉到激发态 H 原子谱线，氩气/氢气比值最多不能超过 10%。

　　当高频等离子体主要以氩气为工作气、添加少量的氢气时，发光谱线如图 14-21 所示，从谱图中可以看到在 696.5～852.1 nm 之间激发态氩原子产生的部分谱线。对于 H·，只检测到 H$_\alpha$（H$_\alpha$ 656.33 nm）和 H$_\beta$（H$_\beta$ 486.1 nm），而没有检测到 H$_\gamma$（H$_\gamma$ 434.0 nm）和 H$_\delta$（H$_\delta$ 410.2 nm）。H$_\alpha$ 谱线和 H$_\beta$ 谱线的存在证明了等离子

体弧中产生了较高浓度的 H·，而 H·在热等离子体中与金属前驱体原料相互作用，有利于强化还原过程，促进金属单质的快速形成。氢原子谱线 H_α 和 H_β 的具体参数如表 14-3 所示。

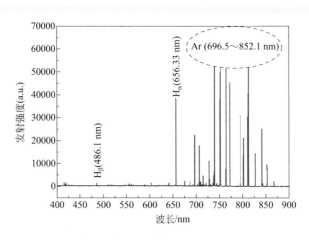

● **图 14-21** Ar-H_2 等离子体发射光谱

表 14-3 氢原子谱线 H_α 和 H_β 的具体参数

发光谱线	λ/nm	过渡	E_k/eV	g_k	$A_k/10^7 s^{-1}$
H_α	656.33	$3d \rightarrow 2p$	1.89	10	6.47
H_β	486.10	$4d \rightarrow 2p$	2.55	10	2.06

　　研究 Ar-H_2 等离子体发射谱线，目的是为了研究其中的活性基团，为氢等离子体的快速反应能力找到直接的证据。前面研究已经发现，在 10 kW（8～15 kW）Ar-H_2 等离子体中，存在 H_α 和 H_β 谱线，说明在等离子体弧中存在高浓度的 H 原子自由基。H 原子自由基是高活性基团，在热等离子体中产生的 H·的反应能力已经远远超出了常规高温条件下氢气分子的还原能力，可以认为，氢等离子体具有强化还原反应的能力，适合于特种材料的合成。

　　将反应物 APT 加入到氢等离子体中，研究氢等离子体与反应物的作用规律。研究发现，加入 APT 后，Ar-H_2 等离子体发射光谱与加料前相比发生明显变化，H_α 在谱图中几乎消失，H_β 已经完全找不到踪迹，不过有加料前不曾有过的 H_δ 谱线出现，如图 14-22 所示。反观激发态 Ar 谱线，加料前后，谱线强度未发生明显变化，说明 H_α 的减弱和 H_β 的消失并不是由加料引起的等离子体温度降低所致，而是加料后，原料与等离子体中的活性 H 基团发生反应，导致谱线变化。至于低激发电位的 H_δ 谱线的出现，可以认为是发生反应后，等离子体中残留的未完全反应的低活性 H 基团。

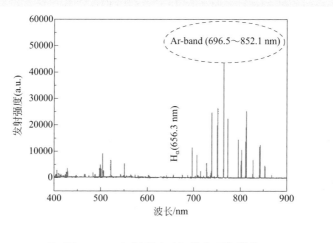

图 14-22　加料后 Ar-H$_2$ 等离子体谱线

第三节　等离子体强化固相放热反应制备非氧化物陶瓷粉体

一、非氧化物陶瓷粉体制备现状

　　非氧化物陶瓷粉体，包括碳化物（如 ZrC、TiC、SiC 等）、氮化物（如 BN，Si$_3$N$_4$ 等）、硼化物（如 ZrB$_2$、HfB$_2$）等，具有高熔点和高硬度等突出优点，主要用作超高温陶瓷和复合材料的原材料，在航空航天等领域具有广泛应用[21-23]。超细粉体能够提升高温陶瓷材料烧结过程中的驱动力、改善微观结构、增强机械性能，在用于制备超高温陶瓷改性碳 - 碳复合材料时，有助于实现均匀复合，进而提高抗氧化和抗烧蚀性能[24-26]。

　　自蔓延固相合成是目前获得非氧化物陶瓷粉体的主要途径，利用反应热形成的局部高温快速完成。如 Gadakary 等[27]采用 TiO$_2$-H$_3$BO$_3$-Mg 体系合成 TiB$_2$ 粉体，Campos 等[28]采用 ZrO$_2$-B$_2$O$_3$-Mg 体系合成 ZrB$_2$ 粉体。此类工艺的缺点是过程不易控制，容易导致产物烧结和形成粗大团聚。也有文献提出了一些改善措施，如添加稀释剂隔离产物颗粒[29]，通过液相合成辅助控制前驱[30]，或采用高能球磨进行再加工获得粒径小和活性高的硼化锆粉体[31]，但这些措施会影响产物的纯度。气相合成被认为是批量制备超细粉体的有效途径，然而非氧化物陶瓷粉体本身的高温难熔特性以及合成原料的难熔特性，限制了常规气相法在此类超高温粉体合成中的应用。热等离子体高温、高能量密度、高反应活性的特点在解决上述问题时能够发挥相应作用。

二、等离子体制备非氧化物陶瓷粉体

如前面章节中所述，感应热等离子体在超细金属和氧化物粉体合成方面已经获得重要应用[8]。同时，对合成温度要求较高、常规加热方式不易满足的领域如碳化物和氮化物粉体合成同样取得了许多进展。通常情况下，气体在等离子体弧中直接反应或者将低沸点原料加入等离子体弧中依次经过气化 - 反应 - 沉积等步骤获得超细粉体[32-34]，这类工艺的特点是采用氯化物和氮/碳氢化合物等气体或低沸点易分解的固体有机体为原料。

以 SiC 粉体为例，等离子体化学气相沉积法制备超细 SiC 粉体主要涉及以下几个反应

$$SiH_4+CH_4 \longrightarrow SiC+4H_2 \text{ (1300} \sim 1400\ ℃\text{)} \qquad （14-9）$$

$$(CH_3)_4Si \longrightarrow SiC+3CH_4 \text{ (900} \sim 1400\ ℃\text{)} \qquad （14-10）$$

$$CH_3SiCl_3 \longrightarrow SiC+3HCl \text{ (}\geqslant 2000\ ℃\text{)} \qquad （14-11）$$

$$SiCl_4+CH_4 \longrightarrow SiC+4HCl \text{ (}\geqslant 2000\ ℃\text{)} \qquad （14-12）$$

杨修春等[35]对等离子体化学气相反应法制备 SiC 超细粉进行了总结。Hollabaugh 等以 SiH_4 和 CH_4 为反应气体，在射频等离子体系统中成功制备出高纯超细 β-SiC 粉，颗粒粒径为 1 ～ 20 nm，比表面积高达 160 m^2/g 以上。Kijima 等以 SiH_4-CH_4-Ar 为前驱体，用射频等离子体方法制造出纯度达 99.999% 的纳米 SiC 粉。Kato 等利用电弧等离子体热解有机硅烷制备出有少量 α-SiC 的 β-SiC，粒径分布为 10 ～ 20 nm，产率为 90%。Pous 等利用电弧等离子体热解几种有机物硅烷，制得 β-SiC 超细粉体，产率达 97%，颗粒尺寸为 50 nm，比表面积为 40 ～ 80 m^2/g，通过引入过量的 H_2，能有效地抑制游离碳的生成。Inukai 利用射频等离子体热分解 CH_3SiCl_3，制得的 SiC 超细粉体颗粒尺寸为 20 ～ 60 nm，比表面积为 7.1 ～ 32.7 m^2/g。

洪若瑜[36]以氩气为载气，$SiCl_4$ 和 NH_3 为原料，在高频等离子体化学气相沉积反应器中，制备了超细无定形的 Si_3N_4 粉体。该粉体具有粒度小、粒径窄和分散均匀的特点，氮含量在 36% 以上。实验发现，当 $SiCl_4$ 进料口在前，NH_3 进料口在后，且两个进料口均在高频等离子体尾焰处时，经脱 NH_4Cl 处理的产物中氮含量较高，而反应物 NH_3 也不宜过量太多，以 $n(NH_3):n(SiCl_4)$ =8∶1 为好。同时，基于 Gibbs 自由能最小原理开发的热力学程序，分析了以上制备过程，得到了典型条件下系统的主要组成，分析了温度、反应物浓度对平衡组成的影响。计算结果与实验具有很好的一致性。韩今依等[37]利用高频等离子体化学气相淀积方法以四氯化硅和氨为原料，合成了粒度小、粒径分布均匀、氮含量为 36.3% 的无定形氮化硅粉体，研究了放置

环境、合成及热处理环境、进料位置、NH_3 与 $SiCl_4$ 配比等不同的工艺条件对产物氮化硅氮含量的影响，并探索了高温条件下四氯化硅与氨反应合成氮化硅的机理。

中科院过程工程研究所采用高频热等离子体制备超细 ZrB_2 和 ZrC 粉体材料并实现了小批量生产[38]。产物中绝大多数颗粒尺寸在 100 nm 以下。粒径统计结果显示，ZrB_2 的平均粒径为 49.9 nm，ZrC 的平均粒径为 59.4 nm。另外，产品在液相中很稳定，洗涤后进行液固分离困难，说明粉体较细且具有很好的分散性。合成工艺路线如下

$$ZrCl_4(g)+CH_4(g)\xrightarrow{\hspace{1cm}}ZrC(s)+4HCl(g) \tag{14-13}$$

$$ZrCl_4(g)+2BCl_3(g)+5H_2(g)\xrightarrow{\hspace{1cm}}ZrB_2(s)+10HCl(g) \tag{14-14}$$

合肥开尔纳米技术发展有限责任公司公开了一种利用直流等离子体弧气相合成法制备纳米氮化钛陶瓷粉体的方法：首先在 Ar 环境下起弧，然后依次通入 N_2 和 H_2 形成氮-氢等离子体，调整发生器阴阳极间隙距离使电压达到工作值，气化的 $TiCl_4$ 和 NH_3 经输料喷管输入反应器内，在 1200 ℃ 等离子体弧作用下分解并合成为固相的纳米氮化钛。进入反应器内的 $TiCl_4$ 和 NH_3 在等离子体弧热源作用下迅速分解为 Ti、Cl、N、H 离子，随后 Ti 与 N 结合成为固相纳米 TiN，Cl 与 H 结合成为气态 HCl，合成后的 TiN 和 HCl 在引风和载气作用下迅速离开反应腔，经沉降系统、分离系统、冷却系统后，进入粉体收集器。

Ko 等[39]采用有机前驱体为原料，利用高频感应热等离子体合成纳米碳化硅粉体，颗粒尺寸为 30～100 nm，形貌为球形和六边形。粉体颗粒尺寸和形貌等性能指标与有机前驱体种类之间存在关联。Vennekamp 等[40]利用四甲基硅烷为原料，通过感应热等离子体热解获得纳米碳化硅。

Károly 等[41]报道了一种连续的高频热等离子体生产碳化硅粉体的方法。采用硅粉和各种碳源为原料，研究了碳源种类和硅碳比例等参数对产物性能的影响。结果显示，产物以 β-SiC 为主，含有少量的 α-SiC，粉体颗粒尺寸为 20～30 nm。

Szépvölgyi 等[12]采用高频感应热等离子体合成了二氧化硅和六硼化镧等超细陶

⊙ **图 14-23** 市售的（a）和等离子体制备的（b）六硼化镧粉体的扫描电镜照片

瓷粉体。其中合成六硼化镧粉体时采用 La_2O_3 和硼粉为原料。图 14-23 为市售的和等离子体制备的六硼化镧粉体的扫描电镜照片对比，可以看出，等离子体合成工艺可以获得纯度较高、颗粒尺寸较细的六硼化镧粉体。研究发现，向等离子体弧中添加 He 和 H_2 有利于提高转化率，因为 He 和 H_2 的热导率较高，促进了等离子体弧和反应合成体系的有效传热，提高了加热速率。

三、等离子体强化镁热还原合成高温陶瓷粉体

从上述几类等离子体合成非氧化物陶瓷粉体的反应可以看出，除了典型的气相合成体系，一些研究者已经开始将等离子体用于较复杂的多相反应体系。但是，采用单一固体前驱体通过等离子体焙烧获得纳米粉体工艺中等离子体处理量受到了严格限制，降低了其应用价值，尤其是多种高沸点原料参与反应的体系通常被认为不适合用于热等离子体合成。因为虽然热等离子体弧区温度和能量密度很高，但是反应器内的气体流速很大，导致原料在等离子体弧内的停留时间较短，高沸点原料在短时间内不易实现挥发和后续气相反应，极大地限制了它的应用领域。

高温自蔓延合成法在超高温陶瓷粉体合成中具有广泛应用，它利用反应物之间高化学反应热的自加热和自传导作用合成材料。反应物一旦被引燃，便会自动向尚未反应的区域传播，直至反应完全。以合成硼化锆和碳化锆粉体为例，反应方程如下

$$ZrCl_4+2B+2Mg \longrightarrow ZrB_2+2MgCl_2 \qquad (14-15)$$

$$ZrCl_4+C+2Mg \longrightarrow ZrC+2MgCl_2 \qquad (14-16)$$

图 14-24 为反应体系 $n(ZrCl_4):n(C):n(Mg):n(H_2)=2:2:1:1$ 的热力学平衡结果。一定条件下 ZrC 转化率很高，而且理论上也不出现镁的硼化物或碳化物污染问题。当采用固相自蔓延合成法合成 ZrB_2/ZrC 粉体时发现，随着环境温度升高，原料颗粒间的接触传热作用被弱化，这些放热体系能够在松散状态甚至流化状态下完成

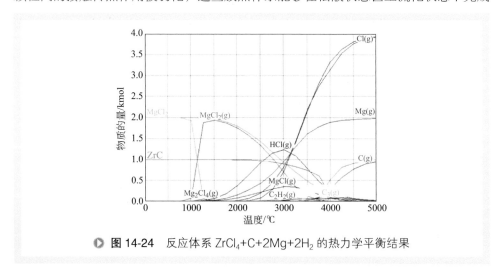

▶ 图 14-24 反应体系 $ZrCl_4+C+2Mg+2H_2$ 的热力学平衡结果

反应。将传统意义上的固相自蔓延体系经过有针对性的调整再通过气体输送至具有极高温度的等离子体弧，同样获得了比较满意的结果。为了适应等离子体气相合成的特性，这里采用低沸点的 $ZrCl_4$ 代替高沸点的 ZrO_2。

电镜照片显示产物中绝大多数颗粒尺寸在 100 nm 以下，颗粒具有良好的分散性。XRD 谱图的主要衍射峰全部对应于碳化锆，仅有微弱的氧化锆的衍射峰（$2\theta=30°$ 左右）。分散后产品在液相中很稳定，分散液沉降 24 h 后无明显变化，仅有少许沉降物出现，说明粉体较细且具有很好的分散性。采用霍尔流量计测量粉体的松装密度为 0.46 g/cm^3，松装密度较小也说明产品颗粒很细。产品分散于蒸馏水后进行的粒度分布测试结果显示，粉体一次颗粒的尺寸在 100 nm 以下，与电镜照片的结果相符合，但是绝大多数颗粒集中在 400 nm 左右，说明纳米颗粒有粘连现象。图 14-25（a）、（b）为碳化锆粉体的 XRD 谱图和粒度分布，图 14-25（c）、（d）为硼化锆粉体的 TEM 照片和粒度分布。图 14-26 为工艺流程图，图 14-27 为设备照片。

该工作利用等离子体弧提供的高温环境弥补由于原料流态化带来的接触传热不

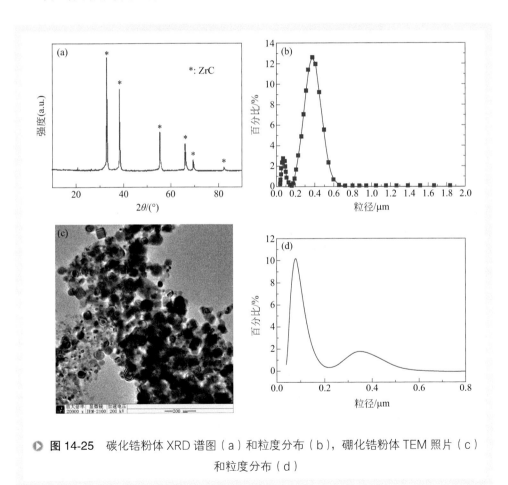

▶ **图 14-25** 碳化锆粉体 XRD 谱图（a）和粒度分布（b），硼化锆粉体 TEM 照片（c）和粒度分布（d）

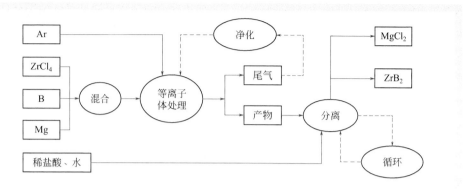

图 14-26　工艺流程图

图 14-27　高频感应热等离子体合成系统

畅，同时发挥气相合成优势，使反应和颗粒生长在气流中完成，避免传统自蔓延固相烧结导致的颗粒团聚，以此获得均匀分散的超细硼化锆和碳化锆等超高温陶瓷粉体。针对反应物在等离子体弧区停留时间短和气化动力不足的问题设计专用的组合反应器，在等离子体弧的下方区域设置加热和保温段，反应物进入等离子体弧超高温环境时瞬间被全面点燃，下行过程中反应体系在反应放热、等离子体弧余热和外加热共同作用下进一步完成气化和反应。

这部分工作属于中科院过程工程研究所在热等离子体应用领域的拓展研究，将高频热等离子体工艺特点（高温、高温度梯度、无电极污染）和超高温陶瓷粉体产品特点（高温、超细、高纯）通过合成反应的特点（放热）合理结合起来，提出了合成硼化锆粉体的新途径，不但解决了此类超细高温粉体合成的难题，同时也将等离子体合成工艺从单纯的气相合成拓展至具有放热特性的多相反应体系，在一定范围内摆脱了高沸点原料对这类合成的限制。进一步细致的研究工作仍在进行当中。

科学技术的飞速发展日益趋于极端参数技术的应用，这些极端参数技术的出现和应用又推动了科学技术的进一步发展和完善，促进了传统学科间的相互交叉和渗透。热等离子体技术是一种超高温技术，也是近年来应用日趋广泛的一种高新技术，已成为许多国家的研究热点。目前，等离子体技术已经成功应用于切割、喷涂、熔炼等领域。在粉体材料制备方面，主要用于球化高熔点金属钨、钼粉。气相合成特种粉体方面也已经获得了巨大进展，已在部分产品上实施了产业化生产。但是，等离子体具有瞬态合成的特点，存在单台设备放大受限、热利用效率低等问题。此外，热等离子体的运行参数的可控性和可重复性也是实现高品质产品稳定制造的阻碍因素。上述问题使等离子体在国民经济生产中的地位凸显较慢，这就要求热等离子体相关的从业人员加快材料制备过程的基础理论和过程工程的系统研究，积极拓展热等离子体的应用领域，促进热等离子体技术发挥更大作用。

参考文献

[1] 马腾才, 胡希伟, 陈银华. 等离子体物理学原理[M]. 合肥: 中国科学技术大学出版社, 1998: 44-45.

[2] 纪海龙. 采用等离子体强化含硼固冲发动机二次燃烧研究[D]. 西安: 西北工业大学, 2016.

[3] 孟春梅. 激光诱导等离子体发射光谱在激光冲击与清洗过程中的基础研究[D]. 镇江: 江苏大学, 2011.

[4] 朱爱民, 师华, 宫为民, 等. 低温等离子体应用于甲烷的直接转化[J]. 化学通报, 1997, 9: 25-30.

[5] 彭金辉. 微波等离子体合成纳米材料[J]. 云南冶金, 1997, 26(5): 47-54.

[6] 张伟刚, 卢振西. 用微波等离子氢化四氯化硅制三氯氢硅和二氯氢硅的方法[P]. CN 101734666A. 2010-06-16.

[7] 禹争光, 胡蕴成. 等离子体氢化四氯化硅制备三氯氢硅的方法[P]. CN 101475175A. 2009-07-08.

[8] Zheng J, Yang R, Xie L, et al. Plasma-assisted approaches in inorganic nanostructure fabrication[J]. Advanced Materials, 2010, 22: 1451-1473.

[9] Hou G L, Cheng B L, Ding F, et al. Well dispersed silicon nanospheres synthesized by RF thermal plasma treatment and their high thermal conductivity and dielectric constant in polymer nanocomposites[J]. RSC Advances, 2015, 5: 9432-9440.

[10] 何家平. 射频等离子体反应器模拟与优化[D]. 北京: 中国科学院大学, 2017.

[11] 洪若瑜，李洪钟，李春忠．高频等离子体化学气相沉积法制氮化硅超细粉的工艺研究[J]．化工冶金，1996, 17(3): 273-277.

[12] Mohai I, Gál L, Szépvölgyi J, et al. Synthesis of nanosized zinc ferrites from liquid precursors in RF thermal plasma reactor[J]. Journal of the European Ceramic Society, 2007, 27(2): 941-945.

[13] Lgyi J S, Mohai I, Károly Z, et al. Synthesis of nanosized ceramic powders in a radio frequency thermal plasma reactor[J]. Journal of the European Ceramic Society, 2008, 28(5): 895-899.

[14] 曲选辉，盛艳伟，郭志猛，等．等离子合成与雾化制粉技术及其应用[J]．中国材料进展，2011, 30(7): 10-15.

[15] Leparoux M, Kihn Y, Paris S, et al. Microstructure analysis of RF plasma synthesized TiCN nanopowders[J]. International Journal of Refractory Metals & Hard Materials, 2008, 26(4): 277-285.

[16] Zhang H B, Bai L Y, Hu P, et al. Single-step pathway for the synthesis of tungsten nanosized powders by RF induction thermal plasma[J]. International Journal of Refractory Metals and Hard Materials, 2012, 31: 33-38.

[17] 张海宝．高频等离子体制备微细球形钨粉的研究[D]．北京：中国科学院研究生院，2012.

[18] Bai L Y, Fan J M, Hu P, et al. RF plasma synthesis of nickel nanopowders via hydrogen reduction of nickel hydroxide/carbonate[J]. Journal of Alloys and Compounds, 2009, 481(1-2): 563-567.

[19] 白柳杨．微细金属镍粉的制备及其在导电浆料中的应用[D]．北京：中国科学院研究生院，2009.

[20] 袁方利，金化成，侯果林，等．高频热等离子体制备特种粉体研究进展[J]．过程工程学报，2018, 18(6): 1139-1145.

[21] Justin J F, Jankowiak A. Ultra high temperature ceramic: Densification, properties and thermal stability[J]. Aerospace Lab, 2011, 3: 1-11.

[22] Cheng T B, Li W G. The temperature-dependent ideal tensile strength of ZrB_2, HfB_2, and TiB_2[J]. Journal of American Ceramic Society, 2015, 98: 190-196.

[23] Lonergan J M, Mcclane D L, Fahrenholtz W G, et al. Thermal properties of Hf-doped ZrB_2 ceramics[J]. Journal of American Ceramic Society, 2015, 98: 2689-2691.

[24] Galan C, Ortiz A L, Guiberteau F, et al. Crystallite size refinement of ZrB_2 by high-energy ball milling[J]. Journal of American Ceramic Society, 2009, 92: 3114-3117.

[25] He R J, Zhang R B, Pei Y M, et al. Two-step hot pressing of bimodal micron/nano-ZrB_2 ceramic with improved mechanical properties and thermal shock resistance[J]. International Journal of Refractory Metals and Hard Materials, 2014, 46: 67-70.

[26] 樊乾国，崔红，闫联生，等．浆料浸渍法制备 C/C-SiC-ZrB_2 超高温复合材料及其烧蚀性

能研究[J]. 无机材料学报, 2013, 28(9): 1014-1018.

[27] Gadakary S, Khanra A K, Veerabau R. Production of nanocrystalline TiB$_2$ powder through self-propagating high temperature synthesis(SHS) of TiO$_2$-H$_3$BO$_3$-Mg mixture[J]. Advances in Applied Ceramics, 2014, 113: 419-426.

[28] Campos K, Silva G, Nunes E, et al. Preparation of zirconium, titanium, and magnesium diborides by metallothermic reduction[J]. Refractories & Industrial Ceramics, 2014, 54: 407-412.

[29] Nozari A, Ataie A, Heshmati-Manesh S. Synthesis and characterization of nano-structured TiB$_2$ processed by milling assisted SHS route[J]. Materials Characterization, 2012, 73: 96-103.

[30] Rabiezadeh A, Hadian A M, Ataie A. Synthesis and sintering of TiB$_2$ nanoparticles[J]. Ceramics International, 2014, 40: 15775-15782.

[31] Jung S H, Oh H C, Kim J H, et al. Pretreatment of zirconium diboride powder to improve densification[J]. Journal of Alloys and Compounds, 2013, 548: 173-179.

[32] Bai L Y, Zhang H B, Jin H C, et al. Radio-frequency atmospheric-pressure plasma synthesis of ultrafine ZrC powders[J]. International Journal of Applied Ceramic Technology, 2013, 10: E274-281.

[33] Laar J H, Slabber J F M, Meyer J P, et al. Microwave-plasma synthesis of nano-sized silicon carbide at atmospheric pressure[J]. Ceramics International, 2015, 41: 4326-4333.

[34] Synek P, Jašek O, Zajíčková L. Study of microwave torch plasma chemical synthesis of iron oxide nanoparticles focused on the analysis of phase composition[J]. Plasma Chemistry and Plasma Processing, 2014, 34: 327-341.

[35] 杨修春, 丁子上. 等离子体法制备 SiC 超细粉的研究进展[J]. 材料导报, 1996, 2: 34-37.

[36] 洪若瑜. 高频等离子体化学气相沉积法制氮化硅的化学平衡计算[J]. 化工冶金, 1997, 18(4): 295-302.

[37] 韩今依, 朱宏杰, 朱以华. 高频等离子体化学气相淀积制备氮化硅超细粒子[J]. 化工进展, 1995, 5: 29-33.

[38] 白柳杨. 高频热等离子体合成超细 ZrB$_2$ 和 ZrC 粉体材料[J]. 宇航材料工艺, 2012, 42(2): 88-90.

[39] Ko S M, Koo S M, Cho W S, et al. Synthesis of SiC nano-powder from organic precursors using RF inductively thermal plasma[J]. Ceramics International, 2012, 38: 1959-1963.

[40] Vennekamp M, Bauer I, Groh M, et al. Formation of SiC nanoparticles in an atmospheric microwave plasma[J]. Beilstein Journal Nanotechnology, 2011, 2: 665-673.

[41] Károly Z I, Klébert M S, Keszler A, et al. Synthesis of SiC powder by RF plasma technique[J]. Powder Technology, 2011, 214: 300-305.

第十五章

热等离子体在固体废物处置中的应用

第一节 热等离子体处置固体废物的意义、原理及发展现状

一、热等离子体处置固体废物的意义

固体废物，是指在生产、生活和其他活动中产生的丧失原有利用价值或者虽未丧失利用价值但被抛弃或者放弃的固态、半固态和置于容器中的气态的物品、物质以及法律、行政法规规定纳入固体废物管理的物品、物质。在《中华人民共和国固体废物污染环境防治法》中，将固体废物分为三大类：工业固体废物、生活垃圾和危险废物。工业固体废物，是指在工业生产活动中产生的固体废物；生活垃圾，是指在日常生活中或者为日常生活提供服务的活动中产生的固体废物以及法律、行政法规规定视为生活垃圾的固体废物；危险废物是指列入国家危险废物名录或者根据国家规定的危险废物鉴别标准和鉴别方法认定的具有危险特性的固体废物。

固体废物产生量大，且积存量多。根据生态环境部发布的《2019 年全国大、中城市固体废物污染环境防治年报》，2018 年我国 200 个大、中城市一般工业固体废物产生量达 15.5 亿吨，工业危险废物产生量达 4643.0 万吨，医疗废物产生量为 81.7 万吨，生活垃圾产生量为 21147.3 万吨[1]。

固体废物不仅占用大量的土地资源，而且容易污染土壤、水体、大气等，对环

境和人体健康造成严重危害。近些年来，我国加快推进固体废物污染防治基础设施建设，固体废物利用处置能力有了较大提升。据统计，2018 年我国工业固体废物综合利用量为 8.6 亿吨，处置量为 3.9 亿吨；工业危险废物综合利用量为 2367.3 万吨，处置量为 2482.5 万吨；医疗废物处置量为 81.6 万吨；生活垃圾处置量为 21028.9 万吨 [1]。

固体废物处置技术主要包括堆肥、焚烧、热解、气化、等离子体、固化等 [2]，处置目的为达到减量化、资源化和无害化，实现可持续发展。本章主要介绍热等离子体处置固体废物技术。

二、热等离子体处置固体废物的原理

热等离子体技术起源于 20 世纪 60 年代，被广泛应用于各个领域。本章主要介绍热等离子体在固体废物处置中的应用，如医疗垃圾、生活垃圾焚烧飞灰、电子垃圾等。

热等离子体系统最基本的组成是等离子体发生器，主要分为 3 种：直流电弧等离子体、高频等离子体和微波等离子体。表 15-1 对不同类型的等离子体的主要特征进行了对比 [3]。直流电弧等离子体由于具有能量效率高、中心温度高、起弧容易、电弧稳定等优点，在固体废物处置领域得到广泛应用。本章主要介绍直流电弧等离子体在固体废物处置领域的应用。

表 15-1　不同类型等离子体的对比[3]

等离子体类型		温度 /K	是否存在电极腐蚀	反应器是否需要冷却	等离子体点火难易	等离子体区域	气体流速	固体进料位置	物料对等离子体的影响	电源效率 /%
直流电弧等离子体		5000 ~ 10000	是	是	容易	小	高	等离子体下游	无	60 ~ 90
高频等离子体	大气压	3000 ~ 8000	否	是	困难	中等	高	等离子体上游	有	40 ~ 70
	低压	1200 ~ 1700	否	否	容易	大	低	等离子体上游	有	40 ~ 70
微波等离子体		1200 ~ 2000	否	否	困难	大	低	等离子体上游	有	40 ~ 70

直流电弧等离子体的原理是：在两个电极之间施加高压，使两极之间的气体发

生电离，从而产生等离子体。电弧等离子体可以分为两种：转移电弧和非转移电弧等离子体。直流电弧等离子体主要用于固体废物处理[4-6]、生物质热解/气化等方面[7]。

（1）转移电弧等离子体

直流转移电弧等离子体的示意图如图 15-1 所示[8]。通常，处理的物料需要具有良好的导电性，作为阳极，而阴极被包含在炬体或反应器里。阴极和阳极之间具有较大的间隙，等离子体射流从阴极末端一直延伸到阳极。直流转移电弧等离子体具有很高的能量利用效率，起弧比较容易，原料对等离子体的稳定性影响较小。

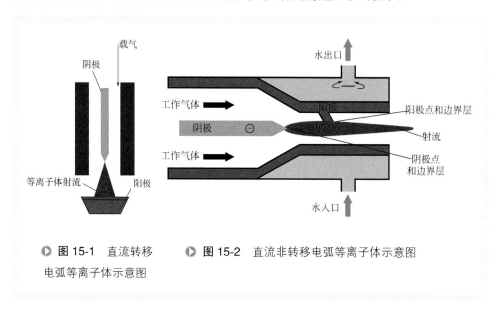

▶ 图 15-1　直流转移
电弧等离子体示意图
▶ 图 15-2　直流非转移电弧等离子体示意图

（2）非转移电弧等离子体

直流非转移电弧等离子体的示意图如图 15-2 所示[8]。尖端阴极放置在炬体中间，阳极环绕中心阴极放置。在两个电极上施加足够高的电压，使阴极和阳极之间距离最小处发生电离，从而形成等离子体电弧。电弧温度极高，且电极属于消耗型的，为了保证电极的寿命和减小热损失，常采用水进行电极冷却。直流非转移电弧最主要的缺点是会发生溅射现象，污染反应产物。

直流转移电弧和非转移电弧等离子体的比较如表 15-2 所示。

表 15-2　直流转移电弧和非转移电弧等离子体的对比

项目	直流转移电弧等离子体	直流非转移电弧等离子体
物料适用性	热值较低、无机成分含量较高，如焚烧飞灰、底渣、电子线路板等	热值较高、有机成分含量较高，如垃圾衍生燃料（refuse derived fuel，RDF）、危险废物、医疗垃圾等

项目	直流转移电弧等离子体	直流非转移电弧等离子体
运行特性	等离子体电弧通过目标物料，提高加热的可控性和均匀性	表面加热，通过等离子体射流喷吹对物料进行加热
工作介质	少量的工作气体，仅作为提高电弧焓值的作用，无工作气体也可运行	需要大量的工作气体，作为等离子体能量的载体，运行过程中需保持工作气体的稳定性
辅助介质	无	去离子水制备系统
能量利用效率	电极无需冷却，烟气量小，能量利用效率高	阴极和阳极均需要冷却，需要大量的压缩空气，烟气量大，带走大量的热量
耐腐蚀性	阴极使用石墨电极，能够耐氯元素等的腐蚀	金属电极需水冷，且易腐蚀
备品备件成本	石墨电极价格低廉，可在线续接，提高了工艺的连续性和稳定性，国内就可生成和供货	金属电极成本高昂，电极更换需停止加热过程，一般需要从国外购买
应用	日本、欧洲，主要应用于焚烧灰渣的熔融，以及电子线路板的熔融回收金属	美国、加拿大、英国、日本等，主要应用于 RDF、危险废物、生物质等的等离子体气化处理

三、热等离子体处置固体废物的发展现状

热等离子体处理固体废物主要有以下优势：

① 高效 热等离子体具有高温、高能量密度、高反应活性等特点，可以在短时间内完成快速反应，使在一个小反应器内处理大量的固体废物成为可能。

② 环保 与传统焚烧技术相比，等离子体技术能够完全地破除有毒有害废物，装置的体积要小得多。最为重要的是，传统的焚烧技术会产生二次污染，如重金属、二噁英等。等离子体的高温可以获得很高的冷却速率，以抑制有毒有害的中间产物的产生。

③ 尾气少 等离子体处理系统所需的气体体积比靠燃料燃烧的焚烧炉要少很多。据估计，等离子体系统所需的气体体积仅为燃料焚烧炉所需气体的10%左右。

④ 气氛可控 等离子体系统的能量供给与系统中氧气的浓度是独立控制的，即氧化性、还原性以及惰性气体环境是独立于反应器的温度的。因此，可以根据固体废物处理的需要，改变等离子体系统的气氛。

⑤ 适用性广 等离子体可以处理多种废弃物，包括生活垃圾焚烧飞灰、危废焚烧灰渣、危险废物、医疗垃圾、废物电路板，等等。

等离子体处置固体废物的主要缺点有：以电力作为能源，运行成本较高；处理

过程对自动化程度要求较高；等离子体整体装备投资昂贵，等离子体炬的运行寿命和稳定性有待提高，等等。

随着等离子体技术的不断发展，等离子体技术的稳定性和经济性有了很大提高，在工业和民用方面的应用也逐渐增多。等离子体固体废物处理技术已经成功应用到城市垃圾、废物生物质、医疗垃圾、焚烧飞灰、污泥、电子垃圾、废石棉等的处理中。目前，等离子体处置固体废物技术发展较成熟的国家包括美国、法国、英国、加拿大、以色列等，其中美国的 Westinghouse 公司、IET 公司，法国的 Europlasma 公司，英国的 Tetronics 公司，加拿大的 Plasco 公司，以色列的 EER 公司等的等离子体固体废物处理技术均已实现商业化。具体应用如表 15-3 所示。

表 15-3　国外等离子体固体废物处置技术的应用[9-13]

国家	年份	固体废物种类	运行状况	技术来源
美国	1994	感染性医疗废弃物	工作温度 1400 ～ 1600 ℃，处理量 454 kg/h，可回收热解产生的油气当燃料	PEAT 公司
	1995	石棉工业废弃物	工作温度 1400 ～ 1600 ℃，处理量 1000 kg/h，移动式系统	PTC 公司
	2001	低放射性核废料	运转日期 2000 年 12 月，处理量 6 t/d	ATG 公司
	2003	城市生活垃圾 / 医疗垃圾	工作温度 > 1400 ℃，裂解尾气分离制氢，直接能源化	Environmental 公司
	2003	多氯联苯 / 医疗废弃物	处理能力 4 t/d	IET 公司
	2005	干电池	处理能力 1400 t/a	IET 公司
日本	1992 ～ 1998	城市生活垃圾焚烧灰渣	工作温度 1500 ℃，处理量 5 ～ 52 t/d	三菱重工、佐藤、Mitsubishi 等公司
法国	1994	石棉工业废物	工作温度 > 1600 ℃，处理量 1000 kg/h	INER TAM 公司
	1997	城市生活垃圾焚烧飞灰	工作温度 1200 ～ 1500 ℃，处理量 500 kg/h，处理费用 $490/t	Europlasma 公司
德国	1994	城市生活垃圾焚烧飞灰	火炬温度 > 2000 ℃，处理量 28 t/d，玻璃体熔渣资源再利用	
	1997	化学污染底泥土壤	工作温度 1400 ～ 1700 ℃，处理量 1 t/h，土壤先经过洗涤后，90% 土壤回填使用，剩下的熔渣用等离子体弧处理，约 8% 变成熔岩，2% 变成气体由烟囱排出	

国家	年份	固体废物种类	运行状况	技术来源
加拿大	1995	生物/感染性医疗废弃物	工作温度1100～1200℃，处理量1000 kg/h，2000 kW·h电力可以处理1 t的废弃物，并可以产生提供6000 kW·h能量的可燃性气体	Resorption公司
瑞士	1990	危险废物	工作温度1400～1700℃，处理量2 t/h，发展各类废弃物处理程序，并提供试烧服务	MGC公司
以色列	2002	低放射性废物	运用其开发的等离子体气化熔融（plasma gasification melting，PGM）技术，在俄罗斯建立1台2 t/d的等离子体熔融炉	EER公司

中国的等离子体技术主要应用在煤、生物质及有机固体废物处理上。随着等离子体技术的不断发展和推广，等离子体技术在固体废物处置方面的应用越来越多，商业化应用已经成为可能。国内的等离子体固体废物应用情况如表15-4所示。

表15-4　国内等离子体固体废物处置技术的应用 [9-13]

项目	固体废物种类	等离子体类型	运行状况	技术来源
上海吉天师30 t/d危险废物等离子体处置项目	危险废物	非转移电弧	已停运	Westinghouse公司
广东清远10 t/d危险废物等离子体处置项目	以医疗垃圾为主的危废	非转移电弧	完成实验	中广核集团
东莞厚街35 t/d飞灰等离子熔融项目	生活垃圾焚烧飞灰	非转移电弧	间断式运行	Europlasma公司
光大镇江30 t/d飞灰等离子熔融项目	生活垃圾焚烧飞灰	转移电弧	连续稳定运行超过6个月	光大国际
海安天楹40 t/d飞灰等离子熔融项目	生活垃圾焚烧飞灰	转移电弧	正在调试	中国天楹
广东江门30 t/d灰渣等离子熔融项目	危险废物焚烧灰渣	非转移电弧	正在建设	西安航天源动力
东莞海心沙30 t/d灰渣等离子熔融项目	危险废物焚烧灰渣	非转移电弧	正在建设	山东博润
深圳龙岗30 t/d危险废物等离子体处置项目	危险废物，包括飞灰和其他危废	非转移电弧	正在建设	东江环保

等离子体的高温、高焓、高反应活性等特点，使得在固体废物处置过程中会发生很多在常规条件下难以进行的高温化学反应。根据反应的特点，可以分为等离子体热解、等离子体气化和等离子体熔融反应。

一、等离子体热解反应

等离子体热解是在无氧的情况下，固体废物裂解为小分子物质的过程，适用于有机废弃物。等离子体热解所使用的载气，通常为惰性气体，如氮气或者氩气等。根据固体废物的不同，可以分为等离子体热解废轮胎、医疗垃圾、含氯废物等。

1. 等离子体热解废轮胎

废轮胎是一种难溶、难降解的有机高分子材料，具有非常稳定的三维化学网状结构。这些"黑色垃圾"无论采用堆放、填埋还是焚烧的方法处理，都会给环境带来污染，占用土地资源，而且容易滋生蚊虫、传播疾病。

等离子体热解废橡胶，是在高温、高能环境下，将废橡胶快速加热，释放出挥发性物质。气相产物主要是 CO、H_2、CH_4、C_2H_2、C_2H_4 等，热值在 $4 \sim 7$ MJ/m^3，固相产物主要是炭黑和固体残渣[14]。主要发生的反应如式（15-1）～式（15-3）所示

$$废轮胎 \longrightarrow 炭黑 + 重烃 + 轻烃 + 气体（CO_2、CO、CH_4、H_2、C_2H_2、C_nH_m）$$

$$（15\text{-}1）$$

$$重烃 \longrightarrow 轻烃 + 气体（CO_2、CO、CH_4、H_2、C_2H_2、C_nH_m）（15\text{-}2）$$

$$轻烃 \longrightarrow CH_4 + H_2 \longrightarrow 小分子气体 + H_2 + 炭黑 \qquad （15\text{-}3）$$

若在等离子体热解过程中，通入部分水蒸气，则还会发生反应（15-4）

$$碳 + H_2O \longrightarrow CO + H_2 + 固体残渣 \qquad （15\text{-}4）$$

等离子体热解废轮胎过程中的关键问题有以下几方面。

（1）气固产物的分布

等离子体热解废轮胎的产物分布受多种因素影响，如输入功率、物料粒径、进料速率等。输入功率越大，物料粒径越小，进料速率越小，则气体产率越大，热解炭黑产率越小。在等离子体反应器中加入水蒸气后，气体产物产率明显提高，由未加水蒸气时的 42% 提高到 77%，相应的固体残余物产率也下降[14]。

（2）气体成分的组成

气相成分主要是 CO、H_2、CH_4、C_2H_2、C_2H_4 等。随着进料量的增加，H_2、

C_2H_2 含量在气体产物中的比重增加。在进料量不变的情况下，随着输入功率的增加，H_2 和 CO 的含量增加。加入水蒸气后，H_2 和 CO 的含量大大增加，总和由 15% 增加到 38%。

（3）固体产物的组成

等离子体热解废轮胎产生的固体产物主要是炭黑，还含有其他金属氧化物和碳氢化合物等杂质，导致炭黑的灰分含量很高，达到 15% 左右，远远高于商业炭黑的灰分含量。因此，需要对其进行进一步的加工处理，如酸洗等以除去其中的金属氧化物，降低灰分，提高其商业应用价值。

2. 等离子体热解医疗垃圾

医疗垃圾中含有各种有机、无机化学成分和大量重金属，还携带有各种病毒。如果处理不当，将会对环境和人体健康造成严重威胁。

等离子体热解医疗垃圾，是在高温条件下，使有机垃圾迅速脱水、热解、裂解，最后产生以 H_2、CO、CH_4 和部分低碳烃等为主要成分的混合气体。在这个过程中，所有传染性的病毒会被全部分解，最终达到无毒、无害化的效果。不可燃的无机成分经等离子体熔融后变成无毒无害的玻璃渣，可用作建筑材料等。主要发生的反应如式（15-5）～式（15-8）所示

$$医疗垃圾 \longrightarrow 气体（H_2、CH_4、CO、CO_2）+有机液体+固体（炭黑、炉渣）$$

$$（15-5）$$

$$2C + O_2 \longrightarrow 2CO \tag{15-6}$$

$$C + H_2O \longrightarrow CO + H_2 \tag{15-7}$$

$$CO + H_2O \longrightarrow CO_2 + H_2 \tag{15-8}$$

等离子体热解医疗垃圾过程中的关键问题有以下几方面。

（1）二噁英的控制

医疗垃圾中含有大量的塑料物质，其氯元素含量很高。许多常规垃圾焚烧炉是在低温（800 ℃ 以下）环境处理医疗垃圾，焚烧炉氯元素的结合能力很强，可以与其他元素反应后生成氯化物，从而产生二噁英，大约 80%～90% 的二噁英是由此产生的。此外，与氯相同，卤族元素的氟、溴、碘等也有阻燃特性，会在炉内火焰表面形成低温层，导致二噁英的产生。而等离子体炉内温度超过 1200 ℃，可以防止二噁英的形成 [15]。

（2）重金属的迁移

重金属的熔融挥发是一个非常复杂的过程。医疗垃圾中的有机氯、无机氯的含量，熔融气氛，金属种类等都会对其产生影响。熔渣中各种重金属的固化率均比较高（68.5%～89.4%），医疗垃圾经熔融后绝大部分重金属都被固化在熔渣中，尤其

是 Ni、Cd、Pb 的固化率均在 80% 以上。主要原因是氧气浓度的提高，使得氯化反应受阻，重金属的挥发受到抑制，重金属绝大部分以高熔点的氧化物形式存在于熔渣中。另外，重金属与熔渣中的 SiO_2、Al_2O_3 会发生反应，形成稳定的不易挥发的化合物，限制了重金属的挥发[16]。

（3）熔渣的特性

等离子体熔融医疗废物时，固相产物主要由两种宏观的成分组成：玻璃化炉渣和金属颗粒。熔渣的主要成分是 O、Si、Al、Na 和 Ca 等，其中 Si、Na 和 Ca 主要来自于钠钙玻璃，Al 主要来自于医用铝制品。当医疗垃圾中的金属含量较高时，熔渣中会含有许多金属颗粒，与熔渣分层形成第二相。因此，利用等离子体处理医疗垃圾时，最佳的给料组成应该满足其金属成分低于 40%，这时等离子体系统能够获得更好的滤出率[17]。

3. 等离子体热解含氯废物

含氯废物是危险废物的一种，包括多氯联苯（polychlorinated biphenyls，PCBs）、二噁英、四氯化碳、氟利昂等。这类废弃物具有高毒性、高积累残留性或传染性，因此处理技术必须具有高效率，通常要达到 99.99% 以上。

传统的焚烧过程，最重要的反应是·OH 和·H 参与的单分子键离解和双分子反应，主要产物是 CO_2 和 H_2O。含氯废物中的氯化物会与·OH 和·H 反应，转化为 H_2O 和 H_2，显著地降低其燃烧反应速率和自由基的浓度，从而使燃烧难以维持。而等离子体热解含氯废物，是通过电离等离子体气体产生·OH、O 和·H 等自由基，从而与污染物分子发生各种链反应。等离子体产生足够高的温度，使得氯化物的存在不会影响自由基的链式反应，最终使含氯废物能够完全破坏。等离子体热解含氯废物的原理如图 15-3 所示[2]。

以多氯联苯为例，在等离子体的高温环境中，C=C、C—Cl 和 C—H 等化学键

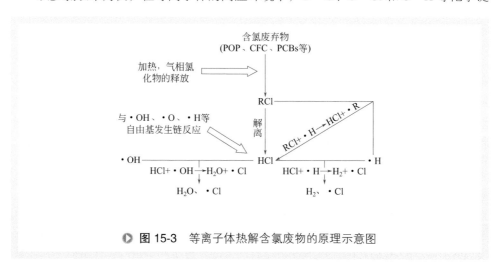

图 15-3 等离子体热解含氯废物的原理示意图

首先断开，再与等离子体产生的·OH、·O 和·H 等自由基反应，生成小分子物质，如 CO_2、H_2O、HCl 等。总的方程式如式（15-9）所示[18]

$$C_xH_yCl_z + \frac{SR(z-y)}{2}H_2O + \frac{2x-SR(z-y)}{4}O_2 \longrightarrow zHCl + xCO + \frac{(SR-1)(z-y)}{2}H_2$$

（15-9）

其中，SR 表示当 H_2 产率为 0 时的水蒸气化学计量比。

等离子体热解含氯废物过程中的关键问题有以下几方面。

（1）气相产物的组成

有研究[18]利用 100 kW 的等离子体处理含氯废物，废物的组成为 n(PCB)：n(CCl$_4$) = 27：73，其中 PCB 中包含质量分数为 57% 的 $C_{12}H_7Cl_3$ 和质量分数为 43% 的 $C_{12}H_6Cl_4$。实验结果表明，气态产物主要是 CO、CO_2、H_2、CH_4、HCl 和 NO_x。水蒸气等离子体与空气等离子体相比，HCl 浓度更低，两者的气体产物中都无多氯代二噁英（poly-o-chlorinated dibenzodioxin，PCDD）生成，水蒸气等离子体的多氯代苯并呋喃（polychlorinated dibenzofuran，PCDF）产量远低于空气等离子体。

（2）二噁英的分解

Sakai 等[19]研究了在等离子体条件下二噁英（PCDDs/PCDFs）的裂解行为。城市生活垃圾焚烧飞灰中二噁英的含量为 320 ng/g，经过等离子体熔融处理后玻璃体熔渣中仅含 0.012 ng/g，熔融过程中产生的二次飞灰含 1.0 ng/g，最终尾气含有 2.5 ng/g。经过 1400 ℃ 高温等离子体熔融处理后，飞灰中的二噁英大约有 99.94% 被分解。

二、等离子体气化反应

等离子体气化是在有氧的情况下，利用等离子体处理有机物含量较高的固体废物。固体废物中的有机组分发生不完全氧化反应，生成可燃气体，主要是 H_2 和 CO（合成气）的混合气。等离子体气化所使用的载气，通常为氧化性气体，如空气、氧气、水蒸气等。根据固体废物的不同，可以分为等离子体气化城市生活垃圾、生物质等。下面主要介绍等离子体气化技术在城市生活垃圾处理方面的应用。

城市生活垃圾成分比较复杂，受自然环境、气候条件、城市发展规模、居民生活习惯以及经济发展水平等多种因素的影响。发展中国家的城市生活垃圾有机物成分较多，如厨余食物、木材、树叶和禽畜粪便等，而发达国家城市生活垃圾的无机材料偏高，如塑料、纸张和金属等。

目前，城市生活垃圾主要有三种处理方式：卫生填埋、堆肥和焚烧。而等离子体气化技术处理城市生活垃圾，是利用等离子体产生的高温、高焓、高能量密度，将城市生活垃圾中的有机物完全气化，转化为合成气（主要是 CO 和 H_2），而无机物转变为无毒无害的玻璃体。等离子体气化处理城市生活垃圾最主要的优势是没有二噁英产生，重金属被熔融固化在玻璃体中，实现了减量化、无害化和资源化的目的。主要缺点是能耗大、能量效率低、等离子体发生器寿命短等。

城市生活垃圾等离子体气化过程中，主要发生的反应如式（15-10）～式（15-19）所示

$$C_xH_yO_z + mO_2 + nH_2O \longrightarrow a_1H_2 + a_2CO + a_3H_2O + a_4CO_2 + a_5CH_4 + a_6C(s)$$
$$(15-10)$$

$$C + O_2 \longrightarrow CO_2 \qquad (15-11)$$

$$C + \frac{1}{2}O_2 \longrightarrow CO \qquad (15-12)$$

$$C + H_2O \longrightarrow CO + H_2 \qquad (15-13)$$

$$C + CO_2 \longrightarrow 2CO \qquad (15-14)$$

$$C + 2H_2 \longrightarrow CH_4 \qquad (15-15)$$

$$CO + \frac{1}{2}O_2 \longrightarrow CO_2 \qquad (15-16)$$

$$H_2 + \frac{1}{2}O_2 \longrightarrow H_2O \qquad (15-17)$$

$$CO + H_2O \longrightarrow CO_2 + H_2 \qquad (15-18)$$

$$CO + 3H_2 \longrightarrow CH_4 + H_2O \qquad (15-19)$$

等离子体气化城市生活垃圾过程中的关键问题有以下几方面。

（1）气化条件的影响

气化条件主要包括载气成分和等离子体输入功率等[20-23]。载气主要是空气和水蒸气。研究结果表明，随着载气中水蒸气的增加，合成气的产率增加，焦油含量降低，气体产物中的 H_2 和 CO_2 体积分数增加，CO 体积分数降低。随着等离子体输入功率的增加，合成气的产率和热值增加，焦油含量降低，气体产物中的可燃组分（CO、H_2、CH_4 等）的体积分数增加。但是等离子体输入功率增加会导致温度升高，反应器负担和能耗增加，因此需要选择合适的等离子体能量比（PER）。PER 的定义如下

$$PER = \frac{P_{pla}}{LHV_{MSW} \times m_{MSW}} \qquad (15-20)$$

式中　P_{pla}——等离子体的输入功率；

LHV_{MSW}——城市生活垃圾的低位热值；

m_{MSW}——城市生活垃圾的质量流率。

（2）熔渣的特性

城市生活垃圾中含有大量的无机物，主要成分是 CaO、SiO_2、Al_2O_3、$NaCl$、KCl 和其他金属等。城市生活垃圾经过等离子体气化后，无机物熔融冷却形成玻璃体炉渣，主要成分是 SiO_2 和 CaO，X 射线衍射（X-ray diffraction，XRD）分析结果表明炉渣呈非晶态。城市生活垃圾中的重金属大部分进入炉渣中，经检测，等离子体气化后的玻璃体炉渣满足重金属浸出安全性，重金属被稳定固化在炉渣中。还有利用等离子体气化城市生活垃圾产生的炉渣制备玻璃陶瓷泡沫的，实验结果表明，含有70%炉渣的材料在920 ℃条件下进行烧结，可以得到具有良好强度和微晶结构的玻璃陶瓷泡沫。

三、等离子体熔融反应

等离子体熔融是指在高温条件下，无机组分发生熔融变化，生成玻璃体，重金属等可以稳定固化在玻璃体中，满足浸出安全性。等离子体熔融适用于无机组分含量较高的固体废物，如生活垃圾焚烧飞灰、电子废物等。

1. 等离子体熔融飞灰

生活垃圾焚烧飞灰是指在垃圾焚烧电厂中，烟气净化系统收集到的固体产物。飞灰的主要成分是 CaO、SiO_2、Al_2O_3、$NaCl$、KCl、$CaCl_2$ 和活性炭等。飞灰中含有大量重金属和二噁英等物质，属于危险废物。一般飞灰通过螯合固化后进行卫生填埋，占用大量土地资源，而且面临着二次污染的危险。

等离子体熔融飞灰，是在等离子体炉的高温条件下（1400～1600 ℃），飞灰中的有机污染物（如二噁英等）彻底分解，转化为小分子气体；重金属发生熔融后，稳定固化在熔渣中。等离子体熔融飞灰的优点是彻底消除二噁英和固化重金属，转化为无毒无害的气体和玻璃体，不需要进行填埋，节约了大量的土地资源，而且不存在二次污染的危险，真正实现了飞灰的减量化、无害化和资源化目的。

飞灰等离子体熔融过程中，二噁英的分解反应如式（15-21）所示

$$C_xH_yCl_z + \left(x + \frac{y-z}{4}\right)O_2 \xrightarrow{\text{等离子体}} xCO_2 + \frac{y-z}{2}H_2O + zHCl \quad (15\text{-}21)$$

等离子体熔融飞灰过程中的关键问题有以下几方面。

（1）气相产物的组成

飞灰等离子体熔融的气相产物中，二噁英的含量很低，有结果显示，尾气中的二噁英浓度为 $0.029\ ng\ TEQ\ /m^3$，远低于毒性标准。飞灰等离子体熔融后产生的烟

气量很少，但是污染物浓度很高，尤其是 SO_2、HCl 和颗粒物。SO_2 主要来自于飞灰中 $CaSO_4$ 的分解，HCl 主要来自于飞灰中氯化物的水解（如 $CaCl_2$ 等），颗粒物主要来自飞灰中的 NaCl 和 KCl 等。主要反应如式（15-22）和式（15-23）所示

$$CaSO_4 \xrightarrow{高温} CaO + SO_2\uparrow + \frac{1}{2}O_2\uparrow \tag{15-22}$$

$$CaCl_2 + H_2O \xrightarrow{高温} CaO + 2HCl \tag{15-23}$$

高浓度的 SO_2、HCl 和颗粒物对等离子体熔融炉后端的烟气净化系统要求很高，特别是干法、布袋和湿法塔的设计。

（2）固相产物的组成

等离子体熔融飞灰产生的熔融炉渣，主要通过水淬冷和空气冷却两种方式处理，均能得到稳定的玻璃体。两者的主要区别在于水淬玻璃体颗粒小而脆，空气冷却玻璃体颗粒大而硬。XRD 结果表明，玻璃体的主要成分是 CaO、SiO_2、Al_2O_3、MgO 等，是基于钙-硅-铝-氧（Ca-Si-Al-O）的玻璃体结构。因此，通过调节入炉物料的组成，可以改变飞灰等离子体熔融产生的玻璃体的结构和组成。更为重要的是，物料的组成对炉渣的熔融温度和黏度影响很大，对于不同的飞灰，需要根据其物料组成，添加不同的添加剂以达到最优的熔融温度和黏度，同时保证炉渣冷却后形成玻璃体结构。

对于熔融后的玻璃体，还需满足重金属浸出安全性要求（GB 5085.3—2007）。对于不同的重金属，其浸出安全性限值如表 15-5 所示。实验结果表明，只要熔融后形成玻璃体，其重金属的浸出安全性就能满足，因此可以用是否形成玻璃体来初步判断炉渣是否满足重金属浸出安全性标准。

表 15-5　GB 5085.3—2007 重金属浸出安全性限值[24]

重金属种类	浸出安全性限值 /(mg/L)	重金属种类	浸出安全性限值 /(mg/L)
Cu	100	Be	0.02
Zn	100	Ba	100
Cd	1	Ni	5
Pb	5	Ag	5
Cr	15	As	5
Cr^{6+}	5	Se	1
Hg	0.1		

（3）二次飞灰的量

飞灰中除了 CaO、SiO_2、Al_2O_3、MgO 等，还含有大量的 NaCl 和 KCl，主要来自于厨余食物。经过等离子体熔融后，由于 NaCl 和 KCl 的沸点较低，绝大部分会

再次以颗粒物的形式进入烟气中。而且飞灰等离子体熔融后产生的烟气中，SO_2 和 HCl 含量也很高，如果通过干法脱酸，则二次飞灰的量将大大增加。如何解决飞灰中的 S 元素和 Cl 元素的转化问题，有效减少二次飞灰的量，是飞灰等离子体熔融需要着重考虑的问题。

2. 等离子体熔融电子废物

电子废物俗称"电子垃圾"，是指被废弃不再使用的电器或电子设备，主要包括电冰箱、空调、洗衣机、电视机等家用电器和计算机等电子科技的淘汰品。电子废物中含有大量的金属，主要分为两类：一类是铅、汞、镉、镍等重金属，会对生态环境造成直接污染，也可以在土壤或者水中富集，最终通过食物链进入人体，危害人类健康；另一类是金、银、钯等多种贵金属和铜、铁等贱金属，其品位是天然矿藏的几十倍甚至上百倍。有研究指出[25]，1 t 随意收集的电路板中，可以分离出 143 kg 铜、0.5 kg 金、40.8 kg 铁、29.5 kg 铅、2.0 kg 锡、18.1 kg 镍、10.0 kg 锑。因此，必须对电子废物进行处理和资源的回收利用。

电子废物主要有三种处理方法，包括化学法、物理法和生物法。化学法主要有火法冶金、湿法冶金、电解法提取等技术；物理法主要有机械破碎、磁选和空分等，一般作为前处理手段；生物法是利用细菌或真菌浸取贵金属，目前还没有实际应用。

与传统处理方法不同，等离子体熔融法是在无氧或者缺氧的条件下，利用等离子体产生的高温、高能和高反应活性，将电子废物中的有机成分热解气化，产生合成气；将无机组分熔融，实现金属的分离和其他无机组分的玻璃化。

从电子废物的结构来看，其有机成分主要是溴化环氧树脂，是常用的阻燃材料。溴系阻燃剂主要是在气相发挥作用，因为溴系阻燃剂受热分解生成的 HBr 能与高活性自由基，如·OH、·O 和·H 反应，生成活性较低的溴自由基，致使燃烧减缓或终止[26]。反应机理如式（15-24）～式（15-27）所示

$$HBr + \cdot H \longrightarrow H_2 + \cdot Br \tag{15-24}$$

$$HBr + \cdot O \longrightarrow \cdot OH + \cdot Br \tag{15-25}$$

$$HBr + \cdot OH \longrightarrow H_2O + \cdot Br \tag{15-26}$$

$$\cdot Br + RH \longrightarrow HBr + \cdot R \tag{15-27}$$

等离子体熔融电子废物过程中的关键问题有以下几方面。

（1）气相产物的组成

等离子体熔融电子废物的气相产物主要是 H_2、CO、CH_4、C_2H_2、C_2H_4、C_2H_6、HCl、HBr 等。经过等离子体炉的温度分解过程，二噁英、呋喃等有害物质几乎完全分解，但是由于气体中含有 HCl 和 HBr 等，为了防止在冷却过程中再次生成二噁

英，需要首先将烟气进行急冷，再进行干法或湿法脱酸。

（2）金属的回收

经过等离子体熔融后，金属主要富集在固相产物中。由于金属和熔融玻璃体的密度不同，可以初步将金属和其他无机物进行分离。分离出来的金属，还需对其进行精炼和提纯，主要方法有火法冶金、湿法冶金和电解法。

第三节　热等离子体固体废物处置中的过程强化原理

热等离子体固体废物处置过程主要分为气相反应和固相反应两部分。固体废物中的有机组分主要进入气相进行热解和气化反应，无机组分主要进入固相进行熔融反应。不管是等离子体热解、气化反应，还是等离子体熔融反应，均涉及气相反应和固相反应，只是侧重点不同。因此，热等离子体固体废物处置中的过程强化，需从气相反应强化和固相反应强化两方面进行考虑。

一、热等离子体的气相反应强化

热等离子体的气相反应，主要影响因素有原料组分、气化温度、水气比等。气相平衡体系的主要元素为 C、H、O、N、S 和 Cl，在气相产物中，C、H 和 O 主要以 CH_4、CO、CO_2、H_2 和 H_2O 等形式存在，N 主要以 N_2 形式存在，S 主要以 H_2S 和 SO_2 的形式存在，而 Cl 主要以 HCl 的形式存在。对于气相反应，主要通过热力学平衡计算进行分析。

热力学平衡计算采用基于 Gibbs 自由能最小化的元素势法[27]。对于该热力学体系，在一定的温度和压力下，气体组分的 Gibbs 函数如式（15-28）所示

$$G = \sum_{j=1}^{s} \overline{g}_j \overline{N} x_j \qquad (15\text{-}28)$$

式中　G——体系中总的 Gibbs 自由能；

　　　$\overline{g}_j$——体系中组分 j 的偏摩尔 Gibbs 函数；

　　　$\overline{N}$——所有组分的总物质的量；

　　　x_j——体系中组分 j 的摩尔分数；

　　　s——体系所包含的组分数。

当体系达到热力学平衡时，整个体系的 Gibbs 函数应该最小。因此，化学平衡的计算就转化为在一定的约束条件下 Gibbs 函数最小值的求解问题。

首先根据质量守恒定律，体系中原子总数是恒定的，因此可以得到 Gibbs 函数的约束条件如式（15-29）所示

$$\begin{cases} \sum\limits_{j=1}^{s} n_{ij}\bar{N}x_j = p_i & (i=1,2,\cdots,c) \\ \sum\limits_{j=1}^{s} x_j = 1 \end{cases}$$ （15-29）

式中　n_{ij}——组分 j 中所含有的原子 i 的个数；

　　　p_i——体系中原子 i 的总个数；

　　　c——体系中原子的种数（即元素种数，不考虑同位素）。

体系中组分 j 的摩尔分数之和应该为 1。

此外，体系中组分 j 的摩尔分数 x_j 不可能为负数，所以有式（15-30）

$$x_j \geqslant 0 \qquad (j=1,2,\cdots,s)$$ （15-30）

对于理想气体混合物，组分 j 的偏摩尔 Gibbs 函数 $\bar{g}_j$ 可以表示为

$$\bar{g}_j = g_j(T,p) + RT\ln x_j$$ （15-31）

式中　$g_j(T,p)$——给定温度 T、压力 p 下纯组分 j 的 Gibbs 函数；

　　　R——理想气体常数，其值为 8.314 J/(mol·K)。

最终需要求解约束条件下的最小化问题。当 Gibbs 函数值最小时，有

$$x_j = \exp\left(-\frac{g_j(T,p)}{RT} + \sum_{i=1}^{c}\lambda_i n_{ij}\right)$$ （15-32）

式中，λ_i 是原子 i 的元素势，即 1 mol 原子 i 对整个体系 G/RT 的贡献。当体系达到热力学平衡时，λ_i 只与原子的种类有关，即不论原子 i 处于什么组分中，只要原子种类确定了，其 λ_i 都是相同的。这就是元素势法名称的由来。根据式（15-32），可以计算当体系达到热力学平衡状态时，所有组分的摩尔分数。

（1）温度的影响

选取厨余食物作为研究对象，水气比为 1，考察了气化温度对于气相产物收率和固定碳转化率的影响，气化温度为 773 ～ 1773 K，结果如图 15-4 所示[28]。

由图 15-4 可以看出，厨余食物气化产物随温度的变化可以分为两个区域，当气化温度小于 973 K 时，随着气化温度的上升，H_2 和 CO 的产率升高，CH_4、CO_2 和 H_2O 的产率降低；当气化温度大于 973 K 时，H_2 和 CO_2 的产率降低，CO 和 H_2O 的产率升高，CH_4 几乎不变。

（2）原料的影响

固体废物的种类非常复杂，而且差别很大。选取了七种典型的城市固体废弃物作为研究对象，具体组分见表 15-6。比较了七种固体废弃物气化的气相产物收率和

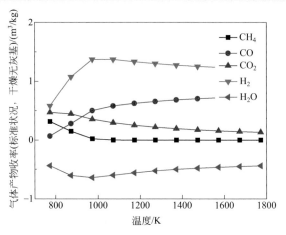

图 15-4　厨余食物气化产物的收率随温度的变化

固定碳转化率，如图 15-5 所示，其中水气比为 1，气化温度为 773 ～ 1773 K。

由图 15-5 可见，对于厨余食物、木材、纸张和纺织品，其 CH_4、CO、H_2 的产率和固定碳转化率基本相同；对于无氯塑料和橡胶，CH_4、CO、H_2 的产率会偏高，固定碳转化率偏低；PVC 与厨余食物、木材、纸张和纺织品更为接近。究其原因，厨余食物、木材、纸张和纺织品的元素组成基本相同，因此其气体产物的产率基本相同；无氯塑料和橡胶的氧含量较低，因此气体产物主要以还原态的 CH_4、CO 和 H_2 存在，固定碳转化率偏低；PVC 中的氧含量与无氯塑料、橡胶很接近，但是其氯含量较高，氯更容易和氢结合形成 HCl 而消耗了氢，相当于增加了体系中的氧含量，因此 PVC 的气体产物产率与厨余食物等更为接近。

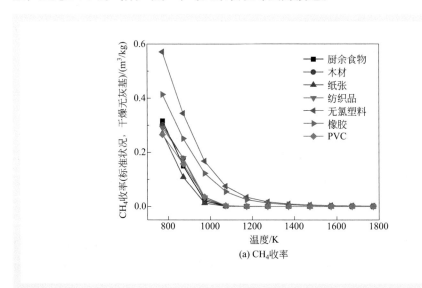

(a) CH_4 收率

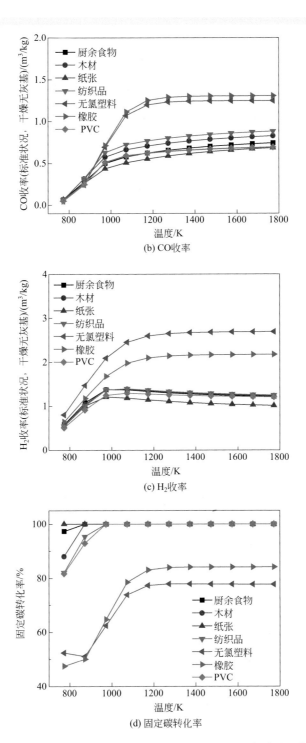

(b) CO收率

(c) H$_2$收率

(d) 固定碳转化率

▶ **图 15-5** 温度对不同城市固体废弃物的气相产物和固定碳转化率的影响

表 15-6　七种典型的城市固体废弃物的工业分析和元素分析

城市固体废弃物种类	工业分析（质量分数）/%				元素分析（质量分数）/%						
	水分 $W(M_{ad})$	灰分 $W(A_d)$	挥发分 $W(V_d)$	固定碳	碳 $W(C_{daf})$	氢 $W(H_{daf})$	氧 $W(O_{daf})$	氮 $W(N_{daf})$	硫 $W(S_{daf})$	氯 $W(Cl_{daf})$
厨余食物	69.85	20.98	66.79	12.23	47.22	7.04	41.15	3.86	0.49	1.06
木材	42.95	6.84	75.87	17.29	51.35	6.39	40.50	1.59	0.18	0.29
纸张	13.15	12.20	76.14	11.66	45.62	6.01	47.78	0.34	0.22	0.28
纺织品	13.75	3.56	82.69	13.75	54.08	5.84	38.09	1.70	0.22	0.36
橡胶	0.89	15.64	64.70	19.67	84.52	8.62	4.31	0.86	1.56	1.62
无氯塑料	0.13	0.48	99.44	0.08	86.22	12.97	0.73	0.08	0.05	0.00
PVC	0.21	4.18	85.94	9.87	40.59	5.00	0.59	0.08	0.20	53.53

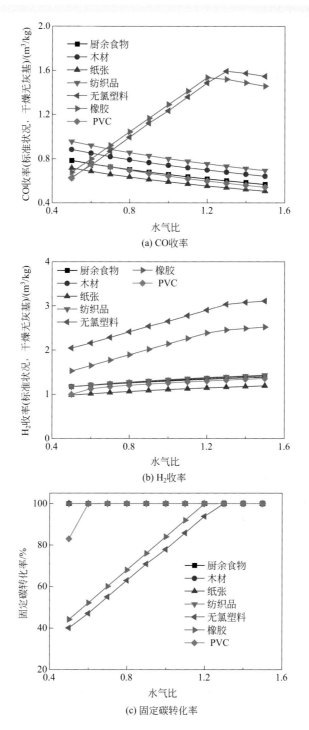

(a) CO收率

(b) H₂收率

(c) 固定碳转化率

● **图 15-6** 水气比对不同城市固体废弃物的气相产物和固定碳转化率的影响

（3）水气比的影响

对于城市固体废弃物的水蒸气气化来说，水气比是影响其气化特性的非常重要的因素。比较了七种不同的城市固体废弃物在不同水气比条件下，气相产物收率和固定碳转化率的变化，如图 15-6 所示，其中气化温度为 1273 K，水气比为 0.5～1.5。该条件下，CH_4 的产率非常低，因此可以忽略。

由图 15-6 可见，对于厨余食物、木材、纸张、纺织品和 PVC，随着水气比的增加，CO 收率直线下降，H_2 收率直线上升，固定碳转化率在水气比较低时就达到 100%；对于无氯塑料和橡胶，CO 收率先增加、后降低，H_2 收率先急剧增加、后变缓，水气比达到 1.2 以上时固定碳转化率才为 100%。

（4）固定碳沉积曲线

对于固体废物的气化来说，为了更好地知道固定碳完全转化到气相产物中所需要满足的条件，计算了 C-H-O 体系的固定碳沉积曲线，如图 15-7 所示。

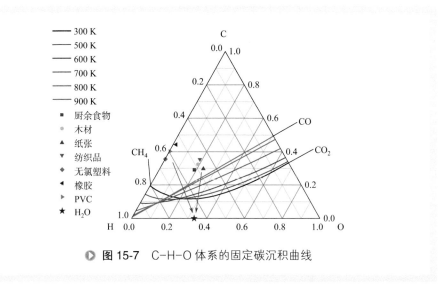

> **图 15-7** C-H-O 体系的固定碳沉积曲线

由图 15-7 可以看出，随着气化温度的升高，固定碳沉积曲线会往上移动，即有固定碳生成的区域会减少。根据厨余食物、木材、纸张、纺织品、无氯塑料、橡胶和 PVC 的元素组成，在图 15-7 中标出了各自对应的位置。可以看出，厨余食物、木材、纸张和纺织品离固定碳沉积曲线非常接近，随着体系中水气比的增加，会沿着图中的红色箭头向 H_2O 点移动，从而很容易地将固定碳完全转化到气相产物中。但是无氯塑料和橡胶离固定碳沉积曲线很远，需要向体系中加入大量的水蒸气，才能使固定碳完全转化到气相产物中，如图中蓝色箭头所示。

综上所述，通过热力学分析，可以预测不同固体废物的气化特性，考察不同因素（如原料、温度、气氛等）对气相产物的影响，可以更好地对气相反应进行强化。

二、热等离子体的固相反应强化

热等离子体的固相反应主要是 CaO、SiO_2、Al_2O_3 等氧化物反应生成玻璃体。张金龙等[29]对玻璃体的形成机理进行试验研究，并提出氧硅比概念。氧硅比的定义为氧原子与硅原子的比值 $R = n(O) : n(Si)$，非桥氧数 x 与氧硅比 R 有如下关系[30]

$$x = 2R - 4 \qquad (15\text{-}33)$$

玻璃体的主体结构为"长程无序，短程有序"的硅氧网状结构。在硅氧网状结构中，与两个硅原子连接的氧称为"桥氧"，连接硅原子与金属离子的氧称为"非桥氧"。硅氧四面体中非桥氧数大于 2 时，硅氧网状结构以四面体链或孤体为主，导致熔渣黏性系数下降，冷却过程中容易形成晶体结构。氧硅比 R 反映了网络结构中的非桥氧数，用以衡量玻璃体形成的参数。

张金龙等[29]利用等离子体电弧炉熔融飞灰，依据氧硅比和碱基度整理实验结果，如图 15-8 所示。氧硅比是形成玻璃体的决定参数，碱基度不能衡量玻璃体的形成。氧硅比在 2～3 之间的飞灰样品均形成了玻璃体，氧硅比大于 3 的样品都没形

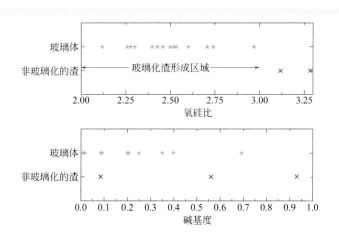

▶ 图 15-8 氧硅比和碱基度对玻璃体形成影响的实验结果

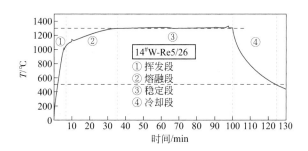

▶ 图 15-9 玻璃化过程

成玻璃体，碱基度对玻璃体形成的影响没有明显规律。

玻璃化过程分为 4 个阶段，快速升温的挥发段、缓慢升温的熔融段、温度恒定的稳定段和冷却段，如图 15-9 所示[29]。挥发段的升温速率约为 3 ℃/s，稳定段的升温速率约为 0.1 ℃/s，冷却段的降温速率约为 0.7 ℃/s。

此外，熔渣的冷却速率和飞灰的组分也会对玻璃体的形成产生影响[30,31]。

（1）冷却速率对玻璃体形成的影响

冷却速率对熔渣形成玻璃体的影响可用结晶动力学理论解释。熔渣形成玻璃体的过程就是冷却速率与结晶速率竞争的过程。冷却速率越大，温度从熔点降到玻璃转变温度以下所需时间越短，同时熔渣黏性增大越快，导致结晶速率下降。熔渣冷却速率越慢，越倾向于结晶；冷却速率越快，越容易形成玻璃体。对于稳定的玻璃体，存在一个合适的冷却速率范围，冷却速率范围不能太小，否则熔体直接形成结晶体，也不能太大，否则由于内能较高而析晶。

（2）Na 和 Ca 对玻璃体形成的影响

在玻璃体的网络结构中，Na 和 Ca 同时与 Si 竞争氧原子。表 15-7 是 Na 和 Ca 对玻璃体的影响。结果显示，2# 样品没有形成玻璃体，3# 样品形成玻璃体，说明炉内冷却时，高 Na 组分比高 Ca 组分更难形成玻璃体；对比 4# 和 5# 可知，空冷时，高 Ca 组分比高 Na 组分更难形成玻璃体。Ca^{2+} 的离子势为 1.89，Na^+ 的离子势为 1.02，Ca^{2+} 争夺氧离子的能力强于 Na^+[32]，在熔体中更易聚集起晶体结构，所以高 Ca 组分更难形成玻璃体。

表 15-7　Na和Ca对玻璃体的影响

样品编号	实验组分的摩尔比					冷却方式	玻璃体
	Na_2O	K_2O	CaO	SiO_2	Al_2O_3		
2#	2.5	0.2	0.8	3	0.2	炉冷	否
3#	0.5	0.2	2.8	3	0.2	炉冷	是
4#	1.8	0.2	0.8	2	0.1	空冷	是
5#	0.5	0.2	2.1	2	0.1	空冷	否

（3）Al对玻璃体形成的影响

表 15-8 是 Al 对玻璃体形成的影响，可知添加 Al_2O_3 后产物由非玻璃体转变为玻璃体，继续增加 Al_2O_3 含量后，已经形成的玻璃体又转变为非玻璃体。这是因为 Al_2O_3 在玻璃体形成的过程中一方面结合游离氧形成 $[AlO_4]$ 四面体结构，连接层状网络，起到补网作用；另一方面未进入四面体的 Al^{3+} 限制网络结构的发展。所以 Al_2O_3 含量较低时有利于玻璃体的形成，反之则抑制玻璃体形成[33,34]。

表 15-8 Al对玻璃体的影响

样品编号	实验组分的摩尔比					冷却方式	玻璃体
	Na$_2$O	K$_2$O	CaO	SiO$_2$	Al$_2$O$_3$		
6#	0.5	0.2	2.8	3	0	炉冷	否
3#	0.5	0.2	2.8	3	0.2	炉冷	是
1#	0.5	0.2	2.8	3	0.4	炉冷	否

（4）B$_2$O$_3$对玻璃体形成的影响

表 15-9 是添加 B$_2$O$_3$ 前后玻璃体的形成情况，对比 1# 和 7# 样品可见，B$_2$O$_3$ 有利于玻璃体的形成；对比 3# 和 8# 样品，B$_2$O$_3$ 可以替代 SiO$_2$ 形成玻璃体。因为大部分的 B$_2$O$_3$ 形成 [BO$_4$] 四面体，与 [SiO$_4$] 四面体连接组成网络[35]。

表 15-9 B$_2$O$_3$对玻璃体的影响

样品编号	实验组分的摩尔比						冷却方式	玻璃体
	Na$_2$O	K$_2$O	CaO	SiO$_2$	Al$_2$O$_3$	B$_2$O$_3$		
1#	0.5	0.2	2.8	3	0.4	0	炉冷	否
7#	0.5	0.2	2.8	3	0.4	0.2	炉冷	是
3#	0.5	0.2	2.8	2	0.2	0	炉冷	是
8#	0.5	0.2	2.8	2	0.2	0.5	炉冷	是

第四节 热等离子体在固体废物处置中的应用实例

中国光大国际有限公司一直从事热等离子体处置固体废物方面的研究。下面主要介绍其在生活垃圾焚烧飞灰处置方面的技术研究及工程示范[36-39]。

一、生活垃圾焚烧飞灰等离子熔融技术研究

1. 飞灰等离子熔融组分调配配方研究

由于垃圾焚烧烟气净化工艺中，采用干法和半干法脱酸喷入大量消石灰，导致飞灰中的钙含量偏高。飞灰的熔融温度一般在 1500 ℃ 以上，直接进行等离子熔融处置能耗较高，且很难形成稳定的玻璃体。因此，需要进行组分调配配方研究。

利用多元相图理论计算，如图 15-10 所示，创新开发了以氧化硅、氧化硼、氧

化锆、碳酸钠等为主要成分的飞灰熔融组分调配配方。氧化硅等作为网络形成剂，增强飞灰玻璃体网络结构，提高重金属离子的固化率和包裹固定能力；添加硼砂作为助熔剂，与原始飞灰形成低温共熔物，调配后飞灰熔点为 1200 ～ 1300 ℃，较原灰降低 300 ～ 400 ℃，有效节省飞灰熔融的能量输入 15% ～ 20%；氧化锆等作为晶核剂，使玻璃在诱导分相机理作用下，由表面析晶转变为整体析晶，使飞灰熔融玻璃体具有均匀而致密的结构。

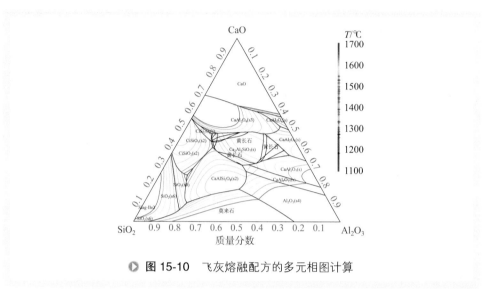

图 15-10　飞灰熔融配方的多元相图计算

在理论计算的基础上，进行了 50 多组的熔融配方试验，如图 15-11 所示。试验得到非常稳定漂亮的玻璃体，如图 15-12 所示，并对玻璃体进行表面硬度、抗折强度等力学性能检测。熔融玻璃体产品的重金属浸出毒性小于国标 2 ～ 3 个数量级，

图 15-11　飞灰熔融配方试验

▶ 图 15-12　飞灰熔融配方试验所得玻璃体

抗折强度可达到 96 MPa，维氏硬度为 504 MPa，强度、维氏硬度均高于普通玻璃，热膨胀系数则低于普通玻璃，可安全使用。

　　原始飞灰中氯含量较高（一般 >20%），常规熔融所得玻璃体中的氯含量在 3% 以上，难以满足水泥添加剂及建材化要求（一般要求玻璃体中氯含量 <1%）。通过理论计算和试验证明，向飞灰中添加促进氯挥发的添加剂可大大降低玻璃体中的氯含量。采用飞灰熔融的组分调配配方技术，可将玻璃体中的氯含量控制在 0.5% 以下，为玻璃体的资源化利用奠定基础。

2. 飞灰等离子熔融中试试验

　　选取多个垃圾焚烧电厂产生的飞灰作为研究对象，进行了 50 kg/h 的飞灰等离子熔融中试试验。试验装置如图 15-13 所示。

▶ 图 15-13　飞灰等离子熔融中试试验

按照不同比例的飞灰和添加剂，进行了几百组试验，试验温度在1300～1500℃之间，在适宜的试验工况下得到稳定的玻璃体。玻璃体致密无孔隙、具有一定色泽和透明度，形成镜面反射。玻璃体经过抛光后成为饰品，如图15-14所示。

▶ **图 15-14　飞灰等离子熔融中试试验所得的玻璃体**

中试试验所得玻璃体，按照 GB 5085.3—2007《危险废物鉴别标准 浸出毒性鉴别》标准，检测玻璃体中重金属的浸出毒性，结果如表15-10所示。

表 15-10　玻璃体的浸出安全性检测结果

检测项目	单位	GB 5085.3—2007 安全标准	日本浸出安全标准	样品检测结果
铜	mg/L	100	—	0.13
锌	mg/L	100	—	0.35
铬	mg/L	15	—	0.25
镉	mg/L	1	0.01	0.003
铅	mg/L	5	0.01	0.005
铍	mg/L	0.02	—	0.0003
镍	mg/L	5	—	0.14
银	mg/L	5	—	0.013
砷	mg/L	5	0.01	0.005
钡	mg/L	100	—	0.03
硒	mg/L	1	0.01	0.005
六价铬	mg/L	5	0.05	0.016

从表中可知，玻璃体的重金属浸出浓度远低于国家危险废物的浸出毒性标准，

也低于日本危险废物的浸出毒性标准。飞灰经等离子熔融处理后，不再属于危险废物，成为无毒无害的可再生利用资源，可加工成建筑材料、保温棉、微晶玻璃等。

二、镇江30 t/d飞灰等离子熔融示范工程

1. 飞灰等离子熔融工艺路线

飞灰等离子熔融工艺路线如图15-15所示，主要包括预处理系统、等离子系统、玻璃体收集系统和烟气净化系统。飞灰和添加剂进行配料、造粒后，加入等离子熔融炉内。在等离子熔融炉内，无机物经熔融后，通过出渣口排出，经冷却后形成玻璃体。等离子熔融产生的烟气进入二燃室中，保证1100 ℃、停留时间2 s以上后，进入急冷塔进行降温和PNCR脱硝。进行活性炭喷射、布袋除尘、2级湿法后，满足欧盟2010标准排放。

2. 30 t/d飞灰等离子熔融炉

创新研制了高效低成本等离子熔融炉，开发了石墨电极直流电弧等离子埋弧技术，如图15-16所示。采用埋弧操作替代传统的开弧运行方式，提高等离子熔融炉的效率（10%～20%）及寿命，且炉底采用钢液层作为阳极，提高了电弧的稳定性及能量分布均匀性，熔池温度均匀维持在1450 ℃以上，提高了等离子熔融的稳定性和连续性。

3. 镇江飞灰等离子熔融示范工程

该示范工程成功解决了等离子熔融过程中的关键问题，研究出一套拥有自主知识产权的等离子熔融技术，如图15-17所示。现已完成了镇江30 t/d的等离子熔融整体工艺与设备的设计、建设与100天持续运行，实现了整套设备的国产化，是国内第一个自主研发的等离子熔融工业化项目。镇江30 t/d飞灰等离子熔融示范项目填补了国内空白，对整个垃圾发电及危废处理行业具有重要的里程碑意义。

三、热等离子体固体废物处置的其他应用

除了生活垃圾焚烧飞灰等离子熔融处置，科研人员还在危险废物焚烧灰渣等离子熔融方面开展了大量的研究工作。等离子体熔融技术是新一代的固体废物处理手段，是目前国际上技术含量高、效果最为突出的危废处置方式。目前正在积极开展热等离子体固体废物处置的其他应用，如处理多金属危废、医疗垃圾、电子废物等。热等离子体技术在固体废物处置方面的应用将越来越广泛，也受到越来越多人的关注和重视。

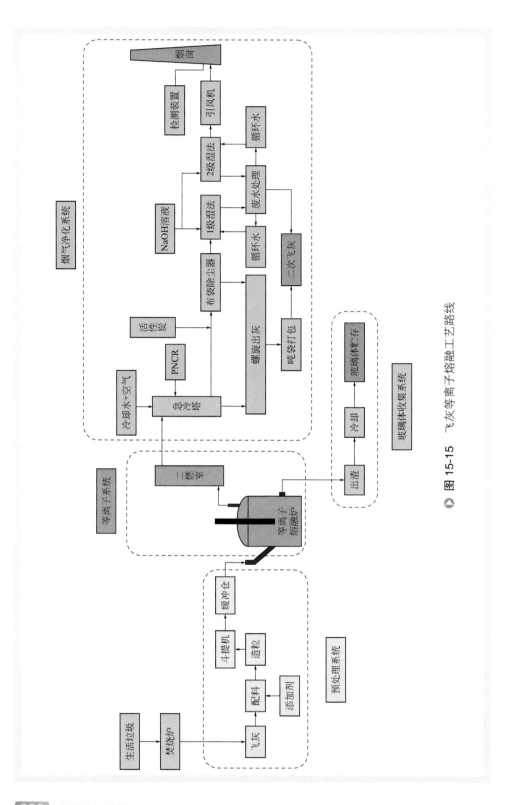

◆ 图 15-15 飞灰等离子熔融工艺路线

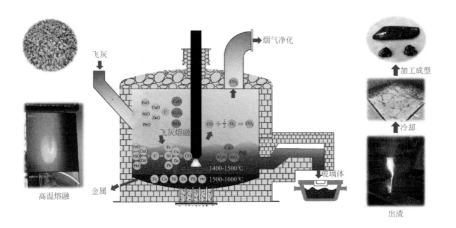

图 15-16 飞灰等离子熔融炉原理图

图 15-17 镇江 30 t/d 飞灰等离子熔融示范工程

参考文献

[1] 中华人民共和国生态环境部 . 2019 年全国大、中城市固体废物污染环境防治年报[R].
2019-12.

[2] 杜长明 . 等离子体处理固体废弃物技术[M]. 北京 : 化学工业出版社 , 2017: 4-5.

[3] 唐兰 , 黄海涛 , 郝海青 , 等 . 固体废弃物等离子体热解 / 气化系统研究进展[J]. 科技导报 ,
2015, 33(5): 109-114.

[4] Vaidyanathan A, Mulholland J, Ryu J, et al. Characterization of fuel gas products from
the treatment of solid waste streams with a plasma arc torch[J]. Journal of Environmental
Management, 2007, 82(1): 77-82.

[5] 黄文有 , 孟月东 , 陈明周 , 等 . 等离子体熔融生活垃圾焚烧飞灰中试试验[J]. 环境工程技术
学报 , 2016, 6(5): 501-508.

[6] 张璐 , 严建华 , 杜长明 , 等 . 热等离子体熔融固化模拟医疗废物的研究[J]. 环境科学 , 2012,
33(6): 2104-2109.

[7] Huang H, Tang L, Wu C Z. Characterization of gaseous and solid product from thermal
plasma pyrolysis of waste rubber[J]. Environmental Science and Technology, 2003, 19(37):
4463-4467.

[8] Gomez E, Amutha R D, Cheeseman C R, et al. Thermal plasma technology for the treatment
of wastes: A critical review[J]. Journal of Hazardous Materials, 2009, 161(2-3): 614-626.

[9] 杨德宇 , 俞建荣 . 等离子体熔融气化技术处理废弃物的研究[J]. 新技术新工艺 , 2014, (2):
106-109.

[10] 丁恩振 , 丁家亮 . 等离子体弧熔融裂解[M]. 北京 : 中国环境科学出版社 , 2009.

[11] 何春松 . 电浆熔融技术处理焚化炉灰渣之实例探讨[J]. 中国台湾环保产业 , 2003, (19):
5-9.

[12] 遇鑫遥 , 施加标 , 孟月东 . 热等离子体技术处理危险废物研究进展[J]. 环境污染与防治 ,
2008, (2): 1-8.

[13] 高术杰 , 陈德喜 , 马明生 . 国内外城市垃圾焚烧飞灰熔融技术综述[J]. 有色冶金节能 ,
2019, 35(01): 14-18.

[14] 唐兰 , 黄海涛 , 吴创之 . 等离子体热解处理废轮胎实验研究[J]. 环境科学与技术 , 2004,
27(6): 82-83.

[15] 王建伟 , 杨建 , 李荣先 . 采用热等离子体系统处理医疗垃圾[J]. 锅炉技术 , 2006, 37(1):
63-66.

[16] 孙路石 , 陆继东 , 李敏 , 等 . 垃圾焚烧中 Cd、Pb、Zn 挥发行为的研究[J]. 中国电机工程
学报 , 2004, 24(8): 157-161.

[17] 张璐 . 利用热等离子体熔融处理模拟医疗废物的实验研究[D]. 杭州 : 浙江大学 , 2012.

[18] Kim S W, Park H S, Kim H J. 100 kW steam plasma process for treatment of PCBs(polychlorinated biphenyls) waste[J]. Vacuum, 2003, 70(1): 59-66.

[19] Sakai S I, Hiraoka M. Municipal solid waste incinerator residue recycling by thermal process[J]. Waste Management, 2000, 20: 249-258.

[20] Agon N, Hrabovsky M, Chumak O, et al. Plasma gasification of refuse derived fuel in a single-stage system using different gasifying agents[J]. Waste Management, 2016, 47(Part B): 246-255.

[21] Anna P, Sylwester K, Blasiak W. Effect of operating conditions on tar and gas composition in high temperature air/steam gasification(HTGA) of plastic containing waste[J]. Fuel Processing Technology, 2006, 87(3): 223-233.

[22] Arena U. Process and technological aspects of municipal solid waste gasification[J]. Waste Management, 2012, 32(4): 625-639.

[23] Byun Y, Namkung W, Cho M, et al. Demonstration of thermal plasma gasification/ vitrification for municipal solid waste[J]. Environmental Science & Technology, 2010, 44(17): 6680-6684.

[24] GB 5085. 3—2007 危险废物鉴别标准 浸出毒性鉴别[S].

[25] 李莉, 张维志. 废旧电脑污染问题及其管理对策[J]. 再生资源与循环经济, 2002, 6: 12-15.

[26] 肖卫东, 何培新, 黄年华, 等. 溴醚对环氧树脂固化物阻燃耐热性的影响[J]. 热固性树脂, 2002, 17(3): 4-6.

[27] Reynolds W C. The element potential method for chemical equilibrium analysis: Implementation in the interactive program STANJAN[D]. Stanford: Stanford University, 1986.

[28] Xu P C, Hu M, Shao Z R, et al. Thermodynamic analysis of steam gasification of municipal solid waste[J]. Energy Sources, Part A: Recovery, Utilization, and Environmental Effects, 2018, 40(6): 623-629.

[29] 张金龙, 李要建, 田君国, 等. 玻璃体形成机理与重金属固定效率[J]. 化工学报, 2011, 62(s1): 215-218.

[30] 李要建. 有害元素在等离子体处理危险废物中的迁移规律研究[D]. 北京: 中国科学院力学研究所, 2009.

[31] 张金龙, 李要建, 王贵全, 等. 垃圾焚烧飞灰玻璃化的控制参数[J]. 燃烧科学与技术, 2012, 18(2): 186-191.

[32] 田英良, 孙诗兵. 新编玻璃工艺学[M]. 北京: 中国轻工业出版社, 2009.

[33] 杨晓晶, 李家治, 许淑惠. Al_2O_3 含量对 $CaO\text{-}Al_2O_3\text{-}SiO_2$ 玻璃结构单元 Q_n 分布影响[J]. 西北轻工业学院学报, 1994, 12(2): 45-50.

[34] 李如璧, 徐培苍, 莫宣学. 三元硅酸盐玻璃相中 Al^{3+} 离子结构状态的 ASNMR 谱研究[J].

波谱学杂志, 2003, 20(1): 37-42.

[35] 万军鹏, 程金树, 陆平. $n(B_2O_3)/n(SiO_2)$对硼硅酸盐玻璃结构和性能的影响[J]. 玻璃与搪瓷, 2007, 35(3): 15-20.

[36] 胡明, 杨仕桥, 邵哲如, 等. 生活垃圾焚烧飞灰等离子体熔融玻璃化技术研究 // 中国环境科学学会. 2019中国环境科学学会科学技术年会论文集[C]. 2019: 1001-1010.

[37] 胡明, 徐鹏程, 邵哲如, 等. 危废焚烧灰渣等离子熔融系统的热力学分析[J]. 工程热物理学报, 2019, 40(3): 690-696.

[38] 胡明, 虎训, 邵哲如, 等. 等离子体熔融危废焚烧灰渣中试试验研究[J]. 工业加热, 2018, 47(2): 13-19.

[39] 胡明, 宫臣, 邵哲如, 等. 危废焚烧灰渣的等离子熔融特性研究[J]. 工业加热, 2018, 47(2): 5-10.

索　引

B

表面处理　17, 18, 209, 211

玻璃体　371, 373, 383

薄膜　147, 162, 204

部分氧化　262, 267

C

超高温　263, 300, 309

超细粉体　337, 353, 354

沉积　309, 310, 318, 323

臭氧　3, 32, 130

储能　61

传递　131, 148, 157

催化　173, 185

催化重整　256, 257, 259

催化剂　167, 173, 182, 184

淬冷　263, 265, 267

D

带电粒子　2, 311, 334

带电粒子流　311

氮化硅　310, 340, 354

氮氧化物　45, 53, 173, 175

等离子熔融　385, 387, 389

等离子体　3

等离子体发生器　106, 150

等离子体炬　208, 289, 308

等离子体射流　106, 133, 364

低温等离子体　148

电除尘　92, 96, 98

电感耦合　181, 306, 314

电弧　314, 363

电石　262, 264

电晕放电　3, 23, 90

电子垃圾　363, 366

电子密度　3, 126, 207, 230

电子能量　63, 135, 230

电子自旋共振技术　157

动力学　152, 179, 251, 277

多相流　7

E

二噁英　7, 370, 371, 373

二氧化碳　63, 67

F

发射光谱　127, 244, 310

反应路径　32, 68, 70

反应器　71, 72

飞灰　86, 363, 365

非平衡等离子体　3

非热等离子体　174, 175

分子筛　14, 22, 192

G

干重整　67, 68, 248, 249

高级氧化　123, 124, 132

高能电子　189, 224, 236

高频热等离子体　315, 336, 350

高温等离子体　2, 104

固氮　173, 176

固体废物　362, 366

光电诊断　243

光化学反应　31, 146

光谱　32, 48

硅纳米晶　310, 320

过程强化　151, 376

H

合成氨　188, 191

荷电　83, 229

滑动电弧　175, 183, 209

化学气相沉积　309, 314, 354

挥发性有机化合物　8, 31, 114

辉光放电　13, 151, 188

活性组分　18, 27, 327

火花放电　82, 105, 182

I

iCCD 相机　156, 164, 165

J

基态　40, 175, 334

激发态　40, 175, 334

激光粒子成像测速技术　90

激光诱导荧光　124, 127

击穿　206, 239

甲烷　179, 249

甲烷化　64, 65

降膜反应器　131, 147

交流　154, 166

交流等离子体　52

解离　222, 239

介电材料　61, 149

介质阻挡放电　15, 20, 105

K

颗粒物　84, 99

空气等离子体　45, 52, 176

L

拉曼光谱　316, 322

雷诺数　143, 154

冷等离子体　107, 320

离子风　90, 92

离子体　16

沥青质　270

粒径　95, 278

粒子图像测速　127

裂解　278, 288

流动化学　143, 145

裸露金属电极放电　104, 105

M

脉冲放电　124, 132

毛细管数　143

煤焦油　269

煤制乙炔　267, 288

密度泛函理论　23, 68

N

纳米材料　263, 306, 307

纳米钨粉　343

能量效率　33, 45, 363

能源　60, 64

逆水汽变换　64, 67

暖等离子体　183, 239

P

帕邢定律　151

Q

气化　263, 306

气液等离子体　124, 131

迁移　11, 84

R

燃料　239, 240

燃烧　255, 264

热等离子体　264, 284, 308

热解　269, 277

热解模型　277

热力学　288, 293

热敏材料　23

S

杀菌　109, 237

射频等离子体　17, 22

射频放电　18, 186

生活垃圾　363

生物医学　115

生物质　364, 366

石墨　24, 272, 389

石墨管　272

石墨烯　314

水处理　133, 236

水汽变换　64

水蒸气重整　67, 256

丝状放电　63, 105

四氯化硅　319, 336

T

碳材料　319

碳化硅　319, 355

碳化物　354

陶瓷粉体　353, 356

天然气　262, 290

土壤修复　233

W

外场强化　1

危废　263, 365

微波等离子体　23, 181

微电子　204

微流体技术　142, 167

微通道反应器　154, 164

微细镍粉　344

温室气体　64, 255

物理农业　233

物理气相沉积　331, 337

X

吸附　337

相图　385

消毒　107, 109

协同　117, 135

Y

氧化硅　349, 385

氧化镁　329

氧化锌　307, 349

液相放电　132

一氧化碳　32, 46

医疗垃圾　363

医药 221

乙炔 68

有机合成 148, 150

有机金属骨架 24

诱变 106, 110

育种 110, 233

Z

再生 46, 223

诊断 123, 164

直流 5, 83

制氢 258, 366

紫外光 82, 124, 154

自由基 178, 208, 224, 248